Grundig
Fabrikplanung

Claus-Gerold Grundig

Fabrikplanung

Planungssystematik – Methoden – Anwendungen

4., aktualisierte Auflage

Mit 106 Abbildungen

HANSER

Prof. Dr.-Ing. Claus-Gerold Grundig
Technische Hochschule Wildau (FH)
Fachbereich Ingenieurwesen/Wirtschaftsingenieurwesen
Professur Fabrikplanung/Fabrikbetrieb

Bibliografische Information der Deutschen Nationalbibliothek
Die Deutsche Nationalbibliothek verzeichnet diese Publikation in der Deutschen National-
bibliografie; detaillierte bibliografische Daten sind im Internet über http://dnb.d-nb.de ab-
rufbar.

ISBN 978-3-446-43250-5

Einbandbild: BMW Group AG

© 2013 Carl Hanser Verlag München
www.hanser-fachbuch.de
Projektleitung: Jochen Horn
Herstellung: Katrin Wulst
Satz: Werksatz Schmidt & Schulz GmbH, Gräfenhainichen
Druck und Bindung: Friedrich Pustet KG, Regensburg
Printed in Germany

Vorwort

Globalisierung der Produktion, steigende Marktdynamik und erhöhter Kostendruck zwingen die Industrieunternehmen zur ständigen innovativen Anpassung ihrer Fabrik- und Produktionsstrukturen an veränderte Bedingungen. Problemstellungen und Projekte des Fachgebietes Fabrikplanung sind damit direkt angesprochen und stellen aufgrund ihrer hohen Bedeutung für die Sicherung der Wettbewerbsfähigkeit der Unternehmen Daueraufgaben betrieblicher Tätigkeiten dar. Die treffsichere, planungsmethodische Beherrschung dieser Fabrikplanungsprozesse ist dabei für die Unternehmen von existentieller Bedeutung.

Das vorliegende Lehrbuch greift diese Entwicklungen auf und stellt in komprimierter Form klassische und innovative Inhalte wesentlicher Planungsfelder der Fabrikplanung und Entwicklungstendenzen dar. Besondere Beachtung wurde der durchgängigen und systematischen Problembearbeitung unter inhaltlich-methodischen Aspekten geschenkt. Industrieerfahrungen bestätigen immer wieder: Eine wesentliche Voraussetzung zur Sicherung einer gezielten Lösungsentwicklung und rationellen Projekterarbeitung ist die konsequente Durchsetzung einer problembezogenen und durchgängigen Planungs- und Entscheidungssystematik.

Basierend auf der allgemein gültigen Fabrikplanungssystematik werden die für eine systematische Lösungsentwicklung von Fabrikplanungsaufgaben erforderlichen Planungsfelder, Planungsphasen und Bearbeitungsinhalte behandelt. Projektbeispiele aus der Industriepraxis veranschaulichen den Planungsablauf und Methodeneinsatz. Der Stoffumfang und die Vielgestaltigkeit des Fachgebietes machte Einschränkungen erforderlich, wobei versucht wurde, den Gesamtüberblick über wesentliche Planungsinhalte zu gewährleisten.

Das Lehrbuch entstand im Ergebnis meiner langjährigen Tätigkeiten in Lehre, Forschung und Industriepraxis. Es wendet sich an Studierende des Ingenieur- und Wirtschaftsingenieurwesens an Universitäten und Hochschulen sowie an das Management und an Planungsingenieure in der Industrie. Das Buch will ordnende Grundlage zum Studium des Fachgebietes und zielführender Handlungsleitfaden zur systematischen Lösungsentwicklung sein.

Die sehr positive Aufnahme der bisherigen Auflagen des Lehrbuches haben mich veranlasst, in der vorliegenden 4. Auflage einige Aktualisierungen und Ergänzungen des Stoffgebietes vorzunehmen.

Besonderer Dank gilt Frau Dipl.-Ing. *Astrid Oberschmidt* und Herrn Dipl.-Ing. *Dieter Hartrampf* die mit großer Sorgfalt und Umsicht die technische Umsetzung des Manuskriptes realisiert haben. Ebenfalls Dank gilt Herrn *Jochen Horn* vom Carl Hanser Verlag für die nun schon jahrelange gute Zusammenarbeit. Bedanken möchte ich mich auch bei Fachkollegen und Studenten meiner Industrie- und Hochschultätigkeit für die Vielzahl anregender Diskussionen zum Fachgebiet. Für Hinweise aus dem interessierten Leserkreis bin ich dankbar.

Ganz besonderer Dank gilt an dieser Stelle auch meiner Familie, insbesondere meiner Frau *Sylvia* für viel Verständnis und Geduld in der Phase der Manuskripterarbeitung.

Kleinmachnow, im August 2012   *Claus-Gerold Grundig*

Inhaltsverzeichnis

1 Grundlagen der Fabrikplanung

1.1 Grundprinzipien

Gegenstand des Fachgebietes **Fabrikplanung** sind die Standortbestimmung, die Gebäudewahl und -anordnung, die Gestaltung der Produktionsprozesse (Fertigungs- und Montageprozesse) einschließlich der einzuordnenden Logistikprozesse (Transport- und Lagerprozesse) und der erforderlichen Nebenprozesse (Betriebsmittelbau, Instandhaltungsprozesse u. a.) sowie deren Realisierung und Inbetriebnahme. Vereinfachend kann Fabrikplanung (auch als Werkplanung, Werkstrukturplanung bezeichnet) als vorausbestimmende Gestaltung industrieller Fabrik- bzw. Produktionssysteme charakterisiert werden.

Aufgaben und Arbeitsinhalte des Fachgebietes Fabrikplanung bilden dabei einen wesentlichen Teilkomplex innerhalb der Aufgabenkomplexe der **Unternehmensplanung.**

Stärker methodisch betrachtet kann definiert werden: **Fabrikplanung** ist der systematische, zielorientierte in aufeinander aufbauenden Phasen strukturierte und unter Zuhilfenahme von Methoden und Werkzeugen durchgeführte Prozess zur Planung einer Fabrik von der ersten Idee bis zum Aufbau und Hochlauf der Produktion [1.1].

In seinem Wesen stellt der Fabrikplanungsprozess einen **Investitionsprozess** dar, d. h., die Erarbeitung wirtschaftlicher Lösungen von Fabrik- bzw. Produktionsprozessen und deren rationale Umsetzung sind die Kerninhalte.

Ein besonderer Anspruch der Fabrikplanung beruht darauf, dass es hierbei um die gedankliche Vorwegnahme und Festlegung zeitlich später stattfindender Aktivitäten und zu realisierender Projektlösungen geht, die mit zeitlichem Vorlauf im Rahmen der Fabrikplanungstätigkeit hochwertig vorab festzulegen sind. Der Prozess der Fabrikplanung beinhaltet somit „**vorausgedachte wettbewerbsfähige Produktion**". In diesem Planungsprozess sind Kollisionen zwischen erforderlicher Planungstiefe, der Aussagekraft der verfügbaren Planungsdaten und Planungsvoraussetzungen und den sich im zeitlichen Planungsablauf verändernden Vorgaben und Bedingungen der Regelfall, sodass die praktische Planungstätigkeit von Unsicherheiten, Änderungen, Abschätzungen, Hochrechnungen, Analysen, Korrekturen und Vergleichen sowie in starkem Maße vom Einbringen von Praxiserfahrungen charakterisiert ist.

Der **Fabrikplanungsprozess** umfasst die Lösung von Problemstellungen der Planung, Realisierung und Inbetriebnahme von Fabriken. Dabei muss die Fabrik als Gesamtsystem gesehen werden, das durch die Gestaltungsergebnisse folgender **Planungsfelder** beschrieben wird:

- Bestimmung von Standorten (**Standortplanung**)
- Entwurf von Bebauungsplänen einschließlich der Wahl und Anordnung von Raum- und Gebäudesystemen (**Generalbebauungsplanung**)

– Konzeption von Produktions- und Logistikprozessen (einschließlich erforderlicher Personal- und Organisationsplanung) innerhalb definierter Flächen- und Raumsysteme (**Fabrikstrukturplanung**).

Diese Planungsfelder bilden in ihrer konkreten Gestaltung das **Fabrikkonzept**. Dieses unterliegt unterschiedlichen Zielsetzungen, die in Anlehnung an *Wiendahl* in drei wesentlichen **Zielfeldern** zusammengefasst werden können [1.2] bis [1.5]:

1. Sicherung einer hohen **Wirtschaftlichkeit** der Fabrik
   Produkte sind bei minimalen Durchlaufzeiten und Beständen termin- und qualitätsgerecht unter weitgehender Vermeidung nicht wertschöpfender Tätigkeiten herzustellen. Dabei sind ein logistikgerechter Produktions- und Materialfluss sowie eine bestmögliche Auslastung von Ausrüstungen, Flächen (Räumen) und Personal zu gewährleisten
2. Sicherung einer hohen **Flexibilität und Wandlungsfähigkeit** der Fabrik
   Ausrüstungen, Prozesse, Raumstrukturen, Gebäudesysteme, Organisationslösungen sind zur Sicherung permanenter Anpassungsfähigkeit an die Turbulenz äußerer (z. B. Absatzschwankungen) und innerer Einflüsse (z. B. Produktanlauf) flexibel und wandlungsfähig auszulegen
3. Sicherung einer hohen **Attraktivität** der Fabrik
   Diese wird bestimmt durch
   – motivierende, humane Arbeits-, Entlohnungs- und Sozialbedingungen
   – Erfüllung ökologischer Kriterien zur Gewährleistung geringer Umweltbelastungen
   – Umsetzung moderner, ästhetischer Industriearchitektur der Fabrikgebäude (Erscheinungsbild/Identität – corporate identity).

Aufgrund aktueller Entwicklungen im Energie- und Umweltbereich erfahren diese Zielfelder eine deutliche Erweiterung. So sind solche Fabrikkonzepte gefordert, mit denen die Erreichung und nachhaltige Sicherung einer hohen **Energie- und Ressourceneffizienz** gewährleistet wird (vgl. [1.41] bis [1.43]).

Grundsätzlich wird deutlich, das jeweilige Fabrikkonzept bildet Ergebnisse der Kerninhalte der Fabrikplanung ab – diese bestehen prinzipiell in der Planung des Zusammenwirkens von Mensch, Technik und Organisation.

In Abb. 1.1 sind dazu wesentliche Zusammenhänge dargestellt. Erkennbar ist: Die Erarbeitung des Fabrikkonzeptes hat unter Beachtung der drei Zielfelder zu erfolgen. Das jeweilige Fabrikkonzept wiederum ist das Planungs- und Realisierungsergebnis der **Planungsfelder** Standort-, Bebauungs- und Fabrikstrukturplanung. Grundlagen der Fabrikplanung für eine gezielte Bearbeitung der Inhalte der drei Planungsfelder sind die jeweils verfügbaren Ressourcen (Investitions-, Ausrüstungs-, Gebäude- und Grundstückspotenziale), dargestellt als Planungsbedingungen. Weiterhin wird in Abb. 1.1 deutlich, dass das Fabrikkonzept maßgeblich vom zu gestaltenden **Produk-**

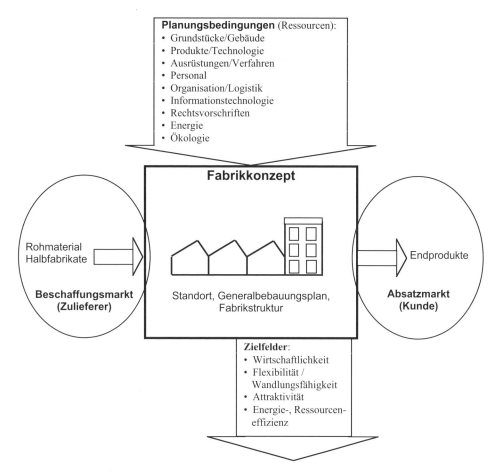

Abb. 1.1: Planungsbedingungen und Zielfelder der Fabrikplanung

tionsprozess bestimmt wird, dieser wiederum durch das zu realisierende **Produktionsprogramm** als Ergebnis aktiver Markt- und Absatztätigkeit des Unternehmens beeinflusst ist (markt- bzw. kundengetriebene Fabrik). Die zu produzierenden Produktionsprogramme mit den Tendenzen

– steigende Variantenvielfalt (Diversifikation)
– sinkende Lebenszyklen
– sinkende Stückzahlgrößen
– kurzzeitige Produktwechsel
– steigende Sortimentsbreiten
– kurze Lieferzeiten

bilden die Kerngrundlagen (Ausgangsgrößen) der Fabrikplanung. Die Güte der Vorbestimmung kurz-, mittel- bzw. langfristig zu erwartender **Produktionsprogramm-**

entwicklungen wird damit zu einem wesentlichen Qualitätsmerkmal für einen fundierten Fabrikplanungsprozess. Die Fabrikplanungspraxis zeigt, dass gerade die hinreichend genaue Vorgabe von Produktionsprogrammen bzw. Produktionsprogrammentwicklungen als Planungsgrundlage oftmals große Probleme bereitet. Verstärkt muss von unscharfen, stark wechselnden Vorgaben ausgegangen werden. Das wiederum liegt in der Natur des Fabrikplanungsprozesses, denn dieser stellt einen betont **zukunftsbezogenen Planungsprozess** bei steigender Turbulenz der Planungsbedingungen dar und besitzt daher unter dem Aspekt seiner Modellierung grundsätzlich stochastischen Charakter. Typisch für den Fabrikplanungsprozess sind eine Vielzahl variabler Eingangsinformationen, von denen ein hoher Anteil Zufallscharakter besitzt. Diese Informationen ermöglichen oftmals keine eindeutigen Transformationen und folglich nur unscharfe Aussagen (z. B. über Kapazitäten, Flächen, Kosten). Wird andererseits der Faktor Zeit in diese Betrachtungen einbezogen, so muss auch vor Überfeinerungen in der Präzisierung und Auslegung von Projektlösungen gewarnt werden – vielmehr ist bei der Lösungsgestaltung eine Flexibilität bzw. Wandlungsfähigkeit der Fabrikanlage gegenüber begrenzten, erkennbaren aber auch offenen Produktionsprogrammveränderungen bewusst zu sichern. Anspruchsvolle Projekte der Fabrikplanung setzen zur Abschätzung von erforderlicher Anpassungsfähigkeit (z.B. gegenüber Schwankungen des Produktionsprogramms) oder zur Analyse von Extremsituationen (Szenarien) Methoden der digitalen Fabrik, wie z.B. virtuelle Analysen oder die Fabrik- und Materialflusssimulation ein. Diese ermöglichen vorausschauende Analysen sowie die Lösungsfindung über den Entwurf einer Vielzahl alternativer Varianten, sodass Extrembereiche und Unsicherheiten erkennbar werden.

Gegenstand und Methodik der Fabrikplanung sind wechselnden Einflüssen und Wandlungen unterworfen. Ursachen des dadurch hervorgerufenen ständigen **Anpassungs-** bzw. **Veränderungsdruckes** sind folgende Entwicklungen – von *Warnecke* als **Paradigmenwechsel** [1.6] bezeichnet (vgl. [1.7] bis [1.9], [1.44]):

– Globalisierung von Märkten und Standorten
– steigende Kundendominanz (Käufermarkt)
– Dezentralisierung der Wertschöpfung
– Dominanz und Differenzierung der Kostenstrukturen
– kurzzyklischer innovativer Wandel von Produkten bzw. Ausrüstungen
– sinkende Lebensdauer von Produkten und Prozessen.

Diese Entwicklungen schlagen bei steigender Marktturbulenz direkt auf die in den Unternehmen installierten Fabrikkonzepte durch und müssen von diesen umgesetzt bzw. kompensiert werden. Zwingend erforderlich ist daher eine permanente **Anpassung** bzw. **Neukonfiguration der Fabrikkonzepte** an die aktuell veränderten Bedingungen durch kontinuierlich veranlasste innovative Fabrikplanungstätigkeit.

Zur Durchsetzung dieser Forderungen wird neben einer **Flexibilität** auch eine darüber hinausgehende bewusst gestaltete und eingebaute **Wandlungsfähigkeit** des

Fabriksystems postuliert (vgl. z. B. [1.3], [1.4], [1.10], [1.11], [1.43], [1.45]). Der Lösungsansatz wird hierbei u. a. in der Modularisierung von Fabrikstrukturen und -elementen gesehen (vgl. Abschnitt 1.5). Der erforderliche **Wandlungsbedarf** wird damit zur Führungs- bzw. Planungsgröße innovativer Fabrikkonzepte.

So betrachtet ist die Fabrik prinzipiell als „lebender Organismus" zu begreifen. Konsequent zielorientierte permanente Fabrikplanung ist damit von existentieller Bedeutung für die Industrieunternehmen. Im Ergebnis der dargestellten Entwicklungen können folgende Globalziele für den Entwurf **innovativer Fabrikkonzepte** abgeleitet werden:

- konsequente Kundenorientierung (Aufbau Kunden-Lieferanten-Beziehungen, unternehmensintern und -extern)
- Wertschöpfungsorientierung (Minimierung nicht wertschöpfender Prozesse)
- Mensch als wesentlicher Produktionsfaktor (Integration Humanpotenzial)
- Komplexitätsminimierung (Erzeugung Transparenz und Verantwortungsbezug durch Prozessvereinfachung)
- Dezentralisierung von Funktionen
- Sicherung von Flexibilität und Wandlungsfähigkeit
- Entwicklung der Kernkompetenzen/Optimierung der Fertigungstiefen
- Einordnung in effiziente Liefer-, Produktions- und Vertriebsnetzwerke.

Grundsätzlich sollte hinsichtlich der **Fabrikplanungslogik** beachtet werden, die herzustellenden Produkte (Produktionsaufgabe) bestimmen die erforderlichen Prozesse (**Fabrikstrukturen**), diese wiederum legen spezielle Gebäude- und deren Anordnungsstrukturen fest (**Generalbebauungsplanung**) und diese wiederum definieren maßgeblich das Anforderungsprofil des erforderlichen Grundstückes bzw. des Standortes (**Standortplanung**). Das heißt, Produkte definieren den Prozess und dieser wiederum das Grundstück (Standort). Nur in Umsetzung dieser Logik wird die allgemeine zu fordernde **prozessorientierte Fabrikstruktur** realisierbar.

Die Fabrik bzw. das Industrieunternehmen kann in die nachfolgend dargestellten hierarchischen **Strukturebenen** (Planungsebenen) vertikal aufgegliedert werden, wodurch die Komplexität abgebaut und die Transparenz des Planungsobjektes erhöht wird [1.3], [1.9]:

- **Arbeitsplatzstruktur**
  (Konfiguration Arbeitsplatz / Arbeitsstation)
- **Bereichsstruktur**
  (Anordnung Arbeitsplätze / Arbeitsstationen in Bereichen)
- **Gebäudestruktur**
  (Anordnung Bereiche – Fertigung, Montage, Logistik – in Gebäuden)
- **Generalstruktur**
  (Anordnung Gebäude im Werkgelände)

– **Standortstruktur**
  (Anordnung Gebäude im regionalen Wirtschaftsraum)
– **Unternehmensnetzstruktur**
  (Anordnung und Vernetzung von Unternehmen im regionalen bzw. überregionalen/internationalen Wirtschaftsraum).

Die **Fabrikstruktur** wird folglich gebildet durch die Arbeitsplatz-, Bereichs- und Gebäudestruktur bei direkter funktionaler Verknüpfung zur General- und Standortstruktur. Die **Unternehmensnetzstruktur** ist charakterisiert durch die standortübergreifende Vernetzung unterschiedlicher Unternehmen bzw. Leistungseinheiten. Die Fabrik ist unter dem Aspekt der Wertschöpfung folglich nicht als isolierte Einheit zu betrachten, sondern sie bildet einen **Wertschöpfungsknoten** im gesamten **Wertschöpfungsprozess** und ist damit Teil eines **Wertschöpfungsnetzes**. Diese unterliegen einer ständigen Fragmentierung und Neukonfiguration.

Fabriken durchlaufen spezifische **Fabriklebenszyklen**, die bei ganzheitlicher zeitlicher Betrachtung in folgende Phasen gegliedert werden können:

– Entwicklung (Planung Neusystem)
– Aufbau/Realisierung (Koordinierung Gewerke)
– Anlauf/Inbetriebnahme (gestufter Hochlauf)
– Betrieb (Nutzung – Innovationen, Rationalisierung, Instandhaltung)
– Abbau (Weiterverwendung/Sanierung/Verwertung).

Der inhaltliche Charakter und die zeitliche Ausdehnung dieser Phasen innerhalb des Fabriklebenszyklus sind in der industriellen Praxis sehr unterschiedlich. So werden z. B. die Phasen Anlauf und Betrieb charakterisiert durch die Parallelität und die differenzierten Verläufe der Produkt-, Prozess- und Gebäudelebenszyklen. Zu fordern ist daher zur Synchronisation der Abläufe eine **ganzheitliche, durchgängige Fabrikplanungstätigkeit** über den gesamten Fabriklebenszyklus. Eine wesentliche, grundsätzliche Aufgabe dabei besteht in der ständigen Anpassung zwischen den Herausforderungen aus kurzen Lebenszyklen von Produkten und Prozessen (Innovation/Marktturbulenz) und den Erfordernissen aus deutlich länger anzusetzenden Lebenszyklen (Nutzungszeiten) der Fabrikanlage (Gebäude, Anlagensysteme) insbesondere durch eine permanente Sicherung der zu fordernden Flexibilität und Wandlungsfähigkeit des Fabriksystems.

Gegenstand nachfolgender Abhandlungen zur Fabrikplanung sind Fabrikkonzepte für Produktionsprozesse mit diskretem Charakter (Stückprozesse), wie sie für Unternehmen des Maschinen-, Geräte-, Elektronik- und Fahrzeugbaus – folglich in breiten Industriebereichen – typisch sind.

Folgende **Prozessmerkmale** sind prinzipiell anzusetzen:

– Fabrik- bzw. Produktionssysteme werden gebildet aus:
  • (quasi-)statischen Elementen

- Grundstücke
- Gebäude
- Ausrüstungen
- dynamischen Elementen (Flusselemente)
  Stoffflusssysteme
  - Material/Produkte → Material-, Produktfluss
  - Vorrichtungen, Werkzeuge, Prüfmittel → VWP-Fluss
  - Medien (Ver- und Entsorgung, Haustechnik) → Medienfluss
  Personenflusssysteme
  - Mitarbeiter, Besucher → Personalfluss
  Energieflusssysteme
  - Energie (Antriebe, Heizung) → Energiefluss
  Informationsflusssysteme
  - Erfassung, Verarbeitung und Übertragung von Informationen
    → Informationsfluss
  Diese unterschiedlichen **Flusssysteme** sind im Fabriksystem hoch vernetzt, wobei dem Material- bzw. Produktfluss im Regelfall eine dominierende Bedeutung zukommt.

- Ein- oder Mehrstufigkeit von Prozessen (Fertigungsstufen, Verfahrensunterschiedlichkeit), gliederbar in
  - Rohteilefertigung
  - Vorfertigung (Teilefertigung)
  - Baugruppenfertigung (Baugruppenmontage)
  - Erzeugnisfertigung (Endmontage)
  - Sonderfertigungen (z. B. Oberflächenbearbeitung, Wärmebehandlung)
  - Demontageprozesse (Teil- bzw. Komplettzerlegung)

  Fertigungsstufen können z. B. in Bereiche, Abschnitte, Inseln, Fraktale untergliedert sein

- Materialflussvernetzung zwischen den Prozessstufen und innerhalb der Prozessstufen zwischen den Bearbeitungstechniken
- Förder-(Transport-), Lager- und Pufferprozesse innerhalb und zwischen den Prozessstufen (Logistikketten)
- Wert- und Kostenzuwachs mit fortschreitender Prozessstufe (Wertschöpfungskette)

Wesentliche **Produktmerkmale** sind:

- Produktaufbau im Regelfall mehrstufig hierarchisch gegliedert (Erzeugnisgliederung/Stücklistenstrukturen, Auflösungsebenen) in Gleichteile, Variantenteile, Haupt-, Neben- Unterbaugruppen, Montagesätze und -module
- Werkstückform (Teilegeometrie) unterschiedlich – z. B. prismatisch, flach, rotationssymmetrisch

– Produktionsumfang und Wiederholungsgrad charakterisiert durch die Fertigungsarten
  • Einzelfertigung (einmalig/wiederkehrend)
  • Klein-, Mittel- und Großserienfertigung (zyklisch/azyklisch)
  • Massenfertigung.

1.2   Planungsgrundfälle

Fabrikplanungsaufgaben können in fünf Grundfälle gegliedert werden, die sich hinsichtlich Aufgabencharakter, Problemumfang, Schwierigkeitsgrad, Lösungskonzepten und -freiräumen sowie speziellen Inhalten der Planungsmethodik unterscheiden.

Grundfall A: **Neubau Industriebetrieb**

Der Neubau eines Industriebetriebes bildet den (idealen) klassischen Grundfall der Fabrikplanung (Aufbau einer Fertigungsstätte auf der „grünen Wiese") und ist charakterisiert durch:

– hohen zeitlich-inhaltlichen Planungsvorlauf
– globale Vorgaben zu Produktionsprogramm und -entwicklung
– Bestimmung des optimalen Standortes einschließlich infrastrukturelle Einbindung erforderlich
– Generalbebauungsplanung Neugrundstück
– Erzielung optimaler Prozesslösungen aufgrund hoher Freiheitsgrade im Gestaltungsprozess.

Der Anteil von Grundfall A an der Vielzahl industrieller Fabrikplanungsaufgaben ist begrenzt. Im Rahmen der Globalisierung von Märkten und Standorten (Verlagerung, Dezentralisierung, Konzentration) ist allerdings eine Zunahme dieses Grundfalls deutlich erkennbar.

Grundfall B: **Um- und Neugestaltung bestehender Industriebetriebe/Fertigungskomplexe (Reengineering)**

Aufgaben diese Grundfalls bilden den dominierenden Anteil der anfallenden Fabrikplanungsaufgaben und stellen oftmals eine betriebliche Daueraufgabe dar („rollende Fabrikplanung"). Spezielle Merkmale sind:

– Zielsetzungen sind die Rationalisierung und/oder Modernisierung vorhandener Fertigungskomplexe (Strukturerneuerung/Restrukturierung/Fertigungstiefenoptimierung)
– relativ exakte Vorgaben zum Produktionsprogramm und zu dessen zeitlicher Entwicklung sind im Regelfall möglich

– fortlaufende Anpassung der Fertigungskomplexe an Produktionsprogrammveränderungen (Markt) bzw. an kostenwirksame Prozess- und Anlageninnovationen
(Anpassungsplanung/Verlagerungsplanung).

Grundfall C: **Erweiterung bestehender Industriebetriebe/Fertigungskomplexe**

Dieser Grundfall liegt immer dann vor, wenn es primär um die Schaffung erweiterter
Kapazitäten geht, z. B. infolge von Auftrags- und Umsatzwachstum. Verbunden mit
diesen Zielsetzungen sind oftmals Modernisierungen bzw. Rationalisierungen tan-
gierender, bestehender bzw. der zu erweiternden Werkstattprozesse. Merkmale diese
Grundfalls sind:

– Erweiterung führt im Regelfall zur Intensivierung der Flächen- und Raumnutzung
am vorhandenen Standort
– Relativ exakte Vorgaben zum Produktionsprogramm und zu dessen zeitlicher Entwicklung sind im Regelfall möglich
– Erweiterung kann mit Standortbestimmung für Neuaufbau von Zusatzkapazitäten
verbunden sein (vgl. Grundfall A), dann erweitert mit Aufgaben der Generalbebauungsplanung
– Erweiterung kann im Extremfall den vorhandenen Standort des Unternehmens in
Frage stellen und zur Verlagerung bzw. zu Ausgliederungen auf einen Neustandort
führen (z. B. Sortimentsneuzuordnungen zwischen mehreren Standorten).

Grundfall D: **Rückbau von Industriebetrieben/Fertigungskomplexen**

Der Grundfall ist gegeben als Folge von Umsatzrückgang, des Abbaus der Fertigungstiefe, der Auslagerung von Produktionsstufen bzw. der Konzentration auf
Kernproduktprofile. Im Wesentlichen führt dieser Prozess zur Neuanpassung von
Kapazitäten und Strukturen sowohl der Produktionsbereiche als auch der entsprechenden Nebenbereiche (z. B. Instandhaltung, Ver- und Entsorgung) bzw. von indirekten Produktionsbereichen (z. B. Arbeitsvorbereitung, Vorrichtungsbau).

Merkmale dieses Grundfalls sind:

– Neustrukturierung von Produktionsprogrammen (u. U. Integration von Neu- bzw.
Ergänzungsprodukten)
– Redimensionierung (Potenzialabsenkung)
– Neudimensionierung von Produktions- und Logistikausrüstungen (Systemverklei-
nerung)
– Restrukturierung (Potenzialumbau)
– Neustrukturierung der Gestaltungs- und Organisationslösungen der Fertigungs-
komplexe.

Grundfall E: **Revitalisierung von Industriebetrieben (Industriebrachen)**

Dieser Grundfall liegt vor, wenn stillgelegte Industriebetriebe einer neuen industriellen Nutzung zugeführt werden sollen. Mit Revitalisierung wird der spezifische Um-

gestaltungsprozess bezeichnet, er stellt im Kern einen Sanierungsprozess dar [1.12] bis [1.14]. Merkmale dieses Grundfalls sind:

- Neunutzung/Umnutzung Standort
- Abbruch/Sanierung von Flächen- und Raumstrukturen
- Globale/exakte Vorgaben zum Produktionsprogramm
- Restrukturierung/Neugestaltung der Fertigungskomplexe, Gebäudestrukturen
- Erzielung optimaler Prozesslösungen aufgrund hoher Freiheitsgrade im Gestaltungsprozess.

1.3   Merkmale von Fabrikplanungsaufgaben

Fabrikplanungsaufgaben besitzen grundsätzlich einen stark **interdisziplinären Charakter,** hervorgerufen durch die hohe Komplexität und Verschiedenartigkeit der einzubeziehenden Fachdisziplinen. Von Beginn der Planungsaufgabe an ist daher eine betont teamorientierte Zusammenarbeit unterschiedlicher Fachdisziplinen durch das Management zu praktizieren. Je nach Problemlage sind neben den Planungsingenieuren in das **Planungsteam** einzubeziehen:

- Mitarbeiter der Arbeitsvorbereitung (AV)
- Mitarbeiter der Organisationsbereiche (Informations- und Steuerungstechniken, PPS-Anwendung)
- Mitarbeiter kaufmännischer Bereiche (Kostenanalysen, Investitionsrechnungen, Finanzierungsmanagement)
- Bauingenieure, Industriearchitekten (Tiefbau/Hochbau)
- Spezialisten für Sondergewerke (z. B. Heizungstechnik, Klimatisierung, Lüftungstechnik, Ver- und Entsorgungstechniken, Arbeitssicherheit)
- Spezialisten für Planungs- und Entscheidungstechniken (z. B. Anbieter von Simulationstechniken für Fabrik- und Materialflussprozesse, Anbieter von Bau- und Montageablauf-Managementsystemen).

Wesentlich für den Planungsablauf ist, dass in den Fällen baurelevanter Planungsobjekte **Industriearchitekten** als Mitglied des Planungsteams in die Koordinierung (Ablauf) und Integration (Gewerke) verantwortlich eingebunden sind. Deren dazu erforderliche Leistungsphasen sind gemäß der „HOAI-Objektplanung" in den Fabrikplanungsablauf einzuordnen.

Fabrikplanungsaufgaben besitzen im Regelfall typische Merkmale von **Projekten,** d. h., sie sind charakterisiert durch:

- Einmaligkeit, Neuartigkeit und Komplexität der Aufgabenstellung und Problemlage (Unikate-Charakter)
- Abgrenzung der Aufgabenbearbeitung vom Umfeld durch projektspezifisches Management (Projektmanagement)

- projektbezogene Zielvorgaben
- projektbezogene Terminvorgaben und zeitliche Begrenzungen (Meilensteine)
- projektbezogenes Budget (Finanzen, Personal), aufgegliedert auf Etappen der Projektbearbeitung und -umsetzung.

Die Bearbeitung von **Fabrikplanungsprojekten** hat demzufolge entsprechend den Gesetzmäßigkeiten des Projektmanagements zu erfolgen. Durch Wahl zweckmäßiger Formen der Projektorganisation innerhalb der **Aufbauorganisation** des Unternehmens ist die integrierte Bearbeitung und Umsetzung des Projektes zu gewährleisten. Übliche Formen der **Projektorganisation** sind (vgl. z. B. [1.15], [1.16]):

- reine Projektorganisation
- Einfluss-Projektorganisation
- Matrix-Projektorganisation.

Die Projektabwicklung selbst unterliegt den Methoden der Projektplanung, Projektsteuerung und Projektkontrolle. Wesentlich ist dabei die durchgängige Gestaltung des **Projektmanagements**, d. h., das Management umfasst:

- die Erarbeitung von Aufgabenstellungen, Konzepten, Studien, Projekten
- die Sicherung der (gestuften) Entscheidungsfindung
- die Ausführungsplanung des Realisierungsablaufes sowie
- die Projektrealisierung selbst einschließlich des Controlling sowie der Inbetriebnahme- und Übergabeszenarien.

Bei der Bearbeitung von Fabrikplanungsaufgaben besitzt der **Faktor Zeit** eine besondere Bedeutung. Zur Erarbeitung des Lösungsprojektes der Fabrikplanungsaufgabe und dessen Umsetzung in die Praxis ist ein Planungs- und Realisierungszeitraum erforderlich.

Marktdynamik, kurzzyklische Produkt- und Prozessinnovation führen zu Ad hoc Veränderungen von Planungsvorgaben, Projektzielsetzungen und Inbetriebnahmezeitpunkten (Produkteinführung). Daraus leiten sich Zwänge zur Minimierung des Fabrikplanungszeitraumes ab. So wird durch Anwendung von Prinzipien SE (Simultan engineering) bzw. **gleitender Fabrikplanung** versucht, durch Überlappung, Parallelisierung bzw. Vorziehen von Teilkomplexen (z. B. Planung/Realisierung von Teilgewerken) den Planungszeitraum zu verkürzen, obwohl die Bearbeitung der vorauslaufenden Planungsphasen noch nicht abgeschlossen ist. Dabei ergeben sich zwangsläufig Risiken, die Abzuschätzen und einzugrenzen sind.

Neben dieser klassischen Vorgehensweise werden gleiche Zielsetzungen durch Prinzipien der **kooperativen Fabrikplanung** verfolgt. Hierbei werden Planungszeitverkürzungen durch eine synchronisierte, teamorientierte, partizipierte Bearbeitung von Planungstools im engen Zeitraster unter Einsatz spezieller Planungswerkzeuge erzielt (vgl. Abschnitt 1.5.3 und 3.3.4.2).

Der Fabrikplanungsprozess stellt aus methodischer Sicht einen **Transformations-prozess** dar, d. h., es werden Eingangsdaten, z.B. durch Anwendung von Vorschrif-ten, Berechnungsformeln, Variantenentscheide, je nach Problemstellung in Zwi-schen- oder Endergebnisse (Studien, Projekte) und damit in Ausgangsdaten transformiert. Dieser Transformationsprozess vollzieht sich im Regelfall vom Gro-ben zum Feinen sowie stufenweise innerhalb von abgrenzbaren Teilschritten, wobei iterative Durchläufe bei der systematischen Abarbeitung von Teilschritten auftreten können. Der Inhalt des Transformationsprozesses wird dabei durch den Charakter der Teilprozesse bestimmt.

Erfahrungen der Industriepraxis zeigen, dass sowohl die Planung der Fabrikanlage als auch ihre anschließende Nutzung hinsichtlich der angestrebten Zielsetzun-gen und Lösungsgestaltung immer im direkten Wechselzusammenhang zu begrei-fen sind. Zu beachten ist hierbei, dass die **Planungsergebnisse** (quasi-) **stati-schen Charakter** besitzen, die später nur bedingt (bzw. mit hohem finanziellem Aufwand) veränderbar sind, während die Nutzung der Fabrikanlage einen **dyna-mischen Charakter** besitzt, der durch die erforderliche ständige wechselseitige Anpassung von Fabrikanlage und Produktionsaufgabe gekennzeichnet ist. In Kon-sequenz dieser Zusammenhänge ist es erforderlich, bei der Planung der Fabrikan-lage auch gleichzeitig die Erfordernisse der späteren Organisation ihrer Nutzung (z. B. Auswahl und Einsatz von ERP/PPS- bzw. BDE-Systemen) parallel bzw. inte-griert zu bearbeiten. Das heißt, der Fabrikplaner sollte gleichzeitig auch Fabrikorga-nisator sein – legt er doch z. B. mit der Gestaltung des Produktionssystems immer auch erforderliche organisatorische Grundprinzipien fest (vgl. Planungsgrundsatz m in Abschnitt 1.4).

Aus diesem Wechselzusammenhang heraus sind zwei zusammengehörige, aber in-haltlich deutlich unterschiedliche Zeiträume innerhalb des **Fabriklebenszyklus** prinzipiell zu unterscheiden:

Zeitraum der Planung, Realisierung und Inbetriebnahme der Fabrik

- **Fabrikplanungsphase (Fabrikplanung)**
  Hier erfolgt unter Einsatz spezieller Methoden die Vorausbestimmung (Anpas-sung) der erforderlichen Fabrikanlage in Bezug auf ein vorgegebenes Produk-tionsprogramm, d. h., das Produktionsprogramm bestimmt Größe und Struktur der Fabrik.
  (Programm → Fabrik)

Zeitraum der Nutzung der Fabrik

- **Fabriknutzungsphase (Fabrikbetrieb)**
  Hier erfolgt eine ständige Anpassung eines veränderlichen (dynamischen) Pro-duktionsprogramms (z. B. durch Einsatz von PPS-Systemen) an eine vorhandene

(quasi-)statische Fabrikanlage, d. h., die vorhandene Fabrik bestimmt (bei begrenzter Flexibilität und gegebener Wandlungsfähigkeit) das realisierbare Produktionsprogramm.
(Fabrik → Programm)

Fabrikplanungsaufgaben unterliegen oftmals erheblichen Widersprüchen hinsichtlich des Planungszeitpunkts, der erforderlichen Genauigkeit erster Planungsergebnisse (Ausgangsgrößen) und der zu diesem Zeitpunkt möglichen Genauigkeit der Vorgabedaten (Eingangsgrößen). Diesem **Dilemma der Fabrikplanung** liegt die Gesetzmäßigkeit zugrunde, dass die Arbeitsergebnisse erst mit fortschreitender Abarbeitung der Fabrikplanungsaufgabe schrittweise präziser werden. Andererseits müssen oftmals schon in frühen Planungsphasen Planungsergebnisse z. B. zum Flächen- und Raumbedarf bekannt sein, um rechtzeitig Immobilienaktivitäten, Gebäudeabklärungen und Investitionsabschätzungen vornehmen zu können. Im Extremfall (z. B. bei Neuplanung) müssen diese Informationen schon zu einem Zeitpunkt bekannt sein (z. B. für die Grundstücks- bzw. Gebäudeauswahl), bei dem Ergebnisse der Konstruktion und Arbeitsvorbereitung der geplanten Produktsortimente noch nicht vorliegen (was z. B. aus Gründen des moralischen Verschleißes der Konstruktionslösung auch nicht sinnvoll wäre). In diesen Fällen wird zunächst mit Kennzahlen, Analogievergleichen, Schätzungen gearbeitet, die natürlich den später möglichen exakten Planungsergebnissen (z. B. Flächenbedarf der Werkstätten) weitgehend entsprechen müssen. Auch wird hier die Bedeutung des Erfahrungsraumes der Planungsingenieure deutlich, die im Regelfall vor der Aufgabe stehen, in einer frühen Planungsphase Festlegungen und Vorgaben zu treffen, die erst in späteren Planungsschritten begründet werden können.

Werden das mögliche, äußerst breite Aufgabenspektrum (vgl. Abschnitt 1.2) sowie die Vielzahl ständiger interner und externer Unternehmenseinflüsse (z. B. Zwang zur Rationalisierung/Produktinnovationen) auf den Fabrikplanungsprozess betrachtet, so ist festzustellen, dass Fabrikplanungsaufgaben Daueraufgaben im Unternehmen darstellen – dann auch als **rollende Fabrikplanung** bezeichnet (vgl. Abschnitt 1.1). Für produzierende Unternehmen ist es überlebensnotwendig, ständig eine wirtschaftliche Produktion durch eine permanente Anpassung der Fabrikanlage an die aktuellen Produktionserfordernisse zu sichern. In kleineren und mittleren Unternehmen werden üblicherweise spezielle Dienstleister zur Lösung von Fabrikplanungsaufgaben herangezogen, während größere Unternehmen eigene Fabrikplanungsbereiche haben, durch die unternehmensinterne, aber auch unternehmensexterne Aufgaben der Fabrikplanung abgedeckt werden.

Wesentliche **Arbeitsergebnisse** bzw. -inhalte von Planungs-, Realisierungs- und Inbetriebnahmeaktivitäten können z. B. sein:

Planungsphase: Aufgabenstellungen (AST), Studien, Lastenhefte, Konzepte (Feasibility-Studien), Analysen, Projekte (Varianten), Funktionsbeschreibungen, Berechnungen, Nach-

weise, Layout-Darstellungen, Funktions- und Anordnungs-
modelle, Standortpläne, Generalbebauungspläne, Einrich-
tungspläne

Realisierungsphase: Aufgabenstellungen (Ausschreibungen), Lastenhefte, Angebotsbewertungen und -auswahl, Bauablaufpläne, Um-
zugspläne, Pläne zum Projektmanagement (Projektorganisation, Gewerke- und Terminabläufe, Kapazitätsbedarfe,
Abstimmungspflichten), Inbetriebnahmeetappen

Inbetriebnahmephase: Inbetriebnahme- und Abnahmeprotokolle, Qualitäts und
Schutznachweise, Leistungsnachweise (Anfahrphase),
Aufwandsübersichten-Gewerke.

Deutlich wird, die Arbeitsergebnisse des komplexen Fabrikplanungsprozesses
sind hinsichtlich Inhalt, Bearbeitungszeitraum, Verwendungszweck und Genauigkeit
äußerst vielgestaltig. Auch wird erkennbar, dass ihre Erarbeitung einer systematischen Problemlösungslogik unterliegen muss (vgl. Abschnitt 2).

Fabrikplanungsaufgaben sind aufgrund ihrer hohen Komplexität sehr anspruchsvolle
Problemstellungen. Zwei grundsätzliche, planungsmethodisch unterschiedliche Vorgehensweisen der Bearbeitung sind möglich:

- **analytische Vorgehensweise** (Top-down-Ansatz)
  Prinzip ist – Planung vom Ganzen (Fabrik) zum Detail (Ausrüstung/Bereich) bzw.
  „Grob zu Fein"
- **synthetische Vorgehensweise** (Bottom-up-Ansatz)
  Prinzip ist – Planung vom Detail (Arbeitsplatz/Bereich) zum Ganzen (Gebäude/
  Standort).

Verbreitet in der planungsmethodischen Anwendung ist der Top-down-Ansatz. Er sichert durch eine systematische Zerlegung die Bearbeitung der Aufgaben in abgestimmten Einzelkomplexen bei Einhaltung des Gesamtansatzes. Allerdings hat die
Praxis gezeigt, dass der kombinierte Einsatz beider Prinzipien (Down-up-Planung)
anzustreben ist (wie z. B. in [1.17] gezeigt), um zu sichern:

- Integration nutzender Bereiche in den Planungsprozess (Planung „von oben" und
  partizipiert „von unten")
- „optimaler" Prozess bestimmt maßgeblich Standort und Bauhülle (möglichst nicht
  umgekehrt !).

Darauf basierend betonen neue methodische Ansätze wieder synthetische Prinzipien,
wobei gesetzt wird auf (vgl. z. B. [1.17], [1.18], [1.19]):

- Teamorientierte Planung in Szenarien
- Planung von unten (Vor-Ort-Prozess) zum Gesamtprozess bei Sicherung Gesamt-
  optimum
- Einsatz planungsunterstützender Werkzeuge.

Je komplexer und komplizierter die Fabrikplanungsaufgabe ist, desto zwingender, aber auch schwieriger wird es, abgrenzbare Einzelelemente und Wechselbeziehungen eindeutig zu ordnen, als Voraussetzung für eine systematische und überschaubare Bearbeitung. Bei der Aufgabenanalyse ist es daher methodisch zweckmäßig, durch gezielte **Elementarisierung** und **Abgrenzung** (Schnittstellenbildung) von Teilaufgaben eine stufenweise Durchdringung und Ordnung des Aufgabenkomplexes zu sichern.

Im Prozess der Bearbeitung von **Fabrikplanungsaufgaben** sind zu unterscheiden:

– **Methodenbereich der Fabrikplanung**
  Hier sind einzuordnen alle Fabrikplanungsmethoden (z. B. Berechnungs- und Planungsverfahren, Kennzahlensysteme) sowie Fabrikplanungswerkzeuge (z. B. 2D/3D – Simulationstechniken, virtuelle Planungs- und Darstellungstechniken, räumliche/bildhafte Modelle).

– **Objektbereich der Fabrikplanung**
  Hier ist die Vielzahl unterschiedlicher Planungsobjekte (Typ, Anzahl, Strukturen), die zur Funktionserfüllung erforderlich sind (z. B. Bearbeitungstechniken, Logistikelemente, Gebäudesysteme, Ver- und Entsorgungstechniken, Neben- und Hilfsanlagen), einzuordnen.

1.4 Planungsgrundsätze

Zur Sicherung einer effektiven Bearbeitung von Fabrikplanungsaufgaben und zur Erfüllung der vorgegebenen Zielstellungen (Aufwand, Termine, Zeiträume, Qualität) ist die Einhaltung der nachfolgend dargestellten, allgemein anerkannten **Planungsgrundsätze** (Gesetzmäßigkeiten der Fabrikplanung) unerlässlich. Diese Grundsätze sind aus theoretischen Analysen abgeleitet, durch eine Vielzahl praktischer Erfahrungen der Projekterarbeitung bestätigt, enthalten aktuelle Neuanforderungen an den Planungsablauf und sichern eine wissenschaftliche Planungsmethodik.

Planungsgrundsätze sind:

a) **Wertschöpfungsanalyse**
  Planungsgrundlage (bei Projektbeginn) sollte immer eine durchgängige kritische Analyse der Leistungs- bzw. Wertschöpfungsketten der Produkte sein (Wertschöpfungsdifferenzierung). Das heißt, die Planung ist primär auszurichten an der Wertschöpfungskette. Wertschöpfende Prozesselemente (Bearbeitungsschritte) sind hochrationell und flexibel zu gestalten, nicht wertschöpfende Prozessschritte (Logistikfunktionen) sind möglichst zu minimieren bzw. zu vermeiden.

b) **Ganzheitliche Planung**
  Jede Fabrikplanungsaufgabe besteht aus einer Vielzahl miteinander verflochtener unterschiedlicher Teilaufgaben, die wiederum zahlreichen inner- und außer-

betrieblichen Einflüssen unterliegen. Die Lösung dieser Teilaufgaben darf nicht isoliert erfolgen, sondern muss immer durchgängig bei ganzheitlicher Problembetrachtung durchgesetzt werden, sodass eine Ausrichtung auf das Gesamtziel der Fabrikplanungsaufgabe gesichert ist.

c) Stufenweises Vorgehen (Iteration)

Zur Sicherung zielorientierter und systematischer Abläufe von Fabrikplanungsaufgaben ist die stufenweise, gegebenenfalls auch parallele bzw. überlappende Bearbeitung von abgrenzbaren, logisch geordneten Teilschritten (Funktionen) der Planungsaufgabe unerlässlich. Dabei ist prinzipiell von Grob- zu Feinplanungsinhalten (d. h. in Stufen steigender Konkretisierung) zu planen, Teilschritte sind möglichst eindeutig abgrenzbar zu gestalten und in Stufenfolge – also nacheinander bearbeitbar – ablauforientiert zu gliedern. Im realen Planungsablauf ergeben sich dabei oftmals fließende Übergänge, iterative Rückläufe und zeitliche Überschneidungen (Parallelisierung) der Teilaufgaben.

d) Visualisierung

Die Darstellung bzw. Veranschaulichung von Planungsergebnissen sowohl von Teil- bzw. Zwischenergebnissen als auch von komplexen Projektlösungen ist entscheidend insbesondere zur Sicherung abgestimmter, wiederspruchsfreier und verteilter Zusammenarbeit unterschiedlicher Fachgruppen – aber auch zur Sicherung verständlicher, überzeugender und funktionsgerechter (kollisionsfreier) Lösungspräsentation z. B. vor Entscheidungsträgern.

Hierzu sind neben 2-D-Darstellungen (Schemata, Layoutdarstellungen, Modellschablonen), 3-D-Darstellungen z. B. räumliche Modelle (Prozessmodelle, Funktionsmodelle – vgl. Beispiel in Abschnitt 8.2) insbesondere auch innovative IT-Systeme zu nutzen. Dabei kommen z. B. parametrisierbare realitätsnahe virtuelle Räume im Rahmen digitaler Fabrikmodelle (z. B. Videoanimationen) zur Anwendung, aber auch teambasierte, interaktive Planungstechniken (vgl. Abschnitt 3.3).

e) Wirtschaftlichkeit der Planung

Aktivitäten der Fabrikplanung erfordern erhebliche Kosten, insbesondere für das einzusetzende Planungspersonal, und sind damit in Ihrem Umfang prinzipiell zu begrenzen (Budgetierung). Unter diesem Aspekt sind aufwandseitige Überplanungen (Überbesetzung), aber auch Unterplanungen (Unterbesetzung) zu vermeiden.

Der realen Abschätzung des erforderlichen Planungsaufwandes (Größe Projektteam, Etappen des Zeitvorlaufes, Teamzusammensetzung) einer Fabrikplanungsaufgabe kommt größte Bedeutung zu. Dabei ist auch zu beachten, dass eine wesentliche Kostenbeeinflussung der Projekterarbeitung auch in den konzeptionellen Phasen am Planungsanfang liegt, woraus besondere Anforderungen an das in diesen Phasen tätige Planungspersonal (Integration von Erfahrungsträgern) abzuleiten sind.

f) Variantenprinzip

Im Regelfall lässt jede Lösung einer Fabrikplanungsaufgabe mehrere sinnvolle Lösungsvarianten zu, insbesondere auch der Entwurf mehrerer konkreter Ausführungsvarianten. Die prinzipiell anzustrebende Aufweitung des Lösungsraumes durch Variantenbildung muss als bewusst erwünschte Vorgehensweise begriffen und praktiziert werden. Damit wird eine kritisch-schöpferische Auseinandersetzung mit der Lösung, mit Alternativen und mit Einflüssen erzwungen, sodass im Ergebnis ein fundierter Lösungskompromiss in Form einer Vorzugsvariante abgeleitet werden kann. Damit wird eine weitgehend zielsichere Lösungsfindung erreicht, die als Basis für fundierte Entscheidungsprozesse im Rahmen des Fabrikplanungsablaufes anzusehen ist.

g) Notwendigkeit der Idealplanung

Innerhalb der Schrittfolge zur Lösungsfindung sollte immer eine „kompromissfreie Ideallösung" (Idealplanung) die Ausgangsbasis der nachfolgenden Bestimmung von realisierbaren Lösungsvarianten bilden (Realplanung). Durch diesen methodischen Grundsatz wird ein objektiver Beurteilungsmaßstab (Vergleichsbasis) hinsichtlich des Zielerreichungsabstandes der Realvariante zur Idealvariante gesichert, sodass erforderliche Niveauabweichungen detailliert erkennbar werden. Die Begründung des erforderlichen Lösungskompromisses im Rahmen der Projektverteidigung bzw. Entscheidungsfindung wird damit fundiert möglich.

h) Sicherung von Projekttreue

Der Zeitraum zur Bearbeitung von Fabrikplanungsaufgaben kann Wochen, in speziellen Fällen Monate, auch Jahre betragen – das Planungsergebnis wiederum kann z. B. hinsichtlich der eingesetzten Gebäudestrukturen eine Lebensdauer von 15 bis 30 Jahren auch deutlich darüber haben. Signifikante Änderungen am Planungsprojekt (Verlassen der *Projekttreue*), sowohl in der Planungs- als auch in der Realisierungsphase, sollten nachträglich nur dann zugelassen werden, wenn erkannte Projektfehler vorliegen oder zwischenzeitlich wesentliche Neuanforderungen zwingend zu berücksichtigen sind. Dabei sind die Konsequenzen auf den bereits erarbeiteten Projekt- bzw. Realisierungsstand umfassend zu berücksichtigen.

Die erforderliche Flexibilität in diesem Planungsprozess wird insbesondere durch möglichst kurze Planungszeiträume der Fabrikplanung z. B. in Form „gleitender", „rollender" bzw. partizipierter Fabrikplanung erreicht. Eingriffe werden mit fortschreitendem Planungsablauf folgenschwerer (der Änderungsaufwand steigt). Eingriffsfristen bzw. Redaktionsschlusstermine (z. B. „point of no return") sind daher – wenn möglich – festzulegen.

i) Sicherung von Flexibilität/Wandlungsfähigkeit

Von besonderer Bedeutung ist die Forderung nach *Flexibilität und Wandlungsfähigkeit* der Projektlösung (Planungsergebnis), insbesondere auch unter dem Aspekt sinkender Lebensdauer von Produkten und Prozessen sowie der Globalisierung von Produktionsprozessen. Durch eine bewusst gestaltete Projektflexibilität soll eine begrenzte Anpassungs- und Wandlungsfähigkeit der Projektlösung gegenüber wechselnden Produktionsbedingungen bzw. Eingriffen gesichert werden. Diese Forderungen können u. a. erreicht werden durch (vgl. auch Abschnitt 1.5.5):

- sorgfältige, vorausschauende Planungstätigkeit (mittel- und langfristig)
- Modularisierung und Standardisierung von Bearbeitungs-, Logistik-, Flächen- und Raumelementen bei flexibler Kopplung und Installation
- gezielte Überdimensionierung ausgewählter Systemelemente (z. B. Kapazitäten, Ver- und Entsorgungsleistungen, Flächen- und Raumgrößen, Nutzlasten). Zu beachten sind allerdings die erforderlichen finanziellen Mehraufwendungen (Vorleistungen) zur Sicherung der Flexibilität.
- Einsatz flexibler Industriebaustrukturen z. B. in Form von Zeitbauwerken bei temporärer Nutzung (Demontage und Wiederverwendbarkeit) stützenarmer Industriegroßhüllen (vgl. Abschnitt 7.2).

j) Komplexität der Arbeitsinhalte

Fabrikplanungstätigkeit ist Teamarbeit von Anfang an. Typisch ist die frühzeitige Zusammenführung von Fabrikplanungsingenieuren z. B. mit Industriearchitekten, Bauingenieuren sowie mit Spezialisten der Klima- und Lüftungstechnik, der Verfahrens- und Entsorgungstechnik. Dieser interdisziplinäre Charakter der Fabrikplanung ist bewusst in das Projektmanagement der Planungsaufgabe einzubeziehen (vgl. auch Planungsgrundsatz b).

k) Ordnung und Vereinheitlichung

Fabrikplanungsaufgaben sind in eine Vielzahl unterschiedlicher Teilaufgaben gliederbar (vgl. Grundsätze a, b und c). Ihre Lösung ist nur möglich, wenn der Gesamtzusammenhang aller Teilaufgaben erkennbar bleibt. Daher gilt für den Planungsingenieur der Grundsatz: „Sichere die Ordnung und vereinheitliche", um dadurch komplizierte und komplexe Aufgabenstellungen überschaubar zu halten.

Folgende Aspekte sind dabei zu beachten:

- Beherrschung eine gemeinsamen Sprach- und Begriffswelt unterschiedlicher Fachleute im Team
- Durchsetzung der Elementarisierung und Strukturierung von Aufgaben (vgl. Abschnitt 1.3)
- Anwendung bausteinorientierter Planungs- und Projektierungsweise
- Begrenzung auf sinnvolle Variantenbreiten der einzusetzenden Ausrüstungs- und Bauobjekte
- Orientierung an Baustandardmaßen (Industrieraster, Maßketten).

l) Dezentralisierung/Partizipation

Die Dezentralisierung von Aufgaben ist u. a. ein Weg zum Komplexitätsabbau durch Verlagerung (Delegation) von Planungsinhalten bzw. Entscheidungen zu

den Orten der Wirkungen und Erfahrungen. Sowohl bei Groß- als auch bei Klein-
projekten wird verstärkt – insbesondere für Entscheidungen in der Grob-, Fein-
und Ausführungsplanung – in den Planungsebenen Arbeitsplatz-, Bereichs und
Gebäudestrukturen (vgl. Abschnitt 1.1) eine Partizipation der „vor Ort" Mitarbeiter im interdisziplinären Planungsteam angestrebt. Deren direkte Einbindung in
die Planungsrunden (Workshops) beabsichtigt Erfahrungsnutzung, aktive Mit-
gestaltung, praxisnahe Entscheidungsfindung und Akzeptanz der Lösung (vgl.
Abschnitt 3.3.4.2).

m) Funktionsintegration Fabrikplanung/Fabrikbetrieb

Die Erarbeitung der Projektlösung der Fabrikplanungsaufgabe (Fabrikplanung)
impliziert auch immer die Beachtung von Erfordernissen deren „späterer" Nutzung (Fabrikbetrieb). Zu beachten ist hierbei, in der Systemplanung werden z. B.
Prozessstrukturen, Anordnungen und Vernetzungen (Layout), Lagertechniken
und -größen, Logistikprinzipien bestimmt, mit denen zwangsläufig auch spezifische Anforderungen für die in der Systemnutzung durchzusetzende Ablauforganisation (Informationsflüsse, Datenstrukturen, Kriterien PPS- und BDE-Systeme, spezifische Software-Module – z. B. Lagerverwaltung) festgelegt sind. Das
heißt, erforderliche Prinzipien, aber auch das Niveau der späteren Ablauforganisation werden schon in der Planungsphase vorbestimmt. Weiterhin gilt – Prinzipien der einzusetzenden Systeme der Ablauforganisation haben wiederum auch
Rückwirkungen (Anforderungen) an die Systemplanung (z.B. Organisationsprinzipien, Datenverfügbarkeit).

Daraus folgt – die Bearbeitung von Fabrikplanungsprojekten erfordert gleichermaßen die integrierte bzw. parallele Bearbeitung von spezifischen funktionellen
Fachinhalten sowohl der Fabrikplanung als auch des Fabrikbetriebes bei Beachtung der dargestellten Wechselzusammenhänge. Das heißt, der Fabrikplaner ist
auch gleichzeitig Fabrikorganisator.

1.5 Entwicklungstendenzen

1.5.1 Grundprinzipien

Das Fachgebiet Fabrikplanung ist durch eine Vielzahl von Einflüssen aus Globalisierung, Kosten- und Zeitdruck, Marktturbulenzen, Innovationen in den Ausrüstungs-
und Informationstechniken, neuen Anforderungen durch Mensch und Umwelt in Industriepraxis und Wissenschaft unmittelbar beeinflusst. Daraus leiten sich erkennbar
vielfältige Entwicklungstendenzen im Fachgebiet ab, die einen Wandel in speziellen
Teilen des **Objekt-** und **Methodenbereiches der Fabrikplanung** verursachen. So
sind innovative Wirkungen sowohl auf die spezifische Gestaltung von Ausrüstungs-
und Gebäudetechniken als auch auf Strategien, Planungs- und Entscheidungsmetho-

den und Werkzeuge zu verzeichnen. Nachfolgend werden daher auf die Vielzahl der Fachliteratur Bezug nehmend spezielle begrifflich-inhaltliche Fachkomplexe in stark gekürzter Form angeführt um diese Entwicklungen deutlich zu machen.

1.5.2 Globale Fabrikplanung

Tendenzen überregionaler, internationaler – teils weltweiter – Vernetzung (Globalisierung) von Beschaffungs-, Produktions- und Lieferprozessen bei zunehmend marktnahen Produktions- bzw. Fabrikstandorten erfordern Fabrikplanungsprojekte für international verteilte Standorte unterschiedlicher Kulturen. Verbreitet sind dabei solche internationalen Vorhaben, die von einem Stammhaus (Unternehmenszentrale) ausgehend initiiert und geführt werden (Planungsgrundfälle A, B, C).

Spezifische Aspekte und Besonderheiten in der Planung und Realisierung solcher Vorhaben sind (vgl. z. B. [1.20] bis [1.22]):

– Einbindung Neustandort in Produktions- und Logistiknetzwerk (Stammsitz, Planungszentrale) des Unternehmens, Einordnung in Produktionsverbünde, Bedeutung der Logistik (international) steigt beträchtlich
– Genaue Analysen – Gesamtheit/Teileelemente der Wertschöpfungskette zuordnen – Stammwerk/Neustandort
– Soziale und kulturelle Standards sowohl in Planung (Planungsteam) als auch bei Realisierung beachten
– Glaubenseinflüsse (Religion) auf Industriearchitektur, Gebäude- und Bereichsanordnung, Sozialbereiche, Farbgestaltung u. a. von Bedeutung
– Deutlich veränderte Arbeitsmotivation, Arbeitsplatz- bzw. Unternehmensbindung beachten
– Oftmals angestrebt zur Vereinfachung von Planung, Betriebsanlauf, Schulung – Fabrikstrukturgleichheit (Stammsitz/Neustandort) durch Spiegelung der Strukturen
– Klimatisierungsaufwand ganzer Produktionskomplexe erforderlich
– Interkulturelles Training aller beteiligten Kulturen (Planungsteam, Führungs- und Produktionskräfte) erforderlich
– Standortanalysen sind unter erweiterten spezifischen Aspekten erforderlich (vgl. Abschnitt 6), wie z. B. kulturell-mentale Aspekte, Arbeitskräfteeignung (Brauchtum), Klimaanforderungen, Arbeitsbelastung (Grenzen), Arbeitskräftean- und -abtransport, Umweltanforderungen, Ver- und Entsorgungsmöglichkeiten, nationale und internationale Verkehrslogistik, Schulungs- und Sprachanforderungen (vor Ort / Stammhaus)
– Projektmanagement zentral (Stammhaus) und dezentral (vor Ort) im international gemischten Team (vor Ort Führungskräfte-Schulung) realisieren.
– Informationstechniken und Software-Systeme sind zu spiegeln bei Serveranbindung zum Stammhaus

– Besonderheiten der Genehmigungs- bzw. Zulassungsprozesse vor Ort (Zeiträume, Gesetze, Partnerzuständigkeiten) erfassen
– Analysen zu Stärken und spezifischen Eigenarten der Partner vor Ort (z. B. Gewerke Bauausführung, Bauplanung, Service) realisieren.

1.5.3 Kooperative Fabrikplanung

Dem steigenden Druck auf Verkürzung der **Planungszeiten** (bzw. den erforderlichen Planungsvorläufen) kann u. a. durch den Methodenansatz „Kooperative Fabrikplanung" entsprochen werden. Hierbei ist Grundprinzip – die zielorientierte Synchronisation aller beteiligten Disziplinen bei betont kooperativer Zusammenarbeit gemäß der Planungssystematik unter bewusster Abkehr (Dämpfung) einer rein sequentiellen Vorgehensweise im Planungsprozess (vgl. [1.18], [1.19]).

Grundvoraussetzungen sind auch hier die Fachkenntnisse aller wesentlichen Planungsbeteiligten hinsichtlich Planungssystematik und -inhalten, erforderlichen Datenbasen und Entscheidungslogiken um so einen sachgerechten Planungsablauf zu sichern. Für abgestimmte definierte Planungstools (Funktionsinhalte, Schnittstellen gemäß Planungssystematik – vgl. Abschnitt 2) erfolgt dabei deren Bearbeitung in begrenzten Zeitfenstern (z. B. Tagesrhythmen) bei enger Abfolge verzahnter Planungs-Workshops. Diese beinhalten z. B. geführte Fachdiskussionen, Bewertung von Vorschlägen (Varianten), Berechnungen, virtuelle Darstellungen, Modellpräsentationen, Planungsspiele u. a., die zu Sofortentscheidungen im interdisziplinären Team führen, die dann zu dokumentieren sind als Plattform für den Folgeplanungstool. Das heißt, durch Planungsrunden mit flexiblen Workshop-Charakter bei frühzeitiger Zusammenführung unterschiedlicher Fachkompetenzen im **partizipativen Planungsteam** erfolgt eine zeitlich eng gestaffelte aber gebündelte Abarbeitung inhaltlich komplexer Planungstools mit gestuften Entscheidungen. In den Fällen erforderlicher örtlich (inhaltlich) verteilter kooperativer partizipierter Planung (national/international) ist der Einsatz von Fabrikplanungs-Assistenzsystemen zur Sicherung der Koordination und Integration des Planungstools vorzusehen (vgl. [1.23], sowie Abschnitt 3.3.4.2).

Je nach Planungsgrundfall (vgl. Abschnitt 1.2) ist eine simultane, auch versetzt parallele Realisierung von Planungstools z. B. bezogen auf die **Fabrikstrukturplanung** (Logistik, Prozesse, Gebäude, Organisation) und **Bauplanung** (Tragwerk, Hülle, Stützen, Medien, Ausbau) möglich, sodass hier sowohl durch Bildung kooperativer partizipierter Planungsteams als auch durch Parallelisierung von Planungsprozessen unter Nutzung von Synergieeffekten eine deutliche Planungszeitverkürzung nachweisbar wird (auch als **synergetische Fabrikplanung** bezeichnet, vgl. [1.25] und [1.26]).

1.5.4 Digitale Fabrik

Notwendigkeiten der Planungszeitverkürzung, breiter Variantenplanung, Einbau und Testung von Wandlungsfähigkeit, Sicherung von Anlaufprozessen, bis hin zu Forderungen nach Durchgängigkeit von Produktentwicklung und Prozessplanung einschließlich der Prozesseinpassung in die Bauhülle erfordern den Einsatz innovativer informationstechnischer Werkzeuge.

Die **Digitale Fabrik** stellt ein solches **Planungswerkzeug** dar und kann (nach [1.26]) wie folgt charakterisiert werden:

Die Digitale Fabrik bildet den Oberbegriff für ein komplexes Netzwerk von digitalen Modellen, Methoden und speziellen Werkzeugen (2D/3D-Visualisierung, Simulation), die durch ein durchgängiges Datenmanagement integriert sind. Ziele sind die Schaffung eines virtuellen Abbildes einer geplanten oder realen Fabrik, die eine durchgängige Visualisierung und Simulation von Fabrikstrukturen und -prozessen ermöglicht, diese mithilfe realer Planungsdaten (Produkte, Prozesse, Gebäude) digital darstellbar und veränderbar macht, ohne dass ein reales System vorhanden ist bzw. verändert wird. Daraus folgt, komplexe interaktive Experimente im virtuellen Raum (Umplanungen, Logistikeingriffe, Programmvariationen, Neuauslegung Gebäude u. a.) bei Sicherung Kollisionsfreiheit und Prozessoptimierung sind Zielsetzungen. Der Einsatz von Systemen Digitaler Fabrik ist im Regelfall der Art, dass im Fabrikplanungsprozess, deutlich vor der Realisierung die geplante Projektlösung virtuell abgebildet und gezielt getestet wird – z. B. im Rahmen von Methoden kooperativer Fabrikplanung durch Prozessanimationen, virtuelle Kameraflüge. Die Vielzahl erzielbarer positiver Effekte sind z. B. hohe Planungsgeschwindigkeit, hohe Planungsqualität, Fehler- und Anpassungsumfang sinken, Risiken werden eingrenzbar, große prüfbare Variantenbreiten, Flexibilität und Wandlungsfähigkeit können gezielt getestet und implementiert werden (vgl. [1.27], [1.28]).

Systeme der Digitalen Fabrik bilden im Planungsprozess eine interaktive, integrierende **Kommunikationsplattform** und sind damit ein latent verfügbares wesentliches Werkzeug (Assistenzsystem) für **virtuelle, teambasierte Fabrikplanungsprozesse**. Vision dabei ist – Maximalplanung im Raum virtueller Realität.

Eine wesentliche Grundlage der Digitalen Fabrik bildet die Sicherung folgender durchgängiger, aktueller Datenkomplexe:

- **Daten Technologiesystem** (Produkte/Prozesse): z. B. Stückzahlen, Sortimente, Stücklisten, Arbeitspläne, Logistikelemente
- **Daten Raumsystem:** Diese Daten bilden die Basis zur Darstellung von Layout- und Raumstrukturen (2D/3D) und zur Einpassung von Fertigungs- und Logistikanlagen in bestehenden Gebäudestrukturen. Ihre Erfassung ist z. B. durch Einsatz mobiler Laserscanner (optische Messsysteme) – wie in [1.24] dargestellt – gegeben, die durch eine Raumdigitalisierung gewonnen werden.

Der zweite Datenkomplex ist für die planungsaktuelle Digitalisierung bestehender Fabriken von besonderer Bedeutung (Planungsgrundfall B, C), bei Neuplanungen (Planungsgrundfall A) wird von skalierbaren Modellen, Raummodulen (vordefinierte Bausteine/Schnittstellen) ausgegangen.

1.5.5 Wandlungsfähige Fabrik

In den Folgen von Globalisierung, Dynamik und Turbulenz von Märkten, Produkten und Technologien ergeben sich deutlich veränderte Anforderungen sowohl an das bestehende Fabrik- bzw. Produktionssystem als auch an die Fabrikplanungsprozesse.

Unternehmensexterne Faktoren (Diversifikation, Produktwandel, Stückzahl- und Sortimentsverschiebungen, Kundenstrukturwandel, Wettbewerberagilität, innovative Technologien) aber auch **unternehmensinterne Faktoren** (Produktoffensiven, Fertigungstiefenoptimierung, Sortimentszuordnung, Störungen/Engpässe im Produktionsablauf) stellen in diesem Veränderungsszenario **Wandlungstreiber** dar. Diese erzwingen zur Sicherung der Wirtschaftlichkeit des Unternehmens dessen spezifische, permanente bzw. zyklische Anpassungsfähigkeit. Das heißt, es sind spezifische Potenziale zur Gewährleistung dieser **Wandlungsfähigkeit** bereitzustellen. Hierbei fällt dem Fabrikplanungsprozess eine Schlüsselrolle zu, muss doch schon im Planungsprozess proaktiv (!) die erforderliche Wandlungsfähigkeit in das Fabriksystem implementiert werden, um möglichst über die gesamte Fabriklebensdauer eine zukunftsrobuste Wandlungsfähigkeit zu sichern.

Zu beachten ist, Begriff und Inhalte der **Wandlungsfähigkeit** schließen Erfordernisse der **Flexibilität** ein (vgl. Zielfelder der Fabrikplanung – Abschnitt 1.1) gehen aber inhaltlich deutlich über diese hinaus. Diese Systemeigenschaften sind wie folgt charakterisiert (vgl. z. B. [1.4], [1.5]):

- unter *Flexibilität* ist eine vordefinierte installierte (aktivierbare) taktische Fähigkeit von Produktions- und Logistikprozessen zu verstehen, die eine elastische, reaktive Anpassung an veränderte Produktionsbedingungen in der Arbeitsplatz- und Bereichsebene ermöglicht, ohne das substanzielle Veränderungen erforderlich sind
- Unter *Wandlungsfähigkeit* ist das über den vordefinierten Spielraum der Flexibilität hinausgehende Potenzial einer Fabrik zu verstehen, das die taktische Fähigkeit ermöglicht, notwendige reaktive/proaktive Anpassungen aufgrund geplanter und ungeplanter externer oder interner Einflüsse unter geringem Aufwand über alle Strukturebenen der Fabrik zu sichern.

Die Flexibilität ist begrenzt auf Veränderungsfähigkeiten wie z. B. Umrüstbarkeit, Rekonfigurierbarkeit, Verfahrenssubstitution, Kapazitätsaufweitung, Logistikinnovation, begrenzten Eingriffe in Materialflussstrukturen. Sie ist kurzzeitig aktivierbar und beruht folglich auf den Grundstrukturen der Fabrikgestaltung.

Die Wandlungsfähigkeit umfasst erweiterte Anpassungsräume bezüglich:
– Komplexität Produktions- und Logistikprozesse und -systeme
– Gestaltung und Strukturierung von Gebäudesystemen einschließlich der Gebäudeinfrastruktur
– Systeme der Ablauf- und Aufbauorganisation.

Die Wandlungsfähigkeit erfasst damit die Gesamtheit und Komplexität vernetzter Prozess- und Gebäudestrukturen.

Die Sicherung von schnell abrufbarer Wandlungsfähigkeit wird durch in das Fabrik- bzw. Produktionssystem eingebaute Potenziale (Fähigkeiten) gesucht. Die Wandlungsfähigkeit wird auf die unterschiedlichen Strukturebenen einer Fabrik (vgl. Abschnitt 1.1) bezogen, wobei dann Wandlungsanforderungen (Adaptionsbedarfe) und Wandlungsfähigkeit unterschiedlich, ebenenbezogen definiert sind. Werden z. B. Standort und Generalstrukturen als statisch angesetzt, dann sind die Wandlungsfähigkeit der Arbeitsplatz-, Bereichs- und Gebäudeebene als die permanent dominanten Ebenen anzusehen, durch die ausschließlich die Wandlungsfähigkeit zu realisieren ist (vgl. z. B. Grundfälle B, C in Abschnitt 1.2).

Von diesen Grundzusammenhängen ausgehend wurden eine Vielzahl von Beiträgen bzw. methodischen Ansätzen zur Planung und Realisierung von Wandlungsfähigkeit – bei begrenzt unterschiedlichen Schwerpunktsetzungen – erarbeitet (vgl. z. B. [1.3] bis [1.5], [1.10], [1.11], [1.45]).

So werden in [1.3] die **Fabrikmodularisierung** als Kernansatz vorgestellt um Wandlungsfähigkeit zu entwickeln. Dabei wird die Fabrik als ebenenbezogenes (hierarchisches) System betrachtet, dem Fabrikmodule (Schnittstellen) zugeordnet werden. Den Modulen (Bereichen) sind wandlungsbefähigende Eigenschaften zu implementieren wobei Module maßgeblich durch die sie bildenden Elemente (Bestandteile) bestimmt werden.

Wandlungsbefähigende Eigenschaften sind:
– Universalität (Aufgaben-, Funktions- und Anforderungsbreite)
– Kompatibilität (örtliche Beweglichkeit/Vernetzungsfähigkeit)
– Skalierbarkeit (Erweiterungs- oder Reduzierbarkeit)
– Modularität (Strukturaufbau).

Diese Eigenschaften (Ausprägungen) sind für alle Module bzw. Elemente abzuleiten für die Gestaltungsbereiche – Betriebsmittel, Raum- und Gebäudetechnik, Organisation. In [1.3] werden dazu Detaillösungen und Praxisanwendungen vorgestellt.

In den methodischen Ansätzen von [1.10], [1.11] wird ein ganzheitlicher Lösungsansatz basierend auf einem spezifischen integrativen **Modularkonzept** entwickelt, das der Gestaltungslogik PLUG + PRODUCE folgt.

Das Konzept basiert auf einer strikten Trennung von **Produktionssystem** (Subsysteme: Fertigung, Montage, Logistik, Prozesstechnik) und **Gebäudesystem** (Subsysteme: Tragwerk, Hülle, Innenausbau, Haustechnik).

Methodisch setzen (in Anlehnung an Prinzipien aus dem Erzeugnisentwicklungs-
prozess) Modularisierungs- und Standardisierungskonzepte (Baukastenprinzip, Bau-
reihensystematiken, Plattformkonzepte) spezifische Anforderungen sowohl im Me-
thoden- als auch im Objektbereich. Ziel ist eine Methodik zur Gestaltung und
Konfiguration modularer Fabrikstrukturen aufbauend auf einer Baustein bzw. Bau-
kastensystematik. Das heißt, standardisierte Fabrikbausteine (Komponenten, Module) werden nach einem spezifischen Modularkonzept (PLUG + PRODUCE) in
Verbindung mit einem konstruktiv bedingten, ordnenden Rastersystem konfiguriert
zum Fabrik- bzw. Produktionssystem. Der Ansatz PLUG + PRODUCE verfolgt hierbei das Prinzip, nachdem mobile, modulare Fabrikbausteine aufwandsarm, ohne Störungen des Fabrikbetriebes integriert, separiert oder substituiert werden können.
Diese Konfigurations- und Rekonfigurationsprozesse unterliegen den Zielsetzungen
– reaktionsschnelle Eingriffe bei kurzzeitigem Hochlauf. Wie in [1.10] dargestellt,
ist die Entwicklung und Realisierung von „Fabrikbaukästen" als eine wesentliche
Basis dieses Ansatzes anzusehen.

Insgesamt wird erkennbar, dass Ansätze zur Gewährleistung von Wandlungsfähigkeit
auch neue konstruktive Entwicklungsanforderungen z. B. an Bearbeitungs- und Logistiksysteme, an Gebäudesysteme sowie an Ver- und Entsorgungstechniken setzen.

1.5.6 Fraktale Fabrik

Dieser Strukturierungsansatz von *Warnecke* [1.6], [1.29] geht ebenfalls vom erkennbaren Paradigmenwechsel in den Umfeldbedingungen von Industrieunternehmen
aus. Er basiert auf Analogiebetrachtungen zwischen biologischen und produktions-
technischen bzw. sozio-technischen Systemen und überträgt Folgerungen auf die
spezifische Gestaltung von Fabrikstrukturen.

Zielsetzung dieses Ansatzes ist die Problemlösung durch Abkehr bzw. Korrektur tra-
ditioneller Denkansätze und -haltungen d. h., die Einleitung mentaler Veränderungen
in der Problembetrachtung. Neue visionär-strategische Denkansätze als Voraussetzung zur Ableitung veränderter Prinzipien und Methoden der Fabrikstrukturierung bilden den Kern des Lösungsansatzes.

In Erweiterung von Strukturierungsprinzipien zur Komplexitätsminimierung
(z. B. Ansatz der Fertigungssegmentierung – vgl. Abschnitt 4.1) stellt der Ansatz
„Fraktale Fabrik" ein Konzept dar, das die in industriellen Prozessen vorhandene
Komplexität und Dynamik bewusst in Wettbewerbsvorteile umzusetzen sucht. Hohe
Materialfluss- und Informationsvernetzung, Vielschichtigkeit von Einflüssen und
nur begrenzte Vorherbestimmbarkeit von Entwicklungen werden nicht ignoriert oder
z. B. durch Vereinfachungen „gedämpft" (z. B. durch deterministische Ansätze), sondern sind bewusst dem Lösungsansatz zugrunde gelegt.

Kerninhalt des Konzeptes ist: Die Fabrik (Produktionseinheit) wird grundsätzlich als
ein in einem turbulenten Umfeld agierender lebender und lernender Organismus ver-

standen und diesem Verständnis entsprechend als **Fraktal** (lat. „fractus" = gebrochen, fragmentiert) bezeichnet. Dem folgend wird definiert [1.6]: „Fraktale stellen **selbstständig agierende Unternehmenseinheiten** dar (Fraktale Fabrik), deren Ziele und Wirkungen eindeutig abgrenzbar sind." Fraktale Fabriken werden aus der Zusammenfassung von netzartig, flexibel kooperierenden Fraktalen bei hoher Informations- und Kommunikationsintensität gebildet. Diese stellen ganzheitlich offene, vitale Systeme dar und sind selbstoptimierend hinsichtlich Ablaufgestaltung und Zielerreichung.

Wesentliche **Grundmerkmale von Fraktalen** sind [1.6], [1.30], [1.31]:

– **Selbstähnlichkeit**
  Abläufe und Strukturen der Leistungserstellung sind vieldimensional (Struktur- und Funktionsunterschiede) und folgen widerspruchsfrei den Unternehmenszielen durch Formen selbstähnlicher Zielausrichtung. Die Fraktale verfolgen selbstständig gleichgerichtete Ziele (Zielsymmetrie).

– **Selbstorganisation**
  Fraktale unterliegen inneren Anstößen zur Optimierung von Abläufen und Strukturen (operativ, taktisch, strategisch). Das Verhalten der Fraktale ist durch kontinuierliche selbstständige Optimierung und Weiterentwicklung der inneren Prozesse charakterisiert.

– **Vitalität und Dynamik**
  Vitalität ist als Fähigkeit zu verstehen, durch kontinuierliche Analysen interner und externer Faktoren im turbulentem Umfeld erfolgreich zu agieren. Dynamik hingegen ist Ausdruck von kurzfristiger Anpassungs- bzw. Veränderungsfähigkeit interner und externer Beziehungsgeflechte (Strukturanpassung).

Bei ganzheitlicher, ebenenbezogener Betrachtung fraktaler Strukturen ist eine Schichtung in sechs Ebenen möglich (vgl. Ebenenkonzept in [1.30]). Bezüglich der für Ansätze zur Fabrikstrukturplanung wesentlichen „Prozess- und Materialflussebene" können folgende Entwicklungsrichtungen „fraktaler Strukturierung" abgeleitet werden:

– Integration von Wechselwirkungen übergreifender Aspekte (strategischer, wirtschaftlicher, kultureller Art) in die Strukturierung von Fabrik- und Produktionssystemen
– Aufbau überschaubarer Produktionsbereiche (Fraktale) geringer Komplexität und hoher Funktionsintegration, konsequenter Produkt- und Prozessbezug orientiert an der Wertschöpfungskette, Aufbau von Kunden-Lieferanten-Beziehungen
– Abbau der Komplexität von Logistikprozessen, Erhöhung deren Transparenz und Beherrschbarkeit durch Vereinfachung (Klein- und Einfachsysteme).

Elemente und Lösungsansätze fraktaler Strukturierung sind in der Industriepraxis in unterschiedlichen Formen realisiert. Komplexe Praxislösungen und Erfahrungen der methodischen Umsetzung werden z. B. in [1.29], [1.32], [1.33], [1.34] vorgestellt.

2 Fabrikplanungssystematik

2.1 Planungsablauf

Der Fabrikplanungsablauf wurde schon frühzeitig in inhaltlich-methodisch abgrenzbare und logisch strukturierte **Planungsphasen** gegliedert (vgl. z. B. [1.2], [2.1] bis [2.8]). Grundlagen dafür waren:

- industriepraktische Erfordernisse und Anwendungserfahrungen von Planungsobjekten
- systemtheoretische Methoden und Grundsätze allgemeiner Problemlösungszyklen.

Planungsphasen enthalten definierte Planungsinhalte, wobei im Regelfall die nachfolgende Planungsphase auf den Ergebnissen der vorauslaufenden Planungsphase aufbaut, diese weiterführt und konkretisiert oder auch iterativ korrigiert. Planungsphasen werden zeitlich gestuft abgearbeitet und können entsprechend ihrem Umfang hinsichtlich Planungsinhalt in unterschiedlicher Feinheit bzw. Anzahl definiert werden. So sind in der Fachliteratur hinsichtlich Anzahl, Benennung und Detaillierung unterschiedlich strukturierte Fabrikplanungsabläufe bekannt geworden (z. B. [1.2], [2.1], [2.2]), wobei sich allerdings hinsichtlich der Systematik des planungsmethodischen Vorgehens eine **generalisierende, verallgemeinerungsfähige Planungssystematik** herausgebildet hat, wie in Abb. 2.1 dargestellt ist.

Zielsetzungen der Konzeption von Planungssystematiken waren die Sicherung eines systematischen, schrittweisen Problemlösungsablaufes bei der Erarbeitung von Konzepten bzw. Projekten (als Entscheidungs- bzw. Ausführungsdokumente) durch Vorgabe funktionell-logisch systematisierter und inhaltlich definierter **Planungsphasen**. Insbesondere aufgrund des hochkomplexen Charakters von Fabrikplanungsaufgaben und der möglichen unterschiedlichen Fabrikplanungsgrundfälle (vgl. Abschnitt 1.2) waren die Formalisierung und Systematisierung des Fabrikplanungsprozesses zwingend notwendig.

Dem industriell tätigen Fabrikplanungsteam ist damit ein **zielführendes methodisches Leitprinzip** zur Unterstützung der systematischen Lösungserarbeitung und -umsetzung vorgegeben. Dieses bildet den **Ordnungsrahmen** im Planungsablauf.

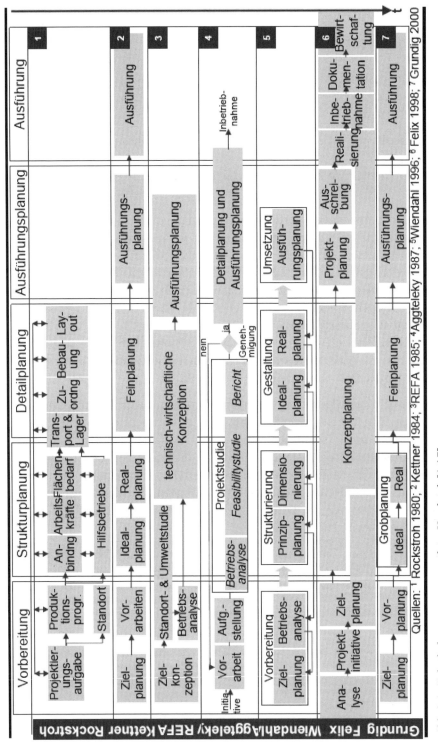

Abb. 2.1: Fabrikplanungssystematik im Vergleich [1.17]

Eine stark vereinfachende, aber sehr anschauliche Darstellung des Fabrikplanungsablaufes ist mit der in Abbildung 2.2 dargestellten Fabrikplanungspyramide (in Anlehnung an *Aggteleky* [2.3]) gegeben. Folgende **Prinzipien des Planungsprozesses**
sind erkennbar:

– Der Fabrikplanungsprozess ist in drei komplexe Planungsphasen gegliedert und
  umfasst dabei den Gesamtprozess von Zielplanung bis Ausführung (Realisierung)
  des Planungsobjektes einschließlich der Inbetriebnahmeaktivitäten.

– Als Planungsphasen werden unterschieden:
  • **Zielplanung**
    (Schaffung von Planungsgrundlagen)
  • **Konzeptplanung**
    (Erarbeitung von Konzepten/Projektstudien)
  • **Ausführungsplanung**
    (Feinplanung des Realisierungsablaufes und der Inbetriebnahme).

– Ziel- und Konzeptplanung werden durch Entscheidungsschritte abgeschlossen,
  wobei z. B. folgende Entscheidungen möglich sind:
  • Abbruch der Planungsaktivitäten
  • Freigabe zur Fortführung ohne Eingriffe
  • Freigabe zur Fortführung, aber mit Korrekturen am erreichten Erarbeitungs-
    stand, z. B. durch aktuelle Neueinflüsse.

Damit werden formale Rückgriffe in vorgelagerte Ausgangsgrößen und Arbeitsergebnisse erforderlich (Modifikationen), sodass der iterativ-zyklische Charakter
dieses Planungsablaufes deutlich wird (Schleifenprozess). Aber auch der interne
Ablauf in den Planungsphasen selbst ist durch einen betont iterativ-zyklischen Charakter gekennzeichnet – entsprechend den Gesetzmäßigkeiten von Problemlösungs-
prozessen.

Der dargestellte Fabrikplanungsprozess macht folgende **Gesetzmäßigkeiten** deutlich:

– Mit fortschreitendem Planungsablauf steigt der erforderliche Problemlösungs-
  umfang bzw. die Bearbeitungsbreite der Aufgaben im Sinne detaillierterer, brei-
  terer und interdisziplinärer Ergebnisse (Pyramidenstruktur)
– Projektbearbeitungskosten steigen mit fortschreitendem Planungsablauf (Anzahl
  und Größe der Projektteams)
– Planungs- bzw. Entscheidungsfehler in frühen Planungsphasen besitzen auf
  Planungsablauf und Planungskosten erheblichen Einfluss, d. h., insbesondere die
  Inhalte z. B. der Planungsphase *Zielplanung* sind besonders hochwertig zu bearbeiten.

Eine präzisierte und sehr verbreitete Darstellung der Fabrikplanungssystematik ist mit der Anwendung des **6-Phasen-Modells der Fabrikplanung** (nach *Kettner* [2.2]) gegeben (vgl. auch [1.1]. In diesem Planungsmodell, an das die nachfolgende Problemdarstellung angelehnt ist, erfolgt die Gliederung des Fabrikplanungsprozesses in **sechs Planungsphasen**. Diese sind in Abb. 2.3 in ihrer funktionell bedingten Ablauffolge dargestellt. Einer verbreiteten Begriffsanwendung folgend, können diese Planungsphasen vier charakteristischen **Planungskomplexen** zugeordnet werden.

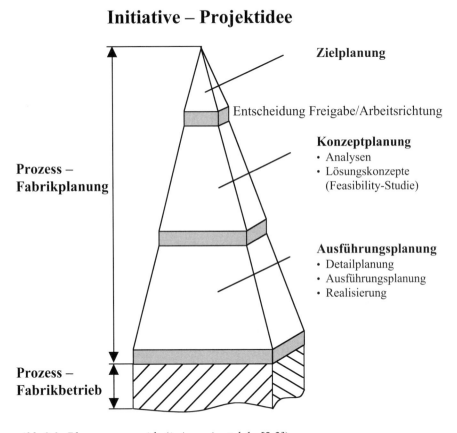

Abb. 2.2: Planungspyramide (i. A. an Aggteleky [2.3])

Weiterhin ist eine Charakterisierung der Planungsinhalte der Planungsphasen durch Zuordnung zu **Planungsaktivitäten** – wie in Abb. 2.3 erkennbar – möglich. Eine detaillierte inhaltliche Strukturierung der Planungsphasen erfolgt in Abschnitt 2.2.

Planungskomplexe	**Planungsphasen**	Planungsaktivitäten – Grundtyp –
(A) Planungsgrundlagen ⟶ Aufgabenstellung (AST)	1. **Zielplanung** 2. **Vorplanung**	Initiierung, Analyse Konzipierung
(B) Fabrikstruktur-planung (Konzeptplanung) ⟶ Projektstudien/ Konzepte (Feasibility-Studie)	3. **Grobplanung** 3.1 Idealplanung ⟶ Lösungskonzepte (idealisiert) - - - - - - - - - - - - - - 3.2 Realplanung ⟶ Lösungsvarianten (real)	Synthese
(C) Ausführungs-projektierung (Detailplanung) ⟶ Projekt (ausführungsreif)	4. **Feinplanung**	Integration
(D) Projektumsetzung ⟶ Ausführungs-unterlagen ⟶ Fabrik-/ Produktions-system	5. **Ausführungsplanung** 6. **Ausführung**	Realisierung

Abb. 2.3: Zuordnung von Planungskomplexen, Planungsphasen und Planungsaktivitäten im Fabrikplanungsablauf (6-Phasen-Modell)

Die **Planungskomplexe** decken folgende Planungsinhalte und -ergebnisse ab:

(A) Planungsgrundlagen

Erfassung von Ziel- und Problemfeldern (kurz-, mittel-, langfristig), Analyse der Ausgangslage und Erstellung von Planungsgrundlagen
Planungsergebnis: – Aufgabenstellungen (AST)
                   – Pre-Feasibility-Studie

(B) Fabrikstrukturplanung

Entwurf, Bewertung und Auswahl alternativer Konzepte (Varianten) von Fabrikstrukturen für Bearbeitungs-, Montage- und Logistikprozesse. Fabrikstrukturplanung beinhaltet damit die Auswahl, Dimensionierung, Anordnung und Kopplung von Funktionseinheiten (Ideallayout) und deren anschließende Integration in reale Flächen- und Raumstrukturen (Reallayout).
Planungsergebnis: – Lösungskonzepte/Projektstudien (Planungsbericht)
                   – Feasibility-Studie

(C) Ausführungsprojektierung

Detaillierte Feinplanung der durch Unternehmensentscheidung festgelegten Vorzugs-(Realisierungs-)Variante bis zur Ausführungsreife.
Planungsergebnis: – Projekt

(D) Projektumsetzung

Planung und Realisierung von Beschaffungs-, Bau-, Einrichtungs-, Installations-, Umzugs- und Inbetriebnahmeprozessen.
Planungsergebnis: – Planungsunterlagen (Bauablauf)
                   – Inbetriebnahmekonzept (Anlauf-/Hochlaufphase)
                   – Fabrikstruktur (Projekt realisiert)

Die funktionelle Trennung der Planungskomplexe (B) und (C) ergibt sich aus inhaltlichen, entscheidungsformalen und projektaufwandsbezogenen Gründen. So umfasst die Erarbeitung von Projektstudien im Rahmen der Fabrikstrukturplanung nur eine begrenzte Bearbeitungstiefe („So genau wie nötig") ganz entsprechend dem Charakter der zugeordneten Planungsphase *Grobplanung*. Ergebnisse dieses Planungskomplexes dienen zunächst nur zur Absicherung der Auswahl und Entscheidungsfähigkeit der Lösungsvariante hinsichtlich Fortführung (Korrektur) oder Abbruch des Planungsprozesses. Erst nach der Entscheidung zur Planungsfortsetzung erfolgt in der sich anschließenden Planungsphase *Feinplanung* die aufwendige Detailplanung der Entscheidungsvariante bis zur Ausführungsreife. Zwischen beiden Planungsphasen ist der „point of no return" zu setzen. Deutliche Eingriffe in den Planungsprozess vor dem „point of no return" sind üblich, Eingriffe danach führen allerdings zu aufwendigen Veränderungen (und u. U. zu Planungsverzug) und sind daher aus Aufwandsgründen zu vermeiden.

Hinsichtlich der funktionellen Inhalte der **Planungskomplexe** wird deutlich: Der eigentliche Lösungsentwurf erfolgt innerhalb der Fabrikstrukturplanung. In diesem Planungskomplex liegt der innovative Schwerpunkt im Fabrikplanungsablauf. Eine nähere inhaltliche Betrachtung von Planungskomplexen und Planungsphasen zeigt, dass diese – bei unterschiedlicher Gliederung und Detaillierung – prinzipiell durch funktionell-inhaltlich zusammengehörige bzw. abgrenzbare Planungsinhalte charakterisiert sind.

In Abb. 2.3 wurde weiterhin eine Zuordnung von **Planungsaktivitäten** [2.5] zu den Planungsphasen vorgenommen. Diese markieren in abstrahierender Form den Charakter der grundlegenden Planungstätigkeiten innerhalb der Planungsphasen. Folgende typische spezifische Aktivitäten von Planungstätigkeiten sind zu unterscheiden (vgl. auch Abb. 2.3):

– **Initiierung**
   Auslösung – Projektidee
– **Analyse**
   Erfassung, Festlegung, Verdichtung, Interpretation
– **Konzept**
   Entwurf grundsätzlicher Lösungsprinzipien, Variantenauswahl, Konkretisierung Aufgabenstellung
– **Synthese**
   Umsetzung der Lösungsprinzipien in Lösungsvarianten (deduktiver Entwurfsablauf)
– **Integration**
   Einordnen, Einpassen, Abstimmen.

Diese Planungsaktivitäten werden in einer logischen Abfolge bearbeitet (Problemlösungszyklus), Detaillierung und Aggregierung der Daten und Ergebnisse steigen mit dem Planungsfortschritt, Schleifendurchläufe zur Daten- und Ergebniskonkretisierung sind der Regelfall.

Weiterhin ist in Abb. 2.3 eine Aufgliederung der Planungsphase *Grobplanung* in folgende **Teilplanungsphasen** erkennbar:

– **Idealplanung**
   Erarbeitung funktionsbezogener, idealisierter **Lösungskonzepte** durch Auswahl, Dimensionierung und Anordnungsoptimierung von Funktionseinheiten
– **Realplanung**
   Anpassung idealisierter Lösungskonzepte durch funktionell-räumliche Integration in reale Flächen- und Raumstrukturen bei Variantenbildung und -bewertung sowie Auswahl der Vorzugsvariante.

Im Ergebnis der Grobplanung liegen reale **Lösungsvarianten** des Planungsobjektes vor.

In Abb. 2.4 sind die sechs **Planungsphasen** in einem inhaltlich erweiterten Zusammenhang dargestellt, wobei spezielle Ergebnisformen sowie die Einordnung von **Standort-** und **Generalbebauungsplanung** angeführt sind. Zu unterscheiden ist: Liegen die Fabrikplanungsgrundfälle A oder C vor (vgl. Abschnitt 1.2), ist dabei die integrierte Bearbeitung von Problemstellungen der Standort- bzw. Generalbebauung erforderlich – dann als „**Fabrikplanung im erweiterten Sinn**" bezeichnet. Entfallen jedoch diese Problemstellungen, wie bei den Fabrikplanungsgrundfällen B, D und E im Regelfall üblich, so wird der Planungsprozess als „**Fabrikplanung im engeren Sinn**" bezeichnet.

Die Planungsphasen in Abb. 2.3 und 2.4 besitzen generalisierenden Charakter und sind von hoher Verallgemeinerungsfähigkeit. Zu beachten ist allerdings bei industrieller Anwendung, dass die Planungssystematik aufgrund der möglichen Vielgestaltigkeit der Planungsaufgabe (Industriezweig, Unternehmensgröße, Planungsgrundfall, Problemumfang, Zeitdruck) nur als **grobes methodisches Leitprinzip** verstanden werden kann. Bearbeitungstiefe und -umfang der Planungsphasen sind problemspezifisch variabel anzusetzen. Prinzipiell besitzt der Planungsablauf sequentiell-iterativen Charakter. Die inhaltliche Abarbeitung der Planungsphasen erfolgt stufenweise, teilweise zeitlich-inhaltlich überlagert sowie bei ständiger Rückkopplung im Rahmen erforderlicher Entscheidungen (Schleifenprozesse).

Das mögliche Niveau hinsichtlich der konsequenten Einhaltung der **Fabrikplanungssystematik** (6-Phasen-Modell) ist folglich immer im direkten Zusammenhang mit der Fabrikplanungsaufgabe zu sehen, wobei gelten sollte: Je aufwendiger, umfangreicher und komplizierter das Planungsvorhaben ist, desto konsequenter ist ein systematischer und detaillierter Planungsablauf durchzusetzen. Industrieerfahrungen zeigen, dass gerade umfangreiche Planungsaufgaben die parallele bzw. zeitversetzte Bearbeitung einer Vielzahl unterschiedlicher Teilaufgaben (Module) der Planungsphasen durch unterschiedliche Fachteams erfordern, z. B. bei Anwendung von **Prinzipien des Simultaneous Engineerings (SE)**. Gerade dann ist eine systematische und funktionell-inhaltlich abgestimmte Vergabe, Koordinierung und Zusammenführung dieser Aktivitäten (Schnittstellengestaltung) zwingend erforderlich (vgl. Abschnitte 1.3 und 1.5.3).

Grundanforderungen an den **Fabrikplanungsablauf** sind:

– Vorliegen des Produktions- bzw. **Leistungsprogramms,** strukturiert in folgende Parameter:
  • qualitativ – Produktarten, Sortimente
  • quantitativ – Stückzahlen, Umsatzgrößen, Wiederholgrade
  • zeitlich – Monats-, Quartals-, Jahresgrößen (Bezugsgrößen), mittel-, langfristige Entwicklungen – Trendberechnungen

– Einhaltung bzw. Durchsetzung des **phasenbezogenen Planungsablaufes**. Dabei sind als kreatives Kernstück dieses Prozesses die Planungsphase *Grobplanung*, funktionell bedingt unterteilbar in Ideal- und Realplanung (vgl. Planungsgrundsatz g in Abschnitt 1.4), anzusehen, da in dieser Phase der eigentliche Entwurf von Lösungsvarianten erfolgt (Fabrikstrukturplanung). Dadurch ergeben sich entsprechende Anforderungen an den Personaleinsatz (Erfahrungsträger) sowie die erforderlichen innovativen Planungstechniken (z. B. Simulationstechniken, virtuelle, partizipative Planungstools, vgl. Abschnitte 3.3.4.2 sowie 5).

– Einhaltung der **Zeit- und Kostenlimite** in den einzelnen Planungsphasen entsprechend den budgetierten Rahmenvorgaben. Dabei sind Kosten- bzw. Aufwandsgrößen sowohl für das eigentliche Planungsobjekt als auch für den Fabrikplanungsprozess budgetiert vorzugeben bzw. einem ständigen Controlling zu unterziehen.

In Abb. 2.3 wird dargestellt, dass die **Teilplanungsphasen** Ideal- und Realplanung durch Planungsaktivitäten mit synthetisierenden bzw. integrierenden Inhalten charakterisiert sind. In einer weitergehenden Präzisierung können diesen Teilplanungsphasen **vier Kernfunktionen** der Planungs- bzw. Projektierungssystematik zugeordnet werden. Diese Kernfunktionen wurden von *Rockstroh* [2.10], *Woithe* [2.4], *Schmigalla* [2.5], *Wirth* [2.11] in den Projektbearbeitungsablauf eingeführt und stellen **Kernfunktionen der Fabrikstrukturplanung** dar. Sie definieren spezielle, funktionell abgrenzbare Bearbeitungsinhalte und sind wie folgt charakterisiert:

Idealplanung (Systemsynthese)

– **Funktionsbestimmung**
  Bestimmung der technologischen Funktionen der erforderlichen Elemente (Bereiche, Ausrüstungen) und der funktionellen Prozesszusammenhänge des geplanten Fabrik- bzw. Produktionssystems.
  Hier erfolgt die Festlegung der erforderlichen Verfahren bzw. Ausrüstungen und die Ableitung deren funktioneller Kopplung (Operationenfolge – Produktfluss).

– **Dimensionierung**
  Ermittlung von Typ und Anzahl der zur Funktionserfüllung erforderlichen Elemente.
  Hier erfolgen Berechnungen zu erforderlichen Ausrüstungs-, Flächen-, Personalsowie von Ver- und Entsorgungsbedarfen.

– **Strukturierung**
  Festlegung einer funktionsgerechten technisch-organisatorisch und betriebswirtschaftlich günstigen räumlichen Anordnung und Kopplung der Elemente des Fabrik- bzw. Produktionssystems.

Hier erfolgt die Bestimmung von räumlichen Anordnungsformen der Elemente, maßgeblich basierend auf den Kopplungsrelationen zwischen den Elementen (Planung – Ideallayout).

Realplanung (Systemintegration)

– Gestaltung

Funktionsgerechte Einordnung bzw. Anpassung der Elementestrukturen an reale Flächen- und Raumstrukturen (Teilsysteme/Gesamtsystem) bei Zuordnung von Logistikelementen sowie Abstimmung zum Umfeld.

Hier erfolgt im Wesentlichen die Layoutanpassung (Ideal- zu Reallayout) bei Variantenbildung, -bewertung und -auswahl und Abstimmung zum Umfeld (Absatzmarkt, Ausrüstungslieferer, Einrichtungsplaner). Varianten realisierbarer Lösungen werden erarbeitet (Planung – Reallayout).

Abb. 2.4 zeigt weiterhin, dass der Einordnung der Planungsfelder **Standort- und Generalbebauungsplanung** in die Planungssystematik eine differenzierte Abhängigkeit zukommt. Folgendes ist zu beachten:

– Standort- und Generalbebauungsplanung setzen im Regelfall Ergebnisse der Fabrikstrukturplanung voraus und können daher erst nach Vorliegen von Ergebnissen der Realplanung begründet erfolgen. Daraus resultiert die entsprechende Zuordnung in Abb. 2.4 (vgl. auch Abschnitt 6 und 7).

– Liegen jedoch z. B. die Fabrikplanungsgrundfälle A bzw. C vor (Neubau/ Erweiterung, vgl. Abschnitt 1.2), dann werden sehr frühzeitig Vorgaben zu Flächen- bzw. Raumgrößen erforderlich (Immobilienmanagement). Zeitparallel bzw. vorgezogen zur Fabrikstrukturplanung hat die Standortklärung zu erfolgen. Diese ist daher in Abb. 2.4 der Planungsphase *Vorplanung* zugeordnet. Insbesondere bei Fabrikplanungsgrundfall A ist oftmals diese frühe Planungssituation dadurch charakterisiert, dass detaillierte Angaben zu technologischen und mengenmäßigen Strukturen der (mittelfristigen) Produktionsprogramme nicht vorliegen. Arbeitsgrundlage sind in diesen Fällen Kennzahlen, Schätzgrößen, Analogievergleiche u. a.

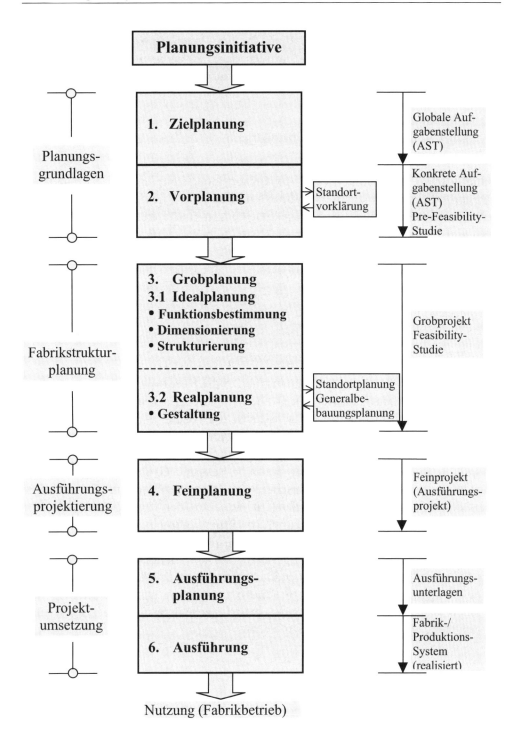

Abb. 2.4: Planungsphasen der Fabrikplanung (6-Phasen-Modell)

Diese Beispiele der ablaufbezogenen Einordnung von Planungsaufgaben in die Fabrikplanungssystematik machen deutlich, dass im Planungsprozess oftmals mit **unscharfen Vorgabegrößen** gearbeitet werden muss. Es ist erforderlich, wesentliche Entscheidungen teilweise unter Unsicherheiten zu treffen. Insbesondere solche Entscheidungen wie

– Standortfragen
– Gebäudewahl (Flächen- und Raumstrukturen)
– Ausrüstungsinvestitionen (Kapazitäten)

stehen oftmals im Spannungsfeld von Entscheidungszeitpunkt und vorhandener Datengrundlage. Überlagert wird diese Entscheidungssituation durch Unsicherheiten mittel- und langfristiger Entwicklungstrends – insbesondere der Markt-, Absatz- und Produktionsprogrammentwicklung. Neben spezifischen Möglichkeiten von Trendanalysen spezieller Entwicklungsparameter (Vorgabegrößen) wird versucht, vorhandene Planungsunsicherheiten zu kompensieren durch

– Forderungen zur Flexibilität (Wandlungsfähigkeit) der Lösung (vgl. Planungsgrundsatz i in Abschnitt 1.4), aber auch durch
– das Einbringen von Erfahrungswissen des Planungsingenieurs

in die Entscheidungslage der Planungsprozesse.

Ausgehend von Abb. 2.3 und 2.4, sind in Abb. 2.5 die **Kernfunktionen** und Bearbeitungsinhalte der Planungsphasen *Grob-* und *Feinplanung* schematisiert und ablaufbezogen dargestellt [1.19]. Erkennbar ist, dass die Lösungsentwicklung in aufeinander aufbauenden, präzisierenden Schritten erfolgt und somit dieser Ablauf den Planungsgrundsätzen „Grob zu Fein" bzw. gestufter Planung (vgl. Abschnitt 1.4) entspricht. Auch wird aus Abb. 2.5 deutlich, dass die **Grobplanung** (auch als *Konzeptplanung* bezeichnet)die entscheidende Planungsphase zum Entwurf von Lösungsprinzipien und -varianten darstellt. Sie deckt den eigentlichen Entwurfsprozess ab und wird daher auch als **Fabrikstrukturplanung** bezeichnet. Damit wird der schöpferische Anteil gerade dieser Planungsphase am Gesamtprozess der Fabrikplanung mit entsprechenden Folgerungen auf den fachkompetenten Personaleinsatz und das Projektmanagement deutlich. Die sich anschließende Planungsphase *Feinplanung* enthält die detaillierte **Feinplanung** (auch als *Detailplanung* bezeichnet) der zu realisierenden Vorzugs- bzw. Entscheidungsvariante bis zur Ausführungsreife (Ausführungsprojekt).

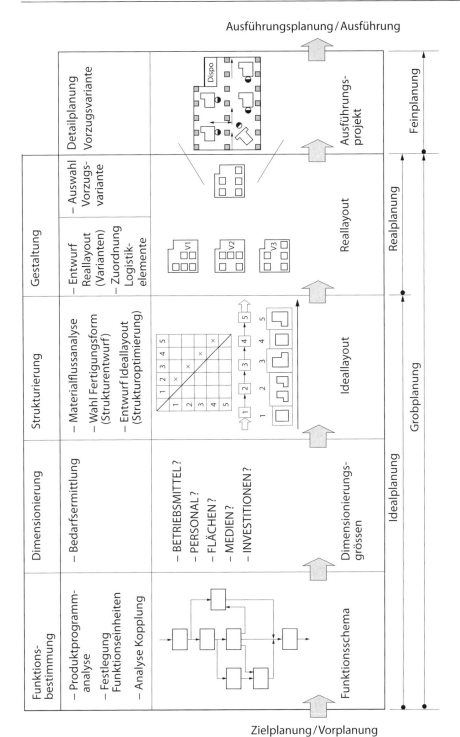

Ausführungsplanung / Ausführung

Zielplanung / Vorplanung

Abb. 2.5: Kernfunktionen der Fabrikstrukturplanung [1.19]

2.2   Planungsphasen

Ausgehend von Abb. 2.4, wurde in Abb. 2.6 eine präzisierte, betont anwendungs-
orientierte Darstellung der durchgängigen Fabrikplanungssystematik vorgenommen.
Den Planungsphasen bzw. Teilplanungsphasen wurden detaillierte **Planungsinhalte**
(Bearbeitungsschritte und Entscheidungsebenen) zugeordnet, sodass konkrete Planungsinhalte (Aufgabenkomplexe) abgeleitet werden können. Deutlich wird auch in
Abb. 2.6, dass die Bearbeitung der Planungsinhalte stufenbezogen mit Überlappungen, gegebenenfalls mit Rückkopplungen bei erneuter Bearbeitung, erfolgt. Gesetzte
Entscheidungsschritte sind gezielt vorzubereiten. Auch zeigt der Planungsablauf
hinsichtlich der Inhalte eine zunehmende Detailliertheit, Genauigkeit, Interdiszi-
plinarität und Umsetzungsrelevanz.

Im industriellen Planungsablauf sind Überlappungen bzw. Parallelisierungen von
Planungsphasen erforderlich, so z. B. zwischen den Planungsphasen 4, 5 und 6, d. h.
von Planungs- und Realisierungsaktivitäten. Eine vorgezogene, überlagerte Bearbeitung nach den Prinzipien „**gleitender Planung**" erfolgt unter den Zwängen möglichst kurzer Planungs- und Realisierungszeiten der Planungsobjekte. Prinzipien des
Simultaneous Engineerings (SE) bzw. auch virtuelle Planungsmethoden (z. B. Prinzipien Digitaler Fabrik, kooperative Fabrikplanung – vgl. Abschnitt 1.5) finden hier
Anwendung. Praxiserfahrungen bestätigen in den überwiegenden Fällen, dass zum
Planzeitraumende des Fabrikplanungsvorhabens Bearbeitungszeiträume und Termine gefährdet sind.

Wesentliche Inhalte der **Planungsphasen** sind (vgl. Abb. 2.6 sowie Abschnitt 2.1):

1. **Zielplanung**
   Vorstellung/Präsentation der Projektinitiative durch Erarbeitung von globalen
   Ziel- und Aufgabenstellungen (AST)

2. **Vorplanung**
   Erarbeitung von Planungsgrundlagen durch Analyse von Ausgangslage, Zielrea-
   lität und Entscheidungstrends, Konkretisierung von Aufgabenstellungen (AST),
   Erarbeitung von Pflichtenheften/Lastenheften

3. **Grobplanung**
   3.1 Teilplanungsphase **Idealplanung**
       Planung von idealisierten Lösungskonzepten im Ergebnis von **Funktionsbe-
       stimmung, Dimensionierung** und **Strukturierung**
   3.2 Teilplanungsphase **Realplanung**
       Gestaltung der Reallösung durch Anpassung der „Ideallösung" an das reale
       Umfeld bei Zuordnung von Logistikelementen, Entwurf und Bewertung von
       Lösungsvarianten, Auswahl der Vorzugsvariante

4. Feinplanung

Ergänzung und Detaillierung der zu realisierenden Lösungsvariante (Vorzugs-variante) – Erarbeitung des Projektes in Ausführungsreife

5. Ausführungsplanung

Planung und Veranlassung aller zur Realisierung des Prozesses erforderlichen Maßnahmen

6. Ausführung

Führung und Überwachung des Realisierungsablaufes der Projektumsetzung ein-schließlich der Inbetriebnahme

Entsprechend dem jeweils erreichten Planungsstand sind folgende gestufte Ergeb-nisformen zu unterscheiden (vgl. Abb. 2.6):

Zielplanung → **Opportunity-Studie**
(Planungsphase 1) Projektdefinition/Planungsauftrag
  (Grob-AST)

Vorplanung → **Pre-Feasibility-Studie**
(Planungsphase 2) Zielbeschreibung/Nutzensabschätzung
  (Fein-AST)

Grobplanung → **Feasibility-Studie**
(Planungsphase 3) Projektstudie Lösungsvariante (technisch-wirtschaftlich optimales Lösungskonzept)

Feinplanung → **Projekt** (Ausführungsprojekt)
(Planungsphase 4) Entwurfsdokumentation
  (detaillierte Darstellung technisch organisatorischer und wirtschaftlicher Merkmale einer Projektlösung)

Zu beachten ist, dass die dargestellten phasenbezogenen Planungsergebnisse im Re-gelfall die unmittelbaren Entscheidungsvorlagen für das Unternehmensmanagement bilden. Präzision, Gründlichkeit, Konzentriertheit und Überzeugungsfähigkeit dieser Vorlagen stellen hohe Anforderungen an das Planungsteam, werden doch folgen-reiche Entscheidungen getroffen hinsichtlich

– Fortführung der Planungsarbeiten
  (Planungsfreigabe)
– Korrektur der erreichten Planungstiefe und/oder -inhalte, z. B. bezüglich Umfang, Zielsetzung, Investitionsgrößen, Lösungsvariante, Logistikprinzip **(korrigierte Planungsfreigabe)** oder
– Abbruch der Planungsarbeiten
  (Planungseinstellung)

Planungsphase	Planungsinhalte (Bearbeitungsschritte/Entscheidungsebenen)	
1. Zielplanung	– Projektidee – Analyse Ausgangslage / Marktentwicklung – Zielkonzept/Vorgaben – Investitionsrahmen – globale Aufgabenstellung (AST) ➜ **Opportunity-Studie** Entscheidung	
2.Vorplanung	– Fabrikanalyse/Potenzialanalyse – Vorgabe / Entwurf Produktionsprogramm – Vorentscheidung Logistikprinzip / Lösungskonzept – Bedarfsabschätzung/Investitionsaufwände – konkretisierte Aufgabenstellung (AST) ➜ **Pre-Feasibility-Studie** Entscheidung	

3. Grobplanung
3.1 Idealplanung
 	
3.2 Realplanung
	– **Funktionsbestimmung** ➜
	    (Verfahrensplanung)
	
	– **Dimensionierung** ➜
	    (Bedarfsplanung)
	
	– **Strukturierung** ➜
	    (räumlich-funktionelle
	    Kopplung und
	    Anordnung)
	
	– **Gestaltung** ➜
	    (räumlich-funktionelle
	    Integration)
	
	➜ Feasibility-Studie
	
	Entscheidung
		Funktionsschema
		(Produktionsschema)
		
		Ausrüstungs-,
		Flächen-, Personal-
		und Medienbedarf
		
		Anordungsprinzipien
		(Fertigungsformen)
		– Materialflussanalyse
		– Strukturoptimierung
		– Entwurf Ideallayout
		
		Objekteinordnung/
		Anpassung in
		Realsystem
		– Entwurf Reallayout
		  (Anpassungsprozess)
		– Zuordnung
		  Logistikelemente
		– Variantenbewertung/
		  Vorzugsvariante
		
		(point of no return)

4. Feinplanung	– Betriebsmittelanordnung (Fundamente/Installation)
	– Zuordnung Ver- und Entsorgungstechniken
	– Arbeitsplatzgestaltung (Abstände/Licht/Lärm/
	  Arbeitsschutz)
	– Feinabstimmung Raum/Fläche/Funktion (Feinlayout)
	– Organisationslösung/Anforderungskriterien
	– Bauprojekt
	– Genehmigungsverfahren
	– Kontakte Liefer- und Ausführungsfirmen (Anfragen/
	  Angebot)
	– Projektfreigabe
	– Erstellung Projektdokumentation
	
	➔ **Ausführungsprojekt**

5. Ausführungs-
planung
	– Überprüfung Projektdokumentation
	– Planung Bau-, Montage,- Installations,- Einrichtungs-
	  und Inbetriebnahmeablauf (Kapazitäten/Termine)
	– Umzugspläne (Flächenfreizug)
	– Bau- und Genehmigungsanträge
	– Ausschreibungen/Angebotsauswahl/Auftragsvergabe/
	  Bestellungen
	– Festlegung Projektleitung/Projektmanagement
	– Pflichtenhefte/Masterpläne

6. Ausführung	– Führung/Überwachung Projektrealisierung – Bau- und Montageleitung – Zwischen-/Funktionsprüfung, Probebetrieb – Mitarbeitereinarbeitung/-schulung – Abnahmeprüfungen (Übergabe-/Inbetriebnahme- protokolle/Mängelbehebung) – Produktionsanlauf (Inbetriebnahme) – Ergänzung Projektdokumentation/Abrechnung

Abb. 2.6: Systematisierter Rahmenablauf und Planungsinhalte von Fabrikplanungs-aufgaben [2.15]

Insbesondere die Ergebnisse der **Feasibility-Studie** stellen eine allgemein aner-kannte und übliche Basis für einen wesentlichen Entscheidungsschritt bei Abschluss der Grobplanung dar. Damit ist formal eine letzte planmäßige Prüf- und Eingriffs-möglichkeit **vor** Beginn der besonders arbeits- und koordinierungsaufwendigen Aus-führungsprojektierung (Feinplanung) gegeben (vgl. Abschnitt 2.1).

3 Fabrikplanungsablauf – Planungsphasen

3.1 Zielplanung

Die Zielplanung bildet die erste Planungsphase innerhalb der Fabrikplanungssystematik Sie umfasst die Erarbeitung von Zielvorgaben und Planungsgrundlagen zur fundierten Bearbeitung von Fabrikplanungsaufgaben (vgl. Abb. 2.6).

Ausgangspunkt für Planungsaktivitäten sind im Regelfall Initiativen der Unternehmensleitung oder Bereichsleitung bzw. Impulse (Projektideen) aus den Fachabteilungen. Die Ziele von Fabrikplanungsaufgaben sind an den strategischen Unternehmenszielen auszurichten bzw. leiten sich unmittelbar aus diesen ab. Strategische **Unternehmenszielsetzungen** (Geschäftsstrategie) beschreiben beispielsweise folgende Entwicklungsfelder:

– Finanzentwicklung (Kostenstrukturen, Ergebnisverläufe, Kapitaldynamik u. a.)
– Standortentwicklung (Ausbau, Produktionszuordnungen)
– Entwicklung der Rechtsform des Unternehmens (Zusammenschlüsse, Allianzen u. a.)
– Geschäftsfeldentwicklungen (Sortimentsstrukturen, Marktanteile, Produktinnovationen, Absatzdynamik, Wertschöpfungsumfang, Wertschöpfungsverteilung u. a.)
– Erscheinungsbild des Unternehmens (Unternehmensgrundsätze, Leitbilder, Zielsystem)
– Unternehmenssicherung (Personal- und Arbeitsplatzentwicklung, Qualitätsniveau, Marktstellung).

In der Verfolgung dieser Entwicklungsfelder muss ein ständiger Abgleich der Leistungsfähigkeit bzw. der Defizite des Unternehmens mit gesetzten Zielen bzw. mit vergleichbaren Unternehmen erfolgen (nationales/internationales Benchmarking).

Das Leistungsvermögen eines Unternehmens wird durch das **Produktionspotenzial** charakterisiert. Dieses definiert die Fähigkeit eines Unternehmens, Produktionsprogramme zu realisieren, unter folgendenden Aspekten:

– Anforderungen der Märkte
– Sicherung der Wirtschaftlichkeit des Unternehmens
– Vernetzungscharakter/Vernetzungsfähigkeit des Unternehmens
– Beachtung von Anforderungen der Ökologie.

Das Produktionspotenzial kann durch folgende Faktoren qualitativ und quantitativ bestimmt werden:

– Standort
– Produktionsmittel
– Verfahren
– Flächen/Gebäude
– Fabrikstruktur

– Personalstruktur
– Organisation/Logistik.

Alle diese Faktoren durchlaufen **Lebenszyklen** (vgl. Abschnitt 1.1), andererseits ist das Produktionspotenzial der Marktdynamik gegenübergestellt. Daraus folgt, das verfügbare Produktionspotenzial ist ständig den aktuellen Neuanforderungen des (turbulenten) Marktes anzupassen („marktgetriebene Fabrik").

Eine Bewertung des Produktionspotenzials zur Charakterisierung von Defiziten bzw. von Ist- und Sollzuständen kann durch spezielle **Kennzahlen** unterstützt werden. Beispiele für Kennzahlen sind [2.12]:

– Wertschöpfungskennzahlen
– Flächenkennzahlen
– Aufwands- und Kostenkennzahlen
– Personalkennzahlen
– Produktionskennzahlen
– Organisations-/Logistikkennzahlen
– Unternehmenskennzahlen.

Erkannte Defizite bzw. Abweichungen in wesentlichen Kennzahlen bilden oftmals Anlass zur Initiierung von Fabrikplanungsaufgaben. Prinzipiell können diese Aufgabenstellungen sehr unterschiedlich verursacht sein. In vielen Fällen sind sie begründet durch:

– Unternehmensvergleiche (Benchmarking)
– Sortiments- und/oder Volumenveränderungen
– Kostenentwicklungen/Rationalisierungserfordernisse
– Produkt-/Verfahrenseinführungen (Innovationen)
– Einführung innovativer Produktions- bzw. Logistikkonzepte
– Sicherung spezieller unternehmensstrategischer Ziele.

Diese Aufgaben sind unternehmensintern oder unternehmensextern verursacht und können im Regelfall einem der **Fabrikplanungsgrundfälle** (vgl. Abschnitt 1.2) zugeordnet werden, sodass spezifische Anforderungen zu Planungsinhalten und -methodik ableitbar sind. Sie sind hinsichtlich Umfang, Veränderungsbedarf und Investitionsvolumen – aber auch hinsichtlich ihres zeitlichen Auftretens – äußerst unterschiedlich. Auch können sie das Gesamtsystem Unternehmen (Fabrik), Teilsysteme (Montage-, Fertigungsbereiche, Lagerkomplexe u. a.), aber auch nur Elemente (z. B. spezielle Verfahren, Arbeitsplätze) des Gesamtsystems umfassen.

Wesentlicher Inhalt der **Zielplanung** ist es, ausgehend von erkannten Defiziten bzw. Neuanforderungen aber auch auf Basis visionärer Szenarien bei Beachtung von strategischen Zielsetzungen, erste Grobkonzepte möglicher Problemlösungen zu entwickeln. Die zu deren Realisierung erforderlichen Hauptaufgaben, Konsequenzen, Investitionsaufwände und Zielsetzungen sind zu formulieren, sodass eine erste **Pla-**

nungsgrundlage durch Vorgabe von Arbeitsrichtung und Aufgabenstellung (AST) gegeben ist.

In dieser frühen Planungsphase ist es immer erforderlich, schon eine erste grobe gedankliche **Überplanung der Problemlösung** gemäß der Logik der Fabrikstrukturplanung vorzunehmen. Nur so können fachlich begründete Vorstellungen zur Lösung, zum erforderlichen Finanzrahmen sowie zu Umfang und Konsequenzen des Vorhabens erzielt werden. In der Zielplanung sind folglich hochkomplexe Aufgabenstellungen in deutlich abstrahierter Form zu erarbeiten. Die Ergebnisqualität entscheidet wesentlich über Arbeitsrichtung, Treffsicherheit und Wirtschaftlichkeit der einzuleitenden Fabrikplanungsaufgabe.

Der **Prozess der Zielplanung** findet im Regelfall im engeren bzw. erweiterten Management der Führungsebene des Unternehmens statt. Die zu bestimmenden Planungsvorgaben werden in wenigen, konzentrierten Beratungs- bzw. Vortragsrunden gesucht und setzen aktuelle, aggregierte Daten, Kennzahlen und spezielle Informationen voraus. Durch Abschätzungen, Vergleiche, Variantendiskussionen, Hochrechnungen u. a. zu Zielstellungen und Lösungsrichtungen erfolgt die Ableitung **globaler Aufgabenstellungen** (AST). Methodisch vorteilhaft ist hierbei z. B. der Einsatz von **Szenarientechniken**. Kerninhalt dabei ist die Entwicklung mehrerer, konsistenter visionärer Produktionsszenarien basierend auf Zielen und Potenzialen im Basis- aber auch Grenzbereich der Unternehmensentwicklung, sodass eine Bandbreite (auch Extrembereiche) sichtbar wird. Damit werden auch ableitbar potentielle Bedarfe an **Wandlungsfähigkeit** bzw. an **Flexibilität** des Fabriksystems (vgl. Abschnitt 1.5.5). Erkennbar wird schon hier die Bedeutung, die dem Einbringen industrieller und wissenschaftlicher Erfahrungen – abgeleitet aus vergleichbaren Projekten bzw. von aktuellen Trends – zukommt, wenn die Zielplanung tragfähige Ergebnisse sichern soll.

Aufgabenstellungen im Ergebnis der **Zielplanung** stecken den Rahmen der Fabrikplanungsaufgabe ab und können folgende **Inhaltsschwerpunkte** umfassen:

– Projektdefinition
– Problembeschreibung (Ausgangslage), Veränderungsbedarfe
– Zielsetzungen (kurz-, mittel-, langfristig)
– Lösungsrichtung (Lösungsprinzip/Logistikkriterien)
– Vorgaben Wandlungsfähigkeit
– Finanz- und Kostenrahmen
– Terminketten (Planung, Realisierung, Inbetriebnahme, Ausbaustufen)
– Aufgabenstellungen/Leistungsrahmen (Planungsablauf-Engineering)
– Projektleitung/Projektorganisation.

Dem in der Zielplanung definierten hohen Veränderungsbedarf stehen oftmals deutlich einschränkende Ressourcen (z. B. Kapital, Flächen- und Raumstrukturen, Zeiträume) gegenüber, sodass die Findung und Bearbeitung von Kompromisslösungen wesentlicher Inhalt sowohl in der Zielplanung als auch in den sich anschließenden

Planungsphasen ist. Ergebnisse der Zielplanung sind in einer **Opportunity-Studie** (Machbarkeitsstudie) niederzulegen. Entsprechend ihrem Charakter stellt sie eine (grobe) Aufgabenstellung (AST) dar und bedarf der Bestätigung (bzw. Entscheidung) durch das Unternehmensmanagement.

3.2 Vorplanung

3.2.1 Analyse Produktionspotenzial

Inhalt und Zielsetzungen dieser Planungsphase bauen auf den Ergebnissen der Zielplanung auf, werden im Regelfall vom beauftragten Projektteam bearbeitet und bilden einen ersten Aufgabenkomplex des Fabrikplanungsvorhabens. Wesentliche Arbeitsinhalte dieser Planungsphase sind:

– Analyse der Ausgangslage (Produktionspotenzial)
– Erarbeitung von Planungsgrundlagen/Produktionsprogramm
– Entwurf von Logistikprinzipien/Lösungskonzepten (Überplanung)
– Überprüfung von Grenzen und Durchführbarkeit das Vorhabens
– Abschätzung von Bedarfen und Aufwänden
– Präzisierung der Arbeitsrichtung
– Konkretisierung von Zielsetzungen (Vorgaben) und der Aufgabenstellung (AST)
– Sicherung der Entscheidungsfähigkeit (Erarbeitung Pre-Feasibility-Studie/Machbarkeitsstudie).

Die Qualität der zu erarbeitenden Planungsgrundlagen bestimmt maßgeblich die Qualität und Treffsicherheit der in den folgenden Planungsphasen zu entwickelnden Lösungen.

Nachfolgend werden wesentliche Arbeitskomplexe inhaltlich präzisiert. Zunächst erfolgt die Darstellung von Prinzipien der **Analyse des Produktionspotenzials**.

In den überwiegenden Fällen besitzen Fabrikplanungsaufgaben den Charakter von Um-, Erweiterungs- bzw. Modernisierungsaufgaben (Fabrikplanungsgrundfälle B, C, vgl. Abschnitt 1.2). Die zu verändernden Prozesse werden dann im Regelfall durch eine historisch gewachsene Ausgangslage beschrieben. In diesen Fällen ist zunächst eine Analyse des bestehenden **Produktionspotenzials** (Situationsanalyse) vorzunehmen. Nur so kann eine praxisbasierte „Abstandserkennung" von Istzustand zu Sollzustand gesichert werden, in deren Ergebnis die in dieser Planungsphase angestrebte deutlich präzisierte Aufgaben- und Zielbeschreibung der Fabrikplanungsaufgabe möglich wird.

Wesentliche Ziele der **Potenzialanalyse** sind:
– Schaffung von Ausgangsdaten für den weiteren Planungsablauf (Fabrikplanungsaufgabe), z. B. durch Ermittlung von Istdaten und Restriktionen des Planungsobjektes. Wesentliche Datensäulen sind:

- Produktdaten
- Prozessdaten
- Gebäude-, Grundstücks- und Standortdaten
  Diese sind strukturiert aufbereitet darzustellen (z. B. Kennzahlen, Mengen-
  gerüste), sodass das Objekt erkennbar und bewertbar wird.
- Gewinnung detaillierter Kenntnisse zum Planungsobjekt, Aufdeckung von techni-
  schen, betriebswirtschaftlichen und organisatorischen Schwachstellen, Ableitung
  von Veränderungserfordernissen.

Zu beachtende Grundsätze der Potenzialanalyse sind:

- eindeutige Definition von Untersuchungszielen, -inhalten und -umfang
- Einsatz geeigneter Mitarbeiter (u. U. auch firmenfremde „neutrale" Kräfte –
  Dienstleister)
- Anwendung spezieller Methoden und Hilfsmittel z. B. zur rationellen Informa-
  tionsbeschaffung und -darstellung.

Die Ergebnisse einer fundierten Potenzialanalyse sind damit eine wesentliche Basis
zur Durchdringung und Konkretisierung der Fabrikplanungsaufgabe, zur Präzisierung von Ausgangslage und Zielrichtungen sowie zur Abschätzung von Lösungsprinzipien.

Die methodische Bearbeitung von Aufgaben der Potenzialanalyse ist in folgende
zwei Komplexe gliederbar,

- Festlegung von Untersuchungsbereichen
- Festlegungen zum erforderlichen Untersuchungsaufwand und zu den einzusetzenden Methoden

die nachfolgend charakterisiert werden.

Festlegung von Untersuchungsbereichen der Potenzialanalyse

In Abb. 3.1 ist ein verallgemeinertes, vereinfachendes **Ordnungsschema** dargestellt,
in dem Beispiele potenzieller **Analysebereiche** eines Industriebetriebes einschließlich spezieller **Analyseschwerpunkte** angeführt sind. Je nach Fabrikplanungsaufgabe sind diese Bereiche detailliert zu analysieren, wobei Analysetiefe und -aufwand
unter Beachtung der jeweiligen Aufgabenstellung auf das notwendige Maß zu begrenzen sind. Es wird deutlich, dass das Produktionspotenzial eines Unternehmens
durch eine Vielzahl von Bereichen, Strukturen und Abläufen charakterisiert werden
kann, woraus die Breite möglicher analytischer Arbeit erkennbar wird. Neben der
Analyse von Erzeugnisstrukturen, Ausrüstungen, Bearbeitungsabläufen, Informa-
tionssystemen ist oftmals die Analyse der **Flusssysteme** (vgl. auch Abschnitt 1.1)
von besonderem Interesse. Dominierende Zielsetzungen von Aufgabenstellungen
der Fabrikplanung sind die Gestaltung günstiger Produktions- bzw. Auftragsflüsse,
wobei dem Stofffluss (Materialfluss) in der Integration mit dem Informationsfluss
eine primäre Rolle zukommt (vgl. Abschnitt 3.3.3.2). Die Sicherung eines störungs-

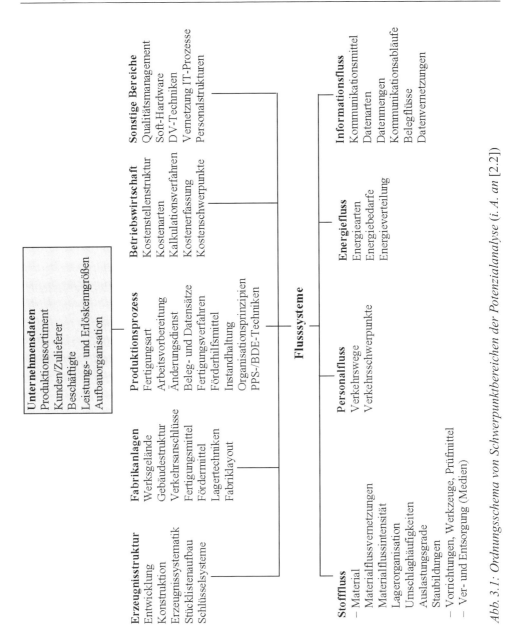

Abb. 3.1: Ordnungsschema von Schwerpunktbereichen der Potenzialanalyse (i. A. an [2.2])

freien, stau- und lagerarmen Materialflusses mit kurzen Durchlauf- und Lieferzeiten bei hochflexibler Auftragsumsetzung stellt eine Kernaufgabe moderner Fabrikplanung dar, dem sich die Gestaltungs- und Organisationslösungen nahezu aller anderen Flusselemente bzw. Potenziale unterzuordnen haben. Analysen der Flusssysteme hinsichtlich Niveau, Schwachstellen und Neuanforderungen stellen daher einen dominierenden Analysekomplex in der Industriepraxis dar und sind oftmals Hauptinhalte „rollender Fabrikplanung". Viele Aufgabenstellungen werden durch ermittelte Defizite, insbesondere der Materialfluss- und Informationsflusssysteme, initiiert.

Festlegungen zum Untersuchungsaufwand und zu den Methoden der Datener-fassung und -auswertung

Prinzipiell ist der einzusetzenden Untersuchungsaufwand mit der Aufgabenstellung der Fabrikplanungsaufgabe in eine wirtschaftlich vertretbare Relation zu setzen. Dabei kann eine „Unterplanung" zu Oberflächlichkeiten und Fehlvorgaben führen, andererseits kann eine „Überplanung" unvertretbaren Personalaufwand und hohe Zeitvorläufe verursachen. Deutlich werden gerade bei der Abschätzung von analyti-schen Aufwänden die Faktoren Planungserfahrung und Unternehmenskenntnis. Diese gewährleisten bei günstiger Personallage kurzfristige und reale Analyse-ergebnisse.

Die Festlegungen zum **Untersuchungsaufwand** sollten beachten:

– Die Untersuchungsbereiche sind an den Zielsetzungen und Aufgabenstellungen auszurichten
– Beachtung des vorgegebenen Kostenrahmens
– Beschränkung der Analyse auf repräsentative Produkte
– Der Untersuchungszeitraum wird maßgeblich von der Datensituation beeinflusst, wobei gilt:
  • Daten liegen vor – Zeitraum fixierbar
  • Untersuchungszeitraum muss eine „repräsentative Datensituation" sichern
  • Daten müssen erhoben werden – Zeitraum groß (statistischer Charakter der Daten ist zu beachten).

Methoden der **Datenerfassung** können sein:

a) direkte Methoden der Datenerfassung (Datenabgriff bei laufendem Prozess):

– Zählung/Messung (Ereignisse, Zustände, Zeiten, Flächen u. a.)
– Befragungen (Fragebögen, Selbstaufschreibungen, Erhebungsbögen, Interviews)
– Beobachtungen permanent/kurzzeitig (Stichprobenverfahren, Multimoment-verfahren, Dauerbeobachtungen)
– Planwertverfahren auf Basis von Zeitrichtwerten (REFA, AWF)
– Bildaufnahmen (Foto, Film, Video)
– Spezialuntersuchungen (z. B. Bauzustand, Maschinendiagnose).

b) indirekte Methoden der Datenerfassung (Basis sind vorhandene Firmenunterla-gen, Pläne, Dateien, Datenträger):

– Auswertung visuell lesbarer Datenträger
  • Bebauungs- und Lagepläne (Layoutdarstellungen)
  • Maschinendateien
  • Fertigungsunterlagen (Arbeitspläne, Stücklisten, Montageschemata)

- Lagerstatistiken
- Belegungspläne
- Flächenstatistiken
- Produktionsstatistiken
- Transportstatistiken
- Personalstatistiken
- Störungs- und Instandhaltungsdateien

– Auswertung maschinenlesbarer Datenträger
  - Soft- und Hardware-Systeme – Datenerfassung/Datenauswertung (Statistikmodule)

– Auswertung Ablauf- und Zustandsszenarien virtueller Analysesysteme (digitale Fabrik).

Arbeiten zur direkten Datenerfassung (Primärerfassung) erweisen sich oftmals als sehr aufwendig. Wesentlich rationeller durchführbar sind Arbeiten zur indirekten Datenerfassung (Sekundärerfassung). Allerdings sind Verfügbarkeit, Vollständigkeit und Aktualität der Daten zu sichern.

Die aufzunehmenden Daten können grundsätzlich gegliedert werden in:

– **Zustandsdaten** – diese widerspiegeln einen zeitbezogenen Zustand (z. B. Bestände, Abmessungen, Artikelnummern, Auftragsnummer, Stücklisten)
– **Bewegungsdaten** – sind auf die Zeit bezogen und charakterisieren das dynamische Prozessverhalten (z. B. Zu- und Abgänge, Durchsatz pro Zeitraum).

Zur gezielten Erfassung, Darstellung bzw. Auswertung von Analysedaten des Ist-Zustandes sind eine Vielzahl unterschiedlicher Methoden bekannt, die je nach Aussagezielsetzungen und Datenlage einzusetzen sind. Ausgewählte Beispiele sind:

– **Betriebsvergleich (Kennzahlanalysen)** – Vergleich von Datensätzen mit entsprechenden Datensätzen (vergleichbarer !) anderer Unternehmen – Benchmarking (Performance national/international)
– **Materialflussanalysen** – vgl. Abschnitt 3.3.3.2
– **Plausibilitätskontrollen** (kritische Prüfung der Daten hinsichtlich logischer Richtigkeit – Nachvollziehbarkeit)
– **Verhältnis- und Kennzahlenvergleiche** (Prüfung der Analyse- bzw. Planungsdaten mithilfe vergleichbarer Kennzahlen), wie z. B.:
  - Montagezeitanteil am Gesamtfertigungszeitaufwand (Gliederungskenngrößen) – Verhältnis zweier Größen gleicher Art
  - Anzahl produzierter Montagebaugruppen pro Monat (Beziehungskenngrößen) – Verhältnis zwischen Größen verschiedener Art
  - Zwischenlagerbestand 1. Quartal Vorjahr zu 1. Quartal Folgejahr (Messkenngrößen) – Verhältnis zweier Größen zu unterschiedlichen Zeitpunkten

- **Datenvergleiche** (Vergleich von Daten unterschiedlicher Methoden bzw. Quellen)
- **Wertstromanalysen** (vgl. Abschnitt 3.3.3.2)
- **Zeitreihenanalysen** – Darstellung spezieller Kenngrößen in Abhängigkeit von der Zeit (z. B. Schwankungen des Bestandes an Vorfertigungsteilen im Zwischenlager), Trendanalysen (Trendextrapolation)
- **Häufigkeitsverteilungsdiagramm** – Darstellung der Häufigkeitsverteilung einer Erfassungs- bzw. Messgröße im Balkendiagramm (z. B. Häufigkeitsschwankungen der Einlagerung unterschiedlicher Artikelpositionen im Fertiglager)
- **Prozessablaufanalysen** (Technologieanalyse) vgl. Abschnitt 3.3.1
- **Wertanalysen** – Erfassung von Wertstrukturen der Produkte mit Zielsetzungen zur Konzentration der Produktion auf wirtschaftliche Programmstrukturen
- **XYZ-Analyse** – ermöglicht eine Ergänzung der Aussagen der ABC-Analysen z. B. durch Klassifizierungen in X, Y, Z – Produktklassen hinsichtlich qualitativer Merkmale (z. B. Bedarfs- bzw. Produktionsdynamik)
- **ABC-Analyse** (Wert-Häufigkeitsverteilung)
- **PQ-Analyse** (Faktorenmix-Analyse).

Die beiden letzteren Methoden ermöglichen durch (grafische) Gegenüberstellung, Ordnung, Verdichtung und Klassenbildung betrieblicher Größen die für die Analyse bzw. Datenerfassung wesentlichen Produkte bzw. Bereiche zu erkennen und damit den Analyseaufwand zu begrenzen (Massendatenanfall). Weiterhin eignen sich beide Methoden für eine gezielte, vergleichende Datenauswertung bzw. Schwachstellenanalyse.

ABC-Analyse (Grundprinzip)

Diese Analysemethode ermöglicht die Untersuchung, wie stark sich eine spezielle Eigenschaft auf die Elemente einer Menge konzentriert. Sie ermöglicht damit eine Rangfolgebestimmung bzw. eine klassenbezogene Trennung von Elementen nach deren Wirksamkeit.

Elemente eines Systems (Erzeugnisse, Material) werden nach einem bestimmten Merkmal (Kosten, Gewinn, Umsatz, Verbrauch, Preis) geordnet und in einer Summenkurve dargestellt (vgl. Beispiel in Abb. 3.2). Nun ist eine (frei festlegbare) Einteilung der Elemente in Klassen möglich – üblicherweise in drei Klassen, wie z. B. nachfolgende Klassenbildung verdeutlicht:

Klasse A – Klasse hoher Bedeutung (eine relativ geringe Anzahl von Elementen besitzt einen hohen Anteil am Gesamtergebnis)

Klasse B – Klasse normaler bis mittlerer Bedeutung (Gruppe dieser Elemente trägt etwa proportional ihrer Anzahl zum betrachteten Ergebnis bei)

Lfd. Nr.	Produkt	Lagerbestandswert (in Euro)	Anteil am Lager (in %)	Lagerbestandswert kumuliert (in %)
1	Motoren	412,09	39,15	39,15
2	Spindeln	253,04	24,04	63,19
3	Getriebegehäuse	223,45	21,23	84,42
4	Gehäuse	80,89	7,68	92,10
5	Halbzeuge	25,31	2,40	94,51
6	Profile	15,75	1,50	96,01
7	Zahnrad	12,99	1,23	97,24
8	Deckel	10,34	0,98	98,22
9	Kugellager	6,34	0,60	98,82
10	Farbe	5,56	0,53	99,35
11	Betriebsstoffe	3,89	0,37	99,72
12	Schrauben	1,41	0,13	99,86
13	Sicherungsringe	0,98	0,09	99,95
14	Stifte	0,53	0,05	100,00
		1052,57	100,00	

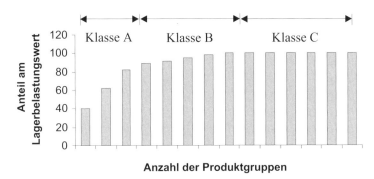

Abb. 3.2: Prinzip der ABC-Analyse (Beispiel)

Klasse C – Klasse geringer Bedeutung (eine relativ große Zahl von Elementen hat einen nur geringen Anteil am Gesamtsystem)

PQ-Analyse (Grundprinzip)

Die PQ-Analyse (Produkt-Quantum-Analyse) ermöglicht die vergleichende Analyse des Produktionsprogramms gegenüber mehreren Faktoren (Faktorenmix) und stellt damit eine wichtige Planungs- und Entscheidungshilfe dar. Faktoren können z. B. Umsatz, Gewinn, Herstellungskosten, Durchlaufzeiten, Fertigungsstunden sein. In Abb. 3.3 sind an einem Beispiel die unterschiedlichen, teilweise dualen Wechselbeziehungen hinsichtlich der Produktionsumfänge einerseits und den Beiträgen der Produkte bezüglich Umsatz und Gewinn andererseits dargestellt. Deutlich wird hierbei, dass aus dieser Analyse Konsequenzen auf die Produktpolitik und damit auf erforderliche Fabrikplanungsaufgaben ableitbar sind.

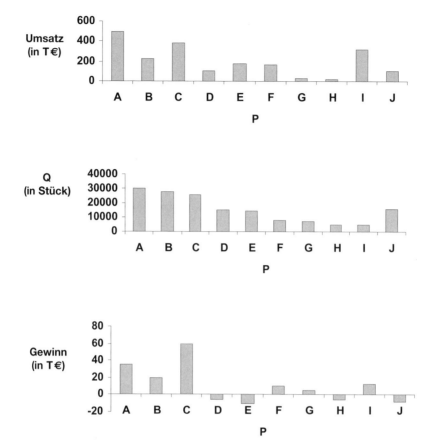

Abb. 3.3: Produkt(P)-Quantum(Q)-Analyse (Beispiel)

3.2.2 Ableitung Produktionsprogramm

Durch das Produktionsprogramm erfolgt die Festlegung des Leistungsumfanges der Produktion nach folgenden Aspekten:

– **Sachlich** (Produktarten, Sortimente)
– **Mengenmäßig** (Umfang, Stückzahlen je Produktart)
– **Zeitlich** (Produktionszeitraum, Planungsperiode, -jahr, Quartal)
– **Wertmäßig** (Preis, Kosten).

Die Ermittlung bzw. Vorgabe von Produktionsprogrammen stellt eine entscheidende Ausgangsbasis für den Fabrikplanungsprozess dar. Das Produktionsprogramm bildet den Kern wesentlicher aufwands- und strukturbezogener Planungsinhalte. Dabei gilt: Funktionen, Dimensionen und Strukturen der Fabrik- bzw. Produktionssysteme werden maßgeblich durch Merkmale des zu realisierenden Produktionsprogramms bestimmt. Die Fabrik bzw. das Produktionssystem stellt damit ein Abbild der zu realisierenden Produkte dar (vgl. Abschnitt 1.1).

Das **Produktionsprogramm** entsteht im Ergebnis betrieblicher Markt- und Absatztätigkeit und unterliegt einem ständigen Abgleich im Rahmen strategischer Unternehmensplanung. Produktionsprogramme sind bei der Produktion in Wertschöpfungsnetzen bzw. -ketten in ihrer jeweiligen **Wertschöpfungsverteilung** zu beachten. Diese stellen dann für das jeweilige Unternehmen nur **Wertschöpfungsausschnitte** mit spezifischen Wertschöpfungsumfängen dar.

Üblicherweise wird das Produktionsprogramm vom Unternehmensmanagement der Fabrikplanungsaufgabe vorgegeben. Neben der Vorgabe des Produktionsprogramms für das **Erfolgsjahr** (Zeitperiode der Inbetriebnahme der Projektlösung) sind auch zu erwartende **Trendentwicklungen** der Folgejahre (Stückzahl- und Sortimentsentwicklungen) vorzugeben. Damit wird eine dynamische „entwicklungsgerechte" Projektlösung ermöglicht. Grundsätzlich gilt, je präziser die Vorgaben möglich sind, desto treffsicherer und exakter sind Projektlösungen ableitbar. Allerdings ist zu beachten – entsprechend dem Charakter von Fabrikplanungsaufgaben (vorausschauender Planungsprozess) sind Produktionsprogramme in den überwiegenden Fällen mit zeitlichem Vorlauf für erst deutlich später stattfindende Inbetriebnahmezeitpunkte der Planungsobjekte vorzugeben. Die angestrebte Projektlösung unterliegt damit immer den Einflüssen (Turbulenzen) der zukünftigen Produktionsprogramme und diese wiederum werden durch den zukünftigen Absatzmarkt direkt bestimmt.

Diese Eingangsgrößen in den Fabrikplanungsprozess werden – abstrahierend betrachtet – durch die Ausgangsgrößen der zu erarbeitenden Projektlösung fixiert (**Inversionsgesetz der Fabrikplanung,** vgl. [2.5]). Ergeben sich Abweichungen des späteren Produktionsprogramms von den der Planung zugrunde gelegten Vorgaben, dann schlagen diese Größenveränderungen z. B. auf Maschinen-, Flächen- und Personalbedarfe der realisierten Lösung durch bzw. müssen durch die Lösung „kompensiert" werden. Hier setzen moderne Fabrikplanungskonzepte an – die Projektlösung ist flexibel und wandlungsfähig auszulegen (vgl. Abschnitte 1.1 und 1.5.5).

Die „Treffsicherheit" des Produktionsprogramms ist damit ein wesentlicher Aspekt der erzielbaren Wirtschaftlichkeit des Planungsvorhabens. Die Industrierealität zeigt jedoch, dass im Fabrikplanungsprozess entsprechend seinen typischen Merkmalen nahezu immer von turbulenten und unscharfen Vorgaben ausgegangen werden muss (vgl. [3.101], [3.102]). Damit kann abgeleitet werden:

– Das Fabrik- bzw. Produktionssystem ist flexibel und wandlungsfähig auszulegen. Die Fähigkeit zur Anpassung an (begrenzte) Veränderungen – z. B. von Produktionsprogrammstrukturen – ist in das System zu implementieren (vgl. Abschnitt 1.5).

– Die in der Projektlösung enthaltene Flexibilität und Wandlungsfähigkeit gegenüber Schwankungen der Produktionsprogrammstrukturen kann experimentell getestet werden (z. B. durch Einsatz der Simulationstechnik, virtuelle Modelle), um so zulässige Schwankungsbereiche spezieller Systemmerkmale zu ermitteln (Sensitivitätsanalyse).

Untersuchungen zu dieser grundsätzlichen Problemstellung der Fabrikplanung haben gezeigt, dass Schwankungen von Produktionsprogrammen sich nicht ungedämpft auf die Fabrikstruktur übertragen, sondern einer „Dämpfung" unterliegen [2.13]. Diese ist allerdings abhängig von Planungsobjekt, muss folglich projektbezogen bestimmt werden.

Die Planung von Produktionsprogrammen für zukünftige Zeiträume legt den **Leistungsrahmen** des Unternehmens fest. Die Zeiträume (Planungshorizonte) vorausschauender Programmfestlegungen können unterschiedlich sein und sind produkt-, markt- und unternehmensabhängig. Dabei gilt – die Genauigkeit dieser zukunftbezogenen Leistungsdaten nimmt ab, je größer der Planungszeitraum gesetzt ist. Zu unterscheiden sind:

– **langfristige (strategische) Programmplanung**
  Festlegungen von Produktfeldern (Produktarten, Fertigungstiefenentscheidung) und Größenordnungen zur Sicherung der Planung (Vorlauf) von langfristigen Investitionen (Flächenbedarfe, Standortfestlegungen, Gebäude, Anlagen – Prognosecharakter)
  Planungszeitraum: 5 bis 10 Jahre

– **mittelfristige (taktische) Programmplanung**
  Festlegung von Produktarten, Sortimentsbereichen und differenzierten Mengengrößen, sodass Bedarfs- bzw. Kapazitätsgrößen ableitbar sind
  Planungszeitraum: 2 bis 5 Jahre

– **kurzfristige (operative) Programmplanung**
  Detaillierte Festlegung von Produktarten, -typen und Mengengrößen, sodass eine präzise Planung des Produktionssystems möglich wird
  Planungszeitraum: bis 1 Jahr (teilweise auch Halbjahr/Quartale).

Je nach dem Zeitpunkt der Aufgabenstellung (zeitlicher Vorlauf) und der Qualität der Programmplanung (Exaktheit der Daten, Vorhersagegenauigkeiten) kann die inhaltliche Definition der Produktionsprogramme sehr unterschiedlich sein, sodass drei qualitativ unterschiedliche Formen möglicher **Produktionsprogrammarten** zu unterscheiden sind [1.9], [2.4], [2.5]:

– **Definitives Produktionsprogramm (Detailliertes Programm)**
  Die Produktarten (Sortimente), die Mengenanteile, der wertmäßige Umfang (Anteile) sowie die konstruktiv-technologische Charakteristik der Produkte sind genau bekannt. Das Vorliegen definitiver Produktionsprogramme bildet für Fabrik-

planungsaufgaben eine exakte Basis, allerdings nehmen die Möglichkeiten solcher Vorgaben in den Fällen mit steigendem zeitlichem Planungsvorlauf (z. B. Großvorhaben), niedrigen Fertigungsarten (z. B. Einzelfertigung) und geringem zeitlichem Auftragsvorlauf (z. B. 2 Monate) drastisch ab. Günstig abhebbar sind diese Programme bei Unternehmen mit Großserien- und Massenfertigung.

– **Eingeengtes Produktionsprogramm (Aggregiertes Programm)**
Das Produktionssortiment ist breit, die konstruktiv-technologische Gestaltung der Produkte liegt nicht durchgängig vor, wert- und mengenmäßige Größen sind nur global bekannt, die möglichen Sortimentsschwankungen sind nur näherungsweise erkennbar. Um zu repräsentativen Planungsgrößen zu kommen, wird das Produktionssortiment (durch Gruppenbildung gleicher/ähnlicher Produkte) auf **Typenvertreter** eingeengt, auf die die Aufwandsanteile der Produkte umzurechnen sind. Die Bearbeitung der Fabrikplanungsaufgaben erfolgt hier auf Basis von Typenvertretern, im Regelfall in Unternehmen der Klein- und Mittelserienfertigung mit hoher Sortimentsbreite und kurzem Antragsvorlauf.

– **Indifferentes Produktionsprogramm (Pauschales Programm)**
Der mengen- und wertmäßige Umfang des Produktionsprogramms ist nur global bekannt, die Sortimentsbreite ist hoch. Angaben über Sortimentsstrukturen und Mengenanteile der Produkte liegen nicht vor. Zur Beschreibung des Produktionsprogramms werden indifferente Ausdrücke (Mengen- oder Wertausdrücke), durch die die Produktgruppen charakterisiert sind, verwendet. Indifferente Produktionsprogramme sind häufig anzutreffen in Unternehmen der Einzel- bis Kleinserienfertigung und hoher Sortimentsbreite.

Die **Ermittlung des Produktionsprogramms** für Fabrikplanungsaufgaben umfasst die zeitraumbezogene Festlegung der zu produzierenden Produktarten und -mengen und ist eine primär unternehmerische Aufgabe von weitreichender existentieller Bedeutung. Wesentliche **Einflussfaktoren** auf die Zusammensetzung des Produktionsprogramms sind:

– Absatzmöglichkeiten (Marktanalysen, Absatzprognosen, Vertriebsanalysen)
– Produktionsmöglichkeiten (Produktionspotenzial)
  • Fertigungskapazitäten (Ausrüstungen, Personal)
  • Know-how (Erfahrungen Produkt/Prozess)
– Absatzverwandtschaft von Produkten
  • Sekundärprodukte
  • Ergänzungsprodukte
– Produktionsverwandtschaft der Produkte
  • Werkstoffeinsatz
  • Fertigungsverfahren
  • Fertigungsausrüstungen

- Strategie der Produktion (Programmgestaltung)
  - Fähigkeit zur Marktanpassung
  - Programmbreite
  - Produktions- und Absatzrisiko
  - Festlegungen zur Fertigungstiefe/Auslagerung/Fremdbezug
  - Produktionskosten.

Bilden bekannte Produktionsprogramme die Planungsgrundlage, so sind diese zunächst kritisch zu analysieren (**Produktionsprogrammanalyse**), davon ausgehend sind begründete wirtschaftliche Neuprogramme (Projektinbetriebnahme, Trend Folgejahre) der zukünftigen Entwicklung zu planen (**Produktionsprogrammentwurf**). Davon ausgehend sind Festlegungen zu dem den Fabrikplanungsprozess vorzugebenden Produktionsprogramm (**Produktionsprogrammfestlegung**) zu treffen. Dieser nach [2.2] in drei Arbeitskomplexe gliederbare Prozess setzt eine betont interdisziplinäre Zusammenarbeit unternehmensinterner und gegebenenfalls externer Führungs- und Fachstrukturen voraus. Folgende Inhalte sind zu bearbeiten:

Produktionsprogrammanalyse

Inhalt dieses ersten Aufgabenkomplexes ist es, das bestehende Produktionsprogramm hinsichtlich produktionswirtschaftlicher und betriebswirtschaftlicher Kriterien kritisch zu überprüfen und davon ausgehend begründete Ansatzpunkte zur Neufestlegung der **zukünftigen Produktionsprogramme** abzuleiten (vgl. [2.2]).

Produktionswirtschaftliche Kriterien sind:

- Mitarbeiter (Anzahl, Qualifikationsstruktur u. a.)
- Betriebsmittel (Art, Anzahl, Auslastung, Zustand, Engpässe, Reserven)
- Werkstoffe (Verbrauchsmerkmale, Ausschuss u. a.)
- Nachfrageentwicklung (Produkt-/Sortimentsbezogen)
- Kundenentwicklung (Kundenstruktur)
- Kundenanforderungen (Lieferanten, Terminsicherheit)
- Energie (Verbrauchsanalysen, Versorgungssicherheit, Entsorgung, Umweltbelastungen u. a.).

Betriebswirtschaftliche Kriterien sind:

- Entwicklung der Kostenarten der Produkte (Höhe, Anteil, Trend)
  - Personalkosten
  - Materialkosten
  - Zinsen, Abschreibungen
  - Flächen- und Raumkosten
  - Vertriebs- und Buchhaltungskosten
- Umsatz (Anteile, Absoluthöhe)

– Kapitalrendite, Deckungsbeitrag
– Gewinn (Anteile, Absoluthöhe).

Zur vergleichenden Analyse dieser Kriterien eignet sich die in Abschnitt 3.2.1 dargestellte **Produkt-Quantum-(PQ-)Methode**. Dabei sind produkt- bzw. produktgruppenbezogen durchaus gegenläufige Werteentwicklungen möglich. Es können z. B. Produkte erkannt werden, die überdurchschnittliche Verluste bzw. Gewinne erzielen, Engpassausrüstungen extrem belasten, hohe Personal- oder Energiekosten verursachen, sodass begründete Entscheidungen zur weiteren Einordnung bzw. Aussonderung dieser Produkte möglich sind.

Eine weitere Methode zur Produktionsprogrammanalyse ist in der Anwendung der **Break-Even-Analyse** (Gewinnschwellen-, Nutzschwellenanalyse) gegeben. Wie in Abb. 3.4 dargestellt, werden bei dieser Methode die Kosten und Erlöse eines Bereiches (Produktes) funktional in Abhängigkeit zum Beschäftigungsgrad bzw. zur Produktionsmenge dargestellt. Der Break-Even-Punkt (Schnittpunkt der Kosten- und Erlöskurve) kennzeichnet den Beschäftigungsgrad (bzw. Umsatz, Produktionsmenge), bei dem der Erlös/Umsatz gerade die Gesamtkosten deckt (also weder Gewinn noch Verlust entsteht). Ziel muss es folglich sein, das Unternehmen im Gewinnbereich (Gewinnzone) zu führen.

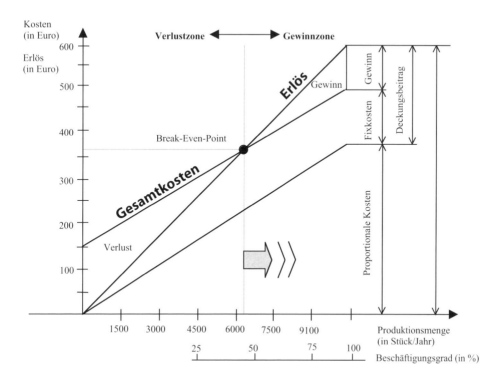

Abb. 3.4: Break-Even-Diagramm (Grundprinzip)

Mit dieser Analysenmethode können unterschiedliche Produktionsprogrammvarianten in ihrem funktionalen Verhalten simuliert und bezüglich ihrer Wirkungen analysiert werden, sodass

- Veränderung des Beschäftigungsgrades, Kapazitätserweiterungen
- Veränderungen des Verkaufspreises
- Veränderungen Kostenstruktur (Fixkosten, proportionale Kosten)

ursächlich erkennbar werden.

Zu beachten ist, dass die dargestellten Methoden nur eine statische Beurteilung von Produkten/Produktgruppen auf der Basis historischer bzw. von Ist-Daten ermöglichen. Dynamische und progressive Elemente der perspektivischen Beeinflussung bzw. Veränderbarkeit von Faktoren sind damit zunächst ausgeklammert.

Eine weitere Methode zur Analyse der Produktionsperspektive von Produkten ist durch Anwendung des **Marktchancen – Marktattraktivitäts-Portfolios** gegeben [2.14]. Hierbei werden die Produkte hinsichtlich ihres derzeitigen Marktanteiles und dem zu erwartenden Wachstum am Markt in eine zweidimensionale Matrix aufgetragen. Die Produkte werden dabei in Kreisen umsatzanteilig am derzeitigen Umsatz in der Matrix dargestellt. Das Portfolio wird dabei in viele gleiche Feldteile gegliedert, sodass für jede Portfoliokategorie eine spezifische Zielstrategie zur Produktionsperspektive formuliert werden kann.

Produktionsprogrammentwurf

Im Rahmen dieses Arbeitskomplexes sind basierend auf den Ergebnissen der Produktionsprogrammanalyse je nach Planungssituation die kurz-, mittel- bzw. langfristigen Mengen-, Zeitentwicklungen der Produkte (Stückzahlen, Anteile, Sortimente, Auslauf, Neueintritt usw.) darzustellen, sodass Entwürfe der zukünftigen Produktionsprogrammentwicklung (Szenarien) erkennbar werden.

Dabei sollten Trendentwicklungen der Folgejahre aufgezeigt und in die Planung integriert werden. Produktionsprogrammentwicklungen können dabei auch mit Ausbaustufencharakter (termin- bzw. zeitraumbezogen), gegebenenfalls auch in Verbindung mit Inbetriebnahmeetappen gekoppelt, vorgegeben werden.

Wesentliche Einflüsse auf den Entwurf der **Produktionsprogrammentwicklung** resultieren aus:

- Produktionsprogrammanalyse (Standardprodukte, Variantenbreiten, Sortimentsbreiten)
- Marktanalysen (Prognosen, Trendberechnungen)
- Analysen globaler Arbeitsteilung – Nutzung Potenziale alternativer Unternehmen (Standorte)
- Programmtiefe – Primär-, Sekundärprodukte (Eigenfertigung, Fremdfertigung, Kaufteile)

- Produktanalysen (Erzeugnisstruktur, Einzelteile, Wiederholteile, Kaufteile, Baukastenstrukturen)
- Kernkompetenzbereiche (durchsetzen, begrenzen, ausbauen)
- Absatzstrategien (Marktbedürfnisse, Produktmix, Werbung)
- Produktpolitik (Produktinnovationen, Produktvarianten, Produktersatz, Programmbereinigung, -erweiterung)
- Fertigungstiefe (Fertigungstiefenoptimierung, Produkt- bzw. Technologieauslagerung)
- Kapazitätsgrenzen.

Eine besondere Bedeutung kommt bei fortschreitender Globalisierung der Produktion den Chancen aus der Nutzung von Möglichkeiten insbesondere aus **globaler Arbeitsteilung** zu. Diese können zu einer veränderten Produktzuordnung zum Unternehmen führen und damit das zu realisierende Produktionsprogramm des Planungsobjektes direkt berühren. Dazu sind Analysen alternativer Unternehmen (Standorte) hinsichtlich der Kostenstrukturen und Kompetenzbreite durchzuführen, sodass z. B. durch Variation von Wertschöpfungsumfängen (Leistungsgrößen) eine standortspezifische bzw. standortübergreifende **optimale Wertschöpfungsverteilung** erzielt wird. Damit werden die festzulegenden Produktionsprogramme, aber auch die Technologie- und Kapazitätsstrukturen der jeweiligen Unternehmen direkt beeinflusst.

Die Gestaltung der Produkt- und damit der Produktionsprogrammpolitik unterliegt auch solchen Einflüssen wie z. B. der Beachtung der **Lebensdauerkurven** der Produkte. Jedes Produkt durchläuft prinzipiell verschiedene zeitliche Phasen, die durch ein unterschiedliches Umsatz-, Preis-, Gewinn- und Kostenverhalten charakterisiert sind. Dabei kommt es im Rahmen der Gestaltung der Produktpolitik darauf an, Entscheidungen zu den optimalen Zeitpunkten des Markteintrittes bzw. des Marktaustrittes der Produkte, d. h. zur Produkteinführung und zum Produktersatz, zu treffen.

Produktionsprogrammfestlegung

Im Ergebnis der angeführten zwei Arbeitskomplexe sind nun Festlegungen (Unternehmensentscheidungen) für das dem Fabrikplanungsvorhaben zum **Erfolgsjahr** vorzugebenden Produktionsprogramm zu treffen. Das Erfolgsjahr bildet dabei die zeitliche Projektbezugsbasis für Berechnungen zur Projektlösung ab Inbetriebnahmezeitpunkt. Sie kann gegliedert sein in zeitlich unterschiedliche Anlaufetappen (Ausbaustufen), auch sind Trendvorgaben (z. B. spezielle Stückzahl-, Umsatzentwicklungen) für Folgezeiträume (2 bis 5 Jahre) zur Sicherung vorausschauender Entscheidungen anzustreben.

Folgende Vorgaben für das **Produktionsprogramm** sind festzulegen:

- **produktbezogene Angaben** (Primär- und Sekundärbedarfe)
  Produktarten, -typen, -gruppen, Sortimente

– **mengenbezogene Angaben** (Stückzahlgrößen)
  Auflagegrößen pro Zeitraum je Produkt, -gruppe
– **kapazitätsbezogene Angaben** (Produktionsstunden)
  Kapazitätsbedarfe Bereiche/Ausrüstungen.

Neben stückzahlbezogenen Angaben können auch kapazitätsbezogene Aufwandsgrößen (z. B. Bedarf Produktionsstunden) dargestellt werden, sodass schon in dieser Planungssituation erste grobe Abschätzungen zu speziellen Bedarfsgrößen möglich werden. Entspricht das Produktionsprogramm den Merkmalen definitiver Produktionsprogramme, können in Verbindung mit aktuellen Dateisystemen (Stücklisten, Arbeitspläne) relativ exakte Bedarfsgrößen vorab ermittelt werden.

Deutlich wird, die mögliche Genauigkeit dieser Vorgaben nimmt im Regelfall mit größer werdendem Planungsvorlauf ab (Dilemma der Fabrikplanung – Abschnitt 1.3), sodass dann qualitativ unterschiedliche Produktionsprogrammarten und -varianten möglich sind. Zu beachten ist auch, dass aufgrund der Turbulenz externer und interner Faktoren des Unternehmens (vgl. Abschnitt 1.1) Produktionsprogrammvorgaben auch im Ergebnis von Planungsworkshops (Szenarientechnik) festgelegt werden. So können z. B. durch Vorgabe von optimistischen und pessimistischen Produktionsprogrammvarianten Dynamik und Bandbreite möglicher Unsicherheiten erfasst werden, sodass ein begründeter Wertebereich der Planung zugrunde gelegt werden kann.

Mit der Festlegung des Produktionsprogramms erfolgt gleichermaßen die Fixierung des **Wertschöpfungsumfangs** des Planungsobjekts. Dieser umfasst folgende Leistungsgrößen:

– Leistungsbreite (horizontale Dimension) – Produktionsprogrammbreite
– Leistungstiefe (vertikale Dimension) – Umfang Eigenleistung bzw. Zukaufleistung
– Leistungsintensität – Umfang produzierter Produkte.

Prinzipiell sind diese Festlegungen das Ergebnis komplexer Unternehmensplanung. Sie ergeben sich aus Abstimmungen mit Planungsgrößen z. B. zu Produktentwicklung, Marketing, Vertrieb, Produktion, Einkauf, Finanzen.

3.2.3 Standortklärung (optional)

Sind Standortklärungen zur Bestimmung eines Neustandortes erforderlich, so z. B. bei

– Vorliegen von Planungsgrundfall A,
– speziellen Planungserfordernissen in den Planungsgrundfällen B, C bzw. bei
– Entscheidungslagen im Ergebnis von Zielplanung und/oder Vorplanung,

dann sind Grobangaben zu Flächen- und Raumbedarfen entsprechend den Ergebnissen der durchgeführten Bedarfsabschätzung heranzuziehen (vgl. Abschnitt 3.2.5). Diese bilden die Grundlage für Vorklärungen zu Standorten gemäß den Prinzipien der Standort- und Generalbebauungsplanung hinsichtlich der Auswahl und Erschließung von Standorten, Grundstücken bzw. von Produktionsgebäuden (vgl. Abschnitt 6 und 7). Dieser immobilienwirtschaftliche Planungsprozess erfordert im Regelfall aufgrund des für ihn typischen Aufwandes einen hohen zeitlichen Vorlauf gegenüber der Fabrikstrukturplanung und ist daher frühzeitig in Gang zu setzen. Er verläuft zeitparallel bzw. vorgezogen versetzt zur Fabrikstrukturplanung – die aus Gründen der erforderlichen Vorgabedatenqualität eigentlich voranzustellen wäre (vgl. Abschnitt 7.1) – und wird durch Ergebnisse der Planungsphase Grobplanung (vgl. Abb. 2.4) bzw. des idealisierten Betriebsschemas (vgl. Abschnitt 7.2) deutlich präzisiert.

Eine deutlich andersartige Problemlage zur Standortklärung ist dann gegeben, wenn aufgrund von veränderten Produkt- und/oder Prozessstrukturen eine Neuzuordnung (Verlagerung) von Sortimenten bzw. Kapazitäten auf externe Standorte des Unternehmens bzw. zu Fremdunternehmen erfolgen soll.

3.2.4 Vorgabe Logistikprinzip/Lösungskonzept

Moderne Fabrikplanung unterliegt logistischen Zielsetzungen, d. h., Fabrikkonzepte werden nach diesen Zielsetzungen ausgelegt (vgl. Abschnitt 1.1). Dabei ist von den Anforderungen bzw. Zielsetzungen durchgängig extern/intern vernetzter **Wertschöpfungsketten** bzw. **-netze** (Beschaffungs-, Produktions-, Absatz- und Entsorgungsprozesse) auszugehen. Vereinfachend kann als allgemeine Zielsetzung gesetzt werden die Sicherung einer „**flussgerechten Gestaltung** von Fabrik- und Produktionssystemen".

Das im Nutzungsprozess (Fabrikbetrieb) erzielbare logistische Niveau des Planungsobjektes wird prinzipiell in folgenden Phasen beeinflusst:

a) **Produktentwicklungsprozess**
   Logistische Merkmale – Produktstrukturen

b) **Fabrikplanungsprozess**
   Logistische Merkmale – Planungsobjekt

c) **Fabrikbetrieb**
   Logistische Merkmale/Wirksamkeit der eingesetzten Informationssysteme – ERP/PPS/BDE-Systeme

Deutlich wird, das im Nutzungsprozess (Phase c) erzielbare logistische Niveau wird auch durch Logistikmerkmale bzw. -vorgaben aus den Phasen a) und b) vorbestimmt. Das heißt, Nichtbeachtung bzw. Falschentscheidungen zu logistikrelevanten Kriterien sowohl in der Produktentwicklung als auch in der Projekterarbeitung können im späteren Nutzungsprozess nicht oder nur bedingt kompensiert werden. Die dargestellte Komplexität logistikrelevanter Einflüsse bzw. Entscheidungen in den Phasen a) bis c) macht daher deren ganzheitliche, logistikintegrierte Bearbeitung erforderlich (vgl. [1.3], [1.9], [3.1], [3.34] bis [3.36]), dann auch als **„logistikgerechte Fabrikplanung"** bezeichnet.

Durch Anwendung spezieller Logistikprinzipien für Produktionsprozesse werden u. a. vorbestimmt:

- Sortiments- und Prozessteilungen
- Auslegung und Strukturierung von Produktions- und Logistiksystemen
- Layoutstrukturen (Fabrik-/Werkstattlayout)
- Lieferflexibilität, Liefer- und Durchlaufzeiten, Bestandsentwicklungen, Auslastungsgrade
- Einsatzkriterien von Informationstechniken, Anforderungen an Software-Systeme.

Erkennbar wird damit, die Vorgabe von **Logistikprinzipien** dominiert das **Lösungskonzept** des Planungsobjektes und bestimmt folglich auch dessen Investitionsaufwand und Wirtschaftlichkeit, d. h., Logistikprinzipien sind projektrelevant. Die Vorgabe spezieller Logistikprinzipien – insbesondere solcher mit Strukturrelevanz (vgl. Abschnitt 4) – hat folglich frühzeitig noch vor der Lösungsentwicklung (Fabrikstrukturplanung) zu erfolgen, ist daher im Sinne einer strategischen Vorgabe in die Planungsphase „Vorplanung" einzuordnen. Nur so kann eine gezielte, widerspruchsfreie integrierte Bearbeitung „von Anfang an" gesichert werden.

Neben der Vorgabe spezieller Logistikprinzipien in der **Vorplanung** ist auch der weitere Fabrikplanungsablauf (vgl. Abschnitte 3.3 und 3.4) charakterisiert durch eine Vielzahl sehr differenzierter, logistikrelevanter planungsphasenbezogener Entscheidungen, durch die auf das erzielbare logistische Niveau Einfluss genommen wird [3.1]. So werden z. B. in der Fabrikstrukturplanung Fertigungsformen abgeleitet, Materialflussgrundsätze gezielt umgesetzt sowie Logistikelemente ausgewählt, dimensioniert und eingeordnet.

Logistikvorgaben haben vernetzten Charakter – sie können z. B. die konstruktive Gestaltung der Produkte (Konstruktionskritik) betreffen, berühren aber auch direkt die Flusssysteme (vgl. Abschnitt 3.2.1) über die gesamte Wertschöpfungskette von der Produkterstellung bis zur Vermarktung einschließlich der Wechselbeziehungen zu Ausrüstungs- und Anlagentechniken sowie zu Flächen- und Raumstrukturen (Bauhülle).

Innerhalb der Phasen **Produktentwicklung**, **Fabrikplanung** und **Fabrikbetrieb** (Phasen a bis c) ist eine Vielzahl sehr differenzierter, logistikrelevanter Entscheidungen zu treffen. Beispiele dafür sind nachfolgend in einer Übersicht dargestellt (Auswahl). Diese bilden mögliche Vorgaben zur Lösungskonzeption des Planungsobjektes.

a) Produktentwicklungsprozess

– Vorgaben zur **Produktstruktur** durch kritische Produktanalysen (Konstruktionskritik/Neukonstruktion – Sicherung „logistikgerechte Konstruktion")

* Erzeugnisstruktur
  Erzeugnisgliederung, Dispositionsebenen, Produktionsstufen, Teiluniversalität, Montagegerechtheit, Modularisierung Erzeugnis – Baukastenkonstruktion, Bildung Erzeugnisbaureihen, Typisierung, Grundkonstruktion typneutral, Standardkonstruktionen (Varianten)
* Montagestrukturen (konstruktionsbezogen)
  Einsatz Funktionsmodule (vorgeprüft), variable Montagemodule
* Teilestrukturen
  Variantenteile, Variantenbreite, Standardteile, Mehrfacheinsatz, Gleichteileverwendung, Kaufteileeinsatz, Gruppenbildung, Vereinheitlichung, geringe Grundteilevielfalt, kundenneutrale Baueinheiten
* Konfigurationspunktsetzung (Kundenentkopplungspunkt) zum Prozessende – Varianz in der Vorfertigung klein (kundenneutral), Varianz in Endmontage hoch (kundenbezogen), „variantenneutrale" Rumpfprodukte, Variantenbildung „endbezogen"
* Beschaffungs- und Montagestrukturen (prozessbezogen)
  Modul-/Systemlieferant, hohe Vorfertigungs-, Vormontage- und Anlieferungsgrade
* Modulbildung (vgl. Abschnitt 4.5)
* Plattformbildung
  (Modularisierter Grundaufbau für Aufbauvarianten)
* Teile- und Baugruppengestaltung
  (Handhabungs- bzw. Automatisierungsgerecht)
* Verfahrenseinsatz
  Konzentration, Verfahrensintegration, Minimierung Verfahrensvielfalt
* Vermeidung Konstruktiv- technologisch bedingter „Materialrückflüsse"
* Minimierung Teile- und Baugruppenvarianz- und umfang
* Konstruktionsauslegung bei Beachtung Verfahrensabfolge

b) Fabrikplanungsprozess

– Vorgaben zu Umfang und Durchgängigkeit der **Prozessketten** (Leistungsketten)
  Strukturierung der Wertschöpfungs- und Logistikelemente der Prozesskette (Be-

arbeitungs-, Prüf-, Förder-, Umschlag- und Lagerprozesse) der Produkterstellung und -vermarktung hinsichtlich:

- Prozesskettenlänge (z. B. Komplettbearbeitung in house oder Maximierung der Zulieferer bei reinem Montagebetrieb)
- marktbezogene Ausrichtung der Wertschöpfungskette
- Parallelitätsgrad (Verkürzung, Ressourcen-Konzentration)
- Erweiterung (Insourcing)
- Verkürzung (Outsourcing)
- Substitution (Verfahren, Logistikelemente)
- Zuordnung Prozesskettenelemente (Lieferanten, Finalproduzenten, Kunde, Entsorger)
- Aufbau interner Kunden-Lieferanten-Beziehungen

– Vorgaben zur **Produktionsvernetzung**

- Grad vernetzt kooperativer Produktion (Produktionsnetze/Produktionsverbünde)
- Aufbau prozessorientierter Strukturen (Minimierung der Unterbrechungen in der Wertschöpfungskette)
- Umfänge Modul- und Systemzulieferer und deren Integration in den Finalprozess
- Sicherung „überschaubarer" Produktionseinheiten (begrenzter Kapazität, Prinzipien der Gruppenarbeit)
- Vorgabe der Fertigungstiefe (Kernkompetenz, Eigenfertigung/Fremdfertigung – Zuliefergrade)
- Vorgabe Liefer- und Abnehmerstrukturen

– Vorgaben zur **Fabrikstruktur**

- Ablauforientierte modulare Strukturierung von Produktionsbereichen (Bildung von Einheiten, Linien, Segmenten, Bereichen, Fraktalen und deren Einbindung in interne und externe Logistikprozesse)
- Strukturierung von Lagersystemen, z. B.
  - dezentrale Lagerung (Eingangs-, Zwischen-, Ausgangslager)
  - zentrale Lagerung (Komplexläger – Integration Lagerfunktionen)
- flussorientierte Anordnung von Ausrüstungs-, Flächen-, Raum- und Gebäudestrukturen (wegeminimal)
- Produktion verbrauchsort- bzw. einbauortnah
- Prozessteilung – Rennerlinien, Kleinsysteme, Inseln, Segmente
- Minimierung Anzahl Produktionsstufen (Prozessintegration)
- Strukturprinzipien der Produktionslogistik (vgl. Abschnitt 4)
  Lagerorientierte Produktion
  Fertigungssegmentierung
  Kanban-Fertigung (Lagerintegration)

Just-in-time (JIT)-Fertigung (Lagervermeidung)
Kernmontage/Modulmontage
- Wahl ergänzender/ersetzender Strukturen (Mischsysteme)
  Einsatz technologisch flexibler bzw. spezieller Bearbeitungstechniken

c) Fabrikbetrieb

– Vorgaben zur **Produktionsstrategie**

- Auftragsabwicklungsstrategien (Variation Kundenentkopplungspunkt)
  Lagerfertigung (kundenanonyme Beschaffung und Produktion)
  Variantenmontage (kundenspezifischer Endprozess)
  Auftragsfertigung (kundenspezifische Beschaffung und Produktion)
  Einmalfertigung (kundenspezifische Konstruktion, Beschaffung und
  Produktion)
- Push-Prinzip („schiebende" Produktion)
- Pull-Prinzip („ziehende" Produktion)
- Entwurf von ERP-/PPS-, Leitstands- und BDE-Strukturen

Deutlich wird, Vorgaben zu Logistikprinzipien führen zwangsläufig zu **Vorentscheidungen** zum Lösungskonzept des Planungsobjektes und bilden damit eine wesentliche Basis für den weiteren Projektierungsablauf.

3.2.5 Bedarfsabschätzung

Basierend auf den Ergebnissen der Produktionsprogrammplanung und den Vorgaben zum Lösungskonzept können erste Grobabschätzungen zu speziellen Bedarfsgrößen vorgenommen werden. Damit werden notwendige Veränderungen- bzw. Anpassungsaufwände und in der Folge Kosten- und Investitionsgrößen darstellbar. Diese Erkenntnisse beruhen auf den sichtbaren **Potenzialunterschieden** aus Potenzialanalyse und aktuellen Produktionsprogrammfestlegungen bzw. spezifischen Projektzielsetzungen. Die erforderlichen Bedarfsgrößen bilden wesentliche Ergebnisinhalte dieser Planungsphase, die in der Absicherung der Entscheidungsfähigkeit (Pre-Feasibility-Studie) zur Lösungsrichtung bzw. zum Planungsvorhaben bestehen. Bedarfsabschätzungen erfolgen z. B. für Betriebsmittel-, Personal- und Flächenbedarfe, basierend auf Kenntnissen zu Produktionsprogrammen, erforderlichen technologischen Verfahren bzw. den einzusetzenden Ausrüstungstechniken. Die mögliche Genauigkeit der Vorgabe des Produktionsprogramms sowie konstruktiv-technologische Kenntnisse der Produkte bestimmen folglich die Ergebnisqualität der Bedarfsabschätzung. Das Einbringen von Erfahrungen ist in dieser Entscheidungslage wesentlich. Unterstützt werden kann dieser Prozess durch Nutzung von **Kennzahlensystemen** bzw. durch Methoden des Benchmarkings.

Kennzahlen sind ein klassisches Hilfsmittel im Fabrikplanungsprozess. Sie ermöglichen erste, relativ grobe, aber begründete Vorentscheidungen zu speziellen Bedarfsgrößen. Kennzahlen haben den Charakter von Planungsrichtgrößen, stellen Kausalbeziehungen dar, bilden Vergleichs- bzw. Anhaltswerte und ermöglichen einen Aufwands- und Ergebnisvergleich analoger Systeme und Abläufe, beruhen allerdings oftmals auf Ergebnissen der Vergangenheit. Die Anwendung von Kennzahlen sollte daher immer unter Beachtung innovativer Aspekte und gegebenenfalls entsprechender Wertekorrektur erfolgen.

Planungsergebnisse bei Einsatz von Kennzahlen (auch als Kennzahlplanung bzw. **Kennzahlprojektierung** bezeichnet) erfahren eine schrittweise inhaltliche Untersetzung im Folgeprozess der Grob- und Feinplanung des Planungsobjektes entsprechend der Planungssystematik (vgl. Abb. 2.6). Sie ermöglichen in einem zeitlich vorgezogenen **frühen Planungsstadium** trotz unscharfer Vorgaben schnell begründete Aussagen und sichern damit die Entscheidungsfähigkeit zum Vorhaben und den Planungsfortgang.

Beispiele für **Kennzahlen** sind:
– Kennzahlen der Produktivität (Personal, Fläche)
– Kennzahlen zu Kostenaufwänden der Produkterstellung
– Kennzahlen für Flächen- und Raumbedarfe
– Kennzahlen für Lagerkapazitäten/Lagerbestände
– Kennzahlen für Hilfs- und Nebenbereiche
– Kennzahlen für Kapitaleinsatz und Gewinnerwartung
– Kennzahlen zur Fertigungstiefe
– Kennzahlen zu Produktionskosten
– Kennzahlen für Personalbedarf
– Kennzahlen für Bauaufwände (Bauobjekte, Bauabschnitte).

Kennzahlen stellen Durchschnittsgrößen dar und sind möglichst im Komplex anzuwenden. Erst in der wechselseitig vergleichenden Betrachtung unterschiedlicher Kenngrößen sind begründete Aussagen möglich. Kennzahlen werden in Großunternehmen oftmals unternehmensbezogen gebildet und stellen dann unternehmensinterne Richtgrößen dar. Für den Bereich mittelständiger Unternehmen sind Kennzahlen bei den Industrie- und Handelskammern (IHK) verfügbar. Auch in der Fachliteratur ist eine Vielzahl vom Angaben bekannt (vgl. [2.2], [2.12], [2.16]).

Sind Bedarfsgrößen (z. B. Ausrüstungsumfang, Flächen- und Raumbedarfe) ermittelt, werden Größenordnungen des Planungsobjektes deutlich erkennbar, sodass z. B. erste Überplanungen zum Planungsobjekt und damit zu den erforderlichen **Zeit- und Terminstrukturen** möglich sind.

Weiterhin werden der **Kostenaufwand** bzw. der damit erforderliche **Finanzaufwand** ableitbar, gegebenenfalls gegliedert in zeitlich gestaffelter Form (Investitionsabschnitte). Damit sind die Grundlagen für eine zielgerichtete objektbezogene Finanzplanung und Bewertung des Vorhabens gegeben.

Inhalte einer **betriebswirtschaftlichen Bewertung** des Fabrikplanungsobjektes sind:

- Ermittlung der **Investitionskosten**
  Hierbei sind alle bei der Planung, Beschaffung, Realisierung und Inbetriebnahme bis zur Zielerreichung entstehenden Kosten einzubeziehen. Grundlagen sind Kennzahlen, Schätzungen, Kostenvoranschläge, Richtpreisangebote u. a. Davon ausgehend wird eine erste betriebswirtschaftliche Bewertung des Fabrikplanungsobjektes möglich. Wesentliche Kriterien sind:
  - Wirtschaftlichkeit
  - Amortisationsdauer
  - Rentabilität
  - Liquidität
  Die mögliche Genauigkeit der Investitionskostenbestimmung nimmt mit fortschreitendem Planungsablauf zu, sodass im Planungsablauf eine ständige Kostenanpassung bzw. -aktualisierung zu sichern ist.

- Bestimmung der **Produkt-Selbstkosten**
  Die Abschätzung der durch das Planungsobjekt zu erwirtschaftenden Erlöse bzw. Gewinne setzt die Kalkulation der Selbstkosten der Produkte voraus. Verbreitet ist die Anwendung der Methode der Kostenträgerrechnung. Als problematisch erweist sich hierbei oftmals die Verfügbarkeit hinreichend genauer Kostendaten, sodass auf Schätzungen bzw. Kennzahlen zurückgegriffen werden muss.

- Aufstellung **Finanzbedarfsplan**
  Im Finanzbedarfsplan sind Angaben zu den Finanzbedarfen einschließlich der Bedarfstermine fixiert, sodass die Finanzierungsarten (Eigen- oder Fremdfinanzierung) festgelegt und über die Kapitalbeschaffung (z. B. Kredite, Rücklagen) entschieden werden kann.

Die Ergebnisse der Planungsphase „Vorplanung" sind in der **Pre-Feasibility-Studie** (vgl. Abb. 2.5) darzustellen. Wesentliche Inhalte dieser Studie sind:
- Präzisierung von Projektzielen/Zeitetappen
- Vorgaben Produktionsprogramm (Varianten, Trends)
- Ermittlung von Bedarfsgrößen
- Festlegung von Logistikprinzipien
- Entwürfe und Eingrenzung der Lösungskonzepte
- Angaben zu Aufwänden/Wirtschaftlichkeit
- Konkretisierung der Aufgabenstellung (AST).

Die Pre-Feasibility-Studie enthält damit die Verdichtung und Präzisierung von entscheidungsrelevanten Planungsergebnissen und bildet einen Zwischenschritt von der Opportunity-Studie (Zielplanung) zur Feasibility-Studie (Grobplanung). Ihre Ergebnisse sind eine wesentliche Entscheidungsgrundlage für das Unternehmensmanagement hinsichtlich Planungsfreigabe auf Basis der Wirtschaftlichkeit und konkretisierter Arbeitsrichtung.

3.3   Grobplanung – Lösungsvarianten

3.3.1 Funktionsbestimmung – Produktionssystem

3.3.1.1 Grundprinzipien

Im Rahmen der Funktionsbestimmung des Planungsobjektes erfolgt ausgehend von dem zu realisierenden **Produktionsprogramm** die Festlegung der erforderlichen Verfahren und Ausrüstungen (üblicherweise im Ergebnis der Produktionsvorbereitung), sodass darauf aufsetzend das Funktionsschema des Produktionsprozesses erstellt werden kann (vgl. Abschnitt 2.1).

Das **Funktionsschema** eines geplanten (oder vorhandenen) Fabrik- bzw. Produktionssystems stellt die zur Produktherstellung erforderlichen **Funktionseinheiten** und deren materialflussseitige **qualitative** Verknüpfung (funktionelle Struktur) dar, sodass der prinzipielle Produktionsablauf erkennbar wird. Funktionsschemata beinhalten damit zunächst eine rein **funktionsbezogene** (anordnungs-, flächen- und raumneutrale) Darstellung des Produktionsablaufes. Die Ableitung des Funktionsschemas (oftmals auch als „Produktionsschema" bezeichnet) bildet einen ersten grundsätzlichen Aufgabenkomplex innerhalb der Teilplanungsphase *Idealplanung* (vgl. Abb. 2.4).

Funktionseinheiten können gebildet werden durch
– **Produktionsfunktionen** (Ausrüstungen, Arbeitsplätze, Bereiche) sowie durch
– spezielle **Logistikfunktionen** (z. B. Läger, Bereitstellung, Versand).

Damit wird deutlich, schon hier können spezielle logistische Zielsetzungen im Systementwurf durchgesetzt werden durch gezielte Einordnungen, Zusammenfassungen bzw. Auftrennungen von Produktions- und Logistikfunktionen. Die Entwicklung des Funktionsschemas stellt damit einen ersten groben Entwurfsprozess des geplanten Produktionssystems dar.

Der Abstraktionsgrad des Funktionsschemas ist wählbar – je nachdem, ob der Funktionsablauf der Gesamtfabrik, dann im Regelfall auf die Bereichsstruktur (Vorfertigung, Endmontage, Läger) oder innerhalb von Werkstätten, dann auf die Ausrüstungs- bzw. Arbeitsplatzstruktur bezogen, darzustellen ist. Dementsprechend kann das Funktionsschema **bereichsbezogen** oder **ausrüstungsbezogen** erstellt werden. Funktionsschemata basieren auf den Produktionserfordernissen von Produktprogrammen und leiten sich aus ihnen ab. Sie werden auf wesentliche Hauptfunktionen begrenzt und durchgängig über alle Produktionsstufen der Wertschöpfungs- und Logistikkette erstellt (Gesamtprozesse), können aber auch auf spezielle Produktionsstufen oder Bereiche begrenzt werden (Prozessausschnitt).

Funktionsschemata ermöglichen folgende grundsätzlichen Erkenntnisse:
– zu Art, Anzahl und Typbreite erforderlicher **Funktionseinheiten** (Bereiche, Ausrüstungen, Arbeitsplätze, Läger u. a.)

– zu deren **qualitativer materialflussseitiger Verknüpfung** (Vernetzungscharakter)
– zur **Ablauflogik** des Fertigungsfortschrittes (ablauforientierte funktionsbezogene Darstellung der Produktflüsse in vertikaler/horizontaler Flussstruktur)
– zu den erforderlichen **Ressourcen** des zu planenden Fabrik- und Produktionssystems.

und bilden damit eine Hauptgrundlage (Anforderungsübersicht) für die nachfolgenden Planungsinhalte. So werden z. B. Schwerpunkte und Umfang der anschließenden Dimensionierungsberechnungen oder auch erforderliche Eingriffe in die Fabrik- bzw. Produktionsstruktur schon hier erkennbar.

Grundsätzlich gilt: Funktionsschemata bilden im Regelfall nur einen planungsobjektbezogenen Ausschnitt aus der gesamten Beschaffungs-, Produktions- und Lieferkette der Produkte ab.

Die Ausgangslage zur Erarbeitung von Funktionsschemata kann durch folgende Grenzfälle bestimmt sein:

– **Funktionsschema – grob**
  Nur indifferente Produktionsprogramme liegen vor, detaillierte technologische Prozesse noch nicht ableitbar. Die Bestimmung des Funktionsschemas beruht

Bearbeitungsschritt	Bearbeitungsinhalte	
A Analyse **Produktionsprogramm/ Erzeugnisstruktur**	Erzeugniselemente – Hauptbaugruppen – Baugruppen – Einzelteile – Eigen-/Fremdfertigung	Fertigungsstufen – Vorfertigung – Vormontage – Endmontage
B Analyse **Arbeitspläne / Bereichsfolge**	– Arbeitsvorgänge – Arbeitsplätze (Ausrüstungen) – Arbeitsvorgangsfolgen	
C Entwicklung **Arbeitsablaufschema**	– Materialflussanalyse – Bereichsbildung (optional)	

D Ableitung **Funktionsschema**	– Zuordnung Funktionseinheiten
	  • funktionsorientiert
	  • materialflussvernetzt	

E Ableitung **flächenmaßstäbliches Funktionsschema**	– Ermittlung Flächenbedarf (Funktionseinheit) – flächenmaßstäbliche Funktionseinheiten	

Abb. 3.5: Bearbeitungsschritte – Ableitung Funktionsschema

dann auf Abschätzungen zu Produktstrukturen und Verfahrenserfordernissen (Grobtechnologie) im Ergebnis von Analogiebetrachtungen bzw. Produktionserfahrungen.

– **Funktionsschema – detailliert**
  Das zu realisierende (definitive/eingeengte) Produktionsprogramm sowie die Erzeugnisgliederungen (Stücklistensätze) liegen vor, die erforderlichen Verfahren bzw. Ausrüstungen sind bekannt.

3.3.1.2 Ableitung Funktionsschema

Zur Ableitung detaillierter Funktionsschemata sind bei Vorliegen der angeführten Datenstrukturen die in Abb. 3.5 dargestellten Bearbeitungsschritte zu durchlaufen. Diese sind durch folgende Inhalte charakterisiert:

Bearbeitungsschritt A – Analyse Produktionsprogramm/Erzeugnisstruktur

Die Produktionsprogrammstruktur legt den Umfang der zu fertigenden, unterschiedlichen Erzeugnisse offen (Sortimentsbreite – Primärbedarfe).

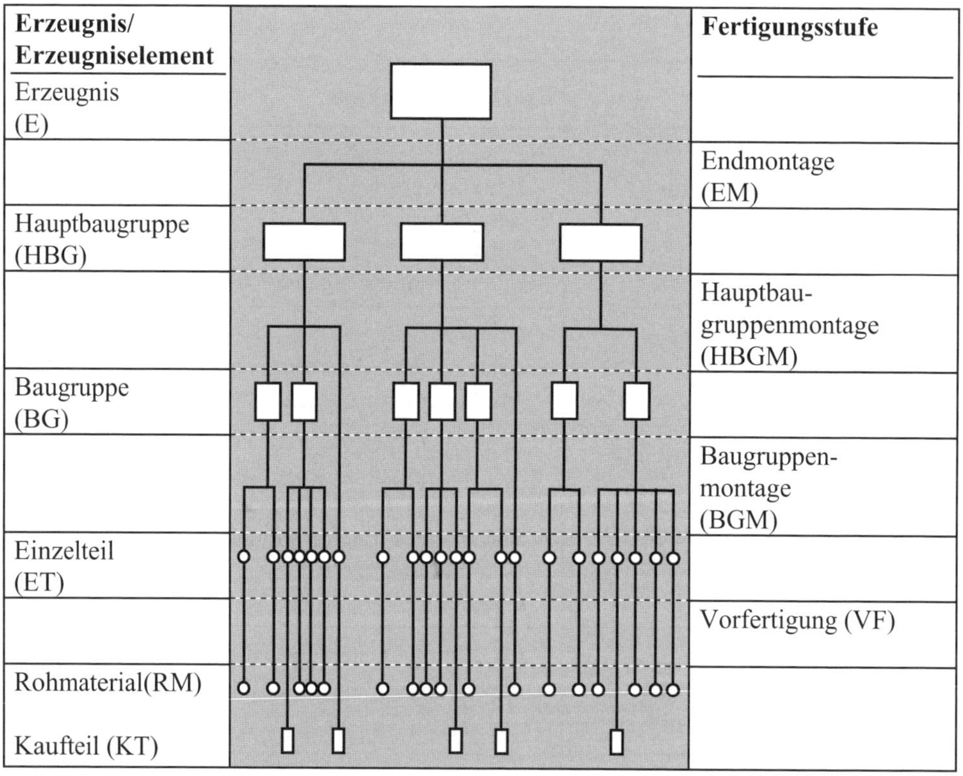

Abb. 3.6: Erzeugnisstruktur und Fertigungsstufen (Prinzipschema – Strukturbeispiel)

Die Analyse aller Erzeugnisse hinsichtlich ihrer Struktur durch Methoden der **Stücklistenauflösung** ermöglicht die Ermittlung aller erforderlichen **Erzeugniselemente** (Sekundärbedarfe – Baugruppen, Unterbaugruppen, Einzelteile) sowie die zu durchlaufenden **Fertigungsstufen** (vgl. Abb. 3.6).Deutlich wird schon hier die überragende Bedeutung der Produktstruktur auf die zu entwickelnde Prozess- bzw. Fabrikstruktur. Produktstrukturen determinieren Prozessstrukturen. Entsprechend den Festlegungen zur Fertigungstiefe (Eigen- oder Fremdfertigung) sind damit alle zu berücksichtigenden Elemente sowie die Stufigkeit der Prozesse bekannt.

Bearbeitungsschritt B – Analyse Arbeitspläne/Bereichsfolge

Zur Ableitung der Materialflussverknüpfungen für **ausrüstungsbezogene Darstellungen** sind nun für alle Erzeugniselemente die **Arbeitspläne** (Fertigungs-/Montagearbeitspläne) je Fertigungsstufe und Arbeitsvorgang zu analysieren (Fertigungs- bzw. Montageablaufanalyse).

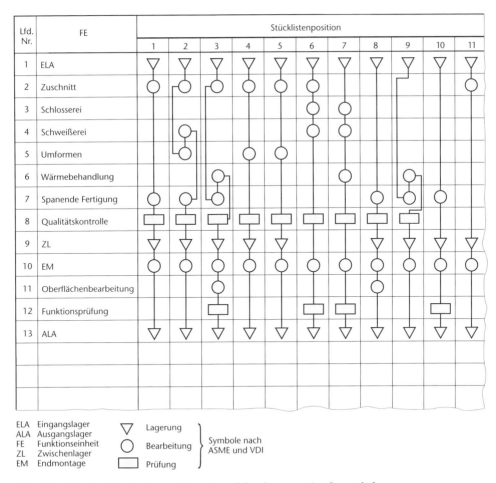

Abb. 3.7: Arbeitsablaufschema (Operationsfolgediagramm) – bereichsbezogen

Damit werden je Element sichtbar:
- die Bereichszuordnung (z. B. Vorfertigung, Baugruppen-, Endmontage)
- die erforderlichen Arbeitsvorgänge (Typ, Anzahl)
- die zugeordneten Arbeitsplätze (Ausrüstungen/Stationen)
- die Arbeitsvorgangsfolgebeziehungen (Materialflusscharakter).

Für **bereichsbezogene Darstellungen** ist der Analyseaufwand geringer – hier ist lediglich die Erfassung der Bereichsabfolge im Durchlauf der Produkte gemäß den Fertigungsstufen zu erfassen.

Bearbeitungsschritt C – Entwicklung Arbeitsablaufschema

Im Regelfall sind eine Vielzahl technologisch deutlich unterschiedlicher Erzeugniselemente zu analysieren (Produktionsprogrammbreite). Zur Sicherung der Parallelauswertung (Gesamtanalyse) aller zu produzierender Erzeugniselemente ist daher ein **Gesamtarbeitsablaufschema** (Operationsfolgediagramm) zu entwickeln. In Abb. 3.7 ist ein Arbeitsablaufschema (bereichsbezogen) zur vergleichenden Analyse der teilweise stark abweichenden Arbeitsvorgangsfolgebeziehungen (Materialflussvernetzung) unterschiedlicher Produkte dargestellt. Deutlich wird, das Arbeitsablaufschema beinhaltet ausschließlich die **qualitativen Materialflussbeziehungen**.

Übersichten auf Basis von Arbeitsablaufschemata sind tabellarische Auflistungen von Produktions- und Logistikfunktionen bei Paralleldarstellung der detaillierten Arbeitsvorgangsfolgebeziehungen über alle Erzeugniselemente (Produkte), sofern erforderlich ganzheitlich über alle Produktionsstufen.

Sie ermöglichen qualitative Erkenntnisse zu den **Materialflussvernetzungen** unterschiedlicher Funktionseinheiten. So können die Unterschiedlichkeit oder auch Häufungen abweichender bzw. identischer Materialflüsse zwischen den Erzeugniselementen erkannt werden, woraus z. B. **generalisierte Flussbeziehungen** ableitbar sind. Weiterhin können **Bereichsbildungen** (Funktionsverdichtungen, -aufweitungen) vorgenommen werden (Clusterbildung). Diese beinhalten z. B. die gezielte Zusammenfassung (auch Auftrennung/Separierung) „gleichartiger" oder funktionell „eng verknüpfter" Funktionseinheiten.

Kriterien der **Bereichsbildung** können sein:
- gewählte Abstraktionsebene
- Modulbildung (Produkte/Prozesse), vgl. Abschnitt 4.5
- Kostenstellenzuordnung bzw. -bildung
- Verfahrens- bzw. Ausrüstungsanalogie (-abweichungen)
- geplante funktionell-räumliche Gruppierungen
- spezifische Anforderungen Funktionseinheit (Anforderungsmatrix)
- realisierbare Systemgrößen
- Materialflussanalogie (Überspringen, Rückflüsse, Auslassungen)
- Produktorientierung

- markt- bzw. kundenbezogen
  z. B. Bildung von Fertigungssegmenten (vgl. Abschnitt 4.2 und Industriebei-spiel in Abschnitt 8.2)
- form- bzw. geometriebezogen
  z. B. Bildung von Bereichen technologisch identischer/ähnlicher Produkte, Bildung von Produktfamilien (-gruppen)
- Lagerstrukturen (z. B. Umfang der Integration von Lagerfunktionen).

Auch hier wird deutlich, schon mit dem Entwurf des Funktionsschemas können wesentliche Aspekte der Fabrikstrukturierung vorab bestimmt werden. Gegebenfalls sind dabei auch strukturrelevante Logistikprinzipien bei der Bereichsbildung von Bedeutung (vgl. Abschnitte 3.2.4 und 4). So sind z. B. Logistiklösungen zu beachten, die einen externen Materialdirektzufluss und Vorortbereitstellung von Komponenten am Montageeinbauort vorsehen (externe Materialdirektzuflüsse), die folglich im internen qualitativen Materialflussnetz nicht erfasst sind.

Die zu verarbeitenden Datenmengen setzen den Einsatz von Softwaresystemen voraus (Materialflussanalysen/Statistiken) bzw. erfordern die Beschränkung auf dominante Elemente (z. B. Verdichtungen durch Einsatz der ABC-Analyse).

Bearbeitungsschritt D – Ableitung Funktionsschema

Die Umsetzung von Arbeitsablaufschemata in ein Funktionsschema (Vertikaldarstellung) wird in Abb. 3.8 an einem Industriebeispiel gezeigt. Dargestellt ist ein **bereichsbezogenes Funktionsschema**. Die erforderlichen Funktionseinheiten (Bereiche) sind in Verbindung mit den **qualitativen Materialflussvernetzungen** (Fluss vorhanden / nicht vorhanden sowie Richtungsangabe) aufgeführt. Die Darstellung zeigt die Ablauflogik des Fertigungsfortschrittes (Funktionenfolge) in idealisierter **rein funktionsbezogener anordnungsneutraler Zuordnungsstruktur** der Bereiche ohne Beschränkungen durch reale Gegebenheiten. Prinzipielle Aussagen zum Produktionsablauf der Geräteproduktion werden aus Abb. 3.8 möglich, so zu erforderlichen Bereichen, Materialflüssen und -verknüpfungen.

Bearbeitungsschritt E – Ableitung flächenmaßstäbliches Funktionsschema

Werden weiterhin die erforderlichen Flächenbedarfe je Funktionseinheit (Bereich) z. B. durch überschlägige Berechnungen, Kennzahlen oder Schätzungen ermittelt, kann das **flächenmaßstäbliche Funktionsschema** erstellt werden. In Abb. 3.9 ist die flächenmaßstäbliche Darstellung der Bereichsgrößen erkennbar, sodass erste Erkenntnisse zu Flächen- bzw. Raumbedarfen und -einordnungen (z. B. in vorhandene Raumstrukturen) möglich werden.

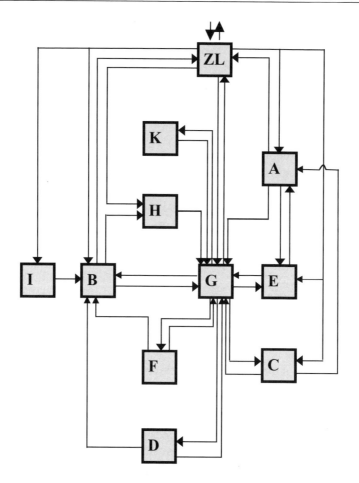

Funktionseinheiten der Geräteproduktion (Bereiche)

A Wandlerkopfbearbeitung I; B Schweißen; C Bohren, Vereinzeln; D Kompensationsmessung; E Chemie; F Endprüfung; G Wandlerkopfbearbeitung II (Lötmontage, Endmontage, Dauertest); H Sandstrahlen; I Pressen; ZL Zentrallager; K Applikationswerkstatt

Abb. 3.8: Funktionsschema (bereichsbezogen) – Gerätefertigung (Industriebeispiel)

Die dargestellten Inhalte zur Ableitung von Funktionsschemata machen deutlich:

– Funktionsschemata sind je nach Zielsetzung und Datenlage in unterschiedlicher Aussagetiefe (Abstraktion) und Aussagegenauigkeit sowie in unterschiedlicher Prozess- (Gesamt-, Teilprozesse) und Produktbreite (Gesamt-, Teilesortimente) darstellbar.
– Funktionsschemata stellen einen idealisierten rein funktionsbezogenen anordnungsneutralen Produktionsablauf dar, sie sind daher abzugrenzen von Layoutdarstellungen.

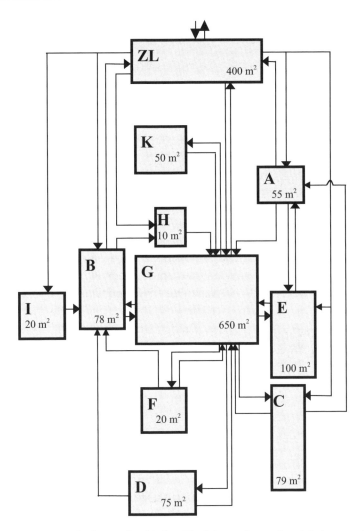

Abb. 3.9: Flächenmaßstäbliches Funktionsschema (bereichsbezogen) –
Gerätefertigung (Legende – vgl. Abb. 3.8)

Das Vorliegen des Funktionsschemas bildet einen wesentlichen Ausgangspunkt für
die Folgeschritte der **Fabrikstrukturplanung** (vgl. Abschnitt 2.1). Bekannt sind damit alle wesentlichen Funktionseinheiten, die im weiteren vertiefenden Planungsablauf zu dimensionieren, zu strukturieren und der Layoutplanung zugrunde zu legen
sind.

3.3.2 Dimensionierung – Teilsysteme

3.3.2.1 Grundprinzipien

Die Grundlage für Dimensionierungsaufgaben bildet das **Produktionsprogramm** (Leistungsprogramm), es ist das Mengengerüst der geplanten Produktion. Produktionsprogramme definieren Kapazitätsbedarfe, die zu deren Realisierung erforderlich sind und bestimmen damit die Größenordnungen (Bedarfe) folgender Teilsysteme:

– Betriebsmittel (Ausrüstungsstrukturen)
– Personal
– Flächen
– Medien (Ver- und Entsorgungstechniken).

Damit wird deutlich, die erforderlichen Größenordnungen der Auslegung von Fabrik- bzw. Produktionssystemen werden in diesem Bearbeitungsschritt definiert, sodass darauf aufsetzend begründete Aussagen zu Investitionsbedarfen möglich werden (vgl. Abschnitt 3.2.5).

Dimensionierungsberechnungen sind in dieser Planungsphase durch Fragestellungen zur kapazitiven Anpassung (Auslegung) dieser Teilsysteme an vorgegebene Produktionsprogramme charakterisiert. Die zu installierenden Kapazitätsstrukturen sollten dabei zur Sicherung des Bilanzansatzes etwa der Größe der erforderlichen Kapazitätsbedarfe entsprechen (vgl. auch [2.5]). Die Ergebnisse sichern den Ressourcenabgleich und besitzen quasi-statischen Charakter, d. h., sie legen – wenn auch Teilsystemabhängig unterschiedlich – die Dimensionierung der Fabrikstruktur für mittel- bzw. für langfristige Zeiträume fest.

Werden die Marktdynamik und ihre Folgen auf Produktionsprogrammänderungen betrachtet, wird deutlich, dass Dimensionierungsberechnungen und -ergebnisse immer mit Unsicherheiten behaftet sind. Deshalb sind prinzipiell Aspekte der Flexibilität und Wandlungsfähigkeit sowie der gezielten Gestaltung von Redundanzen und Reserven für Wachstum und Nutzungsänderung in die Endauslegung der Dimensionierungsgrößen einzubeziehen (vgl. auch Abschnitt 1.1 und 1.5.5).

In der Logik der Dimensionierung von Fabrik- bzw. Produktionssystemen hat sich das Primat der Ausrüstungs- bzw. Betriebsmitteldimensionierung als einer „Kerngröße der Dimensionierung" herausgebildet. Davon ausgehend, leitet sich konsequenterweise die Dimensionierung von Personal-, Flächen- und Medienbedarfen ab.

Die Methodik der Dimensionierung ist zu unterscheiden in:

– **Statische Dimensionierung**
  Die zugrunde gelegten Bedarfsdaten sind im Regelfall auf Jahreszeiträume bezogen und stellen daher Durchschnittsgrößen dar (Normalkapazität), d. h., die Bedarfsdynamik innerhalb des Bezugszeitraumes wird nicht mit einbezogen. Diese

vereinfachende Betrachtung hat sich in der Praxis vielfach als ausreichend erwiesen und ist den nachfolgenden Dimensionierungsmethoden zugrunde gelegt:

- **Dynamische Dimensionierung**
  Dieser Vorgehensweise ist die zeitabhängige Veränderlichkeit der Bedarfsgrößen (Bedarfsverläufe) zugrunde gelegt. Diese kann verursacht sein z. B. durch saisonale Schwankungen (Produktion/Verkauf) oder Neuproduktanläufe. Hier ermöglicht der Einsatz der Simulationstechnik eine „prozessnahe" Bestimmung der Dimensionierungsgrößen (vgl. Abschnitt 5).

3.3.2.2 Betriebsmittel

Als **Betriebsmittel (BM)** werden allgemein Ausrüstungen (Maschinen), Anlagen, Vorrichtungen, Messmittel, Werkzeuge u. a. bezeichnet (technische Arbeitsmittel). Die Bestimmung der erforderlichen Betriebsmittel (nachfolgend eingegrenzt auf Fertigungsausrüstungen) beinhaltet:

- Festlegungen zur **Art des BM** (qualitative Kapazität)
  Diese wird durch das technologische Verfahren und die Leistungsparameter des Betriebsmittels bestimmt und wird, ausgehend von den technologischen Fertigungsanforderungen des Werkstückes (Prozesses), im Rahmen der Arbeitsvorbereitung festgelegt (Vorgabegröße).
- Ermittlung der **Anzahl der BM** (quantitative Kapazität)
  Diese Aufgabenstellung ist Gegenstand von Dimensionierungsberechnungen im Fabrikplanungsablauf (Berechnungs- bzw. Planungsgröße).

In Bild 3.10 ist das **methodische Grundprinzip** zur Ermittlung von Kapazitätsbedarfen dargestellt. Danach sind zeitraumbezogene **Bedarfsgrößen** (Bearbeitungskapazität) und **Verfügbarkeitsgrößen** (Maschinenkapazität) gegenüberzustellen, sodass **Kapazitätsdefizite** als Basis für Entscheidungen (Berechnungen) zur Dimensionierung erkennbar werden. Anzustreben ist hierbei die Einbeziehung der Kapazitätsentwicklung über mittelfristige Zeiträume (z. B. Entwicklungen in den Folgejahren) in die Entscheidungsfindung. Zu unterscheiden sind folgende Abläufe:

- Bei **Neuplanung** (z. B. Planungsgrundfall A), bei denen kein Betriebsmittelbestand vorliegt, bilden allein die Bedarfsgrößen die Grundlage zur Dimensionierungsrechnung. Diese werden der geplanten Kapazität (Einsatzzeit) der einzusetzenden Ausrüstung (Planungsvorgabe) gegenübergestellt, sodass die Kapazitätsbedarfe abgeleitet werden können.
- Bei **Umgestaltungen** bzw. **Erweiterungen** (z. B. Planungsgrundfälle B, C), bei denen ein Betriebsmittelbestand vorhanden ist, der im Regelfall auch der Neulösung zur Verfügung steht, sind die Bedarfsgrößen der vorhandenen Maschinenkapazität (Bestand) gegenüberzustellen, sodass Kapazitätsdefizite erkennbar werden.

Die Bestimmung der **Bedarfsgrößen** (Bearbeitungskapazität) erfolgt bei Vorliegen der Arbeitspläne ausrüstungsbezogen durch Hochrechnungen des Bearbeitungszeitaufwandes aller Produktarten, basierend auf den Produktionsstückzahlen (Mengengerüste). Die Aufstellung von Operationsfolgediagrammen (vgl. Abschnitt 3.3.1.2) im Ergebnis von Arbeitsplananalysen ermöglicht hierzu Übersichten zur Zuordnung von Produkten zu Ausrüstungen, sodass durch Multiplikation von Belegungszeiten und Mengengrößen Kapazitätsbedarfe (Soll-Größen) je Ausrüstungstyp ermittelt werden können.

Bezüglich der Verfügbarkeitsgrößen (Maschinenkapazität) ist gleichermaßen zwischen quantitativer und qualitativer Kapazität zu unterscheiden. Die **quantitative Kapazität** wird gebildet aus den Kapazitätsquerschnitten (Anzahl BM), multipliziert mit der vorhandenen bzw. geplanten Einsatzzeit des BM (jährliche Arbeitstage, schichtbezogene Einsatzzeit, Schichtfaktoren). Die **qualitative Kapazität** wird durch das technische Leistungsvermögen der BM definiert (z. B. geometrische Parameter, Ausstattung, Genauigkeiten).

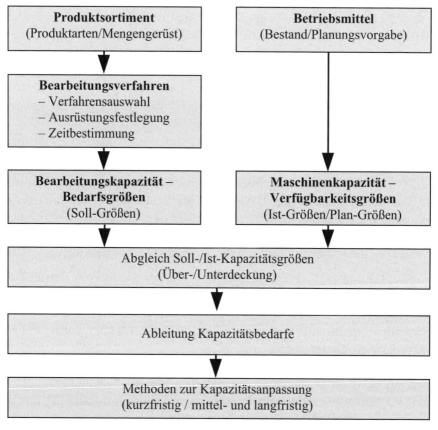

Abb. 3.10: Grundprinzip zur Ermittlung des Kapazitätsbedarfs (i. A. an [2.2])

Die aus den ermittelten Kapazitätsbedarfen abzuleitenden Maßnahmen der **Kapazitätsanpassung** sind unter dem Aspekt des **Zeithorizontes** zu unterscheiden und entsprechend auszuwählen:

– mittel- und langfristige Anpassung:

Bestand < Bedarf $\rightarrow$ Zukauf BM (Investitionen), Fremdfertigung,
(Unterdeckung) Programmänderung, Verfahrensumlegung
Bestand > Bedarf $\rightarrow$ Programmänderung, Verkauf, Verschrottung
(Überdeckung) (Aussonderung)
Bestand = Bedarf $\rightarrow$ ohne Maßnahme
(Deckung)

– kurzfristige Anpassung $\rightarrow$ Mehrarbeit (Erhöhung Schichtfaktor)
innovative Arbeitszeitsysteme / Schichtmodelle
Kapazitätsabgleich durch ERP/PPS-Systeme

Sind im Rahmen der Kapazitätsbedarfsermittlung (nach Abb. 3.10) Kapazitätsunter- bzw. -überdeckungen erkannt worden sind je nach Entscheidungslage detaillierte Berechnungen zum Betriebsmittelbedarf erforderlich.

Zur Berechnung des Betriebsmittelbedarfs ist eine Vielzahl von detaillierten Methoden bekannt (vgl. z. B. [1.2], [2.1], [2.2], [3.9]). Die jeweils einzusetzende Methode ist abhängig von möglicher (Datenbasis, Berechnungszeitpunkt) zu erforderlicher Genauigkeit(Ergebnisanwendung), d. h. von der Fabrikplanungssituation (vgl. Abschnitt 1.1 – Dilemma der Fabrikplanung). Es werden daher Methoden basierend auf Schätzungen, Vergleichen, Kennziffern, aber auch exakte Methoden unterschieden.

Nachfolgend wird die Methode von *Kettner* (vgl. [2.2]) zur exakten BM-Dimensionierung angeführt. Diese setzt das Vorliegen definitiver Produktionsprogramme sowie von Ergebnissen der Arbeitsvorbereitung (Ausrüstungsauswahl, Bearbeitungs- und Rüstzeiten) voraus.

Für die **Ermittlung des Betriebsmittelbedarfs (BM)** besteht folgender allgemeiner Grundzusammenhang, wobei die Berechnung jahreszeitraumbezogen erfolgt.

$$Betriebsmittelbedarf = \frac{Gesamtkapazit\ddot{a}tsbedarf}{verf\ddot{u}gbare\ Kapazit\ddot{a}t\ einer\ Ausr\ddot{u}stung}$$

Die detaillierte Berechnung erfolgt nach:

$$BM_i = \frac{T_{\mathrm{B}i}}{T_{\mathrm{M}i}} = \frac{\sum\limits_{j=1}^{J} T_{rji} + \sum\limits_{j=1}^{J} (m_{ji} \cdot t_{eji})}{A_i \cdot h_i \cdot S_i \cdot \eta_i} \tag{1}$$

BM_i Anzahl erforderlicher Betriebsmittel Typ i
T_{Bi} erforderliche Bearbeitungszeit für BM-Typ i (in min/Jahr)
T_{Mi} vorhandene (verplanbare) Maschinenzeit für ein BM-Typ i (in min/Jahr)

Dabei gilt für die Ermittlung der erforderlichen Bearbeitungszeit im Jahr:

T_{rji} Rüstzeit t_r für Produkt j auf BM-Typ i (in min/Jahr)
m_{ji} Produktionsmenge Produkt j auf BM-Typ i (in Stück/Jahr)
t_{eji} Fertigungszeit je Einheit t_e für Produkt j auf BM-Typ i (in min/Jahr)

Für die Ermittlung der verfügbaren Maschinenkapazität im Jahr T_{Mi} gilt:

A_i Anzahl Arbeitstage BM-Typ i (in Tage/Jahr)
h_i vorhandene (geplante) Einsatzzeit für BM-Typ i je Tag und Schicht (in min/Tag × Schicht)
S_i Schichtanzahl (vorhanden/geplant) für BM-Typ i
η_i Zeitnutzungsgrad für BM-Typ i

Der Zeitnutzungsgrad η_i ist stets kleiner als 1 und berücksichtigt nach [2.2] Ausschuss, Nacharbeit, Arbeitsablaufstörungen u. a.; entsprechend der Fertigungsart gelten die folgenden Richtwerte (Beispiele) für η_i:

$\eta_i = 0{,}7$ (Vorfertigung und Montage bei Einzelteilfertigung)
$\eta_i = 0{,}8$ (Vorfertigung bei Serienfertigung)
$\eta_i = 0{,}9$ (Montage bei Serienfertigung).

Zu beachten ist, dass in den Fällen **losweiser Produktion** (Regelfall) der jährlich erforderliche Rüstzeitaufwand je Produkt j losbezogen anzusetzen ist, sodass dann die produktionsbezogene Losanzahl pro Jahr in die Berechnung von T_{Bi} eingeht.

$$T_{Bi} = \sum_{j=1}^{J} \left(t_{rji} \cdot l_{mj} \right) + \sum_{j=1}^{J} \left(m_{ji} \cdot t_{eji} \right) \tag{2}$$

Dabei gilt:

t_{rji} Rüstzeit t_r für Produkt j auf BM-Typ i (in min/Los)
l_{mj} Losanzahl pro Jahr für Produkt j auf BM-Typ i (in Lose/Jahr)

Die Anzahl der Lose l_{mj} wird bestimmt aus:

$$l_{mj} = \frac{m_{ji}}{m_{jL}} \tag{3}$$

m_{jL} Losgröße je Produkt j (in Stück/Los)
m_{ji} Produktionsmenge Produkt j auf BM-Typ i (in Stück/Jahr)

Angaben zu Losgrößen sind Ergebnis der Arbeitsvorbereitung und sind in den Arbeitsplandateien definiert.

Diskussion der Berechnungsergebnisse

Im Regelfall ergeben die Berechnungen nach Gleichung (1) gebrochene Werte, sodass **differenzierte Auswertungen** erforderlich sind, die zur Auf- oder Abrundung der Ausrüstungsanzahlen aber auch zur Korrektur von Eingangsgrößen führen können.

Dabei sind beispielsweise zu beachten:

– die vorliegende Rundungsgröße bzw. der erreichte Auslastungsgrad
– Investitionsbedarf der Ausrüstung
– zugrunde gelegter Schichtfaktor
– Möglichkeiten/Reserven technologischer Redundanz (Umlegungen/Ausrüstungsalternativen)
– Fremdfertigung (Abbau Fertigungstiefe)
– Genauigkeit der Ausgangsdaten (z. B. Sicherheit Programmvorgabe, Varianz der Losanzahl)
– Trendentwicklungen der Kapazitätsbedarfe.

Entscheidungen zu Ausrüstungsinvestitionen sind unter den Aspekten Auslastung und Wirtschaftlichkeit zu prüfen. Deutliche Überdimensionierungen sind zu vermeiden, eine Bilanz der Kapazitätsgrößen sollte gesichert werden, wobei eine mindestens dreischichtige Auslastung investitionsintensiver Ausrüstungen anzustreben ist. Auslastungen in Bereichen von 80 … 110% sind üblich. Erkennbare Anstiege von Kapazitätsbedarfen sind durch Investitionen (gegebenenfalls in Ausbaustufen) zu realisieren, die zu installierende Kapazitäten sind zeitnah am Bedarf zu orientieren.

Im Ergebnis der Dimensionierung von Betriebsmitteln werden Bedarfs- bzw. **Ausrüstungslisten** erstellt, die eine detaillierte Investitions- und Beschaffungsübersicht ermöglichen.

Grundsätzlich gilt, nur durch Sicherung einer hinreichenden Kapazitätsanpassung im Rahmen der **Fabrikplanung** (mittelfristige Kapazitätsanpassung) kann die aufgrund der real auftretenden Belastungsdynamik ständig erforderliche kurzfristige Kapazitätsanpassung im **Fabrikbetrieb** (durch Methoden der PPS) gesichert werden. Fehler bzw. grobe Ungenauigkeiten im Dimensionierungsprozess der Ausrüstungen führen zwangsläufig zu Warteschlangenbildung der Fertigungsaufträge in der Folge von Kapazitätsdisproportionen. Diese können durch PPS-Techniken nicht bzw. nur sehr bedingt (z. B. durch Inkaufnahme von Terminverzügen, Durchlaufzeiterhöhungen) kompensiert werden. Das Wechselverhältnis von Ergebnissen der Fabrikplanung zu dem erzielbaren Niveau der Nutzung der Fabrikanlage (Fabrikbetrieb) wird schon hier deutlich. Grundsätzlich gilt, die erzielte Güte der Planungsergebnisse bestimmt das Niveau der späteren Nutzbarkeit des Planungsobjektes.

3.3.2.3 Personal

Die Dimensionierung des Personalbedarfes im Rahmen von Fabrikplanungsvorhaben ist in enger Zusammenarbeit mit den Personalabteilungen und unter Beachtung gesetzgeberischer und tarifvertraglicher Festlegungen vorzunehmen. Personalkosten bilden innerhalb der Kostenstrukturen oftmals einen dominierenden Anteil, die Personalbedarfsplanung ist daher eine wesentliche Komponente im Fabrikplanungsprozess.

Im Rahmen der Fabrikplanung erfolgt schwerpunktmäßig die Ermittlung des Personalbedarfs für Produktions- und Logistikbereiche – diese Bedarfe sind in direktem Bezug zu den eingesetzten Ausrüstungsarten und -anzahlen (vgl. Abschnitt 3.3.2.2) sowie der Fabrikinfrastruktur zu betrachten. Weiterhin sind Personalbedarfe für produktionsnahe Bereiche, z. B. Bereiche der Arbeitsvorbereitung, Qualitätssicherung, Instandhaltung, Produktionssteuerung, aber u. U. auch für Verwaltungsbereiche, zu bestimmen.

Prinzipiell besitzt die Personalbedarfsermittlung im Rahmen von Fabrikplanungsprojekten mittel- bzw. langfristigen Charakter. Ausgehend von einem Projektbearbeitungszeitpunkt ist für einen zukünftigen Zeitraum nach Inbetriebnahme der Projektlösung der dann erforderliche Personalbedarf im Voraus zu ermitteln.

Personalbedarfsermittlung beinhaltet die Personalbestimmung hinsichtlich

– Art des Personals (**qualitativer** Personalbedarf) sowie
– Anzahl des Personals (**quantitativer** Personalbedarf) in Verbindung mit den Einsatzpunkten (Einsatzdauer).

Qualitativer Personalbedarf

Zur Bestimmung des qualitativen Personalbedarfs sind zunächst die inhaltlichen Anforderungen der Tätigkeit (Arbeitsaufgabe) festzustellen. Diese aufgabenbezogenen Anforderungen und Tätigkeiten können in die nachfolgenden Kriterien gegliedert werden:

– Verantwortlichkeit der Arbeitsaufgabe
  (z. B. für Abläufe, Termine, Qualitätskriterien, Ausrüstungsumfang)
– geistige Anforderungen der Tätigkeit
  (z. B. Softwarenutzung, Sprachen, Belastbarkeit sowie Kompetenz)
– körperliche Belastung
  (z. B. Geschicklichkeit, schwere körperliche Arbeit)
– Arbeitsbedingungen
  (Lärm, Hitze, Temperatur u. a.).

Sind die Tätigkeiten hinsichtlich der Kriterienkomplexe detailliert charakterisiert, kann ein arbeitsplatzbezogenes **Anforderungsprofil** entwickelt werden. Damit können Berufs- bzw. Tätigkeitsmerkmale als Grundlage zur Personalbeschaffung definiert werden. Hierbei ist es oftmals erforderlich, komplexe Tätigkeitsinhalte im Ergebnis der Ausrüstungsauswahl und Bedienerzuordnung vorab inhaltlich detailliert „durchzuspielen", um alle auftretenden Anforderungen und Tätigkeiten zu erkennen.

Im Rahmen der Personalauswahl kann das Anforderungsprofil dem (individuellen) Fähigkeitsprofil gegenübergestellt werden (Profilvergleichsmethode). Das **Fähigkeitsprofil** charakterisiert detailliert die personenbezogenen Fähigkeiten entsprechend den angeführten Kriterienkomplexen.

Die **Profilvergleichsmethode** ermöglicht den direkten Vergleich zwischen den Anforderungen aus der Tätigkeit und den Fähigkeiten der Personen. Deutlich wird, der Prozess der Festlegung des erforderlichen qualitativen Personalbedarfs besitzt subjektiv-komplexen Charakter. So umfasst er die vorausschauende Festlegung von Tätigkeitsmerkmalen im Abgleich zu Entwicklung und Inhalten von Berufsbildern, auch ist die regionale standortbezogene Personalsituation (Einzugsbereiche) zu beachten.

Quantitativer Personalbedarf

Die Methoden zur Vorbestimmung des quantitativen Personalbedarfs (Personalbedarfsplanung) unterscheiden sich prinzipiell hinsichtlich Aussageziel, der erforderlichen Ausgangsdaten, der erzielbaren Genauigkeit sowie der jeweils vorliegenden Planungszeiträume (Vorschau). Typisch für Fabrikplanungsaufgaben ist die Ermittlung des **zukünftigen Personalbedarfs**. Die dabei erforderliche methodische Vorgehensweise kann in zwei Bestimmungskomplexe gegliedert werden.

a) Bestimmung des Brutto-Personalbedarfs

Der Brutto-Personalbedarf umfasst den objektbezogenen Gesamtbedarf an Personal zum Inbetriebnahmezeitpunkt der Projektlösung (gesamter zukünftiger Personalbedarf). Er wird aus dem **Einsatzbedarf** (Produktionsumfang und Zeitaufwände) und dem **Reservebedarf** (Urlaub, Krankheit, Fehlzeiten) gebildet.

Folgende Ermittlungsmethoden für den **Einsatzbedarf** können genutzt werden (vgl. Abb. 3.11):

– **Globale Methoden**
  (ermöglichen nur Grobangaben – langfristige Zeiträume)
  • Schätzverfahren
    (einfache Schätzung, Expertenbefragung, Delphi-Methode)
  • Bedarfsprognosen
    (statistische Zahlenreihen der Vergangenheit bilden die Prognosebasis).

Planungs-genauigkeit	Methoden	Bezugsgrößen	Umrechnungs-methoden	Eignung
Globale Ermittlung	Schätz-verfahren	Unbestimmt – Erfahrung – Vorhaben und Maßnahmen anderer Unter-nehmenspläne u. a.	Schätzung Systematische Schätzung	Geeignet für kleinere und mittlere Betriebe zur kurz- und mittelfristigen Bedarfsermittlung
	Globale Bedarfsprog-nosen	Entwicklung be-stimmter Größen in der Vergangenheit wie – Beschäftigtenzahl – Umsatz u. a. Ermittelte oder ver-mutete Zusammenhänge zwischen Größen in Form von Kennzahlen	Trendextrapolation Regressionsrechnung Korrelationsrechnung	Geeignet für Mittel- und Großbetriebe mit kontinuierlicher Absatz- und Produktionsentwick-lung zur mittel- und langfristigen Planung
Detaillierte Ermittlung	Kennzahlen-methode	z. B. Entwicklung der Arbeitsproduk-tivität bzw. anderer Kennzahlen, Verhältniszahlen	Trendextrapolation Regressionsrechnung Korrelationsrechnung Innerbetriebliche Quer-vergleiche Schätzungen	Gut geeignet für Betriebe aller Größenklassen zur Ermittlung des Personalbedarfs für bestimmte Betriebsteile oder Gruppen von Arbeitsplätzen
	Verfahren der Personal-bemessung	Zeitbedarf pro Arbeitseinheit Arbeitszeit	Schätzungen Arbeitsanalysen Zeitmessungen Tätigkeitsvergleiche Innerbetriebliche Quervergleiche	Für Betriebe geeignet, in denen im Rahmen der Arbeitsvorbereitung REFA bzw. MTM angewendet wird
	Stellenplan-methode	Gegenwärtige und zukünftige Orga-nisationsstruktur Arbeitsplätze	–	Für alle Betriebe zur kurz- und mittel-fristigen Planung geeignet, wenn orga-nisatorische Vo-raussetzungen erfüllt sind

Abb. 3.11: Methoden der Brutto-Personalbedarfsermittlung (i. A. an [2.2])

– **Detaillierte Methoden**
(ermöglichen detaillierte Angaben, da diese von Bezugsgrößen ausgehen – kurz-
und mittelfristige Zeiträume)

* *Kennzahlenmethoden*
  – Leistungskennzahlen, z. B.:

$$Brutto\text{-}Personalbedarf = \frac{Umsatz}{Arbeitsproduktivität}$$

  – Verhältniskennzahlen
    Hier werden Kennzahlen angewendet, die das Verhältnis ausweisen, in dem
    die Arbeitskräfteanzahl einer Beschäftigtenkategorie (z. B. Instandhaltung)
    zur Arbeitskräfteanzahl einer anderen Beschäftigtenkategorie (z. B. Produk-
    tionsgrundarbeiter) steht.

* *Verfahren der Personalbemessung*
  Grundlage dieser Methode sind Kenntnisse zum real auftretenden Zeitbedarf
  aller auszuführenden Tätigkeiten (Zeitbedarfe je Arbeitseinheit). Es besteht
  folgender allgemeiner jahreszeitraumbezogener Grundzusammenhang:

$$Arbeitskräfteanzahl = \frac{Gesamtzeitbedarf\ der\ Tätigkeiten}{verfügbare\ Arbeitszeit\ einer\ Arbeitskraft}$$

Ist der Personalbedarf für **Produktionsbereiche** zu ermitteln, wird der erforderliche technologische Gesamtarbeitszeitaufwand je Ausrüstung T_B der
jährlich verfügbaren Arbeitszeit einer Arbeitskraft T_{AKs} gegenübergestellt
(Normzeitmethode). Der Gesamtarbeitszeitaufwand ergibt sich aus dem
Produkt von Jahresmenge (Stückzahl) und dem Zeitbedarf je Arbeitseinheit.
Der detailliert quantifizierbare technologische Prozess erlaubt hier relativ genaue Berechnungen (Arbeitspläne). Abschläge in den Zeitgrößen der Arbeitskräfte durch Mehrmaschinenbedienung, Gruppenarbeitsstrukturen, Normerfül-
lungsgrade, Instandhaltungs- und Wartungsaufwände u. a. sind einschließlich
der Regelungen zur tariflichen Arbeitszeit zu beachten. In Anlehnung an [2.11]
ergibt sich der berufsbezogene Arbeitskräftebedarf nach:

$$A_{Ks} \geq \frac{T_B}{T_{AKs}} \tag{4}$$

A_K Anzahl der Arbeitskräfte
s   Berufsgruppe
T_B Gesamtarbeitszeitaufwand aller zuordenbaren Tätigkeiten (in h/a)
T_{AK} verfügbare, planbare (tarifliche) Arbeitszeit einer
       Arbeitskraft (in h/a)

Sind Personalbedarfe, z. B. für **Lager-, Transport-, Kommissionier und Dispositionstätigkeiten** (Logistikarbeitsplätze) zu bestimmen, ist die Vorhabfeststellung aller entsprechenden arbeitsplatzbezogenen Tätigkeiten, deren Ablauflogik und deren Zeitaufwände erforderlich. Arbeitsabläufe sind zur Feststellung notwendiger Gesamtzeitbedarfe „simulativ durchzuspielen". Dabei ist von den Kenngrößen und Abläufen der zu bedienenden Ausrüstungen (z. B. Regalbedien- und Kommissioniergeräte, Dispositionssoftware, Leitstand) auszugehen. Solche Kenngrößen können sein:

– Anzahl Ein- und Auslagerungsvorgänge je Arbeitstag (Schicht)
– Anzahl Neu- und Umdispositionen von Fertigungsaufträgen je Arbeitstag (Schicht).

Bei vorhandenen Prozessen können Arbeitszeitaufwände z. B. durch Arbeitsanalysen, Zeitmessungen vor Ort oder Einsatz vom MTM-Verfahren bestimmt werden.

Es wird deutlich, dass die detaillierte Abschätzung bzw. Analyse technischorganisatorischer Abläufe und der dabei erforderlichen, durch Arbeitskräfte zu erbringenden Zeitaufwände die Basis der Arbeitskräftebedarfsermittlung bildet.

Zur Berechnung des erforderlichen Personalbedarfs durch Anwendung von Methoden der Personalbemessung ist eine Vielzahl von Verfahren bekannt (vgl. z. B. [2.2], [2.4], [2.10], [3.6], [3.7]). Diese basieren auf dem aufgeführten Grundzusammenhang und unterscheiden sich durch die eingesetzten Kenngrößen bzw. Korrekturfaktoren.

• *Stellenplanmethode*
Der künftige Personalbedarf ist das Resultat der Fortschreibung von Stellenplänen bzw. Stellenbeschreibungen entsprechend der Entwicklung des Arbeitsvolumens je Fertigungsbereich bzw. Arbeitsplatz. Voraussetzungen zur Eignung dieser Methode sind eine nahezu zeitstabile Struktur der Aufbauorganisation und der konsequente Einsatz von Stellenplänen im Rahmen der Personalwirtschaft. Nur so kann die Vergleichbarkeit zeitunterschiedlicher Bedarfsgrößen gesichert werden. Durch Vergleich der Entwicklung des Arbeitsvolumens und der vorhandenen bzw. erforderlichen Stellenbesetzung kann auf Neu- bzw. Ersatzbedarfe gefolgert werden.

Zur Darstellung des Brutto-Personalbedarfes ist dem ermittelten Einsatzbedarf der erforderliche **Reservebedarf** noch aufzuschlagen. Dieser stellt den Arbeitskräftebedarf dar, der durch Ausfälle im Zeitablauf entsteht (Krankheit, Unfälle, Kuren, Urlaub). Die Bestimmung des erforderlichen Reservebedarfes ist z. B. durch Fehlzeitstatistiken (Berufsgruppen, Abteilungen) aber auch auf Basis von Erfahrungswerten (%-Sätze) möglich.

b) Bestimmung des Netto-Personalbedarfs

Der **Netto-Personalbedarf** stellt die Differenz zwischen dem Brutto-Personalbedarf zum Zeitpunkt X (z. B. bei Projektinbetriebnahme) und dem auf diesen Zeitpunkt hochgerechneten künftigen Personalbestand dar. Der **zukünftige Personalbestand** ist eine Bestandsgröße, die um die bis zum Zeitpunkt X eingetretenen Veränderungen im Personalbestand bereinigt ist. Diese Veränderungen ergeben sich durch (teilweise absehbare) Personalzu- oder -abgänge zwischen Planungszeitpunkt und Zeitpunkt X, die z. B. verursacht sind durch:

– Abgänge durch Fluktuation, Entlassung, Pensionierung
– Zugänge durch Lehrlingsübernahme, Neueinstellungen, Rückkehr von Wehrpflichtigen u. a.

Deutlich wird, der Personalbestand zum Planungszeitpunkt ist durch Zugänge und Abgänge zu korrigieren, die bis zum Zeitpunkt X auftreten, sodass der künftige Personalbestand sichtbar wird. Dieser Prozess ist fortzuschreiben, sodass Über- und Unterdeckungen rechtzeitig erkennbar werden.

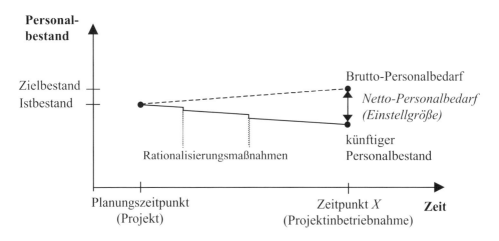

Abb. 3.12: Personalbedarfsentwicklung von Planungs- zu Inbetriebnahmezeitpunkt (schematisiert)

In Abb. 3.12 sind diese funktionellen Zusammenhänge vereinfachend dargestellt. Die Größe des **zukünftigen Personalbestands** sollte immer das Ergebnis zielgerichteter Personal- und Rationalisierungspolitik sein. Der zum Zeitpunkt X (Projektinbetriebnahme) erforderliche **Netto-Personalbedarf** stellt den Neu- bzw. Zusatzbedarf (**Einstellbedarf**) an Personal in der Folge der Inbetriebnahme des Fabrikplanungsobjektes (z. B. Grundfall C – Produktionserweiterung) dar. Dieser ist mit zeitlichem Vorlauf relativ exakt bestimmbar, sodass rechtzeitig Maßnahmen der

Personalbeschaffung eingeleitet werden können. Erfolgt die Inbetriebnahme in Ausbaustufen, ist eine entsprechend gestufte Personaleinstellung vorzunehmen.

3.3.2.4 Flächen

Die Vorausbestimmung des für ein Fabrikplanungsobjekt erforderlichen Flächenbedarfes stellt aufgrund seiner Bedeutung hinsichtlich erforderlicher Grundstücks- bzw. Gebäudestrukturen und des daraus erforderlichen Investitionsbedarfs eine Kernaufgabe innerhalb des Fabrikplanungsablaufes dar. Neben der Neuermittlung von Bedarfsgrößen ist auch die ständige Überprüfung der aktuellen Nutzung von Flächen Inhalt fabrikplanerischer Tätigkeit.

Grundlage für Analysen und Berechnungen zum Flächenbedarf ist die Zugrundelegung einer **Flächengliederung** (Flächensystem), in der die Aufgliederungssystematik von Gesamtflächen in funktionsbezogene Teilflächen definiert ist.

In der Fachliteratur sind unterschiedliche Formen der Flächengliederung bekannt geworden, so z. B.:

– Flächengliederung nach VDI-Richtlinie 3644
  (vereinfachend dargestellt in Abb. 3.13)
– Flächengliederung nach DIN 277
  (DIN 18227 bauwerksbezogen, verbreitet – nicht aktuell)
– Flächengliederungen nach *Rockstroh* [2.10], *Kettner* [2.2], *Woithe* [2.4], *Schmigalla* [2.5]
– Branchen- bzw. unternehmensinterne Formen der Flächengliederung.

Grundsätzlich ist zur Vermeidung von Planungsfehlern bei Flächenermittlungen von einer einheitlich festgelegten Flächengliederung auszugehen, die damit für alle beteiligten Planungsinstitutionen (Planungsteam, Industriearchitekten u. a.) verbindlich ist. In Abb. 3.13 ist eine mögliche Form der Flächengliederung gezeigt. Ausgehend von der Grundstücksfläche des Unternehmens ist zu sichern, dass die Flächengliederung funktionsbezogen und mit unterschiedlichem Detaillierungsgrad in Teilflächen erfolgt, sodass die Flächeninfrastruktur der Fabrik erkennbar wird. Schon hierbei zeigt sich, dass der mögliche Detaillierungsgrad (Teilfläche) und die Genauigkeitsanforderungen des zu bestimmenden Flächenbedarfs vom Planungszeitpunkt (bzw. der Planungsphase, vgl. Abschnitt 2.2) maßgeblich beeinflusst sind. Je nach Planungszeitpunkt, Planungsziel und Datenbasis können damit unterschiedliche Ermittlungsmethoden des Flächenbedarfs zur Anwendung kommen. Dabei gilt, frühe Planungsphasen erlauben nur grobe Methoden (z. B. Flächenermittlung in der „Vorplanung"), spätere Planungsphasen ermöglichen den Einsatz „exakterer" Methoden aufgrund der zwischenzeitlich erfolgten Verfeinerung der Planungsergebnisse (z. B. Dimensionierung der Ausrüstungen). Liegen die Grundfälle A bzw. C vor (vgl. Abschnitt 1.2), dann sind zur Unterstützung der Grundstücksbeschaffung

(im Rahmen der Standort- und Generalbebauungsplanung) und der Investitions-
bedarfsermittlung schon frühzeitig Angaben zu Flächenbedarfen (Grundstücksfläche, bebaute Flächen, Nutzflächen) erforderlich. Dabei ist zu beachten, dass zu
diesem Planungszeitpunkt oftmals nur sehr globale Vorstellungen zum Planungsobjekt bestehen (vgl. Abschnitte 6 und 7).

Grundsätzlich gilt, die Bestimmung des Flächenbedarfs für Grundstücke, Nutz-,
Funktions- und Verkehrsflächen, aber auch von Hauptnutzflächen (z. B. Produktions-
und Lagerflächen), erfolgt insbesondere in frühen Planungsphasen durch Einsatz
von Kennzahlen, Richtwerten (Überschlagsrechnungen), wie in [2.2], [2.5], [2.10],
[2.16] dargestellt. Sie wird dann als **globale Flächenermittlung** bezeichnet. Liegen
allerdings Angaben zu den erforderlichen Ausrüstungen im Ergebnis von Funktionsbestimmung und Dimensionierung der Bearbeitungstechniken vor, dann ist eine ausrüstungsbezogene **detaillierte Flächenermittlung** möglich, die auch Aussagen zu
erforderlichen Raum- und Gebäudesystemmaßen einschließt.

Grundstücksfläche
- unbebaute Flächen
  - Nutzflächen
  - Verkehrsflächen
  - Parkplatzflächen
  - Grün-/Freiflächen
  - Reserveflächen
  - Versorgungsflächen
- bebaute Flächen
  (Brutto-Grundrissflächen)
  - Konstruktionsfläche
  - Netto-Grundrissfläche
    - Nutzflächen
      - Hauptnutzungsflächen
        - Produktionsflächen
        - Lagerflächen
        - Sonderflächen
        - Büroflächen
      - Nebennutzflächen
        - Sozialflächen
        - Sanitärflächen
        - Sonstige Flächen
    - Funktionsflächen
    - Verkehrsflächen
      - Hauptverkehrsflächen
      - Nebenverkehrsflächen

Abb. 3.13: Gliederung von Betriebsflächen (nach VDI 3644)

Unter methodischem Aspekt kann bei Flächenermittlungen prinzipiell nach dem **Top-down-Prinzip** vorgegangen werden. Flächen höherer Ordnung werden durch Multiplikation mit Verhältniskennzahlen in Flächen niederer Ordnung zerlegt. Bei Flächenermittlungen nach dem **Bottom-up-Prinzip** hingegen werden Flächen höherer Ordnung durch Multiplikation von Verhältniskennzahlen mit Flächen niederer Ordnung ermittelt [2.5]. Der erste Weg führt zu Vorgaben begrenzter Genauigkeit, der zweite Weg hingegen zu relativ exakten Flächengrößen, da diesen reale Flächenbedarfe, resultierend aus erforderlichen Ausrüstungs- bzw. Arbeitsplatzflächen, zugrunde gelegt sind. Diese stellen Basisgrößen dar. Sie bilden kleinste, nicht mehr teilbare Flächenelemente.

Von diesen Zusammenhängen ausgehend, sind unterschiedliche Methoden der **Flächenbedarfsermittlung** entwickelt worden, die sich hinsichtlich Methodik, erforderlicher Datenbasis, Ergebnisgenauigkeit und Anwendungsbereich unterscheiden. Nachfolgend sind in einer Übersicht die Grundprinzipien ausgewählter Methoden dargestellt.

Globale Ermittlung des Flächenbedarfs

Einsatz von Flächenkennzahlen, Richtwerten u. a.

Die Kennzahl- bzw. Richtwertgrößen beinhalten eine Vielzahl von Einflussgrößen und leiten den erforderlichen Flächenbedarf aus Bezugsgrößen ab (z. B. Produktionsvolumen, Beschäftigtenanzahl, Ausrüstungsanzahlen, Betriebsgrößen, Branche, Gebäudeart). Werteangaben z. B. in [2.2], [2.4], [2.5], [2.10].

Detaillierte Ermittlung des Flächenbedarfs

Anwendungsvoraussetzung nachfolgender Methoden sind Kenntnisse des Ausrüstungsbedarfs (Typ, Anzahl), d. h., Dimensionierungsergebnisse liegen vor (vgl. Abschnitt 3.3.2.2).

- Flächenbedarfsermittlung mittels **Flächenfaktoren** [2.10]
  Hier werden Arbeitsplatzflächenbedarfe objektbezogen von Maschinengrundflächen abgeleitet, bei ihrer Addition zu Werkstattflächenbedarfen sind Überdeckungen der Flächenelemente zu beachten. Die Arbeitsplatzflächen werden dabei durch Multiplikation der Maschinengrundflächen mit einem Flächenfaktor berechnet. Die erzielbaren Ergebnisse sind relativ genau, setzen allerdings die Kenntnis der Maschinengrundflächen voraus.
- Flächenbedarfsermittlung mittels **Ersatzflächen** [2.10]
  Maßgebliche Ausgangsgrößen sind die Maschinengrundflächen (Rechteckformen). Allen Objektseiten wird ein Flächenstreifen zugerechnet, sodass überschlägig eine Arbeitsplatzfläche definiert und ermittelt wird. Variierbare Bereiche spezieller Zuschläge (z. B. Transportgestaltung) enthalten allerdings Festlegungsunsicherheiten zum Planungszeitpunkt.

– Flächenbedarfsermittlung mittels **Zuschlagfaktoren** [2.4]

Bei dieser Methode wird der Arbeitsplatzflächenbedarf aus der Ausrüstungsgrundfläche abgeleitet und um zusätzliche Flächenbedarfe erweitert. Diese sind durch Zuschlagfaktoren definiert. Dabei wird die Ausrüstungsgrundfläche (ausrüstungsabhängiger Flächenbedarf) z. B. aus Katalogen (Hersteller, Firmenunterlagen) entnommen, während die Flächenbedarfe der Zuschlagfaktoren („organisationsabhängiger" Flächenbedarf) für Bedienung, Transport, Wartung, Zwischenlagerung und Bereitstellung aus speziellen Tabellen und Nomogrammen abzuleiten sind. Dadurch finden Einflüsse wie Fertigungsform, Fertigungsart und Flächenüberlagerung Beachtung. Relativ genaue Vorstellungen zur Werkstattgestaltung können in die Flächenbestimmung eingebracht werden.

– Flächenbedarfsermittlung mittels **Probelayout** (experimentelle Flächenbedarfsermittlung) [2.2]

Je nach Planungssituation sind hier globale und detaillierte Planungsinhalte zu unterscheiden, diese werden in Kombination angewendet.

- Unter Einsatz von Kennzahlen werden zunächst erforderliche Grundstücks-, Gebäude- bzw. Nutzflächen vorbestimmt.

- Unter Einsatz von zwei- oder dreidimensionalen Maschinen- bzw. Ausrüstungsmodellen erfolgt anschließend durch Anordnungsvariationen („Modellverschiebung") die experimentelle Ermittlung „günstiger" räumlicher Zuordnungen innerhalb der Flächenvorgaben unter Beachtung von Kriterien wie z. B. des Materialflusses, der Arbeitsgestaltung und des Baukörpers. Im Ergebnis liegt ein flächen- und raummaßstäbliches Probelayout vor, aus dem durch Ausmessen der real erforderliche Flächenbedarf relativ genau ermittelt werden kann.

– Methode der **funktionalen Flächenermittlung** für mechanische Werkstätten nach *Nestler* (dargestellt in [2.2])

Diese Methode basiert auf umfangreichen statistischen Untersuchungen in Werkstätten klein- und mittelständiger Unternehmen des Maschinenbaus und soll nachfolgend näher dargestellt werden.

Die **Werkstattfläche** F kann vereinfachend in folgende Teilflächen gegliedert werden:

$$F = F_F + F_{ZL} + F_T + F_Z \tag{5}$$

F_F	Fertigungsfläche
F_{ZL}	Zwischenlagerfläche
F_T	Transportfläche (Verkehrsfläche)
F_Z	Zusatzfläche

Bezugsbasis für die Berechnungsmethode ist die **Fertigungsfläche F_F**, sie wird aus den Flächenanforderungen der Ausrüstungen direkt abgeleitet, während die anderen Teilflächen durch prozentuale Zuschläge berücksichtigt werden. Dabei gilt:

$$F_\text{F} = \sum_{i=n}^{M} F_\text{MA} \quad \text{(in m}^2\text{)} \tag{6}$$

F_MA Maschinenarbeitsplatzfläche (in m²)
$I = 1 \dots M$ Anzahl der Arbeitsplätze

Die Fertigungsfläche innerhalb einer Werkstatt wird aus der Summe aller Maschinenarbeitsflächen gebildet. Die Maschinenarbeitsplatzfläche F_MA ist definiert durch die Maschinengrundfläche F_MG zuzüglich Bedien-, Wartungs- und Sicherheitsflächen. In Abb. 3.14 ist vereinfachend die Flächenstruktur eines Maschinenarbeitsplatzes dargestellt

Für die Zuschläge gilt (vgl. Abb. 3.14):

Z_1 Abstandsmaß (Zuschlag) für Bedienung (Z_{11}) und Sicherheit (Z_{12})
$Z_1 = Z_{11} + Z_{12} = 0,7\ \text{m} + 0,3\ \text{m} = 1,0\ \text{m}$
Z_2 Abstandsmaß (Zuschlag) für Wartung $= 0,4\ \text{m}$

Damit ergibt sich für F_MA:

F_MA $= B_\text{MA} \cdot T_\text{MA} = (B_\text{M} + 0,8) \cdot (T_\text{M} + 1,4)$ (in m²)
B_MA Breite des Maschinenarbeitsplatzes   (in m)
T_MA Tiefe des Maschinenarbeitsplatzes   (in m)
B_M Breite der Maschine   (in m)
T_M Tiefe der Maschine   (in m)

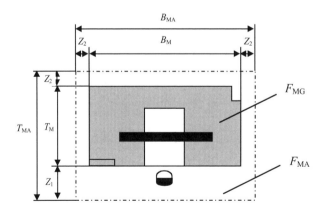

Legende: B_M – Breite der Maschine   (in m)
               T_M – Tiefe der Maschine   (in m)
               B_MA – Breite des Maschinenarbeitsplatzes   (in m)
               T_MA – Tiefe des Maschinenarbeitsplatzes   (in m)
               Z_1 – Abstandsmaß für Bedienung und Sicherheit   (in m)
               Z_2 – Abstandsmaß für Wartung   (in m)

Abb. 3.14: Struktur der Maschinenarbeitsplatzfläche (i. A. an [1.13])

Voraussetzung zur Anwendung dieser Methode sind die Kenntnisse der Maschinenmaße B_M und T_M (in den Extremstellungen) aller Ausrüstungen (typgenau).

Für die weiteren Teilflächen gelten nachfolgende, aus umfangreichen statischen Untersuchungen abgeleitete Zuschläge:

$$
\begin{aligned}
F_{ZL} &= 40\,\%\ \text{von}\ F_F \quad (\text{in m}^2)\\
F_T &= 40\,\%\ \text{von}\ F_F \quad (\text{in m}^2)\\
F_Z &= 20\,\%\ \text{von}\ F_F \quad (\text{in m}^2)
\end{aligned}
$$

Damit kann die **Werkstattfläche *F*** wie folgt ermittelt werden:

$$
\begin{aligned}
F &= \sum F_{MA} + F_{ZL} + F_T + F_Z \quad (\text{in m}^2)\\
F &= F_F + 0{,}4\,F_F + 0{,}4\,F_F + 0{,}2\,F_F \quad (\text{in m}^2)\\
F &= 2\,F_F
\end{aligned}
$$

Wie deutlich wird, ergibt sich die **Werkstattfläche** aus der doppelten Flächengröße der **Fertigungsfläche**. Damit wird auf vereinfachtem Weg auf die Werkstattfläche geschlossen. Es ist allerdings zu beachten, dass detaillierte Einflüsse der konkreten Werkstattgestaltung, z. B. die Feinanordnung der Ausrüstungen, gewählte Fertigungsformen, Gestaltung der Förder- und Lagerprozesse, ohne Berücksichtigung bleiben. Die Methode führt zu begründeten Aussagen, allerdings sind innovative Einflüsse auf die konkrete Werkstattgestaltung zunächst ausgeklammert.

– Flächenbedarfsermittlung durch **„generalisierte" Zuschlagsfaktoren** [2.5]
  Schmigalla stellt die Ergebnisse von Methoden der Flächenbedarfsermittlung unterschiedlicher Verfasser zusammen und bestimmt die Produktionsfläche in zwei Stufen. Dieser Vorgehensweise ist das Bottom-up-Prinzip zugrunde gelegt. Aus der Maschinengrundfläche wird zunächst die **Maschinenarbeitsplatzfläche** (Stufe 1) ermittelt, aus dieser wird dann die **Produktionsfläche** (Fläche „höherer Kategorie") durch Multiplikation mit Zuschlagfaktoren bestimmt (Stufe 2).

• **Berechnung der Maschinenarbeitsplatzfläche** (Stufe 1)
  In Abb. 3.15 sind die Flächenelemente eines Maschinenarbeitsplatzes in Bezug zur Maschinengrundfläche dargestellt. Diese sind hinsichtlich ihrer anteiligen Flächenbedarfe durch die in Abb. 3.16 dargestellten Zuschlagfaktoren charakterisiert.

Es besteht folgender Berechnungszusammenhang:

$$
A_{MA} = A_{MG} \cdot f_G \tag{7}
$$

A_{MA} Maschinenarbeitsplatzfläche
A_{MG} Maschinengrundfläche
f_G Zuschlagfaktor für Bereitstellung, Bedienung, Wartung sowie Ver- und Entsorgung am Arbeitsplatz

• **Berechnung der Produktionsfläche** (Stufe 2)

In Abb. 3.17 sind Maschinenarbeitsplatzflächen sowie spezielle Flächenelemente der Produktionsfläche einer Werkstatt dargestellt. Diese können durch die entsprechenden Zuschlagsfaktoren aus Abb. 3.18 bezüglich ihres anteiligen Flächenbedarfs erfasst werden.

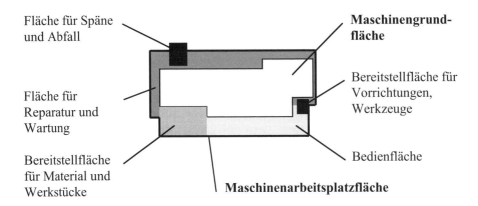

Abb. 3.15: Flächenelemente der Maschinenarbeitsfläche [2.5]

nach	Bemerkungen	Grundflächen klein ... groß
Woithe	Werkstattstruktur	5,8 ... 3,8
	Gegenstandsstruktur	3,8 ... 2,4
Czichum	Zuschnittabteilung	10,3 ... 3,8
Rockstroh	Grundfläche (in m²)	
	> 0,5 ... 1,0	6
	> 1,0 ... 2,0	5
	> 2,0 ... 3,0	4,5
	> 3,0 ... 4,0	4
	> 4,0 ... 12,0	3
	> 12,0 ... 16,0	2,5
	> 16,0	2

Abb. 3.16: Grundflächenbezogene Zuschlagsfaktoren f_G [2.5]

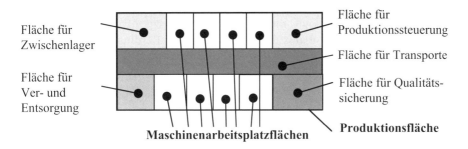

Fläche für Zwischenlager

Fläche für Ver- und Entsorgung

Fläche für Produktionssteuerung

Fläche für Transporte

Fläche für Qualitätssicherung

Maschinenarbeitsplatzflächen   **Produktionsfläche**

Abb. 3.17: Flächenelemente der Produktionsfläche [2.5]

Flächenkategorie	max. min.	nach Standard (ungültig)	nach *Kettner*	nach *Rockstroh*
Fläche für Bereitstellungs- und Zwischenlager	1,40 1,20	1,20	1,40	1,20 ... 1,30
Fläche für Transport	1,45 1,25	1,45	1,40	1,25 ... 1,30
Fläche für Qualitäts- sicherung	1,13 1,13	1,13	–	⎫
Fläche für technische Versorgungseinrichtungen	1,10	1,10	–	⎬ 1,10 ... 1,20
Fläche für Produktions- steuerung und Leitung	–	–		
Frei Restfläche bzw. Zusatzflächen	1,20 1,10	1,10	1,20	⎭
f_{Amax}	2,28	1,98	2,00	1,55 ... 1,80
f_{Amin}	1,78			

Abb. 3.18: Arbeitsplatzflächenbezogene Zuschlagsfaktoren f_A [2.5]

Die Bestimmung der Produktionsfläche erfolgt nach:

$$A_P = A_{MA} \cdot f_A \tag{8}$$

A_P Produktionsfläche

A_{MA} Maschinenarbeitsplatzfläche

f_A Zuschlagsfaktor für Lager, Transport, Qualitätssicherung, Ver- und Entsorgung sowie Produktionssteuerung und Leitung der Werkstatt

Auch diese Methode baut auf den Ergebnissen der Dimensionierung auf und lässt methodenbedingte Abweichungen, aber auch Analogien der Zuschlagfaktoren erkennen. Im Unterschied zu globalen Methoden werden allerdings deutlich zuverlässigere Bedarfsgrößen erreicht.

3.3.2.5 Medien

Die Bestimmung der erforderlichen Medienarten und -bedarfsgrößen, Entscheidungen zu Eigenerzeugung oder Fremdbezug sowie die Dimensionierung der entsprechenden **Verteilungs- und Entsorgungssysteme** (u. U. einschließlich der Erzeugungsanlagen) sind äußerst komplexe Aufgabenstellungen mit stark interdisziplinärem Charakter. Im Rahmen des Planungsablaufes stellen diese Aufgaben **Spezialgewerke** dar, die von Spezialprojektanten und entsprechenden Montage- und Lieferfirmen bearbeitet werden. Im Regelfall werden diese Gewerke als Fremdleistungen im Rahmen von Ausschreibungen bzw. Angebotsbewertungen im Planungs- und Realisierungsablauf gebunden.

Dem Fabrikplanungsteam kommen hierbei spezielle Aufgaben zu, wie z. B.

- Erarbeitung detaillierter Aufgabenstellungen (AST) als einer wesentlichen Grundlage der Ausschreibungen, Angebotsauswahl und Auftragsvergabe
- Koordinierung der integrierten Bearbeitung aller Spezialgewerke über alle Auftragnehmer bei Sicherung terminlich-inhaltlich abgestimmter Zuarbeiten bzw. Ausgangsdaten (Ablaufkoordinierung)

Probleme der Medienauswahl und -installation sind grundsätzlich frühzeitig in den Planungsprozess einzubeziehen, wobei eine integrierte Bearbeitung aller Medienarten durchzusetzen ist. Anforderungen an Medien folgen direkt den Spezifikationen aus der Funktionsbestimmung und Dimensionierung der Funktionseinheiten (Ausrüstungen) und erfahren eine wesentliche Präzisierung in der Real- und Feinplanung. Im vorliegenden Bearbeitungsschritt ist zunächst die **Dimensionierung von Aufwänden durch Medieneinsatz** (Verbrauchswerte, Installationsumfänge) zur Grobermittlung von Investitions- und Betriebskosten Hauptinhalt der Planungstätigkeit. In der nachfolgenden Real- und Feinplanung hingegen erfolgt die flächen- und raumbezogene Auslegung der erforderlichen Ver- und Entsorgungssysteme (Installationsnetze) bis in Ausführungsreife. Grundlage sind die dort ermittelten räumlichen Anordnungen von Funktionseinheiten in Verbindung mit realen Flächen- und Raumstrukturen (Gebäudesysteme). Auch die Spezifizierung des Medieneinsatzes folgt somit planungsmethodisch den Prinzipien von Grob- zur Feinplanung aufgrund der nur in systematischen Folgeschritten möglichen Präzisierung von Planungsinhalten und Planungsergebnissen.

Wesentliche zu installierende Mediensysteme sind:

– **Elektroenergie**
Der Gesamtbedarf leitet sich aus den einzusetzenden Verbrauchern ab (z. B. Ausrüstungen, Anlagensysteme, Beleuchtung). Die Grobbestimmung kann auf Basis von Vergangenheitswerten durch Kennzahlen (z. B. kWh/Umsatz) oder durch Vergleichsanalysen mit vergleichbaren Unternehmen erfolgen. Eine Feinbestimmung setzt die exakte Ermittlung aller Bedarfe durch Addition der Einzelanschlusswerte (Nennleistungen) bei Beachtung von Gleichzeitigkeitsfaktor, Auslastung und erforderlichen Reserven voraus. Damit werden Entscheidungen z. B. zu Fremd- oder Eigenversorgung bzw. zur Art der Energieeinspeisung möglich.

– **Heizung**
Wärmeenergiebedarfe für Heizungszwecke resultieren indirekt aus Dampf, Heiß- oder Warmwasser, die wiederum direkt aus Gas, Öl oder Elektroenergie gewonnen werden. Die Wärmebedarfe von Gebäuden sind abhängig von Raumgröße und -struktur, Klimabedingungen, Gebäudekonstruktion, Ausführungsqualität, Gebäudegestalt sowie Gebäudelage. Nach Art der Wärmeabgabe sind Luft-, Strahlungs- und Konvektionsheizungen zu unterscheiden, die jeweils spezifischen Einsatzkriterien unterliegen. Wärmebedarfsermittlungen erfolgen nach anerkannten Methoden, systematische Vorgehensweisen liegen vor (vgl. z. B. DIN 4701).

– **Lüftung/Klimatisierung**
Aufgaben der Lüftung und Klimatisierung bestehen in der Erneuerung bzw. Aufbereitung der Luft innerhalb von Raumstrukturen. Kriterien dabei sind Anforderungen hinsichtlich Sauberkeit, Temperatur und Luftfeuchtigkeit, die aus den einzusetzenden Verfahrens- und Ausrüstungsarten bzw. Prozess- und Qualitätsmerkmalen abzuleiten sind (z. B. Reinraumbedingungen).

Lüftungsanlagen enthalten Entlüftungskomponenten (Luftabsaugung bei Unterdruckerzeugung) und Belüftungskomponenten (Luftansaugung bei Überdruckerzeugung), gegebenenfalls bei Integration von Lufterhitzersystemen. Dimensionierungsberechnungen basieren auf der Bestimmung der erforderlichen stündlichen Luftmenge durch Methoden zur Ermittlung der Luftverschlechterung, Erfahrungszahlen des stündlichen Luftwechsels, nach der erforderlichen stündlichen Luftrate je Person.

Die Dimensionierung von Klimaanlagen basiert auf Ermittlungen zur erforderlichen Luftmenge, auf Angaben zu der Wärmeabgabe des Raumes nach außen, der Wärmeaufnahme des Raumes von außen, Temperaturunterschieden zwischen Raum- und Außenluft sowie dem Feuchtigkeitsunterschied. Berechnungen zum Klimatisierungsumfang enthalten im frühen Planungsstadium die Ermittlung des zu klimatisierenden Raumvolumens, basierend auf Verfahrens-, Ausrüstungs- bzw. Prozessbedingungen, sowie die Bestimmung von Mindestanforderungen an das Klimatisierungsniveau. Auch hier werden u. U. aus Aufwandsgründen Vorentscheide erforderlich, z. B. zur räumlich-funktionellen Zusammenlegung mehrerer unterschiedlicher Klimatisierungsanforderungen in „zentralen Klimabereichen", die dann im Rahmen der Real- und Feinplanung zu spezifizieren sind.

– **Industriegase**
Gase für den Industriebedarf sind gliederbar in Brenngase (Wärmebehandlungstechniken, Heizungssysteme) sowie Schutzgase. Die Vorbestimmung erfolgt unter Beachtung von Heizwerten und Wirkungsgraden bei Einsatz von Kennzahlen bzw. durch Analogiebetrachtungen.

– **Druckluft**
Druckluftversorgung wird erforderlich z. B. bei Einsatz von Druckluftantrieben, -spanntechniken, -steuer- und -messtechniken sowie zum Ausblasen von Werkzeugen. Die Deckung des Druckluftbedarfs erfolgt üblicherweise in Eigenversorgung durch Drucklufterzeugungsanlagen (Verdichter-, Gebläsesysteme). Die Vorbestimmung des Druckluftbedarfs erfolgt ausrüstungs- und verfahrensbezogen durch Kennzahlen bzw. durch Erfassung der Anschlusswerte der Ausrüstungen.

– **Wasser/Abwasser**
Ausgehend von einer Abklärung der erforderlichen Wasserqualitäten können die Bedarfe gegliedert werden in
• Brauchwasser (z. B. Kühlzwecke, Spülwasser, Galvanik, Löschzwecke)
• Trinkwasser (Sozial- und Sanitärbereiche)
• Reinstwasser (technologische Spezialprozesse – chemisch-biologische Aufbereitung vor Ort erforderlich)

Die Ermittlung qualitätsunterschiedlicher Bedarfsgrößen erfolgt über unterschiedliche Kennzahlensysteme, basierend auf Kenntnissen zu Verfahren, Ausrüstungen, Personalumfang, Gesetzen u. a. Zu beachten sind weiterhin Aufwände zur getrennten Kreislaufführung (z. B. Trink- und Brauchwasser, Zulauf- und Ablaufsysteme). Erfordernisse der Abwasserbehandlung und gegebenenfalls der Wiederaufbereitung sind bei der Aufwandsermittlung zu berücksichtigen.

Eine generalisierende Vorgehensweise der **Medienbedarfsermittlung** ist in vier Bestimmungsschritten möglich (i. A. an [2.2]):

1. Ermittlung von medienbezogenen **Verbrauchsgrunddaten**
   – Verbraucherart, Bedarfsgrößen (Maximal-, Minimal-, Durchschnittswerte, zeitliche Bedarfsverteilung)
   – räumliche Verbraucheranordnung – Bedarfs- bzw. Entnahmeorte (Spezifikation im Real- bzw. Feinlayout)
2. Berechnungen zu **Leistungskenngrößen**, Gleichzeitigkeitsfaktoren, Maximal- bzw. Durchschnittswerten für Bereiche, Abteilungen
3. Erstellung von **Anforderungsübersichten** der Verbraucher je Medienart (Leistung, Ort)

4. Entwurf des **Installationskonzeptes** – Medienbedarfe und Verteilungssysteme. Optimierung der Bezugs- und Verteilungsnetze einschließlich Entsorgungssystemen

Diese Vorgehensweise zeigt, dass die Dimensionierung von Medienbedarfen von den eigentlichen Bedarfsgrößen selbst, aber auch von den spezifischen räumlichen Anordnungsstrukturen der Verbraucher bzw. den Gebäudestrukturen abhängig ist. Durch Ergebnisse der Real- und Feinlayoutplanung (vgl. Abschnitt 3.3.4 und 3.4) erfolgt die Präzisierung der Medienaufwände durch Entwürfe zu Verteilungs- und Entsorgungsnetzen. Im Regelfall ist es allerdings erforderlich, diese Ergebnisse vorab zur Bestimmung der entsprechenden Investitionsaufwände abzuschätzen.

Zu beachten ist, dass Forderungen an die Flexibilität und Wandlungsfähigkeit der Fabrikanlage (vgl. Abschnitt 1.1 und 1.5.5) auch neue Anforderungen an **Installations-** und **Montageprinzipien** der Medien setzt, so z. B. an Trassen- und Netzgestaltung, Überflur-/Unterflurtechniken, Dimensionierungs- und Verteilungsprinzipien (vgl. [1.3], [1.11]).

Deutlich wurde der auch in diesem Dimensionierungsbereich stark interdisziplinäre Charakter von Fabrikplanungsaufgaben (vgl. Abschnitt 1.3), gilt es doch, fertigungstechnische, ablauforganisatorische sowie installations- und bautechnische Problemstellungen integriert und in Kooperation zu bearbeiten.

Zusammenfassend ist festzustellen, dass die frühzeitige Dimensionierung des Medienbedarfs einschließlich der erforderlichen Ver- und Entsorgungssysteme, basierend auf Ausrüstungs-, Flächen- und Personalbedarfen, zunächst nur durch Hochrechnungen (Bedarfsmengengerüste), Kennzahlen, Schätzwerte bzw. Analogiebetrachtungen möglich ist und daher nur globalen Charakter besitzt. Deutlich detailliertere Aufwandsgrößen ergeben sich erst im Rahmen der nachfolgenden Planungsphasen, sodass auch hier die gestufte Ergebnisgewinnung im Rahmen der Fabrikplanungssystematik deutlich wird.

Weiterführende Angaben zu Methoden und Kennwerten der Medienbedarfsbestimmung sind spezieller Fachliteratur zu entnehmen (vgl. z. B. [2.16], [2.17], [2.18]).

3.3.3 Strukturierung – Objektanordnung

3.3.3.1 Grundprinzipien

Inhalte der Strukturierung (Strukturplanung) stellen wesentliche Bearbeitungsschritte innerhalb der **Idealplanung** dar. Der Planungssystematik entsprechend (vgl. Abb. 2.6) werden hier die durch Funktionsbestimmung und Dimensionierung ermittelten **Funktionseinheiten** als Anordnungsobjekte betrachtet und deren räumliche Struktur (Topologie) im Prozessablauf bestimmt. Diese kann durch **Struktur-typen** (Anordnungsformen) charakterisiert werden.

Die Ergebnisse der **Strukturplanung** führen zunächst zu idealisierten Lösungskonzepten – in ihrer flächenbezogenen strukturierten Darstellung dann als **Ideallayout** bezeichnet. Diese bilden die Grundlage für die sich anschließende Realplanung, in der die Anpassung der Ideallösung an die realen Umfeldbedingungen erfolgt. Damit wird dem der Planungsphase „Grobplanung" zuzuordnende Planungsgrundsatz „Notwendigkeit der Idealplanung" (vgl. Abschnitt 1.4) entsprochen.

Die Planungsinhalte der Idealplanung haben **synthetisierenden Charakter** (vgl. Abb. 2.3). Die Planungsergebnisse werden in „projektierender Tätigkeit" durch deduktive Denk- und Analyseprinzipien ermittelt. Auch hier wird die Umsetzung des Planungsgrundsatzes „stufenweises Vorgehen" (vgl. Abschnitt 1.4) erkennbar.

Strukturplanung unternehmensintern ist bei gegebenem Standort in folgenden Strukturebenen möglich (vgl. Abschnitt 1.1):

– Bestimmung der **Generalstruktur**
   Anordnungsobjekte sind – Gebäude (Produktion, Logistik, Verwaltung) sowie Freiflächen. Ziel der Strukturplanung ist die Bestimmung der räumlich-funktionellen Anordnung der Objekte innerhalb des Werksgeländes am gegebenen Standort. Diese Planungsinhalte sind relevant bei Aufgabenstellungen der **Generalbebauungsplanung** (GBPL), z. B. typisch für den Planungsgrundfall A, – vgl. Abschnitt 7, aber auch in den Fällen der Fabrikreorganisation bzw. -erweiterung (Planungsgrundfälle B bis E)
– Bestimmung von **Arbeitsplatz-**, **Bereichs- und** (internen) **Gebäudestrukturen,**

   Anordnungsobjekte in diesen Strukturebenen sind:

Arbeitsplatzebene	– Elemente des Arbeitsplatzes/der Ausrüstungen (Arbeitsstation) in unmittelbaren Arbeitsplatzumfeld (Konfiguration)
Bereichsebene	– Arbeitsplätze, Arbeitsplatzgruppen, Fertigungsinseln, Logistikelemente, Fertigungslinien u. a.
Gebäudeebene	– Bereiche (Prozesse, Produktionsstufen, Werkstätten)

Ziel der hier vorzunehmenden Strukturplanung ist die Bestimmung der räumlich-funktionellen Anordnungen von Arbeitsplätzen innerhalb von Bereichen bzw. von Bereichen innerhalb von Gebäude- bzw. Raumsystemen, d. h., **Bereichs- und Gebäudestrukturen** sind zu bestimmen.

Strukturtypen in den Bereichs- bzw. Gebäudeebenen werden grundsätzlich durch die räumliche Anordnung der Objekte (Funktionseinheiten) und den Relationen zwischen den Objekten charakterisiert (vgl. z. B. [2.5], [2.10]). Dieses Strukturierungsproblem wird verallgemeinernd auch als **Objekt-Platz-Zuordnungsproblem** bezeichnet. Entsprechend der Systemtheorie gilt: Anordnungen können durch Veränderung der Relationen beeinflusst werden und umgekehrt. Die Relationen werden in der vorliegenden Problembetrachtung durch die **Flusssysteme** definiert, d. h. durch die Material-, Personal-, Informations- sowie Ver- und Entsorgungsflusssysteme (vgl. Abschnitt 1.1, sowie Abb. 3.1).

Die Bestimmung von Bereichs- und (internen) Gebäudestrukturen unterliegt in der industriellen Praxis aufgrund von Turbulenz und Kostendruck ständigen Veränderungserfordernissen aber auch – aufgrund der gegebenen Mobilität der Objekte – weitgehenden Anpassungsmöglichkeiten, d. h., diese Strukturebenen bilden ein hohes Innovationspotenzial. Dieses stellt die klassischen Inhalte unternehmensinterner Struktur- und Layoutplanung dar und soll daher nachfolgend näher behandelt werden.

Das Materialflusssystem ist in der Strukturbestimmung wirkungsdominant, d. h., der Materialfluss stellt den Primärfaktor in der **Strukturplanung** dar. Die Ursache ist in der hohen Kostenrelevanz der **Materialflussprozesse** begründet. In Abb. 3.19 sind dazu die Grundprinzipien der Kostenentwicklung im Materialfluss zeitabhängig zum Herstellungsprozess am Beispiel eines zweistufigen Produktionssystems vereinfachend schematisiert dargestellt. Deutlich werden die stark unterschiedlichen Wirkungen und Anteile von Bearbeitungs- und Logistikprozessen an der zeitbezogenen Kostenentwicklung.

Insbesondere werden der Kostenanstieg zum Prozessende sowie der hohe kumulative Anteil von **Logistikkosten** an den Gesamtkosten (Trapezflächen) erkennbar. Letztere sind insbesondere verursacht durch den hohen Zeitanteil für **Logistikfunktionen** im Prozessablauf , der je nach Logistikniveau und Produktionstyp zwischen 50 und 90% Anteil an der **Durchlaufzeit** der Produkte betragen kann. Die Trapezflächen widerspiegeln den Grad der **Kapitalbindung** je Materialflussfunktion, sodass die beträchtlichen **Rationalisierungspotenziale** im Materialfluss deutlich werden. So können, wie in Abb. 3.19 erkennbar, die Größen der Flächenelemente (Trapezflächen) durch spezielle Maßnahmen gezielt beeinflusst werden. Solche Maßnahmen sind:

- Zeitverkürzungen, z.B.
    - Sicherung stauarmer Materialfluss durch flussgerechte Objektanordnung
    - Einsatz ständig transportverfügbarer Fördermittel
    - Einsatz bestandoptimierender Lagerstrategien
- Kostensenkungen, z.B.
    - Wahl investitionsarmer Lager- und Fördertechniken
    - Abbau erforderlicher Lagerplatzanzahlen durch Einsatz spezieller Logistikprinzipien (vgl. Abschnitt 4).

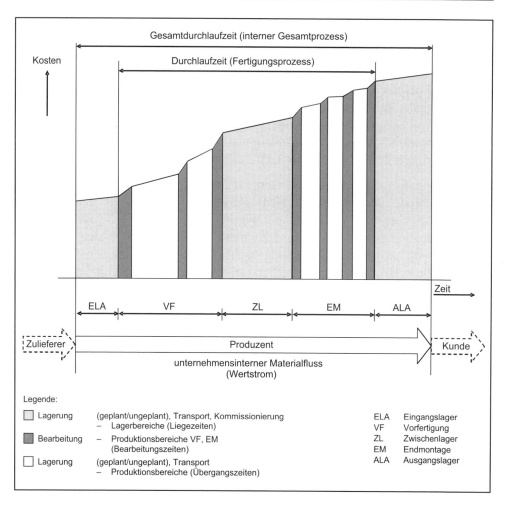

Abb. 3.19: *Grundprinzipien der Kostenentwicklung im Materialfluss (zweistufiges Produktionssystem (i. A. an* [3.8])

Allgemein bekannt ist , dass je nach Produkttyp bzw. Industriebereich ca. 15 bis 60 % (teilweise bis 80 %) der Produktionsselbstkosten durch den Materialfluss verursacht sind. Der Materialfluss determiniert folglich im Rahmen der Lösungsgestaltung im Regelfall auch alle weiteren Flusssysteme.

Die Bedeutung des Materialflusses für die Strukturplanung kann allerdings in speziellen Sonderfällen deutlich eingeschränkt sein, z. B. bei sehr kleinteiligen, geringwertigen Produkten bzw. in den Fällen unvernetzter Einmaschinenproduktion (Punktstrukturen).

Die Strukturplanung beinhaltet die Ermittlung wirtschaftlicher, räumlicher **Anordnungsstrukturen** von Objekten (Funktionseinheiten). Dabei gilt – diese sind dann günstig, wenn deren räumliche Anordnung weitgehend der Abfolge der technologisch bedingten Fertigungsstufen bzw. der Arbeitsvorgänge der Produkte angepasst ist, d. h., **die räumliche Anordnung folgt dem Materialfluss**. Kann dieses Grundprinzip durchgesetzt werden, dann sind günstige Voraussetzungen gegeben für

- die Minimierung der Zeitstrukturen im Materialfluss (Abbau von Vor- und Nachliegezeiten, Transportzeiten)
- die Minimierung der Transportkosten
- die Transparenz der Materialflussprozesse
- den Einsatz rationeller Logistikelemente (Förder-, Lager-, Handhabetechniken u. a.)
- die organisatorische Beherrschbarkeit des Prozessablaufes (Steuerbarkeit durch PPS/BDE-Techniken).

In der aktuellen Industriepraxis ist dieses Strukturierungsprinzip – flussgerechte Anordnung – deutlich zu erkennen – z. B. entsprechen komplexe Neustrukturen von Fabriksystemen in ihrer räumlichen Anordnung weitgehend der generalisierten Materialflusslogik des Produktionsprozesses einschließlich der gezielten räumlichen Zuordnung (Andockung) von unternehmensexternen Funktionseinheiten (z. B. Zulieferfirmen) entsprechend den Materialflussschnittstellen (vgl. Abschnitt 4.6). Damit wird ein Grundprinzip der Strukturplanung deutlich: Sollen materialflussgünstige Strukturen entworfen werden, muss zunächst eine Analyse der zu erwartenden **Materialflussbeziehungen** (Relationen) erfolgen. Die Analyseergebnisse bilden eine wesentliche Grundlage der **Strukturbestimmung**, die dann eine begründete Layoutplanung ermöglicht.

Erkennbar wird, dass die Ermittlung bereichs- bzw. gebäudebezogener Strukturformen aufgrund der Problemkomplexität nicht in einem Entscheidungsschritt möglich ist, sondern die schrittweise Problemlösung in den nachfolgenden **Bearbeitungskomplexen** erforderlich macht (vgl. Abb. 2.6):

1. Analyse **Materialfluss**
   Erfassung, Darstellung und Auswertung von Materialflussstrukturen
2. **Bestimmung Fertigungsform**
   Zuordnung geeigneter Fertigungsformen (Strukturtypen)
3. **Entwurf Ideallayout**
   Umsetzung räumlicher Anordnungen (Strukturtyp) in ein idealisiertes Layout (Ideallayoutplanung/Strukturoptimierung).

Die Strukturplanung wird oftmals vereinfachend auch als Layoutplanung bezeichnet. Wie gezeigt wurde, bilden Inhalte der Layoutplanung allerdings nur einen Bearbeitungskomplex innerhalb der Strukturplanung.

Nachfolgend werden die Inhalte dieser Bearbeitungskomplexe näher dargestellt.

3.3.3.2 Analyse Materialfluss

Industrielle Materialflussprozesse können grundsätzlich unterschieden werden in

– Materialfluss **innerhalb** des Fabrik- bzw. Produktionssystems (unternehmens-interner Materialfluss) und
– Materialfluss **außerhalb** des Fabriksystems (unternehmensexterner Material-fluss) – auch als Materialfluss überregionaler/regionaler bzw. lokaler Art bezeich-net [2.2].

Moderne Fabrik- bzw. Logistikplanung geht prinzipiell von einer **ganzheit-lichen** Betrachtung durchgängiger Materialflussprozesse aus und bezieht so-wohl interne als auch externe Materialflussstrukturen in die Gestaltung optimierter Zulieferer-, Produzenten-, Abnehmer-(Kunden-)Beziehungen ein. Die ganzheitliche **Materialflussoptimierung** umfasst den Beschaffungs-, Produktions- und Distri-butionsprozess und führt zur Bildung durchgängiger **Materialflussketten (supply chain)**.

Nachfolgend soll entsprechend den Abgrenzungen in Abschnitt 3.3.3.1 der unter-nehmensinterne Materialfluss betrachtet werden.

Der **Materialfluss** wird als „Verkettung aller Vorgänge beim Gewinnen, Be- und Verarbeiten sowie bei der Verteilung von stofflichen Gütern innerhalb festgelegter Bereiche" definiert (VDI-Richtlinie 3300).

Stoffliche Güter im vorliegenden Betrachtungsfall sind:

– Rohmaterialien, Halbfabrikate, Zulieferer- bzw. Kaufteile, Fertigprodukte.

Der Materialfluss enthält die verkettete Aneinanderreihung nachfolgender **Grund-funktionen**:

– **Bearbeitungsprozesse** (Fertigungs-, Montage- und Prüfprozesse)
– **Bewegungsprozesse** (Förder-/Transport-, Umschlag- und Handhabungsprozesse)
– **Lagerungsprozesse** (geplante/nicht geplante organisatorisch bedingte Lagerung, technisch bedingte Lagerung, Pufferung, Kommissionierung).

Der Materialfluss ist folglich durch die funktionell-zeitlich bedingte wechselnde Abfolge dieser Grundfunktionen (Materialflussfunktionen) charakterisiert.

Begrifflich-inhaltlich ist der Materialfluss in der industriellen Realität als „quasi-fließender Stückprozess" zu begreifen. Das heißt, das Material (Aufträge, Lose) durchläuft **intermittierend** (im Wechsel von Bearbeitungs-, Bewegungs- und Lage-rungszuständen) den Produktionsprozess. Bewegungs- und Lagerungsprozesse stellen dabei logistische Funktionen dar – bilden folglich **Logistikprozesse**. Mate-rialflussprozesse stellen **Wertschöpfungsprozesse** dar. Unter den Aspekten der Wertschöpfung bzw. der Kostenverursachung sind dabei allerdings **wertschöpfende**

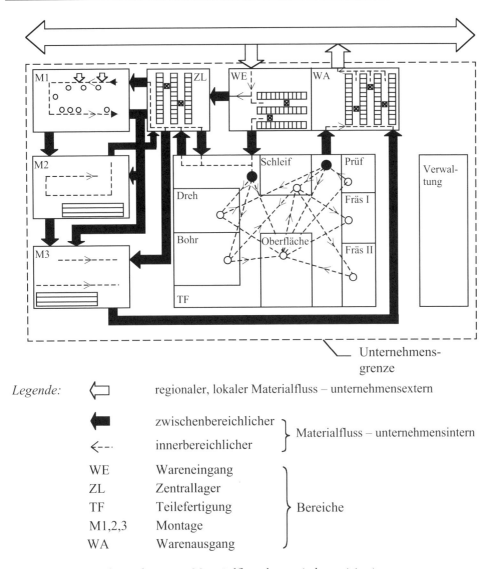

Abb. 3.20: Unternehmensbezogene Materialflussebenen (schematisiert)

Prozesse (Bearbeitungsprozesse) sowie **nicht wertschöpfende Prozesse** (Bewegungs- und Lagerungsprozesse) zu unterscheiden. Letztere bilden einen beträchtlichen Kosten- bzw. Zeitfaktor im Materialfluss und sind daher gezielt zu begrenzen (vgl. Abb. 3.19).

Materialflussanalysen für unternehmensinterne Strukturplanungen können je nach Aufgabenstellung in folgenden **Materialflussebenen** (Abstrahierungsgrad) durchgeführt werden (vgl. Abb. 3.20):

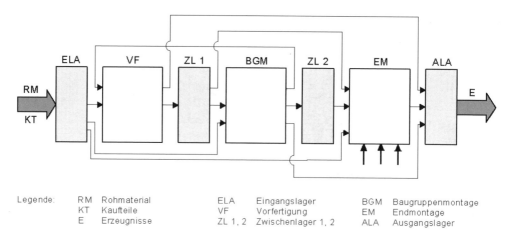

Abb. 3.21 Zwischenbereichlicher Materialfluss – dreistufiges Produktionssystem (Funktions-schema – bereichsbezogen, Querdarstellung)

– **zwischenbereichliche Materialflussebene (Makroebene)**
  Der Materialfluss ist charakterisiert durch die Materialflussvernetzungen **zwischen** Bereichen (Gebäuden, Hallen, Läger) innerhalb des Werksgeländes. Er wird maßgeblich bestimmt durch die Ergebnisse der Generalbebauungsplanung (GBPL), d. h. durch die vorliegende Anordnung (Generalstruktur) von Bereichen, Gebäuden, Verkehrswegen sowie Anlieferungs- und Auslieferungspunkten.
– **innerbereichliche Materialflussebene (Mikroebene)**
  Der Materialfluss ist charakterisiert durch die Materialflussvernetzungen **innerhalb** der Bereiche (Werkstätten) entsprechend den jeweiligen Anordnungsstrukturen der Ausrüstungen (Arbeitsplätze).

In Abb. 3.21 sind am Beispiel eines dreistufigen allgemeinen Produktionssystems mögliche **bereichsbezogene Materialflussstrukturen** dargestellt. Prinzipiell können dabei neben den Eingangs- und Ausgangslagern (ELA/ALA) zwischen jede Fertigungsstufe formal Zwischenlagerstufen (ZL) als synchronisierende Elemente gesetzt werden, zunächst dabei unabhängig davon, in welchem Umfang Lagerung stattfindet. Deutlich erkennbar ist der **flussbezogene, technologisch** bedingte **Netzcharakter** des Materialflusses. Wird weiterhin die mögliche Varianz der realen räumlichen Anordnung (Topologie) von Bereichen bzw. Lägern gemäß der Generalstruktur einbezogen, dann wird der zusätzlich überlagernde funktionell-räumliche Netzcharakter sichtbar. Weiterhin sind die Materialflüsse externer „vor Ort – Anlieferungspunkte" (Andockpunkte) im Bereich Endmontage dargestellt (z. B. Montagemodule – Direktanlieferung), die gleichermaßen zu erfassen sind.

Untersuchungen zum Materialfluss können aufgrund unterschiedlicher Ausgangssituationen hinsichtlich zweier **Analysegrundfälle** unterschieden werden:

– Materialflussanalysen für neu zu planende Systeme – dann basierend auf Planungsgrößen (Planungsgrundfälle A, (C))
– Materialflussanalysen am bestehenden Fabrik- bzw. Produktionssystem – dann basierend auf einer vorhandenen Materialflussstruktur (Planungsgrundfälle B, C).

Die zu ermittelten Materialflussbeziehungen (Makro- oder Mikroebene) können je nach Datenlage und Aussagezielsetzungen in unterschiedlichen Formen dargestellt und ausgewertet werden. Ziele von **Materialflussanalysen** sind:

– Sicherung des Gesamtüberblickes über die Materialflussbeziehungen aller einbezogenen Objekte – **Materialflussvernetzung**
– Erkennen von Größenordnungen der Materialflussschwerpunkte bei Beachtung wechselseitiger Relationen – **Materialflussintensitäten**.

Beide Auswertungsschwerpunkte der Materialflussanalyse bilden die Grundlage für folgende Planungsinhalte, die je nach Planungsstand (Planungsphase) zu bearbeiten sind:

– Ermittlung von Kriterien zur **Bestimmung günstiger räumlicher Anordnung** von Objekten (Bereiche, Ausrüstungen). Diese Zielsetzung entspricht den Inhalten der „Strukturierung", führt zur Vorbestimmung von idealisierten Anordnungsformen (Inhalt der Idealplanung) und wird nachfolgend behandelt. Dabei gelten folgende generalisierte **Kernziele der Materialflussgestaltung und Anordnungsstrukturierung:**

  • Sicherung eines weitgehend **einheitlich richtungsorientierten** Materialflusses (Vorwärtslauf)
  • **Distanzminimale räumliche Anordnung** aller der Funktionseinheiten, zwischen denen ein hoher Transportaufwand (Transportintensität) zu realisieren ist.

– Ermittlung von Kriterien zur **Bestimmung der Kopplungselemente** (vgl. Abschnitt 2.1), d. h. der Art, Anzahl und räumlichen Zuordnung von Förderhilfsmitteln, Fördermitteln und Lagersystemen (Logistikelementen). Diese Zielsetzung wird planungsseitig realisiert im Rahmen der „Gestaltung" der Lösungskonzepte und führt zu Realstrukturen bei Einordnung von Logistikelementen (Inhalt der Realplanung – vgl. Abschnitt 3.3.4.3).

Der Materialfluss kann durch folgende Komponenten charakterisiert werden:

– **technologisch** (Arbeitsvorgangs- bzw. Produktionsstufen – technologisch bedingt)
– **quantitativ** (Mengengrößen – Produkt-, Auftrags- bzw. Palettenanzahlen)
– **räumlich** (Anordnung, Flussrouten, Strukturtyp)

– **organisatorisch** (Verlaufsformen, Organisationsformen, Logistikprinzipien)
– **technisch** (technische Gestaltung – eingesetzte Logistikelemente)
– **zeitlich** (Zeitaufwände, Zeitstrukturen im Fluss – Durchlaufzeiten, Übergangszeiten, Lagerungszeiten).

Zwischen diesen Komponenten bestehen wechselseitig bedingte Wirkungszusammenhänge. So werden die *technologischen* und *quantitativen* Komponenten vorbestimmt durch Arbeits- bzw. Montagepläne und Produktionsprogramme. Diese bilden damit eine wesentliche Planungsgrundlage. Hinsichtlich der Beeinflussbarkeit der weiteren Komponenten ist zwischen den Prozessen der **Fabrikplanung** und denen des **Fabrikbetriebes** zu unterscheiden. So gilt, dass die *räumlichen, organisatorischen* und *technischen* Komponenten des Materialflusses Gegenstand der Fabrikplanung sind, während die *zeitliche* Komponente durch Vorgaben und Inhalte des zeitlichen Ablaufes der Materialflussprozesse bestimmt wird. Folglich ist sie Ergebnis des realen Fabrikbetriebs. Übliche Zeitstrukturen von Materialflussprozessen sind durch Zeitanteile der Logistikprozesse an der Durchlaufzeit von Erzeugnissen in einem Bereich von 50 bis 90 % charakterisiert. Es folgt: Schon im Stadium der Fabrikplanung ist durch Festlegung der räumlichen, organisatorischen und technischen Komponenten das im späteren Fabrikbetrieb auftretende zeitliche Niveau des Materialflusses vorab gezielt beeinflussbar (vgl. Planungsgrundsatz m in Abschnitt 1.4).

Wesentlich für die Materialflussanalyse bzw. -gestaltung ist: Die **räumliche Komponente** des Materialflusses wird maßgeblich definiert durch die räumliche Anordnung der durch den Materialfluss anzulaufenden Bereiche, Läger bzw. Ausrüstungen. Deren Abfolge wiederum ist bestimmt durch die technologisch bedingten Bearbeitungsfolgen (Folge von Fertigungsstufen, Arbeitsvorgängen) der Produkte im Rahmen des arbeitsteiligen Produktionsprozesses – auch als **Materialflussbeziehungen** bezeichnet. Räumliche Anordnungen (Strukturen) beeinflussen Aufwände im Materialfluss. Durch günstige räumliche Strukturen kann der Materialfluss gezielt positiv beeinflusst werden, womit ein wesentlicher Zielaspekt der Materialflussanalyse umrissen ist.

Die **Materialflussbeziehungen** werden durch folgende Merkmale beschrieben:

– **Qualitative Merkmale des Materialflusses**
  Definiert durch die technologisch bedingte Abfolge von Fertigungsstufen bzw. Arbeitsvorgängen (technologisch bedingte Vernetzung).
  Beschreibungsmerkmale sind:
  • Fluss vorhanden/nicht vorhanden
  • Flussrichtung (Vorwärts-/Rückwärtslauf)
  Ausschließlich qualitative Darstellungen des Materialflusses sind z. B. im Funktionsschema gegeben (vgl. Pkt. 3.3.1.2).

- **Quantitative Merkmale des Materialflusses**
Definiert durch den zeitraumbezogenen mengenmäßigen Materialfluss aufgrund des zu realisierenden Produktionsvolumens (Mengengerüste).
Beschreibungsmerkmale sind:
  - Materialflussmenge pro Zeitraum (z. B. Stückzahl pro Jahr)
  - Materialflussintensität zwischen Bereichen /Arbeitsplätzen/Ausrüstungen.

Materialflussanalysen führen üblicherweise zu beträchtlichen Datenumfängen. Diese können unter Beachtung der jeweiligen Ziel- und Problemlage verdichtet werden, um den Analyse- und Auswertungsumfang zu begrenzen bzw. um den Aufwand für die Bearbeitung „vernachlässigbarer Flüsse" zu vermeiden.

Bezogen auf Produkte sind Begrenzungen durch ABC-, PQ-Analysen möglich, aber auch durch Herausfilterung deutlich repräsentativer Produkte (Typenvertreter), durch Bildung von Produktgruppen (Clusterbildung) oder durch Zusammenfassungen zu Materialflussgruppen.

Bezogen auf Funktionseinheiten (Bereiche, Arbeitsplätze, Ausrüstungen) sind Aufwandsbegrenzungen durch Zusammenfassungen unter den Aspekten gleicher/ähnlicher Funktion, beabsichtigter räumlicher Gruppierung, verantwortungsbereichsbezogener Integration (Aufbauorganisation), Bildung geschlossener autonomer Bereiche u. a. möglich.

Zur **Erfassung, Darstellung und Auswertung** von **qualitativen/quantitativen Materialflussbeziehungen** sind tabellarische und grafische Darstellungsformen üblich. Deren Anwendung ist abhängig von der Datenlage bzw. dem jeweiligen Planungsgrundfall. Grundsätzlich stellen diese statische Mengengerüste im Ergebnis zeitraumbezogener kumulativer Hochrechnungen dar. Sie werden gebildet aus den Materialflusskenngrößen einer Vielzahl sich im Fluss überlagernder Stückzahleinheiten unterschiedlicher bzw. identischer Auftrags- bzw. Produktarten.

Nachfolgend sind ausgewählte Beispiele aufgeführt [3.1]:

- **Tabellarische Darstellung Materialfluss**
  - **Materialflussmatrix** (Von-nach-Matrix)
Die ermittelten Mengenbeziehungen des Materialflusses werden tabellarisch in Matrixform dargestellt. Unabhängig vom Abstraktionsgrad der Materialflussanalyse ist diese Darstellungsform insbesondere bei einer größeren Anzahl von Funktionseinheiten (im Regelfall > 10) sehr vorteilhaft.
In Abb. 3.22 sind zum einen das analoge Modell eines zweistufigen Produktionssystems bei Zuordnung von WE (ELA), ZL, WA (ALA) bei vernetztem zwischenbereichlichem Materialfluss dargestellt sowie zum anderen dessen Ableitung und Darstellung in einer Materialfluss- und Transportmatrix. Wie in dem Beispiel deutlich wird, ist die **Materialflussmatrix** (MM) durch Funktionseinheiten cha-

rakterisiert, die sowohl als **Absendeelemente** (dargestellt in der senkrechten Achse) als auch als **Empfangselemente** (dargestellt in der waagerechten Achse) fungieren, sodass entsprechende Von-nach-Beziehungen (Relationen) zuordenbar sind. Mit der Eintragung entsprechender Maßzahlen des Materialflusses wird die **qualitative** und **quantitative** Vernetzung der Funktionseinheiten definiert. Diese spiegelbildartige Achsendefinition von Quelle- und Senke-Funktionen sollte zweckmäßigerweise bei Beachtung der **generalisierten Produktionslogik**, d. h. entsprechend dem dominanten, technologisch bedingtem Produktionsfortschritt (Technologiefluss) des Produktsortimentes, aufgetragen werden. Dazu sind das

Analoges Modell Materialflussvernetzung (qualitativ)

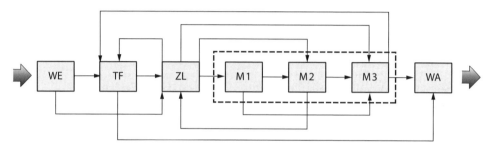

Formales Modell Materialflussvernetzung (qualitativ / quantitativ)

Materialflussmatrix (MM)
Produktionsstückzahl pro Jahr

	WE	ZL	TF	M1	M2	M3	WA	Σ
WE		120000	180000					300000
ZL			90000	60000	60000	60000		270000
TF		90000					15000	105000
M1					15000	15000		30000
M2		15000					24000	39000
M3			30000				60000	90000
WA								
Σ		225000	300000	60000	75000	99000	75000	

Transportmatrix (TM)
Transportspielanzahl pro Jahr

	WE	ZL	TF	M1	M2	M3	WA
WE		400	600				
ZL			300	200	200	200	
TF		300					50
M1					50	50	
M2		50					80
M3			100				200
WA							

WE	Wareneingang
ZL	Zentrallager
TF	Teilefertigung
M 1,2,3	Montage 1,2,3
WA	Warenausgang

Füllstückzahl Transportbehälter = 150 Stk.
Anzahl Transportbehälter pro Transportspiel = 2

Abb. 3.22: Materialflussstruktur (Materialfluss- und Transportmatrix bereichsbezogen)

Funktionsschema bzw. das Operationsfolgediagramm heranzuziehen (vgl. Abschn. 3.3.1.2). In die Felder der Materialflussmatrix sind dann die Maßzahlen (Kenngrößen) des Materialflusses (zeitraumbezogene Produktionsstückzahlen, Auftrags-, Losanzahlen) zwischen den jeweiligen Funktionseinheiten gemäß dem detaillierten technologischen Fluss einzutragen.

Die untere Zeile bzw. die rechte Spalte zeigen nach Addition der entsprechenden Matrixelemente Summengrößen auf, durch die die abgesendeten bzw. empfangenen Gesamtstückzahlen ausgewiesen werden.

Treten sowohl Hinflüsse („vorwärts" gerichtet) als auch Rückflüsse („rückwärts" gerichtet) auf, sind diese durch Elemente oberhalb bzw. unterhalb der Matrixdiagonalen erkennbar. Ist diese **qualitative Vernetzung** zu ermitteln, sollte der Materialfluss in Form von richtungsorientierten (zweiseitigen) Materialflussmatrizen dargestellt werden. Rückflüsse im Materialfluss bedeuten, dass Produkte technologisch bedingt entsprechend dem generalisierten Produktionsfortschritt von einer Funktionseinheit höherer Ordnung auf eine in der Flusslogik vorgelagerte Funktionseinheit niederer Ordnung zurückspringen.

Werden jedoch Materialflüsse richtungsunabhängig zusammenfassend analysiert und den Matrixelementen oberhalb der Diagonale zugeordnet, dann liegt eine nichtrichtungsorientierte (einseitige) Materialflussmatrix vor, auch als reine **quantitative Beziehungsmatrix** bezeichnet.

Zur Strukturplanung ist es erforderlich, das Mengengerüst der Materialflussmatrix in den aus den Materialflussbeziehungen resultierenden Transportaufwand zwischen den Funktionseinheiten umzurechnen, da die Materialflussintensität allein keine hinreichenden Rückschlüsse auf den Transportaufwand zulässt. Damit entsteht die **Transportmatrix (TM)**, in der zeitraumbezogene Anzahlen von Transporteinheiten (TE) angegeben werden, die zwischen den Funktionseinheiten zu bewegen sind. Unter Beachtung der in einem Transportspiel durch das Fördermittel gleichzeitig transportierbaren Transporteinheiten (FHM) können damit die zeitraumbezogenen Transportspielanzahlen ermittelt werden (vgl. Abb. 3.22).

Wesentliche Kriterien bei den Umrechnungen sind:

- Fassungsvermögen Förderhilfsmittel (FHM), maximale Füllmengen (Gewicht, Abmessungen, Volumen)
- Anzahl gleichzeitig transportierbarer einheitlicher FHM je Transportspiel.

Weiterhin sind zu beachten:

- Sind durchgängig einheitliche oder unterschiedlich Förderhilfmittel (Palettensyteme) im Einsatz?
- Werden nur identische Produkte in einem Förderhilfmittel eingebracht und transportiert?
- Montage- bzw. Demontageprozesse führen im Regelfall zu Stückzahlveränderungen im Produktzu- und abfluss an den Funktionseinheiten bzw. Bereichen

– Die Matrixelemente (Stückzahlkenngrößen) sind nahezu immer aus der Zusammenfassung von stückzahl- und typunterschiedlichen Produktelementen gebildet.

Die Transportmatrix ermöglicht damit Aussagen zu realen zeitraumbezogenen Transportaufwänden sowie zum Charakter der Materialflussvernetzung.

Die **Methoden der Materialflussanalyse** (bereichs- oder werkstattbezogen) können entsprechend den angeführten zwei **Analysegrundfällen** bei Anwendung der Matrixdarstellung wie folgt unterschieden werden:

– **Materialflussanalyse – zu planendes Fabrik- bzw. Produktionssystem (Neusystem):**
(z. B. Planungsgrundfälle A, C, (E))

- Ausgangslage: Anordnungsstrukturen – offen
- Analyseziele: – Ermittlung von Transportaufwandsschwerpunkten
  – Bestimmung transportaufwandsminimaler Anordnungsstrukturen (Sollstruktur)
- Grunddaten: – Produkte/Sortiment
  – Stückzahlen (zeitraumbezogen)
  – Stücklisten (Erzeugnisse, Baugruppen)
  – Arbeitspläne (Fertigung, Montage)
  – Losgrößen/Losanzahlen
  – zulässige Füllmengen Förderhilfsmittel (FHM)
- Methodischer Ablauf (vgl. Abb. 3.23):
  – Erstellung Materialflussmatrix (MM)
  – Ableitung Transportmatrix (TM)

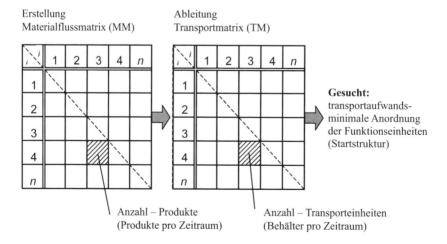

Abb. 3.23: Materialflussanalyse – Neusystem

     – Ermittlung Schwerpunkte Transportaufwand
     – Bestimmung transportaufwandsminimale Anordnungs-
      struktur (Startstruktur).

– **Materialflussanalyse – vorhandenes Fabrik- bzw. Produktionssystem**
(z. B. Planungsgrundfälle B, D, (E))

- Ausgangslage: Anordnungsstruktur vorgegeben – Istzustand
- Analyseziele: – Überprüfung Anordnungsstruktur (Layoutgüte – Iststruk-
                 tur)
                 – Einordnung von Neuanforderungen (z. B. Produktions-
                   erweiterungen, Sortimentsänderungen)
- Grunddaten: – Produkte/Sortimente
                 – Stückzahlen (zeitraumbezogen)
                 – Stücklisten (Erzeugnisse, Baugruppen)
                 – Arbeitspläne (Fertigung, Montage)
                 – Losgrößen/Losanzahlen
                 – zulässige Füllmengen Förderhilfsmittel (FHM)
                 – Topologie Objekte
- Methodischer Ablauf (vgl. Abb. 3.24):
                 – Erstellung Materialflussmatrix (MM)
                 – Ableitung Transportmatrix (TM)
                  – Erstellung Distanzmatrix (DM) – Anordnung (Objekt-
                 abstände) bei Istzustand
                 – Ableitung Intensitäts- bzw. Bewertungsmatrix
                 $(BM = TM \times DM)$
                 – Ermittlung Schwerpunkte Transportaufwand
                 – Bestimmung transportaufwandsminimale Anordnungs-
                 struktur (Umgruppierung/Neustruktur).

Insgesamt wird in beiden Analysegrundfällen deutlich, Materialflussanalysen mit Zielsetzungen der Strukturplanung setzen detaillierte Kenntnisse zu Produkten und Prozessen voraus. Sind detaillierte Datenstrukturen nicht vorhanden, sind stark vereinfachende Methoden der Strukturplanung (wie in Pkt. 3.3.3.3 als Methoden „globaler Vorausbestimmung" angeführt) anzuwenden.

Liegen Matrixstrukturen des Materialflusses vor, sind diese insbesondere unter den Merkmalen **Flussrichtung** und **Flussintensität** auszuwerten. Dabei sind die Matrixelemente unterhalb der Matrixdiagonalen (Rückflüsse) sowie die Matrixelemente hohen Transportaufwandes für die Auswertung von besonderer Bedeutung.

Die Vermeidung bzw. Absenkung von **Rückflüssen** ermöglicht transparente, linienorientierte Layoutstrukturen und damit u. a. den Einsatz richtungsorientierter För-

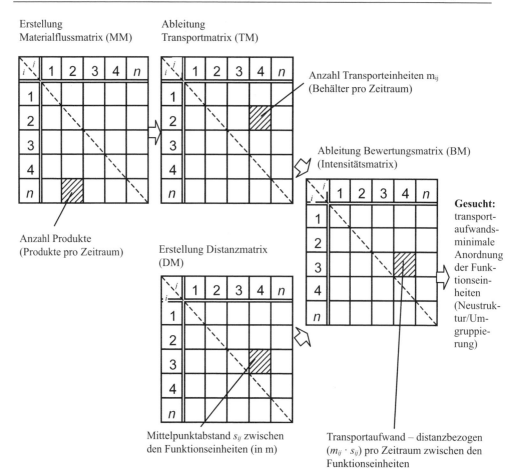

Abb. 3.24: Materialflussanalyse – vorhandenes System

dermittel. Die Absenkung der Flussintensitäten senkt den unmittelbaren Förderaufwand zwischen den Objekten und erhöht Anordnungsfreiräume der Objekte im Layout.

Diesen Optimierungsanätzen folgend kann durch kritische Materialflussbewertungen eine gezielte Korrektur ausgewählter Matrixelemente erfolgen. Dazu sind zunächst die Relationen von Produktart (Kostenrelevanz) und Mengenanteil am jeweiligen Matrixelement mit den erzielbaren Wirkungen zu wichten. Folgende Eingriffe sind möglich:

- **Korrektur Flussrichtung**

  • **Topologische Sortierung**
    Eine Stärkung der **einheitlichen Materialflussorientierung** (Vorwärtslauf) wird dann erreicht, wenn es gelingt, durch Vertauschung von Spalten und Zei-

len die unter der Matrixdiagonale ausgewiesenen Rückläufe zu minimieren. Dazu sind Eingriffe in die Bearbeitungstechnologie (z. B. Veränderungen der Arbeitsvorgangsfolge, Zusammenlegung oder Substitution von Arbeitsvorgängen, Wahl alternativer Ausrüstungen bzw. Technologieketten) oder auch Konstruktionsänderungen erforderlich.

- **Erhöhung Linearitätsgrad**
  Der Linearitätsgrad stellt das Verhältnis der Abflüsse (Summewerte der Elemente oberhalb der Matrixdiagonalen) zu allen Transportflüssen dar. Ein hoher Linearitätsgrad ist folglich Ausdruck geringer Rückflüsse. Durch spezielle Berechnungen (vgl. z. B. [2.19]) werden Zeilen und Spalten der Matrix schrittweise eliminiert und neu geordnet, sodass eine linearisierte Spalten- bzw. Zeilenneuordnung entsteht (generalisierte Produktionslogik)

– **Korrektur Flussintensität**
Änderungen des Transportaufwandes bzw. der Transportspielanzahl sind möglich durch Variation von:

- Jahresstückzahlen, Losgrößen, Auftragsgrößen, Losanzahlen
- Leistungsgrößen von Förderhilfsmitteln, Fördermitteln
- Neuzuordnung /Alternativbelegung von Produkten bzw. Ausrüstungen.

Erfahrungen der Industriepraxis zeigen allerdings, dass diese Eingriffe im Regelfall nur mit Einschränkungen umsetzbar sind, insbesondere unter den Aspekten oftmals gravierender Folgen auf Produkt und technologischen Prozess. Daraus resultiert die Fokussierung der Strukturplanung auf die Anpassung der Anordnungsstruktur an den Materialfluss, während umgekehrt unter logistischen Aspekten gleichermaßen die Anpassung der Materialflüsse an optimale Anordnungsstrukturen durch eine gezielt logistikgerechte Auslegung von Produkten und Prozessen zu fordern ist (vgl. Abschnitt 3.2.4).

– **Grafische Darstellung des Materialflusses**

- **Mengenbezogenes Materialflussschema** (Sankey-Diagramm)
  Die Materialfluss- bzw. Transportbeziehungen des Analysekomplexes werden grafisch in einem richtungsorientierten Flussschema dargestellt (vgl. Abb. 3.25). Dabei werden die Abfolge der Bearbeitungsstufen, die Flussrichtungen (Pfeile) sowie die Flussintensitäten pro Zeitraum (Pfeilstärke) mengenmaßstäblich erkennbar. Abstandsgrößen sowie räumliche Anordnungen sind nicht darstellbar.

  Im Unterschied zur Matrixdarstellung bietet das Sankey-Diagramm eine vereinfachende Grobdarstellung des Materialflusses, die auf wenige Fertigungsstufen und Produkte begrenzt ist. Diese Darstellungsform ist günstig für unternehmensinterne, bereichsbezogene Übersichten bei nur begrenzter Anzahl von Bereichen.

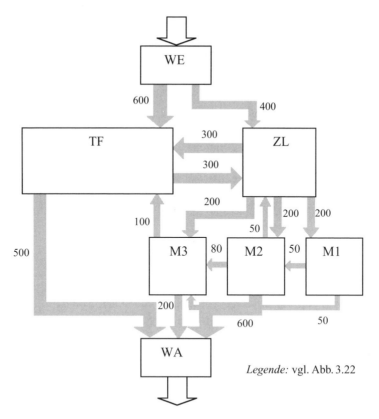

Abb. 3.25: Sankey-Diagramm

- **Ablaufschema Flussdiagramm**
  Hier erfolgt die anordnungsneutrale Darstellung von Funktionseinheiten (Objekten) und deren ausschließlich **qualitativen** Beziehungen (physischer Fluss). Anwendungen in früheren Planungsphasen als Grobkonzepte von komplexen Produktionsabläufen in orthogonaler (vertikaler/horizontaler) Darstellungsform (Beispiele – Funktionsschema in Abb. 3.8; 3.9; 3.21 sowie 8.10).

- **Lagegerechtes Materialflussschema (Mengen-Wege-Bild)**
  Bei dieser Darstellungsform wird der analysierte Materialfluss hinsichtlich Richtung (u.U. Intensität) sowie Streckenführung in die räumlichen Anordnungsstrukturen (Layoutstrukturen) eingeordnet, sodass reale Material- bzw. Transportflüsse erkennbar sind. Diese Darstellungsform setzt das Vorhandensein von Bereichs- bzw. Werkstattstrukturen voraus und ist auf geringe Produktbreiten begrenzt. Zwei Arten der Darstellung sind zu unterscheiden:

  - *direkte lagegerechte Materialflussdarstellung*
    Die Materialflussdarstellung erfolgt in Direktverknüpfung mittelpunktsorientiert, bezogen auf die realen Flächenstrukturen (vgl. Abb. 3.26)

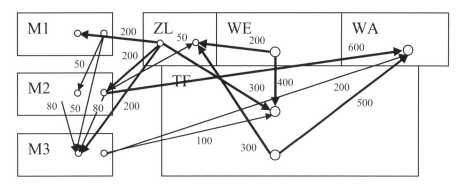

Legende: vgl. Abb. 3.22

Abb. 3.26: Materialflussschema – lagegerecht, mittelpunktsorientiert

– *transportwegbezogene lagegerechte Materialflussdarstellung*
Die Materialflussdarstellung erfolgt exakt basierend auf realen Transport-
flüssen des Analyseobjektes, somit transportweg- und flächenbezogen (vgl.
Abb. 3.27).

• **Materialflussschema – rasterbezogen**
In dieser speziellen Darstellungsform erfolgt eine klassenorientierte Darstellung des Materialflusses knotenpunktbezogen im abstrakten Dreieck- oder
Viereckraster (vgl. Abb. 3.28). Diese Form ist geeignet für die Visualisierung
von Anordnungen und Vernetzungen komplexer Materialflussstrukturen bei

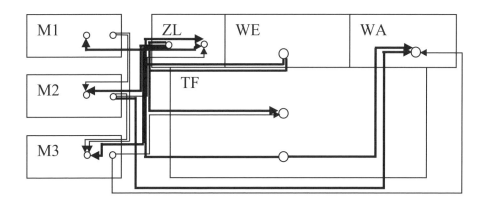

Legende: vgl. Abb. 3.22

Abb 3.27: Materialflussschema – lagegerecht, transportwegbezogen

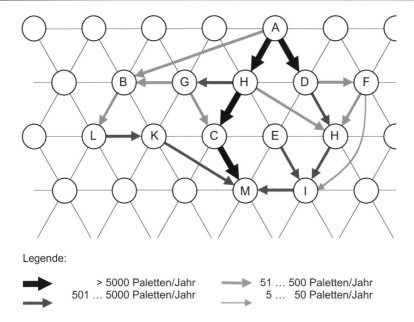

Legende:

➤	> 5000 Paletten/Jahr	➤	51 ... 500 Paletten/Jahr
➤	501 ... 5000 Paletten/Jahr	➤	5 ... 50 Paletten/Jahr

Abb. 3.28: Materialflussschema – Materialflussklassen im Dreiecksraster (i. A. an [3.5])

Sicherung hoher Transparenz. Die Anwendung dieser Darstellung erfolgt insbesondere bei Problemstellungen der Layoutoptimierung (z. B. Dreieckverfahren, vgl. Abschnitt 3.3.3.4).

- **Wertstromanalyse**
  Durch Anwendung der Wertstromanalyse können Strukturen bestehender (auch geplanter) Materialflussprozesse analysiert, dokumentiert und bewertet werden, sodass auch diese Analysemethode in der Strukturplanung einsetzbar ist, insbesondere in den Planungsgrundfällen B, C. Damit wird die Grundlage gebildet für eine sich anschließende gezielte Neugestaltung des Materialflusses – **Wertstromdesign**.

Die **Wertstromanalyse** ist als eine pragmatische Methode zur prozessdirekten und **durchgängigen** Erfassung und Abbildung aller wertschöpfenden und nicht wertschöpfenden Materialflussfunktionen zu verstehen (vgl. Abb. 3.29), die im Rahmen der Produktherstellung erforderlich sind (vgl. [3.8], [3.10] bis [3.12], [3.103]). Die Anwendung erfolgt produkt- bzw. produktgruppenbezogen, im Regelfall beginnend vom Kunden, über den Prozess bis hin zum Lieferanten (Rampe zu Rampe) oder über die gesamte logistische Kette (Supply Chain).

Spezielle Zielsetzungen der Anwendung sind:

- Aufdeckung von Schwachstellen und Verschwendung (z. B. Bestände, Zeiten, Flächen) im Material- und Inforamtionsfluss

- Visualisierung komplexer Funktionen und Abläufe (Erzeugung Transparenz)
- Bewertung der Wertstromanalyse (Istzustand) und Ableitung Neukonzept – Wertstromdesign (Sollzustand).

Die Methodik ist charakterisiert durch:

- Abbildung durchgängiger Gesamtprozesse (Rohmaterialzufluss bis Versand – keine isolierten Teilsysteme) Kunde über Produktion zu Lieferant (interne/externe Materialflusskette) unter Nutzung einer speziellen Wertstromsymbolik (Funktionssymbole für Material- und Informationsflüsse, Prozess- und Datenkästen, vgl. [3.10]).
- Materialfluss **retrograd** vor Ort manuell erfassen und grafisch darstellen (Skizze) unter Verwendung der angeführten Wertstromsymboldatei.
- Darstellung der Integration von Material- **und** Informationsfluss (Vorgaben, Controlling, Vernetzung)

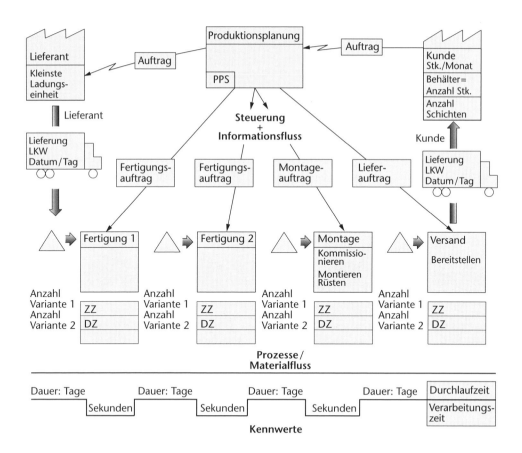

Abb. 3.29: Wertstrom-Istzustand (Industriebeispiel-Wertstromanalyse) [3.12]

- Bewertung Ist-Zustand (strukturierte Flussdarstellungen) im Team unter Nutzung von Ideal- und Vergleichskennziffern, Herausstellung von Schwachstellen bzw. Verschwendungssituationen, Erarbeitung einer ganzheitlichen Darstellung der Abläufe und Zusammenhänge – **Wertstrom-Mapping**.
- Erarbeitung des Neukonzeptes der Materialflüsse (Materialflussdesign-Sollkonzept) z. B. durch Eliminierung von Schwachstellen, Neustrukturierung, Variationen der Logistikelemente, veränderte Logistikprinzipien, Kapazitätsaufweitungen u. a.

In Abb. 3.29 ist ein Anwendungsbeispiel der Wertstromanalyse (Ist-Zustand) dargestellt. Erkennbar sind die Erfassungs- und Darstellungsprinzipien flussorientiert, gegenläufig (überlagernd) von Informations- und Materialfluss (Lieferant, Lager, Bereiche, Kunde) bei Einsatz von Prozess- und Datenkästen sowie Zeitleisten. In den Datenfeldern werden Zeit- und Mengengrößen aufgeführt, die in Verbindung mit den Flussstrukturen Bewertungen ermöglichen.

Die Methode ist besonders geeignet für spezielle Sortimentsbereiche (Produktfamilien) und durchgängige, abgrenzbare Materialflussprozesse. Sie sichert eine hohe Anschaulichkeit und ermöglicht eine betont wertstromorientierte ganzheitliche Strukturplanung von Materialflussprozessen.

3.3.3.3 Bestimmung Fertigungsform

Produktionsprozesse können durch spezielle Formen ihrer zeitlichen und räumlichen Organisation charakterisiert werden. Die Formen der **räumlichen Organisation** sind durch spezielle Prinzipien der **räumlichen Anordnung der Arbeitsplätze** (Ausrüstungen) innerhalb der Fertigungsbereiche (Werkstätten) und deren **Zuordnung zum Materialfluss** (Fertigungsablauf) gekennzeichnet.
Formen der räumlichen Organisation werden in der Fachliteratur auch als räumliche Strukturtypen, Anordnungstypen, Fertigungsprinzipien, Layouttypen, Organisationstypen oder – wie nachfolgend angewendet – als Fertigungsformen bezeichnet (vgl. z. B. [2.2], [2.4], [2.5], [3.13] bis [3.16]).

Fertigungsformen sind grundsätzlich auf Produktionsbereiche, Fertigungsabschnitte bzw. Werkstätten – folglich auf funktionell abgrenzbare Bereiche – bezogen und charakterisieren spezielle **räumliche Anordnungsprinzipien** von Arbeitsplätzen (Ausrüstungen) innerhalb der entsprechenden Flächen- bzw. Raumstrukturen.

Anordnungsprinzipien können **Strukturtypen** zugeordnet werden. Diese verkörpern die (materialflussbedingte) strukturelle Grundgestalt, d. h. den räumlichen strukturellen Aufbau (Grundform) von Produktionssystemen. Dieser kann unterschieden werden in Punkt-, Linien- und Netzstrukturen, sowie z. B. in Ring-, Stern- und Busstrukturen (Subformen) [2.5], [3.37].

Wesentlicher Inhalt der **Strukturplanung** ist es, basierend auf Materialflussanalysen geeignete Fertigungsformen der zu planenden Produktionsprozesse gezielt auszuwählen, die dann der Ideallayoutplanung zugrunde zu legen sind. Im Rahmen der anschließenden Realplanung erfahren diese dann spezifische räumliche Anpassungen bzw. Anordnungskorrekturen an die realen Flächen- und Raumbedingungen des Planungsobjektes (vgl. Abschnitt 3.3.4).

Neben Formen der räumlichen Organisation sind Produktionsprozesse auch durch Formen der **zeitlichen Organisation** charakterisiert. Beide Formen sind unterschiedlich verursacht, stehen aber in einem wechselseitig bedingten Wirkungszusammenhang. So werden durch Festlegung der Fertigungsformen auch die anwendbaren Prinzipien der zeitlichen Organisation (z. B. zeitliche Verlaufsformen – Reihenverlauf, kombinierter Verlauf, Parallelverlauf) vorbestimmt.

Produktionsprozesse im Maschinen-, Geräte- und Fahrzeugbau können grundsätzlich aufgrund ihres deutlich unterschiedlichen Charakters vereinfachend in **Teilefertigungs- und Montageprozesse** (vgl. auch Abschnitt 1.1) gegliedert werden. In der Historie der Strukturplanung von Produktionsprozessen wurden unterschiedliche Fertigungsformen mit sehr differenzierten Anwendungsmerkmalen sowohl für Teilefertigungs- als auch für Montageprozesse entwickelt. Wesentliche Grundtypen dieser Fertigungsformen werden nachfolgend in einer Kurzübersicht dargestellt.

A) Fertigungsformen in Teilefertigungsprozessen

Charakteristische Inhalte von Produktionsprozessen der Teilefertigung ist die schrittweise Veränderung von Form- und/oder Stoffeigenschaften, ausgehend vom Roh- zum Fertigzustand der Einzelteile hinsichtlich geometrischer Gestalt, Beschaffenheit und Oberfläche. Fertigungsausrüstungen der spanenden und spanlosen Bearbeitung sind in diesen Prozessen charakteristisch.

Eine für Fertigungsformen verbreitete Charakterisierungsmöglichkeit besteht in der Markierung der **Produktionsfaktoren** hinsichtlich ihrer **Ortsveränderlichkeit oder -gebundenheit** im Produktionsablauf [2.5]. Dominant sind in der Industriepraxis die Fälle ortsfester Arbeitsmittel (AM) bei Ortsveränderlichkeit von Arbeitsgegenständen (AG) und Arbeitskräften (AK). Diese stellen **ortsveränderliche Fertigungsformen** dar, d. h., der Arbeitsgegenstand (Produkt) wird durch den Produktionsprozess bewegt. Sonderfälle sind solche mit ortsfesten Arbeitsgegenständen (AG) bei ortsveränderlichen Arbeitskräften (AK) und Arbeitsmitteln (AM) – dann als **ortsfeste Fertigungsformen** bezeichnet.

Fertigungsformen der Teilefertigung können merkmalsbedingt wie folgt gruppiert werden:

– **Konventionelle Fertigungsformen**
  Diese bilden klassische, langzeitig in der Fachwelt nahezu unverändert übliche Anordungsstrukturen und sind in der Fachliteratur umfassend beschrieben.

– **Integrierte Fertigungsformen**

Diese sind das Ergebnis neuer innovativer Entwicklungen, insbesondere resultierend aus der Einführung von NC-Bearbeitungstechniken, der Automatisierungs- und Informationstechnik, aber auch aus Anforderungen der Marktentwicklung hinsichtlich Lieferflexibilität. Diese Fertigungsformen werden verstärkt in der Industriepraxis angewendet.

Konventionelle Fertigungsformen (KFF)

In Abb. 3.30 sind in einer Übersicht konventionelle Fertigungsformen mit ihren wesentlichen Merkmale und typischen räumlichen Anordnungsprinzipien dargestellt.

– **Punktfertigung (PF)**

Die Punktfertigung – auch als stationäre bzw. Baustellenfertigung bezeichnet – stellt eine ortsfeste Fertigungsform dar. Typisch für diese spezielle Fertigungsform ist die Ortsgebundenheit des Erzeugnisses bis zu seiner Fertigstellung, sodass ein intermittierender Materialfluss nicht vorliegt. Arbeitskräfte und Arbeitsmittel sind ortsflexibel eingesetzt. Materialfluss- und Betriebsmittelbewegungen reduzieren sich auf Bewegungen zwischen Lager und Verarbeitungsort. Spezielle räumliche Anordnungsprinzipien liegen nicht vor. Beispiele dieser Fertigungsform in der Industriepraxis sind Anwendungen im Anlagen-, Großmaschinen-, aber auch im Schiffbau sowie bei Baustellenprozessen.

Deutlich wird aus Abb. 3.30 die Unterscheidung der weiteren Fertigungsformen in **verfahrensorientierte** sowie in erzeugnis- bzw. **gegenstandsorientierte Fertigungsformen**, womit eine prinzipielle Abgrenzung markiert ist. Für diese Fertigungsformen sind die Ortsveränderlichkeit der Produkte und der intermittierende Materialfluss charakteristisch.

– **Werkstattfertigung (WF)**

Typisch für **verfahrensorientierte Fertigungsformen** ist, dass die Arbeitsplätze (Ausrüstungen) rein verfahrensorientiert (in gleiche/ähnliche Verfahren) gruppiert und räumlich angeordnet werden. Die Anordnung erfolgt in Form von Werkstätten (bzw. Verrichtungen – z. B. Dreherei, Fräserei, Bohrerei) völlig unabhängig vom Materialfluss der Produkte – daher als Werkstattfertigung (oder **Verrichtungsprinzip**) bezeichnet. Hauptvorteil dieser klassischen Fertigungsform ist die Flexibilität gegenüber wechselnden Produktionsaufgaben (Ausrüstungsanordnung unabhängig vom Materialfluss). Die Nachteile liegen in der Logistik des Materialflusses – hohe Transportaufwände sowie hohe Bestände und Durchlaufzeiten sind der Regelfall. Der typische Anwendungsfall der Werkstattfertigung ist bei Vorliegen der Fertigungsarten Einzel-, Klein- bis Mittelserien gegeben, d. h. bei kleinen bis mittleren Stückzahlen breiter Sortimente und häufigem Produktwechsel.

Fertigungsform	Merkmale	Anordnungsprinzipien (Schema)
Punktfertigung (PF)	Produkt (AG) – ortsfest Arbeitskräfte/Arbeitsmittel (AK, AM) – ortsveränderlich	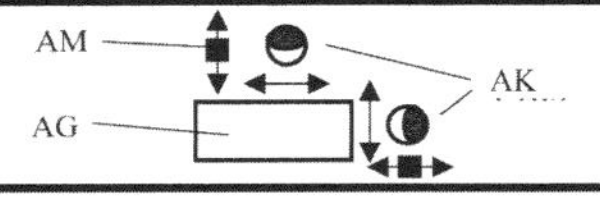
Werkstattfertigung (WF)	– gleiche/ähnliche Ausrüstungen (Verfahren) in Werkstätten gruppiert – Ausrüstungs- und Werkstättenanordnung unabhängig von Materialfluss	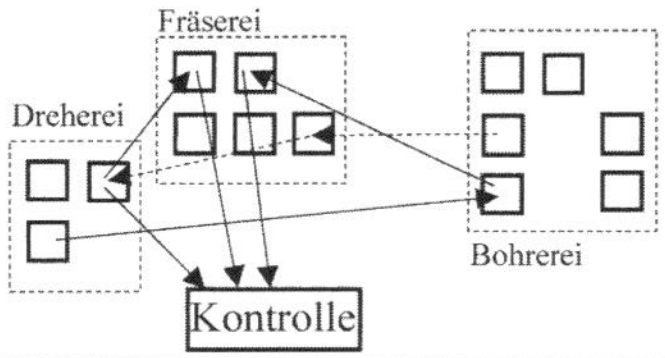
Nestfertigung (NF)	– ausgewählte Ausrüstungen nestförmig gruppiert – nur Teilphase der Gesamtbearbeitung – Materialfluss im Nest beliebig	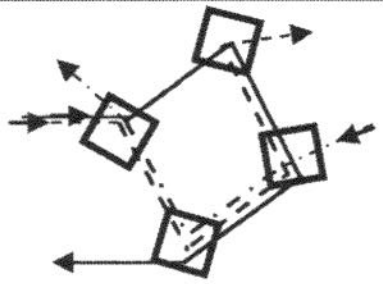
Reihenfertigung (RF)	– Ausrüstungen richtungsorientiert entsprechend dem dominanten Materialfluss angeordnet – Komplettbearbeitung – Bildung von Teilegruppen	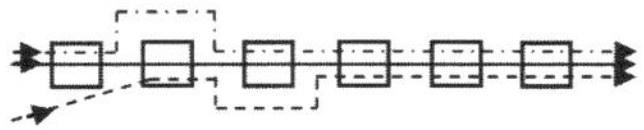
Fließfertigung (FF)	– Ausrüstungen (Stationen) richtungsorientiert entsprechend dem Materialfluss angeordnet – starr verkettet – getakteter Materialfluss – Lose verkettet – Pufferung zwischen den Stationen	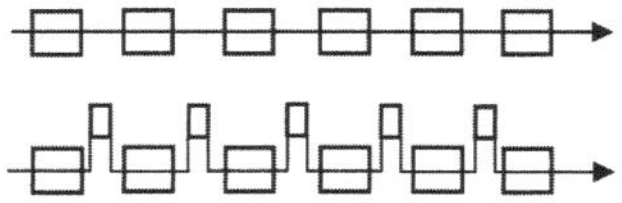

verfahrensorientiert (PF, WF)   gegenstandsorientiert (NF, RF, FF)

Legende: □ Maschinenarbeitsplatz   □ Puffersystem   → Materialfluss   -·- Teilefertigungsprozesse

Abb. 3.30: Konventionelle Fertigungsformen (KFF) – Teilefertigungsprozesse

Von dieser Fertigungsform ist die **Werkstättenfertigung** zu unterscheiden, bei der unterschiedliche Verfahren bzw. Ausrüstungen räumlich in einer Werkstatt gruppiert werden. Anwendungen finden sich in handwerklich organisierten Kleinunternehmen.

– **Nestfertigung (NF)**

Diese Fertigungsform ist an der Schnittstelle zwischen verfahrens- und gegendstandsorientierten Fertigungsformen einzuordnen, sie wird daher auch als **Übergangsstruktur** bezeichnet. Typisch für diese Fertigungsform ist, dass 4 bis 6 materialflussverknüpfte, technologisch unterschiedliche Arbeitsplätze aus der Werkstattstruktur herausgezogen werden und als Nest (ringförmig gruppiert) dezentral/zentral zur Werkstatt angeordnet werden. Im Nest wird im Regelfall nur eine Teilphase der Gesamtbearbeitung realisiert, der Transportaufwand ist gering, die Materialflussvernetzung ist beliebig. Anwendungsfälle der Nestfertigung sind oftmals die Basis für Mehrmaschinenbedienung und automatisierte Produktionskomplexe (z. B. Roboternester).

Typisch für die in Abb. 3.30 nachfolgend dargestellten **gegenstandsorientierten Fertigungsformen** ist, dass je nach Fertigungsform – in unterschiedlich konsequenter Form – die Anordnung der Arbeitsplätze (Ausrüstungen) entsprechend der technologisch bedingten Ausrüstungsfolge der Produkte und damit dem Materialfluss erfolgt. Die Ausrüstungsanordnung ist prozessbezogen und orientiert sich in unterschiedlicher Niveaustufe am Produkt. Zu unterscheiden sind hier im Wesentlichen die dargestellten Fertigungsformen Nest-, Reihen- und Fließfertigung, bei denen in dieser Reihenfolge eine steigende Orientierung der Arbeitsplatzanordnung am Materialfluss erfolgt.

– **Reihenfertigung (RF)**

Bei dieser Fertigungsform werden gleiche und unterschiedliche Arbeitsplätze (Ausrüstungen), die zur Realisierung von Gesamtbearbeitungsprozessen erforderlich sind, entsprechend den dominierenden Arbeitsvorgangsfolgen der Produkte (Vorwärtslauf einschließlich Überspringen erlaubt – Rückläufe sind zu vermeiden) räumlich reihenförmig angeordnet. Voraussetzung zur Gestaltung der Reihenfertigung ist oftmals die Bildung von Teilegruppen (Teilefamilien) – daher auch als **Gruppenfertigung** bezeichnet. Durch Gruppenbildung fertigungsähnlicher Teile werden „künstlich" größere Stückzahlen bzw. Serien geschaffen, sodass wiederkehrende ähnliche/identische Arbeitsvorgangsfolgen über große Zeiträume als eine Grundvoraussetzung für gegenstandsorientierte Arbeitsplatzanordnung gesichert werden. Aufgrund der damit stabilen Materialflussbeziehungen zwischen den Arbeitsplätzen können teil- bzw. vollautomatisierte Fördersysteme angesetzt werden. Die Anwendung dieser Fertigungsform liegt in den Fertigungsarten Klein-, Mittel- bis Großserienfertigung.

– **Fließfertigung (FF)**

Die Fließfertigung ist durch einen „zeitlich und örtlich gebundenen" Produktions-ablauf charakterisiert. Bei der Fließfertigung ist das Gegenstandsprinzip am wei-testen ausgeprägt, d. h., die Arbeitsplätze (Ausrüstungen) werden direkt entspre-chend der Arbeitsvorgangsfolge der Produkte angeordnet (z. B. geradlinig, kreis- oder U-förmig). Dieser betont erzeugnisbezogene Aufbau der Fließfertigung setzt das Vorhandensein hoher Stückzahlen identischer bzw. weitgehend ähnlicher Pro-dukte voraus, sodass die Anwendung nur bei Vorliegen der Fertigungsarten – Großserien- bzw. Massenfertigung – gegeben ist. Aufgrund der Stabilität der Materialflussbeziehungen kommen konstante, automatisierte Fördersysteme (z. B. Rollenbahnen, Stetigförderer) zum Einsatz. Die Stabilität der Fertigungsaufgaben ermöglicht den Einsatz von Sonder- und Spezialausrüstungen. Fließfertigungen können folglich sehr produktiv ausgelegt werden, stellen allerdings sehr spezia-lisierte und investitionsaufwendige Fertigungsformen dar. Die Durchlaufzeiten können deutlich durch den Einsatz hochproduktiver Spezialmaschinen sowie durch Angleichung der Bearbeitungszeiten (Taktung) bei gleichzeitig hoher Aus-lastung der Ausrüstungen reduziert werden.

Bei der Fließfertigung sind je nach Art der Verkettung der Arbeitsstationen **zwei Ausführungsformen** zu unterscheiden.

• **Fließfertigung mit starrer Verkettung**
Der zeitliche Ablauf erfolgt hier kontinuierlich (z. B. Fließband) oder inter-mittierend in Zeitintervallen (z. B. Taktfertigung/Taktstraße) von Arbeitsstation zu Arbeitsstation. Grundlage ist hierbei eine zeitliche Austaktung aller Arbeits-vorgänge bzw. Arbeitsstationen (dann auch als **getaktete Fließfertigung** be-zeichnet). Methoden der Austaktung der Fließfertigung sind:

– Zusammenlegung/Aufspaltung von Arbeitsvorgängen
– Einsatz von Sonder- und Spezialmaschinen
– konstruktive Änderungen am Produkt
– Ausgliederung von Arbeitsvorgängen (Nebenstrecken).

Eine totale Austaktung (Zeitangleichung) über alle Arbeitsstationen ist im Regel-fall nicht möglich, die Taktzeiten werden dann von der Arbeitsstation mit der größ-ten erforderlichen Taktzeit bestimmt, sodass Zeitverluste auftreten, die als „Aus-taktungsverluste" bezeichnet werden. Wesentlicher Nachteil der starren Verkettung ist die hohe Störanfälligkeit. Bei Ausfall z.B. einer Station oder des Fördersystems kommt es zur Blockade der gesamten Fließfertigung. Durch die gezielte Einord-nung von Redundanzen wird versucht, Blockierungsfolgen zu dämpfen.

Spezielle Ausführungsformen der Fließfertigung bei starrer, getakteter Ver-kettung sind unter dem Begriff **Transferstraße** bekannt. Sie gewährleisten eine hohe Produktivität bei hoher Mengenleistung, sind allerdings hochspezialisiert und in ihrer Anwendungsbreite auf Spezialfälle der Massenfertigung begrenzt.

- **Fließfertigung mit loser Verkettung**
  Durch Einführung von Pufferstrecken zwischen allen (oder ausgewählten) Arbeitsstationen wird versucht, eine begrenzte zeitliche Elastizität bzw. Entkopplung zwischen den Arbeitsstationen zu erreichen. Damit werden Ausfälle bzw. Zeitabweichungen ohne Konsequenzen für die Folgestationen überbrückbar. Die technische Lösung besteht darin, spezielle Puffersysteme (z. B. Durchlauf-, Umlauf-, Rücklaufspeicher) gezielt einzuordnen, sodass durch Auffüllen bzw. Entleeren der den Arbeitsstationen vor- oder nachgeschalteten Puffer zeitliche Überbrückungen möglich werden. Deutlich wird, dass die Dimensionierung der Puffergrößen für die Zeitgröße der Störüberbrückung wesentlich und daher gezielt zu berechnen ist.

Formen der Fließfertigung können auch unter dem Aspekt der Produktbreite unterschieden werden in:

- **Konstante Fließfertigung** (starre Transferstraße)
  Typisch ist, dass über einen größeren Zeitraum nur eine Produktart gefertigt wird. Damit ergeben sich günstige Voraussetzungen zur Austaktung der Bearbeitungsstationen.
- **Wechselfließfertigung** (flexible Transferstraße)
  In dieser Sonderform werden wenige, ähnliche Produktarten in aufeinander wechselnder Folge in unterschiedlichen Seriengrößen produziert. Der Produktwechsel ist mit einer durchgängigen, geschlossenen Umrüstung der Ausrüstungen verbunden.

Grundsätzlich wird deutlich, dass „höhere" konventionelle Fertigungsformen tendenziell weniger flexibel sind ,sich allerdings deutlich besser für Automatisierungslösungen eignen, insbesondere im Materialflussbereich.

Integrierte Fertigungsformen (IFF)

Wesentlich erweiterte Zielsetzungen integrierter Fertigungsformen im Vergleich zu konventionellen Fertigungsformen sind:

- erhöhte technische und informelle **Integration** von Funktionen, wie z. B.
  - Informations- und Materialfluss (Produktionssteuerung/Identifikation/Controlling)
  - Lager-, Förder-, Handhabungs- und Bearbeitungsprozesse
  - Material- und Werkzeugfluss einschließlich von Qualitätssicherungstechniken

- Sicherung einer hohen **Flexibilität** der Fertigungsformen gegenüber wechselnden Anforderungen (Produktionsaufgaben, Auslastungswechsel, Störungen, Bedienungsregime u. a.)

- Durchsetzung differenzierter, oftmals erhöhter **Automatisierungsgrade** von Teilfunktionen bzw. des Gesamtsystems durch Einsatz von NC-Bearbeitungstechniken, teil- oder vollautomatisierten Förder- und Lagertechniken, automatisiertem Werkstück- und Werkzeughandling u. a.

Diesen Zielsetzungen entsprechend wurde eine Vielzahl unterschiedlichster Ausführungsformen in der Praxis realisiert, wobei ein nicht vereinheitlichter Begriffsapparat die Auswahl und Beschreibung sowie systematisierte Zuordnung dieser Fertigungsformen erschwert. Anwendungserfahrungen zeigen, dass eine Gliederung von Formen der „integrierten Fertigung" hinsichtlich des technischen Niveaus der eingesetzten Arbeitsplätze bzw. Bearbeitungstechniken sinnvoll ist und eine hinreichende Systemabgrenzung ermöglicht. Nachfolgend werden entsprechend ausgewählte Fertigungsformen integrierter Fertigung (IFF) dargestellt. Diese werden gegliedert in IFF bei ausschließlichem Einsatz von numerisch gesteuerten Bearbeitungstechniken (NCM) sowie in IFF als Mischsysteme, bei denen niveauunterschiedliche Bearbeitungstechniken (Arbeitsplätze) einordenbar sind.

In Abb. 3.31 sind integrierte Fertigungsformen für Teilefertigungsprozesse in einer Übersicht dargestellt, denen die angeführte Einteilung zugrunde gelegt ist.

– Integrierte Fertigungsformen – basierend auf NC-Bearbeitungstechniken

- **Flexible Fertigungszelle (FZ)**
  Kernstück ist ein NC-Bearbeitungszentrum mit automatisierten Funktionen der Werkstückspeicherung, Werkstückzuführung, Werkzeugbereitstellung sowie der Mess- und Prüftechniken. Als Mehrverfahrenstechnik erfolgt der Einsatz zur Teil- oder Komplettbearbeitung technologisch auch deutlich unterschiedlicher Werkstücke kleiner und mittlerer Stückzahlen (auch als Einzelfertigung). Der automatisierte Betrieb setzt automatisierte Messwerterfassung und -verarbeitung über Sensoren sowie die Integration von Handhabungstechniken (Robotersysteme) voraus. Die Steuerung der FZ erfolgt im CNC-(computerized numerical control) oder im DNC-(direct numerical control) Betrieb. Spezielle Anordnungsprinzipien sind nicht gegeben.

- **Flexible Fertigungsstraße (FS)**
  Bei dieser Fertigungsform erfolgt eine mehrstufige Komplettbearbeitung von Werkstücken im Großserienbereich und festgelegter identischer Arbeitsvorgangsfolge sowie ähnlicher Teilegeometrie. Die sich technologisch ergänzenden NC-Bearbeitungstechniken sind reihen- oder ringförmig angeordnet und durch automatisierte Materialflusssysteme lose oder (teilweise) fest verkettet, sodass ein gerichteter Materialfluss (linienförmig, gewinkelt) durchgesetzt wird. Eine zeitliche Austaktung ist nur bedingt möglich, eine begrenzte Flexibilität im Materialfluss kann durch Puffersysteme, Verzweigungen, Parallelführungen und Staustrecken gesichert werden.

- **Flexibles Fertigungssystem (FFS)**
  Typisch für diese Fertigungsform ist, dass eine Anzahl technologisch gleicher und/oder unterschiedlicher NC-Bearbeitungstechniken über ein gemeinsames Steuer-, Förder- und Lagersystem funktionell verknüpft sind und unterschiedliche Bearbeitungsaufgaben für unterschiedliche Werkstücke realisiert werden können. Einsatzbereiche sind die Komplettbearbeitung begrenzt unterschiedlicher Werkstücksortimente des Klein- und Mittelserienbereiches. Je nach Produktionsaufgabe besitzen die NC-Bearbeitungstechniken im Fertigungssystem ergänzenden und ersetzenden Charakter, sodass für den Regelfall Mischstrukturen mit mehrstufiger Bearbeitung typisch sind. Deutlich wird, dass der Systemaufbau von FFS Vorteile und Elemente von FZ und FS gezielt einsetzt, um so eine hochflexible und durchlaufzeitminimale Fertigung breiter Werkstückspektren zu erzielen. Zur Sicherung der hierbei hohen Materialflussflexibilität kommen solche Materialflusssysteme zum Einsatz, die eine extreme Flexibilität im Materialfluss (z. B. hinsichtlich Arbeitsvorgangsfolgen, Stau- und Ausweichstrecken, Puffer) sichern, z. B. durch Einsatz von fahrerlosen Transportsystemen (FTS), Palettenregalsystemen mit Regalbediengerätetechniken u. a.

Es wird deutlich, dass die dargestellten Formen von IFF durch den Einsatz von NC-Bearbeitungstechniken (zur Sicherung automatisierter Bearbeitungsabläufe) charakterisiert sind, allerdings in unterschiedlicher Struktur und Flexibilität. Weiterhin sind die begrenzten Systemgrößen (z. B. bei FS und FFS ca. 4 ... 12 Bearbeitungsstationen) typisch, was u. a. aus den Grenzen der Beherrschbarkeit der Automatisierungsfunktionen abzuleiten ist. Damit werden bei Vorliegen größerer komplexerer Werkstätten der Teilefertigung im Regelfall nur Ausschnitte dieser Bereiche – sortiments- und kapazitätsbegrenzt – durch Formen von FZ, FS und FFS erfassbar. Hinsichtlich der Investitionsaufwände dieser Systeme ergeben sich beträchtliche Kostengrößen, sodass der Einsatz dieser Systeme besonderer Abwägungen im Rahmen der Investitionsentscheidungen bedarf.

- **Integrierte Fertigungsformen – Mischsysteme**
  Parallel zur Entwicklung der vorstehend dargestellten Formen von IFF erfolgte die Entwicklung weiterer spezieller Fertigungsformen mit folgenden erweiterten Zielsetzungen:
  - Einsatz von NC-Bearbeitungstechniken und/oder konventionellen Bearbeitungstechniken (auch Handarbeitsplätzen) – **Mischsysteme**
  - Automatisierungsgrad von Teilkomponenten frei gestaltbar – in Schritten ausbaufähig (Prinzipien der schrittweise ergänzenden Automatisierung)
  - Vergrößerung der beherrschbaren Systemgröße
  - Realisierung hoher Sortimentsbreiten technologisch unterschiedlicher Produkte
  - Verstärkte Integration des Humanfaktors Arbeitskraft in den Produktionsablauf.

Fertigungsform	Merkmale	Anordnungsprinzipien (Schema)
Flexible Fertigungszelle (FZ)	– NC-Bearbeitungszentrum (Bearbeitungs-, Bereitstellungs-, Steuerungssystem) – Teil- oder Komplettbearbeitung unterschiedlicher Werkstücke – Einzel- und Kleinserienbereich	
Flexible Fertigungsstraße (FS)	– NC-Bearbeitungstechniken entsprechend Arbeitsvorgangsfolge angeordnet – Komplettbearbeitung ähnlicher Werkstücke – Großserienbereich	
Flexibles Fertigungssystem (FFS)	– NC-Bearbeitungstechniken über integriertes Steuerungs-, Transport- und Lagersystem funktionell verknüpft – Komplettbearbeitung unterschiedlicher Werkstücke – Klein- und Mittelserienbereich	Lager / Transport / Bearbeitung
Fertigungsinsel (FI)	– Arbeitsplätze (Mischsystem) nach Hauptmaterialfluss räumlich zusammengefasst – Weitgehende Komplettbearbeitung von Teilegruppen (Fertigungsstufe) – Selbststeuerung bei Gruppenarbeit – Integration indirekter Produktionsfunktionen – Klein- und Mittelserienbereich	
Integrierte gegenstandsspezialisierte Fertigungsabschnitte (IGFA) **Grundvarianten:** – IGFA/A – IGFA/B – IGFA/C	– Arbeitsplätze (Mischsystem) über integriertes Teil- oder vollautomatisiertes Steuerungs-, Transport- und Lagersystem funktionell verknüpft – Komplettbearbeitung unterschiedlicher Werkstücke (Sortimente) – Klein- und Mittelserienbereich – dezentral angeordnetes Zwischenlager mit getrenntem Transportsystem – Zwischenlager im Transportsystem – Transport im zentral angeordneten Lagersystem	IGFA/A · IGFA/B · IGFA/C

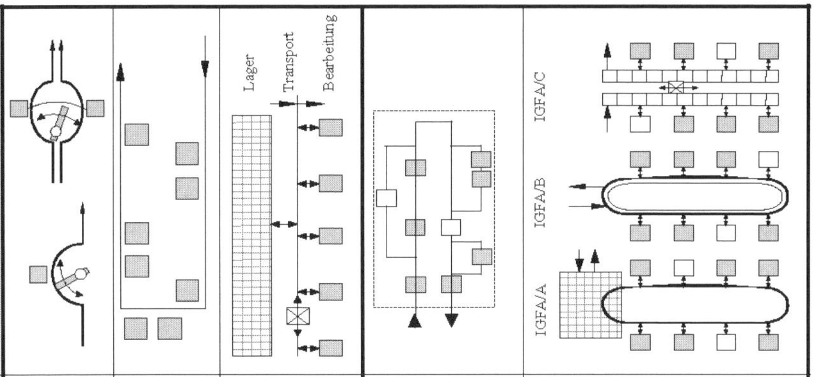

NC-Bearbeitungstechniken (FZ, FS) — Mischsysteme (FFS, FI, IGFA)

Legende: ▪ Maschinenarbeitsplatz ▫ Handarbeitsplatz

Abb. 3.31: Integrierte Fertigungsformen (IFF) – Teilefertigungsprozesse

Erkennbar wird, dass mit diesen Systemmerkmalen größere Fertigungsbereiche bei deutlich geringeren Investitionsaufwendungen auch unter Einbeziehung vorhandener Bearbeitungstechniken erfassbar sind, sodass mit diesen Fertigungsformen ein erweiterter Anwendungsbereich in der industriellen Praxis erschlossen wird.

• **Fertigungsinsel (FI)**

Die Fertigungsinsel ermöglicht die Komplettbearbeitung von Teilegruppen (Teilefamilien) bei räumlich und organisatorisch konzentrierter Anordnung aller erforderlichen Arbeitsplätze (Mischsystem) in Form eines eigenständigen Produktionsbereiches. Aufgaben der Planung und Steuerung des Produktionsablaufes sind räumlich und funktionell in die Fertigungsinsel integriert und erfolgen in „Selbstorganisation" der in Gruppenarbeit eingeordneten Mitarbeiter.

In Abb. 3.31 ist schematisiert das Anordnungsprinzip dargestellt. Deutlich wird, die Anordnung der Arbeitsplätze ist relativ frei gestaltbar, die einzusetzenden Förder- und Lagertechniken sind nicht systembedingt vorgegeben, sondern sind prozessbezogen wählbar. Wesentlich ist die gezielte Integration des Produktionspersonals in den Produktionsablauf durch spezielle Formen der Gruppenarbeit.

Die Fertigungsinsel ist durch folgende Merkmale charakterisiert (vgl. z. B. [3.17], [3.18], [3.19]):

- Bildung von Teilegruppen aus konstruktiv/technologisch ähnlichen Teilen (Fertigungsfamilien)
- Sicherung der Komplettbearbeitung innerhalb der Fertigungsstufe
- räumlich konzentrierte Anordnung der erforderlichen Arbeitsplätze (Mischsystem, 5–20 Arbeitsplätze), weitgehend orientiert am Hauptmaterialfluss (Rückläufe/Überspringen sind bedingt zulässig)
- Abbau der Monotonie durch Reduzierung von Formen der Arbeitsteilung
- Sicherung eines flexiblen Personaleinsatzes im Rahmen von Gruppenarbeit (Mehrfachqualifikation, flexible Aufgabenrealisierung)
- Durchsetzung der Selbstorganisation von planenden und ausführenden Tätigkeiten in Eigenverantwortung des Produktionspersonals bei Erhöhung des Dispositionsspielraumes
- Integration von Elementen indirekter Produktionsfunktionen, z. B. Arbeitsvorbereitung, Instandhaltung, Werkzeug- und Vorrichtungswirtschaft, Qualitätssicherung, Produktionssteuerung in das Aufgabenspektrum, wodurch ein Anstieg von Autonomie und Flexibilität der Fertigungsinsel erzielt wird
- freie Gestaltung der Logistikprozesse – keine systembezogenen Vorgaben
- räumliche Integration von speziellen Lagerfunktionen in die FI (optional)
- Prinzipien der FI sind in Teilefertigungs-, aber auch in Montageprozessen umsetzbar.

Mit dem Einsatz von Fertigungsinseln werden Zielsetzungen der Kostensenkung, der Flexibilitätserhöhung, der Qualitätssteigerung, aber auch der Steigerung der Arbeitszufriedenheit verfolgt. Typische Einsatzbereiche sind bei Produktionssortimenten in den Fertigungsarten Einzel- bis Mittelserienfertigung gegeben.

- **Integrierte gegenstandsspezialisierte Fertigungsabschnitte (IGFA)**

Integrierte gegenstandsspezialisierte Fertigungsabschnitte (IGFA) können nach *Wirth* [3.20], [3.21] als „eine nach dem Gegenstandsprinzip (Teilesortiment) aufgebaute, steuerungstechnisch integrierte Produktionsanlage zur Herstellung geometrisch und technologisch unterschiedlicher/ähnlicher Werkstücksortimente (Teilgruppen)" definiert werden, „wobei die Arbeitsplätze materialflusstechnisch über ein mechanisiertes/automatisiertes kombiniertes Lager- und Transportsystem (KLTS) und informationsseitig über ein Steuerungssystem (PPS/BDE-Techniken) verbunden sind".

In Abb. 3.31 sind Anordnungsprinzipien der Fertigungsform IGFA dargestellt. In Abhängigkeit von der technischen Gestaltung der Transport- und Lagertechniken (Materialflusslösung) und deren spezifischer räumlicher Anordnung werden die **Grundvarianten A, B, C** unterschieden.

Diese **Grundvarianten** können durch unterschiedliche Kombinationen externer und interner Lagersysteme (Zentralspeicher) in einer Vielzahl weiterer Systemmodifikationen strukturiert werden, sodass eine hohe Breite unterschiedlicher Ausführungsformen von IGFA möglich ist (vgl. [3.20], [3.21], [3.22]).

Integrierte gegenstandsspezialisierte Fertigungsabschnitte sind durch folgende **Merkmale** charakterisiert:

- hohe Breite konstruktiv-technologisch unterschiedlicher Teilesortimente einordenbar (Teilegruppenbildung) – Bereiche der Klein- und Mittelserienfertigung
- hohe Anzahl niveauunterschiedlicher Arbeitsplätze (ca. 15 … 50 Arbeitsplätze) erfassbar (Systemgröße)
- Zwangsordnung und Automatisierung hochvernetzter Materialflüsse durch funktionell und räumlich integriertes, flexibles Lager- und Transportsystem
- wesentliche Komponenten der Fertigungsform IGFA sind:
  - Be- und Verarbeitungssystem
  - Lager- und Transportsystem
  - Übergabe- und Handhabungssystem
  - System der Produktionsplanung und -steuerung (PPS)
- schrittweise Systemaufrüstung (z. B. Ausrüstungsmodernisierung, Funktionsautomatisierung) in Ausbaustufen möglich
- Komplettbearbeitung der Teilesortimente innerhalb der Fertigungsstufe
- Sicherung eines flexiblen Personaleinsatzes durch Formen der Gruppenarbeit
- wahlfreie, materialflussunabhängige Anordnung der Arbeitsplätze im System
- definierte technische Gestaltung der Logistikprozesse – entsprechend den Grundvarianten und Lagermodifikationen.

Das **Grundprinzip der Lösungsgestaltung von IGFA** besteht folglich darin, eine technologisch und kapazitiv begründete Anzahl von Maschinen- und/oder Handarbeitsplätzen (Mischsystem) einem zentral/dezentral angeordneten Lagerkomplex zuzuordnen, die Transport- und Übergabetechniken system- und schnittstellengerecht zu gestalten (Automatisierungsgrad wählbar) und diesen Fertigungskomplex durch ein integriertes PPS-System (Steuerungslösung) einschließlich von Rückmeldetechniken (BDE-Systeme) gezielt zu steuern.

Die technische Gestaltung der Transport-, Übergabe- und Lagerprozesse kann je nach Grundvariante z. B. durch den Einsatz von Regalbediengeräten, Übergabewagen, Rollen- und Plattenförderern, Umlaufförderern in Verbindung mit Palettenregalsystemen erfolgen. Der **Materialfluss** ist dadurch charakterisiert, dass alle Fertigungsaufträge körperlich und organisatorisch von einem zentralen Lagersystem aus an die Arbeitsplätze entsprechend der technologisch bedingten Arbeitsvorgangsfolge verteilt und prinzipiell nach Bearbeitungsende arbeitsvorgangs- oder folgearbeitsplatzgruppenbezogen an diese zentrale Verteilstelle (Lagersystem) wieder zurückgeführt werden. Damit wird eine exakte arbeitsvorgangsbezogene Kontrolle des Bearbeitungsfortschrittes einschließlich der Terminlage der Fertigungsaufträge gesichert – allerdings bei Inkaufnahme erhöhter Transportspielanzahlen.

Von wesentlicher Bedeutung für diese Fertigungsform sind die PPS-Techniken zu Steuerung, Lagerverwaltung und Controlling des Materialflusses im Bearbeitungs-, Lager- und Transportsystem. Für die **Strukturplanung** ist von Bedeutung, dass die räumliche Anordnung der Arbeitsplätze unabhängig von den konkreten, im Regelfall extrem unterschiedlichen Materialflussbeziehungen der Teile (Produkte) erfolgen kann. Prinzipiell ist hier eine **materialflussunabhängige Arbeitsplatzanordnung** möglich, da spezielle Transport- und Lagersysteme eine hochflexible stark vernetzte Materialflussführung sichern, bei durchgängiger Identifikation der Palettenstandorte. Verbunden damit ist eine deutliche Objektierung des Materialflusses (vgl. Industriebeispiel in Abschnitt 8.2).

Den dargestellten Grundprinzipien von IGFA entsprechend wurden weitere spezielle Ausführungsformen entwickelt und realisiert, die unter Begriffen wie produktionsintegrierte Lagersysteme, lagerintegrierte Fertigungskomplexe, Verbundsysteme, Arbeitsverteilsysteme in der Fachwelt bekannt geworden sind (vgl. z. B. [3.23], [3.24], [3.25]). Diese bilden hinsichtlich des Grundprinzips nahezu identische Lösungskomplexe bei allerdings teilweise differierenden Einzelmerkmalen.

Auswahl von Fertigungsformen der Teilefertigung

Die Auswahl von Fertigungsformen für Bereiche der Teilefertigung stellt eine komplexe Aufgabe dar. Eindeutig determinierte Ableitungen sind nur bedingt möglich –

oftmals ist auch hier eine gestufte Vorgehensweise sinnvoll. Je nach Planungssituation können Fertigungsformen global oder detailliert vorausbestimmt werden. Grundsätzlich ist zu beachten, dass die nachfolgend angeführten Methoden nur ein vereinfachendes Hilfsmittel – basierend auf ausgewählten Kriterien – darstellen, durch die die erforderlichen Entscheidungen nur gestützt werden. Weitere Aspekte wie z. B. Kapazitätsanforderungen, Investitionsvolumen, Stabilität Produktionsprogramm, Automatisierungsgrade (Produktivität) bzw. die notwendige Flexibilität sind in die Auswahlentscheidung einzubeziehen.

Die Möglichkeiten der Vorbestimmung sollen nachfolgend unterschieden werden in Methoden der globalen Vorbestimmung basierend auf Wechselbeziehungen von Fertigungsarten und Fertigungsformen und in Methoden der detaillierten Vorbestimmung basierend auf Analysen der Materialflussbeziehungen.

– **Globale Vorausbestimmung der Fertigungsform**

 Grundsätzlich bestehen Wechselbeziehungen zwischen Fertigungsarten und Fertigungsformen. Sind die Fertigungsarten bekannt, kann auf geeignete Fertigungsformen geschlossen werden.

 Dem zu realisierenden Produktionsprogramm ist die jeweils zutreffende Fertigungsart zuzuordnen (Mengengrößen, Sortimentsbreite, Wiederholgrad). Gegebenenfalls sind durch ABC-Analysen (vgl. Abschnitt 3.2) eindeutige Quantifizierungen der Produktmengenstrukturen zur Bestimmung der jeweils vorliegenden Fertigungsarten hilfreich. Prinzipiell können spezielle Sortimentsbereiche unterschiedliche Fertigungsarten bilden, sodass in diesen Fällen mehrere unterschiedliche Fertigungsformen nebeneinander im Produktionsbereich existieren. In Abb. 3.32 sind Wechselbeziehungen von Fertigungsarten und Fertigungsformen dargestellt. Deutlich wird, dass höhere Fertigungsarten zu höheren Fertigungsformen führen. Die Kenntnis der Fertigungsart ermöglicht damit eine globale Vorausbestimmung der geeigneten Fertigungsform – gegebenenfalls schon in einer frühen Phase der Fabrikplanung.

– **Detaillierte Vorausbestimmung der Fertigungsform**
 - **Auswertung der Materialflussanalyse**

  Sind definitive Produktionsprogramme bekannt und sind die konstruktiv-technologischen Unterlagen der Teile verfügbar, dann können detaillierte Materialflussanalysen für Produktionsbereiche durchgeführt werden. Die Ergebnisse solcher Analysen sind spezielle Matrixdarstellungen, die gegebenenfalls durch gezielte Eingriffe korrigiert bzw. optimiert werden können (vgl. Abschnitt 3.3.3.2). Aus der damit erkennbaren Struktur (Verteilung/Flussintensität der Matrixelemente) kann auf Grundmerkmale anwendbarer Fertigungsformen geschlossen werden.

Fertigungsform		Fertigungsart				
		EF	KSF	MSF	GSF	MF
Konventionelle Fertigungsformen (KFF)	Punktfertigung (PF)	●	◐	○	○	○
	Werkstattfertigung (WF)	●	●	◐	○	○
	Nestfertigung (NF)	◐	●	◐	○	○
	Reihenfertigung (RF)	○	◐	●	◐	○
	Fließfertigung (FF)	○	○	○	●	●
Integrierte Fertigungsformen (IFF)	Flexible Fertigungszelle (FZ)	◐	●	●	○	○
	Flexible Fertigungsstraße (FS)	○	○	●	◐	○
	Flexibles Fertigungssystem (FFS)	○	◐	●	◐	○
	Fertigungsinsel (FI)	◐	●	●	○	○
	Integrierte gegenstandsspezialisierte Fertigungsabschnitte (IGFA)	○	●	●	○	○

Legende: EF   – Einzelfertigung
         KSF/MSF/GSF – Klein-, Mittel-, Großserienfertigung
         MF   – Massenfertigung
         ●   geeignet
         ◐   bedingt geeignet
         ○   nicht geeignet

Abb. 3.32: Wechselbeziehungen von Fertigungsarten und Fertigungsformen der Teilefertigung

Eine wesentliche Basis dazu sind z. B. die von *Wirth/Förster* in [3.20], [3.22] definierten **Strukturtypen** von Materialflusssystemen, die unterschieden werden in (vgl. auch [1.9], [3.37]):

– **Punktstruktur**
gerichtet nicht zyklisch / gerichtet zyklisch
– **Linienstruktur**
gerichtet/ungerichtet
nicht zyklisch / Zyklisch

– **Netzstruktur**
Gerichtet/ungerichtet
nicht zyklisch / zyklisch.

Diese Strukturtypen verkörpern die strukturelle Grundgestalt, d. h. den räumlich strukturellen Aufbau von Flusssystemen (allgemein), hier von Materialflusssystemen. Prinzipiell erlauben sie Aussagen zu:

– Räumlicher Struktur (Anordnungsprinzip)
– Vernetzungscharakter (Richtung/Komplexität)
– Verkettungsprinzip (lose, starr, flexibel).

Sind folglich die Strukturtypen des Materialflusses bekannt, können geeignete Fertigungsformen abgeleitet werden. In Abb. 3.33 sind dazu die entsprechenden vereinfachten Wechselbeziehungen von

– Struktur der Matrixelemente in der **Materialflussmatrix** (formalisierte Grundstrukturen),
– dem entsprechendem **Strukturtyp** des Materialflusses und
– den zuordenbaren **Fertigungsformen** (Beispiele)

dargestellt.

Die aufgeführten Wechselbeziehungen lassen erkennen, schon eine zunächst rein qualitative Analyse der Materialflussmatrix (Verteilungsstruktur der Matrixelemente), d. h. eine richtungsbezogene Analyse der Materialflussbeziehungen (Verbindungsmatrix) ermöglicht Zuordnungen zum Strukturtyp des Materialflusses und damit zu geeigneten Fertigungsformen.

Werden auch quantitative Analysen der Materialflussmatrix herangezogen (z. B. Transportmatrix, Flussintensitätsmatrix), dann sind Anforderungen an Typ und Dimensionierung von Logistikelementen erkennbar (vgl. Abschnitt 3.3.4.3). Werden weiterhin die erforderliche Produktivität und gegebene Investitionsbudgets einbezogen, dann sind Automatisierungsgrade der Systemlösung ableitbar, sodass detaillierte Auswahlentscheidungen zu geeigneten spezifischen Fertigungsformen möglich sind.

• **Berechnung der Materialflussvernetzung**
Sind für eine Produktionseinheit alle zu fertigenden Teilearten einschließlich deren Arbeitspläne bekannt, kann nach *Schmigalla* ([2.5], [3.27]) eine Vorausbestimmung der Fertigungsform mittels einer speziellen Kennzahl – dem Kooperationsgrad κ – vorgenommen werden.

Mit dem **Kooperationsgrad** κ wird die durchschnittliche Anzahl von Arbeitsplätzen (auch Arbeitsplatzgruppen) bezeichnet, mit denen ein Arbeitsplatz (bzw. eine Arbeitsplatzgruppe) aufgrund des Teiledurchlaufes (Materialfluss)

Matrixstruktur – Materialfluss (Grundstruktur)	Strukturtyp Materialfluss	Konventionelle Fertigungsformen	Integrierte Fertigungsformen	
			Mischsysteme	NC-Systeme
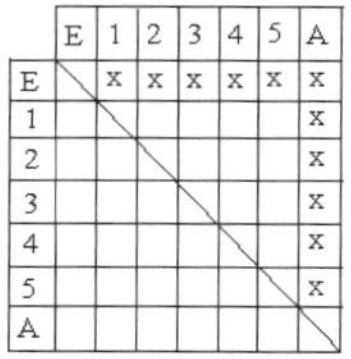 *(Matrixdiagramme Punktstruktur)*	**Punktstruktur** Matrixelemente - Zeile E - Spalte A gerichtet	Punktfertigung (PF)	–	Flexible Fertigungszelle (FZ)
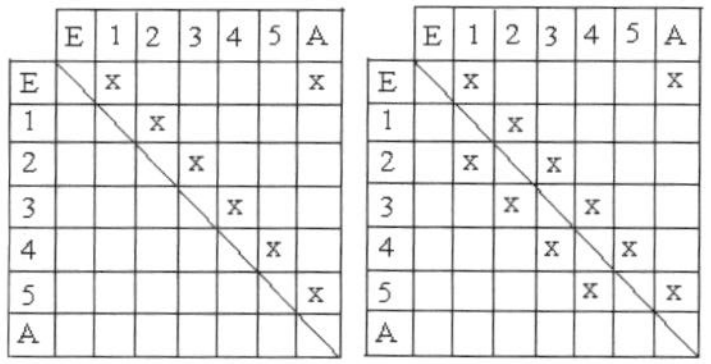 *(Matrixdiagramme Linienstruktur)*	**Linienstruktur** Matrixelemente linienorientiert oberhalb oder oberhalb und unterhalb Matrixdiagonalen Gerichtet/ungerichtet	Reihenfertigung (RF) Fließfertigung (FF)	–	Flexible Fertigungsstraße (FS)
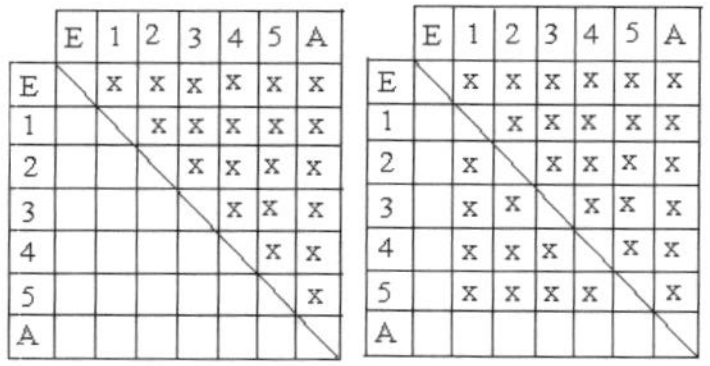 *(Matrixdiagramme Netzstruktur)*	**Netzstruktur** Matrixelemente flächenverteilt oberhalb oder oberhalb und unterhalb der Matrix-diagonalen Gerichtet/ungerichtet	Werkstattfertigung (WF) Nestfertigung (NF)	Fertigungsinsel (FI) Integrierte gegenstandsspezialisierte Fertigungsabschnitte (IGFA)	Flexibles Fertigungssystem (FFS)

Legende : E – Eingangslager   A – Ausgangslager

Abb. 3.33: Wechselbeziehungen von Strukturtyp, Materialfluss und Fertigungsform – Teilefertigung

innerhalb der Produktionseinheit unmittelbar verbunden ist. Für eine Produktionseinheit (z.B. abgeschlossener Werkstattbereich) kann κ wie folgt berechnet werden:

$$\kappa = \frac{\sum_{i=1}^{m} k_i}{m} \tag{9}$$

k_i Anzahl der Arbeitsplätze (Bearbeitungstechniken), mit denen der Arbeitsplatz i unmittelbar in Verbindung steht

m Anzahl der Arbeitsplätze (Bearbeitungstechniken) der betrachteten Produktionseinheit.

Grundsätzlich gilt, dass jeder Strukturtyp durch einen bestimmten Wert bzw. Bereich des Kooperationsgrades gekennzeichnet ist. Der Materialfluss bzw. seine Vernetzung ermöglicht erste Rückschlüsse auf konkrete Fertigungsformen, wobei allerdings zu beachten ist, dass Rückflüsse im Materialfluss durch κ nicht erfasst werden und damit Unterscheidungen zwischen Reihen- und Nestfertigung allein durch κ nicht eindeutig möglich ist. In Abbildung 3.34 ist das κ-m-Diagramm in vereinfachter Form dargestellt. Deutlich erkennbar sind die Grenzkurven von κ, sodass die konventionellen Fertigungsformen Nest-, Reihen- und Werkstattfertigung zuordenbar sind. Entsprechende Rückschlüsse auf integrierte Fertigungsformen sind ebenfalls möglich, sofern die Materialflussvernetzung nicht isoliert als Hauptkriterium betrachtet wird und wesentliche weitere Faktoren hinzugezogen werden. Grundsätzlich gilt, niedere Werte von κ führen zu Reihenstrukturen, höhere Werte dagegen zu Werkstattstrukturen bzw. speziellen Formen integrierter Fertigung.

Zu beachten ist, dass die Anwendung von κ auf eine **Produktionseinheit** (Bereich) bezogen erfolgt. Diese wird definiert als ein strukturell in sich geschlossener Fertigungsabschnitt, in dem für ein bestimmtes Teileprogramm mindestens 75 % aller Arbeitsvorgänge realisiert werden.

Zur Kennzeichnung dieser Geschlossenheit wurde der **Geschlossenheitsgrad** (nach *Mihalfi*, vgl. [3.27]) definiert:

$$\gamma = \frac{\overline{g}}{\overline{g} + \overline{g}_a} \tag{10}$$

$\overline{g}$ mittlere Anzahl von Arbeitsvorgängen, die an einem Teil innerhalb der Produktionseinheit realisiert werden

$\overline{g}_a$ mittlere Anzahl von Arbeitsvorgängen, die an einem Teil außerhalb der Produktionseinheit realisiert werden.

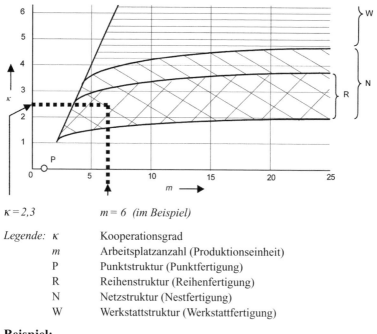

$\kappa = 2{,}3$ $m = 6$ (im Beispiel)

Legende: κ Kooperationsgrad
          m Arbeitsplatzanzahl (Produktionseinheit)
          P   Punktstruktur (Punktfertigung)
          R   Reihenstruktur (Reihenfertigung)
          N   Netzstruktur (Nestfertigung)
          W   Werkstattstruktur (Werkstattfertigung)

Beispiel:

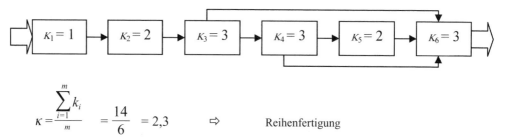

$$\kappa = \dfrac{\displaystyle\sum_{i=1}^{m} k_i}{m} \quad = \dfrac{14}{6} = 2{,}3 \qquad \Rrightarrow \qquad \text{Reihenfertigung}$$

Abb. 3.34: κ-m-Diagramm zur Bestimmung von Fertigungsformen (nach Schmigalla [3.27])

Die Bedeutung des Geschlossenheitsgrades g hat mit der Entwicklung innovativer Fabrikstrukturen zugenommen. So ist die Sicherung selbständiger, abgrenzbarer Produktionseinheiten für die Herausbildung autonomer Fabrikstrukturen eine wesentliche Voraussetzung (vgl. Industriebeispiel in Abschnitt 8.2).

Neben diesen **statischen** Methoden der Auswahl von Fertigungsformen sind spezifische softwaregestützte Werkzeuge für den Entwurf und die komplexe Bewertung von Anordnungsprinzipien entwickelt worden (vgl. z. B. Anwendungen in [3.28], [3.29]). Diese vom Charakter her **dynamischen** Methoden ermöglichen eine rechnergestützte Generierung, Bewertung und Auswahl von Strukturen basierend auf der Prozessdynamik unter Einbeziehung von Zielgrößen des Prozessablaufes, sodass eine deutliche Qualifizierung der Auswahlentscheidungen gegeben ist.

Die Realität der Industriepraxis zeigt, dass keiner der angeführten Fertigungsformen ein eindeutiges Anwendungsprimat zugeordnet werden kann. Alle Arten konventioneller und integrierter Fertigungsformen sind in Anwendung. Entwicklungen in den Unternehmen, wie z. B. sinkende Stückzahlmengen, steigende Sortimentsbreiten, kurzzyklischer Produktwechsel, steigende Prozessdynamik (vgl. Abschnitt 1.1), lassen solche Kriterien wie Flexibilität, Transparenz, Ganzheitlichkeit, Flussorientierung, Komplexitätsabbau zu wesentlichen Aspekten der Auswahlentscheidung werden. Auch wird deutlich, dass steigender Kostendruck betont kostenbewusste Auswahlentscheidungen zu Fertigungsformen erfordert – insbesondere unter Zielsetzungen gedämpfter, kostenbegrenzter Automatisierung von Funktionen und Ausrüstungen.

B) Fertigungsformen in Montageprozessen

Anordnungsprinzipien von Montageprozessen können in unterschiedliche Fertigungsformen gegliedert werden, wobei allerdings vom grundsätzlich anderen Charakter der Montageprozesse im Vergleich zu Teilefertigungsprozessen auszugehen ist.

Wesentliche spezifische Merkmale von Montageprozessen sind

– **Stufencharakter** von Montageprozessen
  Entsprechend der Komplexität der Erzeugnisgliederung (Baugruppenabgrenzung, mögliche Gliederungstiefe) können Erzeugnisse vertikal in **Montageebenen** (z. B. in Haupt-, Unter-; Nebenbaugruppen) untergliedert werden. Dieser Ebenengliederung sind zuordenbar:
  * **Montageprozesse**
    Wie z. B. Bereiche der Baugruppen-, Hauptbaugruppen- und Endmontage. Diese Bereiche können in unterschiedlichen Fertigungsformen realisiert werden, d. h., sie sind strukturrelevant
  * **Montagephasen**
    Das Montageobjekt durchläuft innerhalb der Montagebereiche unterschiedliche Montagegrade, diese sind gliederbar in Phasen wie Vor-, Haupt- und Nachmontage (z. B. Ausrichten, Zusammenbau, Prüfen).

– Montageprozesse bilden die **Endphase der Produkterstellung**
  Montageprozesse liegen im fortgeschrittenen Bereich der erreichten Wertschöpfung bzw. besitzen selbst einen deutlich wertschöpfenden Charakter (vgl. Abb. 3.19). Ursachen sind hohe Personalkosten bei manuellen Montageprozessen bzw. hohe Ausrüstungskosten bei mechanisierten/automatisierten Montageprozessen.

Übliche Montagekosten und -zeitanteile in der Produkterstellung liegen bei ca. 25–35 % (teilweise über 50 %) [3.15], [3.16]. Steigende Produktkomplexität und Variantenvielfalt (Kundendominanz) bedingen einen steigenden Planungsaufwand.

Montageprozesse stellen folglich ein beträchtliches Rationalisierungspotenzial dar, sodass eine hochwertige, detaillierte Montageplanung zu sichern ist.

Montageprozesse sind in ihrem Wesen durch den Zusammenbau (Montieren/Fügen) von Einzelteilen, Baugruppen zu Zwischen- und Endprodukten bestimmt (Aggregatefertigung). Sie können durch folgende Grundfunktionen charakterisiert werden:

- die **Zuführung** unterschiedlicher/gleicher Teile bzw. Baugruppen aus Lagerpositionen in Fügepositionen mittels Lager-, Förder-, Handhabeoperationen am Montageort.
- die eigentliche **Fügeoperation**, die durch das örtliche Zusammenführen und Verbinden (kraft- und/oder formschlüssig) gleicher und/oder unterschiedlicher Teile bzw. Baugruppen definiert ist und durch Art und Reihenfolge der Montageoperationen montagetechnologisch beschrieben wird.
- die Integration von **Prüf-, Justier- und Qualitätssicherungsprozessen** in den Montagevorgang.

Systematisierende Ordnungskriterien von Montageprozessen zur Bildung von räumlichen Anordnungsprinzipien sind die jeweiligen Relativbewegungen von **Montageobjekt** (Arbeitsgegenstand AG) und **Montagearbeitsplatz** (Arbeitsmittel AM, Arbeitskraft AK) zueinander. Damit können die in Abb. 3.35 dargestellten Fertigungsformen (auch als Organisationsformen der Montage [3.15], Montagestrukturtypen [3.14] bezeichnet) systematisiert werden.

Dabei sind unter dem Aspekt stationärer oder beweglicher Montageobjekte im Montageablauf die **stationäre** und die **gleitender Montage** zu unterscheiden. Dem liegt zugrunde, dass Montageprozesse arbeitsteiligen Charakter besitzen. Diese Arbeitsteiligkeit kann rein ortsbezogen (stationär) an einem festen Montageort oder an mehreren Stationen bei bewegtem Montageobjekt dann flussbezogen (gleitend) realisiert werden. Gleitende (wandernde) Montageprozesse sind in Analogie zu Teilefertigungsprozessen gleichfalls durch einen intermittierenden Materialfluss charakterisiert.

Montageprozesse **stationären Montage** sind durch stationäre Montageobjekte und stationäre bzw. bewegliche Montagearbeitsplätze charakterisiert. Ein Materialfluss (Stationenfolge) findet nicht statt

Montageprozesse der **gleitenden Montage** besitzen vorwärts gerichteten Materialfluss und unterscheiden sich im Wesentlichen durch den Grad der zeitlichen Bindung (Montagearbeitsplätze/Arbeitskräfte) an den Fluss der Montageobjekte. Eine gute Übersichtlichkeit im Prozessablauf und über den jeweils erreichten Montagekomplettierungsgrad ist gegeben. Die in Abb. 3.35 dargestellten Fertigungsformen der Montage können wie folgt charakterisiert werden:

– Fertigungsformen – stationäre Montage (Montageobjekt – stationär)

- **Baustellenmontage (BM)**
  Die Baustellenmontage enthält die stufenweise Montage eines Erzeugnisses an einem vorgegebenen ortsgebundenen Montageplatz. Das Montageobjekt wird von einer bzw. mehreren Montagearbeitskräften ohne definierte Arbeitsteilung, „frei aufmontiert". Diese Fertigungsform wird besonders in Endmontagebereichen von Großmaschinen/Großaggregaten angewendet.

- **Einzelplatzmontage (EM)**
  Bei dieser Fertigungsform erfolgt die vollständige Montage von Baugruppen, Erzeugnissen an einem ortsgebundenen Montagearbeitsplatz, wobei Montage-

	Fertigungsform	Ortsveränderlichkeit Montageelemente		Anordnungsprinzip (Schema)
		Montage-objekt	**Montage-arbeitsplatz**	
Stationäre Montage	Baustellenmontage (BM) * Einzelplatzmontage (EM) °	stationär	stationär	
	Gruppenmontage (GM)		beweglich	
Gleitende Montage	Reihenmontage (RM)	beweglich	stationär	
	Taktstraßenmontage (TM)			
	Fließmontage (FM)		beweglich	

Legende: ▢ Montageobjekt ◒ Montagearbeitsplatz

⚓ Taktgebender Montagearbeitsplatz

* am Einsatzort ° am Montageort

Abb. 3.35: Fertigungsformen – Montageprozesse

teile und Werkzeuge antransportiert werden müssen, sodass die Anwendung auf Kleinerzeugnisse begrenzt ist.

- **Gruppenmontage (GM)**
  Mehrere Montagearbeitskräfte (Montagegruppen) bzw. Arbeitsplätze wechseln ihren Einsatz am fest stehenden Montageobjekt entweder periodisch entsprechend vorgegebener Taktzeit oder aperiodisch. Letztere Möglichkeit bei ungerichteter, unterschiedlicher Stationenfolge bzw. wenn an den Stationen unterschiedliche Montageumfänge anliegen.

– **Fertigungsformen – gleitende Montage (Montageobjekt beweglich)**
  Voraussetzungen sind:

  – funktionelle, zeitliche und räumliche Untergliederbarkeit des Montageablaufes
  – Transportierbarkeit der Montageobjekte

- **Reihenmontage (RM)**
  Die ortsfeste Anordnung der Montageplätze (-stationen) entspricht dem Hauptmontagefluss der Montageobjekte. Der Materialfluss ist nicht detailliert abgestimmt d. h., er erfolgt zeitlich ungebunden (keine Taktvorgabe) in Formen „loser Montage". Bei der Montage von Varianten (Montageserien) ist das Überspringen von Montagearbeitsplätzen zulässig, z. B. wenn spezielle Montageoperationen nicht erforderlich sind. Üblich sind wechselnde Montagen unterschiedlicher Montageobjekte in mittleren Stückzahlbereichen.

- **Taktstraßenmontage (TM)**
  In dieser Montageform ist der Materialfluss zeitlich durch vorgegebene Taktzeiten gebunden, eine Pufferbildung zwischen den Stationen erfolgt nicht (starre Fließmontage). Die Montageobjektweitergabe erfolgt durchgängig rhythmisch über alle Stationen entsprechend der Taktzeit. Eine Synchronisation (Austaktung) der Montagezeiten ist erforderlich, der längste Montagearbeitsgang bestimmt die Taktzeit. Automatisierte Stationen können eingesetzt werden, diese sind dann taktzeitbestimmend. Ein kontinuierlicher Ablauf bei taktbezogenem Weitertransport wird gesichert.

- **Fließmontage (FM)**
  Typisch ist die ununterbrochene vorwärts gerichtete Bewegung der Montageobjekte und Fördersysteme bei mitwandernden Montagearbeitsplätzen, wobei zu unterscheiden sind:
  – *kontinuierliche Fließmontage*
    Montageoperationen erfolgen am kontinuierlich bewegten Montageobjekt
  – *stationäre Fließmontage*
    Montageobjekt wird für die Montagedauer am Montagearbeitsplatz vom Fördersystem getrennt.

Die zeitliche Bindung der Montagestationen untereinander kann durch gezielte Pufferbildung gedämpft werden. Fließmontagen ohne Pufferung werden als starre

Fließmontagen, solche mit Pufferbildung als elastische Fließmontagen bezeichnet. Puffer stellen dabei technische Systeme zur Aufnahme von Objekten aus vorgelagerten Stationen dar. Die Objekte werden gespeichert und entsprechend dem Produktionsrhythmus an die Folgestationen weitergegeben. Die Berechnung der Puffergrößen orientiert sich z. B. an den zu fordernden Kompensationsgrößen (Taktzeitunterschiede, Störungsgrößen).

Die **Planung von Montageprozessen** erfolgt im Vergleich zu Prozessen der Teilefertigung bei deutlich verändertem inhaltlichem Ablauf und ist aufgabenseitig den Bereichen der Arbeits- bzw. Montageplanung zugeordnet. Die entsprechenden Arbeitsergebnisse fließen dann in die Planungsinhalte der Fabrikplanung ein.

Der Planungsablauf erfolgt in gestufter Form und kann vereinfachend in drei Bearbeitungskomplexe gegliedert werden (vgl. [3.15], [3.16], [3.30], [3.31]). Diese sind wie folgt charakterisiert:

Komplex 1 – **Definition der Montageaufgabe**
Ausgangsgrößen: – Produktstruktur
(Erzeugnisgliederung, Konstruktionsunterlagen, Stücklisten, Montageanweisungen u. a.)
– Montageprogramm – Fertigungsart
(Sortimente, Stückzahlen, Wiederholgrade)
– Potenzialanalyse
(Montagesystem vorhanden)

Komplex 2 – **Entwurf der Struktur des Montagesystems**
(Montagestrukturplanung)
Hauptinhalte: – Analyse der Montageebenen (Baugruppenabgrenzung, Gliederungstiefe)
Festlegung von Montagebereichen (Montagesysteme)
– Bestimmung der Montagevorgangsvernetzung (Vorranggraphen) im Montagebereich (zeitlich parallel/nacheinander) durch Analyse der Arbeitsteiligkeit
– Bestimmung von Kapazitätsbedarfen (Montageumfang)
– Entwurf/Auswahl der geeigneten Fertigungsform Montagebereich (Anordnungsprinzip) vgl. Abb. 3.35
– Puffergestaltung (optional)

Komplex 3 – **Feingestaltung des Montagesystems**
Hauptinhalte: – Festlegung Montagestationen
– Gestaltung Verkettungslösung
– Auswahl Montagemittel, -hilfsmittel
– Gestaltung Montagearbeitsplätze
– Definition Montageinhalte und -umfang
– Räumliche Feinstruktur
– Planung Personaleinsatz.

Die Bearbeitungskomplexe machen deutlich, dass die Ausgangspunkte der Montageplanung Analysen der Produktstruktur (Erzeugnisgliederung) sowie der Struktur der Montageprozesse (Montagevorranggraph) unter Beachtung der jeweiligen Fertigungsart (Montageumfang, Wiederholungsgrad) sowie spezieller montage-technologischer Merkmale sind. Kernproblem ist dabei die technologisch begründete und wirtschaftliche Aufgliederung bzw. Zusammenfassung sowie anschließende stationsorientierte Zuordnung (Blockbildung) von Montageoperationen, sodass ein systematischer, zeitlich ungebundener oder gebundener Montageablauf in kapazitiv ausgewogener Form gewährleistet ist. Die so konzipierten Montagestationen bilden die Grundlage zur Ableitung von Montagearbeitsplätzen und damit zur funktionellräumlichen Strukturierung der Montagebereiche.

Hinsichtlich der Montageprozessstrukturierung gilt, je höher die mögliche Gliederungstiefe der Produkte, desto höher der mögliche Grad der parallelen Montage unterschiedlicher Baugruppen. Erreicht werden dadurch Montagezeitverkürzungen. Gleichermaßen sind auch parallel strukturierte Montagebereiche identischer Baugruppen – kapazitiv bedingt – realisierbar. Diese Strukturanforderungen leiten sich aus Entscheidungen der Funktionsbestimmung und Dimensionierung ab.

Auswahl von Fertigungsformen der Montage

Wesentlich für die vorliegende Planungsphase Strukturplanung ist, dass die Vorbestimmung von Fertigungsformen der Montage eine Ergebniskomponente der „**Montagestrukturplanung**" ist. Bei „Neuplanungen" haben diese Festlegungen vorab vom Planungsingenieur zu erfolgen, bei vorhandenen Montageprozessen sind die Ergebnisse zur detaillierten Montageplanung aus den arbeitsvorbereitenden Abteilungen für den Auswahlprozess heranzuziehen. Dabei ist wesentlich, die Bestimmung von Fertigungsformen der Montage erfordert Vorgaben zum Produktionsprogramm einschließlich der Konstruktionsunterlagen. Sind diese Vorgaben im Stadium der Strukturplanung nicht verfügbar (vgl. Dilemma der Fabrikplanung, Abschnitt 1.3), dann sind nur Grobentwürfe möglich.

Die in Abb. 3.35 dargestellten **Anordnungsprinzipien** sind als abstrahierende räumliche Grundtypen von Fertigungsformen der Montage zu betrachten. Sie sind in Verbindung mit Kapazitäts- und Flächenvorgaben (Dimensionierung) die Grundlage für Strukturplanungen im Rahmen der Idealplanung. In den nachfolgenden Planungsphasen erfahren diese Anordnungsprinzipien deutliche präzisierende Untersetzungen bzw. Abwandlungen insbesondere hinsichtlich räumlicher Feinanordnung, Materialflussführung und Verkettungsprinzipien (vgl. Planungsgrundsatz c in Abschnitt 1.4 sowie Prinzipien kooperativer Fabrikplanung – Abschnitt 1.5).

Zum Zwecke der Vorbestimmung sind in Abb. 3.36 (in Anlehnung an [3.14], [3.15], [3.32]) Zuordnungen von Fertigungsformen zu Fertigungsarten dargestellt. Mit diesen Zuordnungen ist eine grobe Vorbestimmung von Fertigungsformen (Prinzip-

Fertigungsart	Fertigungsform	Räumliche Anordnung Montagestation (Grundtyp)
Einzelfertigung Kleinserienfertigung Einzel-, Kleinserienfertigung	Baustellenmontage Einzelplatzmontage Gruppenmontage	Punkt (Zelle) Punkt (Linie) Linie
Serienfertigung Großserienfertigung Massenfertigung	Reihenmontage Taktstraßenmontage Fließmontage	Linie, Ring (Netz) Linie (Netz) Linie (Fläche)

Abb. 3.36: Zusammenhänge von Fertigungsart, Fertigungsform und Grundtyp der Stationenanordnung in Montageprozessen

lösung) – basierend auf globalen Kenntnissen zum Montageobjekt sowie der vorliegenden Fertigungsart – möglich. Weiterhin sind die den Fertigungsformen entsprechenden Grundtypen (sowie Subformen) der detaillierten räumlichen Anordnung der Montagestationen dargestellt, deren Untersetzung im Rahmen der Real- bzw. Feinplanung der Montageprozesse erfolgt.

Die Grundtypen der räumlichen Anordnung von Montagestationen für Fertigungsformen der Montage sind wie folgt zu charakterisieren (vgl. Abb. 3.36):

- **Punktstruktur (Zellenstruktur)**
  Alle Montagevorgänge werden räumlich konzentriert und punktförmig an einem Ort (Zelle) durchgeführt (z. B. X-Block, Zentralblock).
- **Linienstruktur** – offen
  Mehrere Montagevorgänge bzw. Stationen sind linienförmig angeordnet (auch als U- oder L-Form gestaltbar), sie zeichnen sich durch gute Zugänglichkeit aus (z. B. Fließband, Z-Block).
- **Ringstruktur** (Karreestruktur) – geschlossen
  Rückkehr der Montageobjekte auf vorgelagerte Stationen ist möglich (Rückwärtslauf), z. B. bei Rückführung von Montageobjekten und/oder -trägern (z. B. Sechsecktisch, Sterntisch, Rundtisch, Wandertisch)
- **Netzstrukturen**
  Variantenbedingt sind unterschiedliche Montageabläufe realisierbar, die Stationenfolge ist begrenzt variabel (z. B. Baugruppenmontagen nach Gleichteilen, Variantenteile in Endmontagen)
- **Flächenstrukturen**
  Frei wählbare Stationenreihenfolgen können realisiert werden, d. h., Stationen sind hinsichtlich der Reihenfolgen flexibel ansteuerbar.

Die aufgeführten Fertigungsformen der Montage können prinzipiell in unterschiedlichen technischen Niveaustufen ausgeführt werden, im Regelfall als

- manuelle Montagesysteme oder
- mechanisierte, teil- oder vollautomatisierte Montagesysteme
- Hybride Montagesysteme.

Dabei gilt, dass steigende Freiheitsgrade in der räumlichen Anordnungsstruktur, z. B. bei Netz- und Flächenstrukturen, aufgrund des erforderlichen Steuerungsaufwandes nur bei automatisierten Montagesystemen durchsetzbar sind.

Zu beachten ist grundsätzlich, dass Montageprozesse wegen ihrer beträchtlichen Kostenstrukturen und ihres hohen Anteils am Wertschöpfungsprozess ein wesentliches Rationalisierungs- und Automatisierungspotenzial darstellen und damit der fabrikplanerischen Auslegung dieser Prozesse eine besondere Kompetenz zuzuordnen ist.

3.3.3.4 Entwurf Ideallayout

Die Bearbeitung der bisher aufgeführten Planungsinhalte der Strukturierung führt zunächst zu idealisierten Lösungskonzepten des Fabrikplanungsobjektes. Eine übliche Form der Darstellung dieser Planungsergebnisse sind flächen- bzw. raumbezogene Layouts. Im Layout sind wesentliche Grundstrukturen des zukünftigen Produktionsprozesses erkennbar, d. h., das Layout ist der bildhafte Ausdruck vorausgedachter Produktion.

Ein **Layout** ist allgemein eine grafische Darstellung **räumlicher Anordnungsformen** von **Funktionseinheiten** unterschiedlichen Abstraktionsgrades, z. B. Bereiche, Arbeitsplätze, Ausrüstungen, Läger.

Das Layout stellt damit eine komprimierte räumliche Darstellung der Prinziplösung bei wählbarem Detaillierungsgrad dar. Es widerspiegelt in konzentrierter Form die räumlichen Strukturen und macht Anordnungen, Verbindungen und Funktionen der Prinziplösung transparent.

Entsprechend den Aufgabenstellungen bzw. dem Abstraktionsgrad können folgende **Layoutarten** unterschieden werden (Beispiele):

- **Fabriklayout** (Betriebslayout)
  Räumliche Darstellung von Makrostandorten der Funktionseinheiten (Bereiche, Werkstätten, Freiflächen) im gesamten Fabrikgelände (Gebäude- und Generalstruktur).
- **Werkstattlayout**
  Räumliche Darstellung von Mikrostandorten der Funktionseinheiten (Arbeitsplätze, Ausrüstungen) innerhalb von Bereichen, Werkstätten, Abteilungen, Kostenstellen (Regelmaßstab 1:100, 1:200).

- **Groblayout**
  Grobe räumliche Darstellung von Funktionseinheiten bei nur eingeschränkter Beachtung detaillierter Einflüsse (Ergebnis der Grobplanung).
- **Feinlayout**
  Detaillierte räumliche Darstellung von Funktionseinheiten in Grundrissgeometrie unter Beachtung detaillierter Kriterien, wie z. B. Abstände, Ver- und Entsorgungstechniken, Raumgeometrie, Arbeitsplatzgestaltung u. a. (Ergebnis der Feinplanung).
- **Blocklayout**
  Grobdarstellung von räumlichen Anordnungsformen der Funktionseinheiten in vereinfachten geometrischen Elementen (Rechtecke, Quadrate, Blöcke) durch Abstraktion von der Grundrissgeometrie der Funktionseinheiten.

Deutlich wird, dass Layout-Darstellungen hinsichtlich der Abstraktionsebene (Fabrik, Bereiche, Werkstätten), aber auch hinsichtlich ihrer inhaltlichen Detaillierung (Block-, Grob-, Feinlayout) unterschieden werden können. Das Layout z. B. von Werkstätten, Bereichen ist immer nur als Teillösung des Fabriksystems (Fabriklayout) zu betrachten. Es bildet einen integrierenden Bestandteil der Gesamtlösung und muss folglich den Notwendigkeiten der Gesamtlösung (Schnittstellen, Vernetzung) entsprechen. Die Erarbeitung niveauunterschiedlicher Layoutarten erfolgt gestuft entsprechend den Planungsphasen der Fabrikplanung, und zwar im Regelfall von Grob zu Fein bzw. von einfachen zu komplizierten Strukturen (Top-down-Prinzip).

Die Darstellung von zunächst idealisierter Prinziplösungen ist Kerninhalt und Ergebnis der Idealplanung (vgl. Planungssystematik – Abb. 2.4, 2.5 und 2.6), enthält folglich die Bestimmung von idealisierten Anordnungsformen und erfolgt in Form des Entwurfes von Ideallayoutdarstellungen.

Ein **Ideallayout** enthält die grafische Darstellung **materialflussoptimierter räumlicher Anordnungsformen** von Funktionseinheiten in idealisierter Form ohne Beachtung von Einflüssen (Restriktionen) der realen Bedingungen.

Das Ideallayout stellt damit eine unter rein materialflussbezogenen Aspekten ohne Rücksicht auf anderweitig verursachte Restriktionen bestmögliche Anordnungslösung dar (restriktionsfreies Layout). Es erfolgt hier formal keine Orientierung an den Grundrissformen, dem Gebäuderaster bzw. der Gebäudeinfrastruktur. Zu entwickeln sind damit zunächst flächen- bzw. raumneutrale Anordnungen unter Materialflussorientierung durch gezielte Distanzminimierungen der Objekte innerhalb vorgegebener Grundstrukturen (Strukturtypen – vgl. Abschnitt 3.3.3.3).

Die **Ideallayoutplanung** ist folglich ausschließlich auf die im Ergebnis der Zielfunktion – Minimierung des (Gesamt-)Transportaufwandes – (vgl. Abschnitt 3.3.3.2) bestimmte Anordnungsform der Funktionseinheiten fokussiert. Aufgrund des Primats der Aufwandsminimierung des Materialflusses ist diese idealisierte Prinziplösung in Form des Ideallayouts als ein wesentlicher, funktionell bedingt notwendiger Zwischenschritt innerhalb der Grobplanung zu verstehen. Das Vorhandensein des auf rein funktionellen (materialflussoptimierenden) Einflüssen basierenden Ideallayouts sichert die Möglichkeit, den erforderlichen „Kompromissumfang" der zu erarbeitenden Reallösung (Reallayout) gegenüber der Ideallösung fundiert und objektiv zu begründen und zu bewerten (vgl. Planungsgrundsatz g in Abschnitt 1.4).

Die allgemeine Zielfunktion der **materialflussoptimalen Anordnung** von Funktionseinheiten kann verallgemeinernd wie folgt formuliert werden [2.2], [3.8], [3.36]

$$Z = \sum_{i=1}^{n} \sum_{i=j}^{n} m_{ij}\, s_{ij} \qquad \rightarrow \text{Minimum} \tag{11}$$

Die Zielfunktion gibt an, dass die Summe der Produkte aus den Transportmengen m_{ij} und den entsprechenden Distanzen s_{ij} zwischen allen n Funktionseinheiten i und j ein Minimum sein soll. Prinzipiell sind folglich solche Anordnungen gesucht, bei denen dieser Zielfunktion weitgehend entsprochen wird. Dieser Zielsetzung folgend wird im Rahmen der Strukturplanung durch Variation der Anordnungsstrukturen der Funktionseinheiten versucht, den Gesamttransportaufwand zu minimieren. Im Rahmen der **Idealplanung** bilden folglich die **Materialflussbeziehungen** des Produktionsprozesses den Haupteinflussfaktor auf die Ideallayoutgestaltung, d. h., es werden „idealisierte" räumliche Anordnungen entwickelt.

Entsprechend der Systematik der **Strukturplanung** (vgl. Abschnitt 3.3.3.1) wurden zunächst **Materialflussanalysen** durchgeführt als Voraussetzung zur Bestimmung von **Fertigungsformen** (Anordnungsprinzipien). Diesen sind spezielle **Strukturtypen** zuordenbar (vgl. Abschnitt 3.3.3.3), durch die abstrakte Grundstrukturen des Layouts vorbestimmt werden. Wie nachfolgend aufgezeigt, sind innerhalb dieser Grundstrukturen weitere, untersetzende transportaufwandsminimierende Anordnungsvariationen möglich, allerdings bei deutlich unterschiedlichem Anordnungsfreiraum.

Die Objektanordnung in der **Ideallayoutplanung** (zwischenbereichlich/innerbereichlich) kann abhängig zum jeweils vorliegenden **Strukturtyp** formalisiert werden (vgl. [3.37]), sodass folgende Grundformen der **Anordnung** zuordenbar sind:

- **Punktstruktur** – Einzelanordnung – zufluss-/abflussbezogen
- **Linienstruktur** – Linienanordnung – abstandsminimal – zufluss-/abflussbezogen
- **Netzstruktur** – Kern- und Tangentialanordnung – zufluss-/abflussbezogen.

Deutlich wird, Anordnungen unter **Punktstruktur** werden objekt-individuell als Einzelanordnung bei wechselseitiger Wichtung der Transportintensitäten der Objekte zu den Zufluss- bzw. Abflusspunkten (Lager, Puffer) als Andockstellen (Startbezugspunkte) entwickelt.

Anordnungen bei **Linienstruktur** sind als Linienanordnung entsprechend den dominanten Technologieabfolgen (Kernfluss) vorbestimmt bei abstandsminimaler Objektanordnung und Zuordnung zu Zufluss- bzw. Abflusspunkten (Randelemente).

Eine anordnungsoffene Situation dagegen liegt nur bei **Netzstrukturen** vor, d. h., das **Zuordnungsproblem** (vgl. Abschnitt 3.3.3.1) ist nur bei diesem Strukturtyp existent. Entsprechend den Transportintensitäten und der Vernetzung der Objekte erfolgt die Objektanordnung formal im Layoutkern (Netzmitte – Flussintensität hoch) bzw. tangential (Randlagen – Flussintensität klein) unter Bezug zu Zufluss- bzw. Abflusspunkten (Randelemente).

Den **Planungsgegenstand** der Layoutplanung bilden die Flächenelemente (Arbeitsplätze, -gruppen, Bereiche) der Funktionseinheiten (Objekte), bei wählbarer Geometrie z. B. in Rechteck- (flächenmaßstäblich/flächenneutral) oder auch in Punktform.

Neben der **Materialflussorientierung** als dominantem Ziel der Layoutplanung können auch andersartige, spezielle untersetzende Zielsetzungen der Strukturierung gegeben sein, wie z. B.:

– **Produktorientierung** (Gruppierung produktspezialisierter Einheiten) Linie Produkt A, B, …
– **Ausrüstungsorientierung** (Gruppierung ausrüstungsspezialisierter Einheiten) – Härterei, Oberflächentechnik
– **Stückzahlorientierung** (Gruppierung stückzahlspezialisierter Einheiten) – Rennerlinien, Fertigungsinseln.

Diese Gruppierungen können als Unterbereiche (Ausrüstungscluster) strukturiert werden und dann entsprechend dem Strukturtyp gleichermaßen der materialflussorientierten Layoutplanung z. B. als Objekt (Flächenelement) zugrunde gelegt werden.

Grundlage der **Ideallayoutplanung** sind folgende Eingangsgrößen:

– Typ, Anzahl der Funktionseinheiten (Objekte)
– qualitative und quantitative Vernetzung der Funktionseinheiten (Funktionsschema, Operationsfolgediagramm, Materialfluss-, Transportmatrizen, Sankey-Diagramm)
– Strukturelle Grundgestalt der Anordnung – Strukturtyp/Fertigungsform
– Flächenangaben je Funktionseinheit (Flächenelemente – flächenmaßstäblich/flächenneutral) – optional
– Objektabstände (Distanzmatrix) – optional.

Die Ergebnisform ist üblicherweise ein **Groblayout** in Form eines Blocklayout- flächenmaßstäblich gegebenenfalls mit Angabe der Flussrichtungen sowie zu Zufluss und Abfluss (Anbindungs- bzw. Bezugspunkte). Das **Blocklayout** kann in exakter bzw. angenäherter Rechteckform (vgl. Abb. 3.37) oder auch genäherter Kreisform dargestellt sein.

In Abb. 3.37 ist das **bereichsbezogene Ideallayout** (Makrostruktur) eines mittelständigen Unternehmens (Elektronik- und Gerätefertigung) dargestellt. Die **Netzstruktur** der Transportmatrix führt zur Kernanordnung des Bereiches Wandlerkopfbearbeitung bei tangentialer Zuordnung des Zwischenlagers (Zu-/Abfluss) sowie der

Ideallayout (Legende vgl. Abb. 3.8)

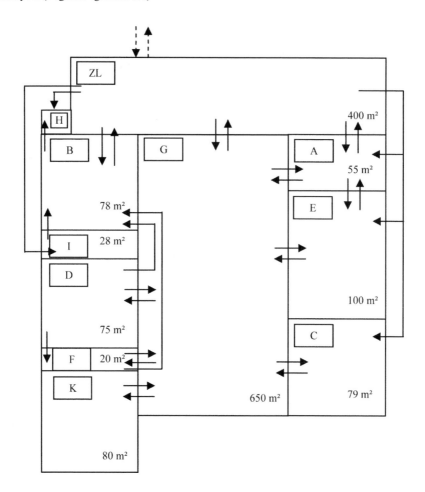

Transportmatrix (Transporteinheiten Stück/Jahr)

von/nach	A	B	C	D	E	F	G	H	I	K	ZL
A					372		9402				1000
B							18900	2200			5750
C	119						9219				
D		2200				3550	3550				
E	288						2836				
F		2200					4550				
G		14850	527	6250	619	3200				2200	24950
H							5750				
I		9300									
K							2200				
ZL	16917	25150	119		2200		34909	2550	9300		

Abb. 3.37: Ideallayout (Blocklayout – bereichsbezogen) – flächenmaßstäblich

anderen Bereiche. Die Erarbeitung erfolgte im Rahmen des Standortwechsels auf ein Neugelände (Planungsgrundfall A).

Im Unterschied dazu ist in Abb. 3.38 ein **werkstattbezogenes Ideallayout** (Mikrostruktur) eines Vorfertigungsbereiches (Kleinteileproduktion) gezeigt. Die **Linienstruktur** der Transportmatrix führt in Verbindung mit der Fertigungsart (Klein- und Mittelserienfertigung) zur Fertigungsform Reihenfertigung (vgl. Abb. 3.34) bei einheitlich gerichtetem Vorwärtslauf mit Überspringen durch Ausreißer.

Materialfluss-Strukturgrafik – Flussgraph (analoges Modell)

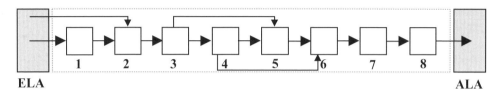

ELA   **ALA**

Transportmatrix (formales Modell)

Von/nach	ELA	1	2	3	4	5	6	7	8	ALA
ELA		600	410							
1			600							
2				1010						
3					900	110				
4						800	100			
5							910			
6								1010		
7									1010	
8										1010
ALA										

Ideallayout (Blocklayout)

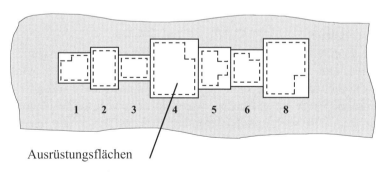

Ausrüstungsflächen

Legende: ELA – Eingangslager, ALA – Ausgangslager

Abb.3.38: Ideallayout (Blocklayout – werkstattbezogen) – flächenmaßstäblich

Beide Layoutdarstellungen enthalten im Ergebnis der Strukturplanung idealisierte materialflussoptimierte Flächenanordnungen (Blocklayout) flächenmaßstäblicher Funktionseinheiten.

Modelle der Layoutplanung

Zur Bearbeitung des Zuordnungsproblems in der Layoutplanung bei **Netzstrukturen** wurden eine Vielzahl unterschiedlicher mathematischer (analytischer, heuristischer) sowie grafischer **Modelle** bzw. Verfahren entwickelt. Diese sind als „**Zuordnungsverfahren**" in der Fachliteratur bekannt. Die allgemeine Zielfunktion dieser Verfahren ist mit der Gleichung (10) gegeben. Es ist die (materialflussoptimierte) Anordnungsstruktur von Funktionseinheiten gesucht, bei der der Gesamttransportaufwand ein Minimum ist.

Grundzüge dieser Verfahren werden z. B. in [2.2], [2.10], [3.8], [3.37] bis [3.41] ausführlich dargestellt und diskutiert. Einige wesentliche Verfahren sind (Auswahl):

– **Analytische Verfahren**
  • Entscheidungsbaumverfahren
  • Verfahren der Enumeration
  • Branch-and-bound-Verfahren
    Diese Verfahren ermöglichen exakte Lösungen z. B. bei Realisierung vollständiger Enumeration aller möglichen Anordnungsvarianten und deren Bewertung. Die Bedeutung in der Anwendungspraxis ist begrenzt unter den Aspekten – hoher Rechenaufwand, sehr eingeschränkter Realitätsbezug bzw. Ergebnisüberfeinerung.

– **Heuristische Verfahren**
  Hier kommen systematische Probiermethoden zum Einsatz, die auf die vorliegenden Problemstrukturen zugeschnitten sind. Unter Einsatz einfacher Rechenvorschriften wird im Regelfall eine dem Optimum nahe kommende Lösung erreicht.

  • **Vertauschungsverfahren**
    Eine vorhandene, manuell erstellte Anordnung der Objekte wird als Ausgangslösung vorgegeben. Durch schrittweises Vertauschen einzelner Objekte wird dann versucht, die Anordnung mit dem geringstem Transportaufwand (Zielwert) zu bestimmen. Diese ist gefunden, wenn der Zielwert keine weitere Verbesserung erreicht. Die Verfahren basieren auf Einheitsflächen und vorgegebene Anordnungsstrukturen in Viereck- oder Dreieckrasternetzen (vgl. Abb. 3.28) z. B. als CRAFT-Vertauschungsverfahren

  • **Aufbauverfahren** (Konstruktionsverfahren)
    Hierbei ist das modifizierte Dreiecksverfahren nach *Schmigalla* verbreitet. Basierend auf einer Transportmatrix wird im ersten Schritt das Objektpaar mit der

größten Transportintensität auf definierten Plätzen im Vier- oder Dreieckraster (vgl. Abb. 3.39) angeordnet. Im zweiten und in den Folgeschritten werden jeweils die Objekte ausgewählt und angeordnet, die zu den schon platzierten Objekten die größte Transportintensität aufweisen. Dabei wird immer der freie Rasterpunkt ausgewählt, für den der Transportaufwand minimal wird. Das jeweils ausgewählte Objekt „umkreist" den (wachsenden) angeordneten Kern bis der Anordnungspunkt mit dem günstigsten Zielwert bestimmt ist (n-ter Schritt).

- **Kombinierte Verfahren**
  Hier wird versucht, die Vorzüge von Aufbau- und Vertauschungsverfahren zu vereinen. So wird das Startlayout nicht willkürlich erstellt, sondern in einem Aufbauverfahren bestimmt. Dann wird diese voroptimierte Anordnung mittels Vertauschungsverfahren verbessert.

– **Grafische Verfahren**
  Kreisverfahren nach *Schwerdtfeger*

Bei diesem Verfahren werden die Objekte auf einem Kreis angeordnet und deren Materialflussbeziehungen durch Pfeile bzw. Verbindungslinien markiert (vgl. Abb. 3.40). Die Linienstärke gilt dabei als das Maß der Transportintensität. Durch Umgruppierung der Objekte auf den Kreis wird schrittweise versucht eine Anordnungsstruktur zu erreichen, bei der transportintensiv verknüpfte Objekte auf dem

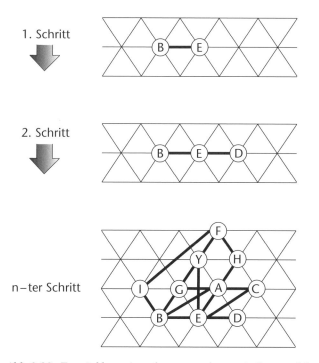

Abb. 3.39: Entwicklung Anordnungsstruktur – Aufbauverfahren (Schmigalla)

Kreiaumfang möglichst abstandsminimal aneinanderliegen, sodass dann transportintensive Verbindungslinien nicht durch den Kreis sondern linienförmig tangential auf dem Kreisumfang angeordnet sind.

Die Fabrikplanungspraxis zeigt die Anwendungs- und Aussagegrenzen **material-flussoptimierter Ideallayouts**, insbesondere beim Einsatz ausschließlich analytischer, teilweise auch heuristischer Modelle. Die Aussagegrenzen bestehen im Wesentlichen in

– der Optimierung auf nur **eine** (wenn auch sehr wesentliche) Zielsetzung
– der Ausklammerung einer Vielzahl teils dualer Einflüsse, wie z. B.
  • flächen- und raumbegrenzender Kriterien
  • technisch oder organisatorisch bedingter Integration unterschiedlicher Funktionseinheiten
  • gesetzgeberischer Auflagen
– der Ausklammerung von Folgen des Einsatzes innovativer automatisierter Materialflusssysteme, z. B. die absinkende Bedeutung von Transportintensität und Vernetzungsgrad bei Einsatz ständig verfügbarer netzflexibler Fördersysteme (Stetigförderer), fahrerloser Transportsysteme (FTS).

Auch ist zu beachten, das Ideallayout stellt im Rahmen der Layoutplanung eine **idealisierte Ausgangslösung** dar, die in der Real- und Feinplanung teilweise beträchtliche Überarbeitungen und Modifikationen erfährt. Ein Ideallayout, basierend auf analytischen Modellen, ist in den meisten Fällen eine überfeinerte Vorgabe, die in der Planungspraxis aufgrund pragmatischer Einflüsse nur eine begrenzte Bedeutung besitzt. Praxisbezogener und in den meisten Fällen ausreichend sind daher Ideallayoutentwürfe basierend auf heuristischem oder auch auf rein empirischem Vorgehen, mit denen suboptimale Entwürfe vorgegeben sind.

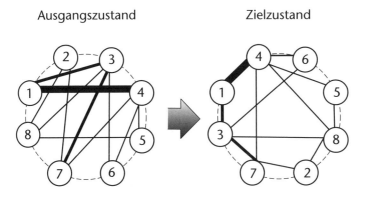

Ausgangszustand　　　　　　　　　　　Zielzustand

Abb. 3.40: Entwicklung Anordnungsstruktur – Kreisverfahren (Schwerdtfeger)

3.3.4 Gestaltung – Lösungsvarianten

3.3.4.1 Grundprinzipien

Der Gesamtprozess der Layoutplanung bildet den Kernprozess innerhalb des Komplexes „Fabrikstrukturplanung" (vgl. Abb. 2.3). Ausgehend von zunächst idealisierten Lösungsentwürfen (Idealplanung), entstehen im Ergebnis gestufter Überarbeitungen Konzepte realer Lösungen bzw. Lösungsvarianten (Realplanung).

Dieser Prozess der Überarbeitung des Ideallayouts wird auch als **Layoutanpassungsprozess** bezeichnet. Das Ideallayout wird bei Beachtung einer Vielzahl von Faktoren (z. B. Gebäude, Logistikelemente, Materialfluss) detailliert, verändert und erweitert, d. h., es wird in die Realität hineingeplant. In diesem Anpassungsprozess erfolgt die Gestaltung von Varianten realer Lösungskonzepte.

Inhalt der Kernfunktion **Gestaltung** ist die funktionsgerechte Einordnung (Anpassung) der Funktionseinheiten und (idealisierten) Anordnungsformen in reale Flächen- und Raumstrukturen einschließlich der Festlegung von Kopplungselementen (vgl. Abschnitt 2.1). Der Charakter dieser Planungsaktivität ist durch „Integration" geprägt. Die entsprechenden Planungstätigkeiten umfassen nach [2.5] folglich Aktivitäten der Objekteinordnung, Anpassung und Abstimmung, bezogen auf Schnittstellen (Kopplungen) innerhalb der betrachteten Bereiche bzw. Werkstätten, aber auch zum externen Umfeld. Die **räumlich-funktionelle Integration** erfolgt durch Objekteinordnung und -anpassung an das Realsystem.

Dieser Prozess der Layoutanpassung unterliegt einer Vielzahl unterschiedlicher Einflüsse und sollte in gestufter Form realisiert werden. Die Ergebnisse können durch eine hohe Variantenbreite und mehrere Bewertungsmöglichkeiten gekennzeichnet sein, sodass auch hier eine teamorientierte Problembearbeitung, basierend auf Erfahrungen und Systemkenntnissen, zwingend erforderlich ist.

Die methodische Vorgehensweise der **Realplanung** kann in folgende Bearbeitungskomplexen gegliedert werden (vgl. Abb. 2.6):

1. **Entwurf Reallayout (Varianten)**
   Anpassung Ideallayout unter Beachtung von Anpassungsfaktoren und Materialflussgrundsätzen an reale Flächen- und Raumstrukturen durch Entwurf alternativer Lösungsvarianten (Reallayoutvarianten)

2. **Zuordnung Logistikelemente**
   Auswahl und Zuordnung von Logistikelementen zur Materialflusskopplung (Schnittstellen) von Funktionseinheiten basierend auf der Materialflussvernetzung und realen Flächen- und Raumstrukturen

3. **Variantenauswahl – Vorzugsvariante**
   Bewertung von Lösungsvarianten und Ableitung der Vorzugsvariante.

Insbesondere die Bearbeitungskomplexe 1 und 2 sind im pragmatischen Planungsablauf zeitlich überlappend bzw. teilweise parallel zu durchlaufen, um so die schon im Layout zu berücksichtigenden Flächenbedarfe spezieller Logistikelemente (Läger, Fördermittel) verfügbar zu haben (vgl. Abschnitt 3.3.4.3).

3.3.4.2 Entwurf Reallayout

Die Erarbeitung von Entwürfen zum Reallayout besitzt gegenüber der Ideallayoutplanung einen deutlich detaillierteren Charakter, ist hier doch eine Vielzahl unterschiedlichster Einflüsse in die räumliche Anordnungsstrukturierung einzubeziehen (z. B. neben den Flächen für Funktionselemente auch Flächen für Personenfluss, Förderwege, Bereitstellung, indirekte Funktionen u. a.). Das Reallayout stellt damit die tatsächliche realisierbare Prinziplösung dar.

Das **Reallayout** enthält die grafische Darstellung **realer räumlicher Anordnungsformen** von Funktionseinheiten, denen funktionelle, materialflussseitige sowie flächen- und raumbezogene Einflussfaktoren zugrunde gelegt sind. Üblicherweise wird es als **Groblayout**, dabei in detaillierter grundrissgeometrischer Darstellung (vgl. Abb. 8.19) oder auch in vergröberter Form als Blocklayout entwickelt. Das Reallayout ist folglich ein Kompromiss aus dem Ideallayout und den real verfügbaren Flächen- und Raumstrukturen (Grundstücke, Gebäude, Baukonstruktion) und stellt somit ein restriktives Layout dar.

Die Einflussfaktoren der **Layoutgestaltung** sind äußerst vielgestaltig und können vereinfachend auf folgende **Einflusskomplexe** zurückgeführt werden:
- **Produktionsfluss** (Flusssysteme)
  Material-, Personen-, Informations-, Energieflusssysteme sowie Flusssysteme der Ver- und Entsorgung (vgl. Abschnitt 1.1)
- **Produktionsprozessgestaltung**
  Prozessstrukturen, Betriebsmittel, Organisationsformen,
  Produktionsbedingungen, Arbeitsgestaltung
- **Flächen- und Raumstrukturen** (Gebäude)
  Grundstück, Gebäudestruktur, Bautechnik und Flächennutzung
- **Logistikprinzipien**
  Anordnungsstruktur entsprechend den Logistikvorgaben (Logistikfunktionen, Logistikelemente – vgl. Abschnitte 3.2.4, 3.3.4.3 sowie 4)
- **Kommunikationsfähigkeit**
  Kommunikationsgerechte Flächen- und Raumstrukturen.

Im konkreten Layoutplanungsfall können die zu berücksichtigenden Einflussfaktoren äußerst unterschiedlich, auch widersprüchlich sein. Auch wird die hohe Anzahl von ableitbaren Varianten im Ergebnis des Anpassungsprozesses deutlich. Diese sind prinzipiell auf funktionell-räumlich sinnvolle Varianten bei Einhaltung des Investitionsbudgets zu begrenzen.

Der **Anpassungsprozess vom Ideallayout zum Reallayout** ist schematisiert in Abb. 3.41 dargestellt. Er wird maßgeblich bestimmt

- vom jeweils vorliegenden **Planungsgrundfall** und
- von der jeweiligen **Planungsebene** der Layoutplanung (z. B. Bereichs-/Werkstattbezogen)

und ist wie folgt charakterisiert:

- Zunächst wird versucht, das Ideallayout innerhalb der vorgegebenen realen Flächen- und Raumstruktur umzusetzen (Gebäudegrundriss-Nutzungszonen, Transportachsenstruktur). Aufgrund der im Regelfall nicht gegebenen Identität von Flächengeometrie, Flächennutzbarkeit bzw. Flächenbilanz wird eine **Umordnung** von Funktions- bzw. Flächeneinheiten erforderlich. Diese führt zu Anordnungsveränderungen der Funktionseinheiten sowie gegebenenfalls zu Eingriffen in die Geometrie und Größe der Flächen.

- Die **Umordnung** von Funktions- bzw. Flächeneinheiten ist unter Beachtung und Wertigkeitsabwägung von
  - **Anpassungsfaktoren** und
  - **Materialflussgrundsätzen**

  vorzunehmen. Ergebnis sind im Regelfall deutliche Abweichungen von Anordnungen im Reallayout gegenüber denen im Ideallayout. Insbesondere idealisierte Anordnungen entsprechend den vorbestimmten Fertigungsformen (Strukturtyp) können eine deutliche Abwandlung erfahren.

- Wesentliche Voraussetzung der **Umordnung** (bzw. Neueinordnung) von Funktionseinheiten (Flächenelemente/Objekte) ist die Kenntnis von deren **Anforderungsprofil** (Anschlusswerte, Bodenlasten, Flächen- und Höhenbedarfe u. a.) das z. B. in Form einer **Anforderungsmatrix** vorzugeben ist.

- Im Ergebnis der **Umordnung** (Anpassungsprozess) erfahren die Anordnungen aus der Idealplanung (Ideallayout) flächen-, raum- und funktionsbedingte Abwandlungen hinsichtlich ihrer realisierbaren konkreten, raumeingepassten flussorientierten Grundstrukturen. Diese untersetzen die Strukturtypen in Subformen und sind abstrahierend wie folgt gliederbar (Beispiele):

  - *Layout – bereichsbezogen* (Fabriklayout)
    Anpassungskriterien – **Bereichsgrundriss** und **Bereichseinordnungen** (Infrastruktur)
    Hauptflussrichtung – Linie (mit/ohne parallelen Lager), U-Form, L-Form, Kreis-, Ring-, Parallel-, Spinne-, Schleifen-Struktur
  - *Layout – werkstattbezogen* (Werkstattlayout)
    Anpassungskriterien – **Werkstattgrundriss** (Infrastruktur)
    Hauptflussrichtung – Linie, U-Form, L-Form, Serpentine, Kreis, Parallelanordnung, gestaffelt versetzt, U-Form/Kreis-Form mit Diagonalfluss

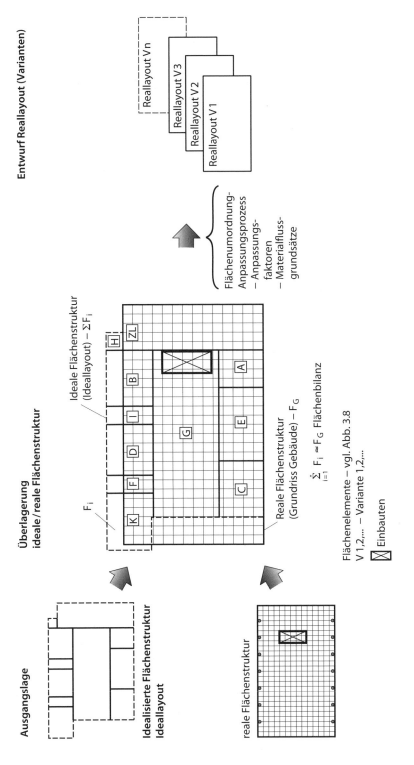

Abb. 3.41: Anpassungsprozess Ideallayout zu Reallayout (schematisiert)

– Eine erzielte **Flächenbilanz** aus der Summe der erforderlichen Flächenbedarfe der Funktionseinheiten ($\sum F_i$) und der real nutzbaren Flächengröße F_G im Ergebnis von Umordnungen (vgl. Abb. 3.41) ist Ausdruck qualitativ hochwertiger Flächenvorbestimmung (z. B. in der Vorplanung, vgl. Abschnitt 3.2) oder im Ergebnis von Dimensionierungsrechnungen (vgl. Abschnitt 3.3.2) und ist prinzipiell anzustreben. Anderenfalls treten Nachforderungen bzw. Flächenverluste auf.

– Das Ergebnis des Anpassungsprozesses führt aufgrund der Vielzahl möglicher Anordnungen immer zum Entwurf **alternativer Layoutvarianten**. Aus diesen erfolgt die Auswahl von Vorzugslösungen (vgl. Planungsgrundsatz f in Abschnitt 1.4).

Von den dargestellten Einflusskomplexen auf die Layoutgestaltung ausgehend sind im Anpassungsprozess vom Ideallayout zum Reallayout folgende **Anpassungsfaktoren** zu beachten:

– Anpassung der Anordnungsformen an
  - Gebäudegrundriss vorhanden – Gebäude vorgegeben – Grundfälle B, C
    – Grundrissdarstellungen von Etagen- und Raumstrukturen (Systembreite, -länge, -höhe), detaillierte Flächengliederung, Gebäudelayout, Traglasten, Stützrasterung
    – Fixpunkte: Stützenabstände, Zu- und Abgänge, Fenster, Tore, Aufzüge, Anschlüsse Ver- und Entsorgung, Kranbahnen, Lichtverhältnisse
    – Wesentliches Anordnungskriterium: Materialflussgestaltung – Verkehrs- und Transportwegachsen (Systemachsen)
    – Struktur Maschinenstreifen (MS), Struktur Transportweg (TW) – Vorgabe/ Anpassung
  - Gebäudegrundriss offen – Gebäude gestaltbar (Neubau) – Grundfall A
    – Bestimmung erforderlicher Gebäude- und Raumparameter (vgl. Abschnitt 7)
    – Anpassung Standardmodule Industriebauwerk an Flächenstrukturvorgabe (Vorzugsrastermaße)
    – Vorgaben an Raumobjekt, z. B. Systemparameter – ebenerdig, kurzwegig, Tragfähigkeit, Fensterflächen, Stützenraster, Flächengrößen und -geometrie, Höhenstrukturen
    – Strukturierung Gebäudefläche z. B. in Parallelstreifen MS I/TW I/MS II/MS III/TW II/… u.U. in unterschiedlicher Breite
    – Struktur Maschinenstreifen – Anpassung/Zuordnung Ausrüstungen (Maßlichkeiten)
    – wesentliches Anordnungskriterium: Materialflussgestaltung – Verkehrs- und Transportwegsysteme (Systemachsen), Einsatz von Unterflur-, Flur-, und/ oder Überflurfördersystemen (Hallenkrane)

– Anordnungen von Funktionseinheiten (Objekte) nur auf solchen Flächenstrukturen, denen entsprechende **Funktionszonen** zugeordnet sind (z. B. **Produktionszonen** – Maschinenstreifen, **Verkehrszonen** – Transportwege, **Lagerzonen** – Eingangs-, Zwischen-, Ausgangslager)

– Anordnung der Funktionseinheiten (Objekte) funktionsgerecht, ortsflexibel (Fundamentierungen nur im Sonderfall), installationsflexibel (Überflurinstallation)

– Durchsetzung wirtschaftlicher Formen des Materialflusses (vgl. **Materialflussgrundsätze**)

– Anschlusspunkte – Ver- und Entsorgungstechnik (Energie, Gas, Wasser/Abwasser, Abfälle), – Netze, Trassen, Stränge, Einzelanbindung (Installationsraster, Montageebenen)

– Funktionell bedingte räumliche Zusammenfassung von Funktionseinheiten (zentralisierende Bedingungen) mit identischen/ähnlichen Anforderungen, wie z. B. Lüftung, Klimatisierung, Bodenlasten, Fundamentierung, Ver- und Entsorgung, Bekranung, Geräuschbildung (Schalldämmung)

– Funktionell bedingte räumliche Auftrennung von Funktionseinheiten (dezentralisierende Bedingungen) mit deutlich abweichenden (beeinträchtigenden) Anforderungen, wie Bodenerschütterungen, Bodenlasten, Wärmeemissionen, Schmutzbelastungen

– einzusetzende Systeme der Späneentsorgung in Bereichen der spanenden Fertigung (überflur/unterflur)

– Materialfluss getrennte, parallele oder überlagernde Einordnung von Vorrichtungs-, Werkzeug-, Prüfmittelfluss-Systemen

– Auswahl, Dimensionierung und Einordnung von Logistikelementen (vgl. Abschnitt 3.3.4.3)

– Anordnungen Logistikgerecht (vgl. Abschnitt 3.2.5 sowie 4) gemäß Logistikvorgaben, z. B. Zentralisierung Materialflüsse (Kernprozesse) bei Andockung Zuflüsse oder Logistikflächen abstandsminimal zur Montagelinie u. a.

– Anordnung allgemeiner Funktions- und Sozialbereiche wegeminimal bei Sichtkontakt (Fachbüro, Leitstände, Werkzeugausgabe, Vorrichtungslager, Pausenkoje u.a.)

– Einhaltung von allgemeinen Zuordnungs- bzw. Standortpräferenzen wie z. B.
  • Wareneingang, Eingangslager am Materialflussbeginn (Input)
    Beachtung Diversifikation im Materialfluss, z. B. Sondereingang – Stangenmateriallager
  • Werkzeug-, Vorrichtungslager nahe Produktionsbereich
  • Ver- und Entsorgungstechniken an den Randbereich im Layout
  • Produktionsvorbereitende und Controlling-Bereiche nahe Produktionsbereich (Sichtkontakt)
  • Warenausgang, Ausgangslager am Materialflussende (Output)

– Anordnung und Dimensionierung von Türen, Toren, Durchfahrten (sofern bautechnisch möglich), verkehrs- und wegegerecht bei Beachtung
  • Mindest-Transportwegbreiten
  • Rohbau-Richtmaße
  • Verkehrswegekennzeichnung/Fluchtwege
  • Trennung von Material- und Personenfluss (optional)

– Grobkonzeption Prinzipien der Ablauforganisation – Installationspläne (ERP/PPS- sowie BDE-Strukturen)

– Sicherung kommunikationsgerechte Anordnungsstrukturen, z. B. durch:
  • Sichtkontakte Verantwortungsbereich zum Prozess (Blickbeziehungen)
  • offene Sichtachsen interner/externer Zulieferer (Dienstleister) zur verbrauchenden Einheit
  • Kommunikationsinseln für Mitarbeiter vernetzter Einheiten, Prinzipien „kurzer Wege"
  • Kommunikationszentren (zentral eingeordnet) integrieren in den Materialfluss, d. h. Anordnungsstruktur unterstützt Kommunikationsbeziehungen interner/externer Kunden (z. B. „Marktplätze")

– Beachtung gesetzlicher Bestimmungen
  • Brandschutzverordnung (Brandabschnitte, Fluchtwege, Brandwände)
  • Anordnung Sonderbereiche (Gefahrenbereiche), z. B. Lackiertechniken an Außenwand
  • Arbeitsplatzgestaltung/Arbeitssicherheit

– Sicherung der Erweiterungsfähigkeit
  • Grundstückerweiterung (Optionen der Generalbebauungsplanung, vgl. Abschnitt 7)
  • Nutzungsbedingte Erweiterungen innerhalb Grundstück (Ausbaustufen)
    – „erweiterungsträchtige" Funktionseinheiten an Außenwandabschnitten in vorab festgelegte Wachstumsrichtung (Option)
    – räumliche Konzentration erweiterungsneutraler Bau- und Anlagenfixpunkte (z. B. Aufzüge, Fundamente) in Gebäudekern- oder Randzonen
    – Materialflussführung senkrecht zur möglichen Erweiterungsrichtung (Wachstum bei unverändertem Materialfluss)
    – Gegebenenfalls Einordnung von Reserveflächen (Flächenvorhaltung)

– Sicherung der Flexibilität von Gebäude bzw. Layout (vgl. Abschnitt 1.1)
  • Flexibilität gegenüber geplanten/adhoc erforderlichen Ausbaustufen/Erweiterungen
  • Flexibilität gegenüber Anlagenaustausch (Parallelfläche für parallelen Auf- und Abbau, z. B. von Lackieranlagen)
  • Flexibilität gegenüber Produktionsprogrammschwankungen bzw. -veränderungen (markt- bzw. kundengetriebene Fabrik). Folgen sind Umnutzung, Freisetzung, Neubedarf von Teilflächen, Umsetzungen von Ausrüstungen

Flexibilitätssicherung kann auf unterschiedlichen Wegen erzielt werden. Klassische Möglichkeiten sind: große Stützenweiten, Fixpunkte in Kernbereichen, freie Einordenbarkeit von Transportachsen, Zu- und Abgänge (vgl. Abschnitt 7). Eine andere Möglichkeit besteht in der bewussten Überdimensionierung baukonstruktiver Kenngrößen, z. B. Deckentragfähigkeit, Stützenrasterweite, Raumhöhe, womit allerdings ein Anstieg der Gebäudekosten verbunden ist. Eine weitere Möglichkeit wird von *Kühnle* in [3.42] vorgestellt. Dies ist das flexible Fabrikgebäude mit variabler Raumstrukturbildung, versetzbaren Glaswänden sowohl für Werkstätten als auch für Büros im Ergebnis teamorientierter, virtueller Layoutplanung.

Im Anpassungsprozess sind neben den dargestellten Anpassungsfaktoren weiterhin **Materialflussgrundsätze** zu beachten. Diese sind für die räumliche Anordnung der Funktionseinheiten gleichermaßen von Bedeutung, allerdings unter den speziellen Kriterien materialflussgünstiger Strukturierung.

– **Bereichsbezogene Materialflussgestaltung** (bereichsextern)
  • Bereichsanordnung in Gebäuden, flussorientiert in Vorwärtsrichtung (rückflussarm, kreuzungsfrei)
  • Durchsetzung des richtungsorientierten Flussprinzips bei Minimierung der erforderlichen Förder-, Lager- und Bereitstellflächen, Festlegung von Haupttransportachsen, basierend auf externer Anbindung
  • Sicherung eines einheitlich gerichteten Flusses – Vorwärtslauf entsprechend der Produktionslogik, transportwegeminimal bei Vermeidung von Gegenläufigkeiten, Rückflüssen und Kreuzungen (Bildung von Materialhauptflussachsen im Verkehrsnetz)
  • Läger sind räumlich zentral oder dezentral (Materialflussvernetzung) einzuordnen (Neben- und Hintereinanderschaltung, kombiniert), möglichst räumlich konzentriert und funktionsintegriert (Komplexläger)
  • Flächenbezogene Materialflussführung – gerichtet, abgewinkelt, geteilt, zusammenführend – entsprechend den Gebäudestrukturen
  • Sicherung einer Materialflussanbindung der unterschiedlichen Bereiche (Schnittstellengestaltung).

Ziele sind materialflussarme Gebäude- und Bereichsanordnungen bei übersichtlichen, steuerbaren und sicheren Materialflüssen (vgl. auch Generalbebauungsplanung, Abschnitt 7.2).

– **Werkstattbezogene Materialflussgestaltung** (bereichsintern)
  • Gliederung Werkstätten/Bereiche in ein orthogonales Netz von Haupt- und Nebenverkehrswegen bei Bildung durchgängiger Maschinenstreifen (u. U. variabler Breite) in Parallel-, U- oder L-Form
  • Funktionseinheiten (Arbeitsplätze) direkt transportwegzugeordnet anordnen (Sicherung Zugänglichkeit – Direktanbindung Zufluss/Abfluss)
  • Materialflussführung (Bildung Transportachsen) in Gebäude- bzw. Werkstattmittenlagen) bei beidseitiger Zuordnung von Maschinenstreifen
  • Grundsätzlich wird die Anordnung der Funktionseinheiten entsprechend des Strukturtyps der vorbestimmten Fertigungsformen (vgl. Abschnitt 3.3.3.3) verfolgt. Erforderliche Modifikationen (z. B. Längen- und Breitenbegrenzungen des Maschinenstreifens und Linienanordnung) sind dann möglich z. B. in den Formen

- Serpentinenanordnung oder
- U-förmige Anordnung

Zusätzliche Einordnungen bzw. Aufweitungen oder Verdichtungen sind dabei günstig möglich. Beispiele weiterer Anordnungen (gute Raumnutzung, wegeminimal) sind

- kreisförmig
- gestreut, versetzt, parallel

- Erweiterungsmöglichkeiten im Materialfluss (Richtung, Freiflächen) vorsehen
- Materialflüsse in Geschossbauten zentral vertikal hochführen, entsprechend der Produktionslogik zum Erdgeschoss dann „ablaufend"
- Transportwegbreiten ausreichend festlegen (Flurförderung: ein- und u. U. gegenläufiger Materialfluss separat/integriert mit Personenfluss)
- Überflurförderung (soweit zweckmäßig – Transportguteignung), dann Tragfähigkeit des Gebäudes sichern, Definition Hallenkranhakenbereich (Bekranung)

Deutlich wird, dass der unternehmensinterne Materialfluss und die entsprechende räumliche Anordnung von Gebäuden, Werkstätten, Arbeitsplätzen und Ausrüstungen je nach Fabrikplanungssituation in sehr unterschiedlicher Form möglich ist und immer einen Kompromiss als Ergebnis von Abwägungen unterschiedlichster Kriterien darstellt. Anordnungsstrukturen bei Sicherung „optimaler Flüsse und Anordnungen" sind in den Fällen der Neuplanung relativ weitgehend, in den überwiegenden Fällen der Anpassung in vorgegebene Raumstrukturen jedoch nur bedingt erreichbar.

Methoden und Werkzeuge der Layoutplanung

Durch den Einsatz spezieller technischer Hilfsmittel und Werkzeuge in der Layoutplanung wird versucht, eine schnelle, kostengünstige und aussagekräftige Layouterstellung zu sichern. Insbesondere unter dem Aspekt iterativer, dialogorientierter Entscheidungseingriffe und der Erstellung von Layoutvarianten kommt einer schnellen und flexiblen Variierbarkeit der Layoutentwürfe eine hohe Bedeutung in der Praxis zu. Als prinzipielle Methoden der Layoutplanung können unterschieden werden:

Manuelle Layout – Planungstechniken

– Probierverfahren (Schiebeverfahren)

Empirisches Verfahren, bei dem durch probierendes Umordnen bzw. Verschieben von Objekten (Modelle, Schablonen) suboptimale Anordnungsvarianten auf gerasteter Modellplatte generiert werden. In Abhängigkeit von der **Planungsebene**, **Planungsphase** bzw. der **Layoutart** gilt:

- **Eingangsgrößen**: Objekte (Typ, Anzahl), Funktionsschema, Materialfluss-, Transport-, Distanzmatrizen, Strukturtyp (bzw. Fertigungsform) Raum-, Gebäudegrundrisse, Logistik- und Infrastrukturelemente u. a.

- **Anordnungsgsmethodik**: Vereinfachend wird so vorgegangen, dass je nach *Strukturtyp bzw. Flächen- und Raumgrundriss* zunächst die Anbindung eines dominanten Objektes an den Zu-/Abfluss (Lager) gesetzt wird (Anfangslösung/ Startobjekte).) Dann erfolgt ein weiteres bewertendes Anlegen von Objekten. Dabei werden – z. B. bei vorliegender Netzstruktur – Objekte hoher Transportintensität und starker Vernetzung im Layoutkern, Objekte geringer Transportintensität und Vernetzung tangential zugeordnet (Randlage).

  Wesentlich ist hierbei das Einbringen von Erfahrungen sowie von Variantendiskussionen im Team (partizipative Planungsrunden) durch die eine gezielte Anordnungsverbesserung sowie Akzeptanz erreicht werden.

Einzusetzende **Hilfsmittel** sind:

- **Rasterung von Flächen- und Raumstrukturen**
  Ein verbreitetes Hilfsmittel der Layoutplanung ist mit der Rasterung der Flächen- und Raumstrukturen gegeben.

  Die Rasterung, als **Industrieraster** bezeichnet, wird durch ein ebenes (zweidimensionales) oder räumliches (dreidimensionales) quadratisches Gitternetz, bestehend aus parallelen und sich rechtwinklig kreuzenden Rasterlinien (Liniennetz), gebildet (oktaedrische Maßsysteme).

  Durch den Industrieraster (aufgebracht auf Modellplatten, Zeichnungen bzw. flächen- bzw. raumorientierte Bildschirmmasken) werden die direkten maßlichen Beziehungen zwischen dem technologischen Prozess (Arbeitsplätze, Ausrüstungen) und den Flächen- und Raummaßen des Industriebaus hergestellt. Der Abstand der Rasterlinien (Rastermaß) sollte der nationalen bzw. internationalen Maßordnung entsprechen und sich an Baustandardmaßen (Vorzugsmaße Industriebau) orientieren.

  Verbreitet sind als Rasterungsgrundlage Festlegungen zum Grundmodul mit $M = 100$ mm. Das dem Layout (Fabrikgebäude/Werkstätten) zugrunde zu legende Rastermaß beträgt dann im Regelfall ein Vielfaches oder ein Teil von M, wobei gilt:

  Rastermaß: $M_r = n \cdot M$
  Modulraster: $n = 1$
  Großraster: bei $n \geq 2$ → $M_r = 2 \cdot 100$ mm
                                          $= 200$ mm Rastermaß
                                          (bei Vorgabe $n = 2$)
  Kleinraster: bei $n = 1/2$ → $M_r = 1/2 \cdot 100$ mm
                                          $= 50$ mm Rastermaß

  Üblicherweise erfolgt die Rasterung von Großflächen (Fabrikgelände) nach dem Großraster, die von Kleinflächen (Gebäude) nach dem Kleinraster. Die Zuordnung der Rasterlinien (Bildung der Bezugslinie) ist in Orientierung an den Systemlinien (Systembreite, -länge, -höhe) des Industriegebäudes vorzunehmen.

Die Bedeutung der Rasterung ist gegeben durch:

– die Erfordernisse wirtschaftlicher Planung und Bauausführung, basierend auf einem einheitlichen Bebauungsraster (Maßordnung)
– die Herstellung maßlicher Beziehungen im Layout. Punkte, Funktions- und Flächeneinheiten können als Voraussetzung für die Planungs- und Kommunikationssicherheit eindeutig lokalisiert und bezeichnet werden. Die Rasterung der Anordnungsfläche (Modellplatte, Flächenmaske) wird damit zum Ordnungskriterium, stellt eine Orientierungshilfe dar und ist damit eine Startaktivität im Planungsablauf.

- **Einsatz von 2D-/3D-Modellen**
  (Modellprojektierung – Regelmaßstab 1:50 oder 1:100)
  – Einsatz maßstäblicher Grundrissschablonen (zweidimensional)
  Verwendung von speziellen Auslege- und Umrissschablonen (Magnethaftung/Folien) zur Grundrissdarstellung von Ausrüstungen/Gebäuden u. a., hohe Flexibilität bei Variantenbildung durch Verschiebbarkeit der räumlichen Zuordnung der Schablonen
  – Einsatz maßstäblicher räumlicher Modelle (dreidimensional)
  Verwendung flexibler Bausteinsysteme bzw. Ausrüstungsmodelle zur flächen- und räumlichen Darstellung von Layoutentwürfen auf einer Modellplatte. Hohe Flexibilität bei sehr großer Aussagefähigkeit ist gewährleistet, allerdings sind die Modellkosten hoch.

Rechnergestützte Layout-Planungstechniken

– CAD-Planungstools
Einsatz von CAD-Systemen zum rechnergestützten Entwurf von Layoutstrukturen bei interaktiven Kommunikations- und Eingriffsmöglichkeiten (2D-/3D-Systeme), basierend auf Maß- und Geometriebibliotheken z. B. von Gebäuden, Arbeitsplätzen und Ausrüstungen. Aufgesetzt werden diese CAD-gestützten Layoutentwürfe im Regelfall auf extern vorgegebenen Materialflusskenngrößen (z. B. Transportmatrizen) bzw. auf Anordnungskoordinaten. Der Einsatz von rechnergestützten Layoutplanungstechniken ist stark verbreitet wie z. B. AutoCAD, FastDesign, FactoryCad. Besonders schnell und aussagekräftig sind diese Systeme allerdings dann, wenn nicht nur die unmittelbare Layouterstellung rechnergestützt erfolgt, sondern auch die planungsmethodisch vorgelagerten Schritte der Materialflussanalyse einschließlich der Ableitung „optimierter" Anordnungsstrukturen (Strukturtyp- und Koordinatenbestimmung) in den Planungstool direkt integriert sind. Üblicherweise erfolgt die rechnergestützte Analyse der Materialflussbeziehungen dabei statisch (Hochrechnungen von Mengengerüsten) oder dynamisch durch Einsatz von Simulationstechniken. Simulativ ermittelte Ideal- bzw. Reallayoutstrukturen sind dann das Ergebnis des im Simulator vorab simulierten Produktionsablaufes. Sie basieren folglich auf der Dynamik des Materialflusses (vgl. Abschnitt 5) und ermöglichen besonders detaillierte Aussagen. Erforderliche

Korrekturen bzw. Umordnungen bei der Entwicklung des Ideallayouts zum Reallayout (Layoutanpassungsprozess) erfolgen iterativ (dialogorientiert) durch interaktive Eingriffe am CAD-System.

– **Teambasierte, partizipative Planungswerkzeuge**
Die Dynamik der Prozessänderungen, Forderungen nach Verkürzung der Planungszeiten, flexibler Lösungsentwicklung und hoher Lösungsqualität führten zur Entwicklung flexibler teambasierter, interaktiver **Planungswerkzeuge**. Anwendungsbereiche sind die integrierte, parallele und durchgängige Bearbeitung spezifischer Planungsinhalte unterschiedlicher Strukturebenen, Planungsphasen und Feinheitsgrade im Fabrikplanungsprozess. Dabei ist die Komplexität von Problemstellungen der **Layoutplanung** Kernbereich dieser Werkzeuge. Ihre Anwendung unterstützt gezielt Prinzipien und Inhalte **kooperativer Fabrikplanung** (vgl. Abschnitt 1.5.3) insbesondere durch ein hohes Maß an Visualisierung und Virtualität im Entwurfs- und Entscheidungsprozess. Durch parallele virtuelle Darstellungen in 2D-/3D-Formaten wird eine **Kommunikationsplattform** gesetzt. Diese bildet den Handlungsraum für partizipative, teamorientierte Arbeitsprinzipien in der Lösungsentwicklung. Diese erfolgen interaktiv im interdisziplinären Team, basierend auf Erfahrungs-, Fach- und Vor-Ort-Wissen (Planungsingenieure, Nutzer, Spezialisten, Architekten) bei Nutzung von systemintegrierten Bewertungs- und Optimierungskomponenten.

Nachfolgend werden an zwei Systembeispielen (Auswahl) die technische und methodische Umsetzung partizipativer Layoutplanung vorgestellt.

• **Planungswerkzeug Teambasierter interaktiver Planungstisch – iplant**
Der Planungstisch iplant (Fraunhofer Institut Produktionstechnik und Automatisierung IPA Stuttgart) ist in Abb. 3.42 dargestellt, wobei wesentliche Systemkomponenten erkennbar sind. Dieser bildet ein komplexes Soft- und Hardwaresystem, bei Integration von Bilderkennungs- und Präsentationstechniken wie von *Westkämper*, E. u. a. in [3.43], [3.44] beschrieben.

Der **partizipative Planungsverlauf** ist wie folgt charakterisiert:

Reflektierende Würfel (attributierbare Bricks) bilden Anordnungsobjekte. Der Entwurfsprozess erfolgt partizipativ, teamorientiert auf gerasterter Planungsfläche des Planungstisches durch Zuordnung bzw. Umordnung der Objekte unter gezielter Variantenbildung. Diese 2D-Anordnungen werden durch ein Bilderkennungssystem erfasst und durch spezielle Tools bewertet, sodass neben einer subjektiven auch eine objektive Sofortbewertung der Lösung gegeben ist. Zeitgleich erfolgt eine 3D-Visualisierung auf der Projektionsfläche (Abgriff der 2D-Darstellung) über das Bilderkennungssystem bei wählbarem Kamerawinkel (fiktive Kamera) sowie flexiblen Fahrten durch die Systemlösung.

Die Kombination von virtuellen 2D-/3D-Darstellungen bildet die **Kommunikationsplattform** und ist Basis für realitätsnahe Bewertungen und Eingriffe im Team.

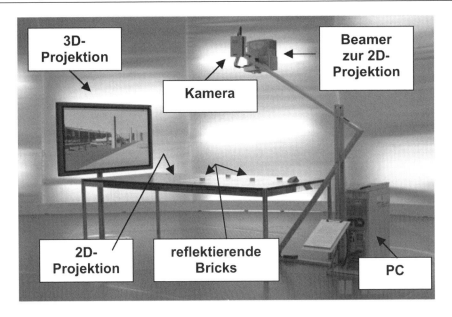

Abb. 3.42: Teambasierter, interaktiver Planungstisch – iplant [3.44], [3.45]

Das System ermöglicht einen skalierbaren Planungsablauf, d. h. Layoutplanung ist durchgängig, z. B. mehrere Planungsebenen durchlaufend – von der Ideal- über die Real- bis zur Feinplanung (Grob zu Fein) praktizierbar. Dem Planungsteam wird es damit möglich, integrierte Layoutplanungen z. B. über die Planungsebenen Gebäude- und Bereichsstruktur bis zur Arbeitsplatzstruktur (Ausrüstungskonfiguration) zu realisieren.

- **Planungswerkzeug Interaktives Planungssystem visTABLE**
  Das Planungssystem visTABLE (TU Chemnitz, Institut für Betriebswissenschaften und Fabriksysteme IBF) von *Wirth, S. / Müller*, E. u. a. in [3.47] bis [3.49] vorgestellt, wird gebildet aus einem großformatigen, schwenkbaren Plasmabildschirm (Standgerät) mit integrierter interaktiver Touch Screen Arbeitsfläche wie in Abb. 3.43 gezeigt (2D-Komponente). Eine Systemergänzung bildet ein separater Bildschirm bzw. Powerwall (3D-Komponente) zur Entwurfs- und Präsentationsdarstellung, auch ist eine portabel Ausführung des Gesamtsystems verfügbar.

Der **partizipative Planungsablauf** ist wie folgt charakterisiert:

Über Touchscreeneingaben von Objekten (Objektbibliothek) und Anordnungen auf gerasteter Bildschirmfläche erfolgt der Entwurf eines 2D-Layout (Anfangslösung). Durch interaktive Eingriffe in das Layout bei partizipativ, teamorientierter Arbeitsweise werden Layoutvarianten generiert. Systemintern werden automatisch Berechnungen realisiert zu Flussintensitäten bei Materialflussvisu-

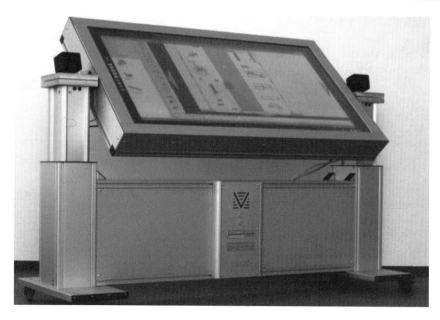

Abb. 3.43: Interaktives Planungssystem visTABLE [3.46]

alisierung (z. B. Distanz-, Intensitäts-, Sankey-Diagramme), zur Abstands-
kontrolle, zur Layoutkorrektur sowie zur Markierung flussintensiver Objekte.
Damit wird eine interaktive, schrittweise Lösungsentwicklung bei subjektiver
und objektiver Bewertung gesichert. Ein integriertes Simulationstool ermöglicht die Animation des Prozessablaufes, womit u. a. eine realitätsnahe Präsentation gesichert wird.

Zeitgleich zur 2D-Layoutentwicklung erfolgt eine Visualisierung im virtuellen
3D-Format basierend auf flexibel setzbarer fiktiver Kamera und separatem
Bildschirm.

Die Verbindung von 2D- und 3D-Darstellungen bildet die **Kommunikationsplattform** als Handlungsraum partizipativer, teamorientierter Lösungsentwicklung vor Ort, oder auch in regional verteilten Netzwerken über Internet.

In Abb. 3.44 sind in Paralleldarstellung (2D-/3D-)flächen- und raumbezogen (vir-
tueller Ausschnitt) die **Layoutstrukturen** eines Vorfertigungsbereiches der Getrie-
beproduktion aufgezeigt [3.50]. Deutlich werden Objektanordnungen, Materialfluss-
intensitäten, Palettenzuordnungen, Fördermitteleinsatz, Transportwegrouten u. a.
Die Visualisierungen wurden im System visTABLE entwickelt und entsprechen im
Detaillierungsgrad einem Feinlayout. Die 2D-/3D-Visualisierungen als Basis für
Bewertungen und Eingriffe sowie das hohe Niveau der Lösungspräsentation als einer
Voraussetzung für Akzeptanz werden erkennbar.

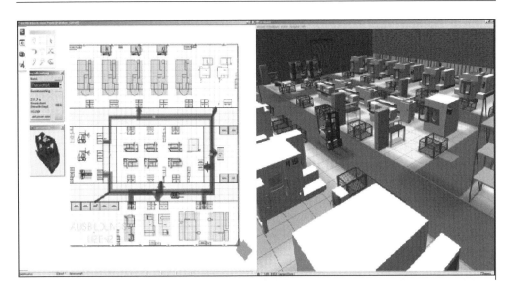

Abb. 3.44: 2D-/3D-Ansichten – virtueller Vorfertigungsbereich Getriebeproduktion (visTABLE) [3.50]

Praxiserfahrungen zeigen, dass es im Rahmen von Fabrikplanungsprojekten wesentlich ist, Planungsergebnisse, insbesondere Layoutentwürfe, z. B. bei der Vorstellung der Feasibility-Studie, anschaulich zu präsentieren, um so die Unternehmensleitung, spätere Nutzer, aber auch Baubeteiligte von der Fabrikplanungslösung überzeugen zu können. Bei größeren, komplizierten Planungsvorhaben ist daher die Lösungspräsentation (neben 2D-Formaten) in Form räumlicher virtueller Darstellungen (3D-Format) zwingend erforderlich. Insbesondere die angeführten Planungswerkzeuge decken diese Anforderungen durch die dargestellten **Kommunikationsplattformen** ab.

In Anwendung der dargestellten Modelle, Methoden und Werkzeuge kann die Layoutplanung je nach **Planungsebene** und **Planungsphase** in unterschiedlichen Inhalten und Feinheitsgraden realisiert werden. Dabei sind folgende Skalierungen möglich:

– Grobplanung → **Groblayout**
  - Idealplanung → *Ideallayout*
    Suboptimale (optimale) idealisierte Anordnungsstrukturen – flächen- und raumneutral
  - Realplanung → *Reallayout*
    Raumeingepasste, restriktive Anordnungsstrukturen – realitätsbezogen

– Feinplanung → **Feinlayout**
  Detaillierte Ausplanung der Anordnungsstruktur – ausführungsreif.

3.3.4.3 Zuordnung Logistikelemente

Die vorangegangenen Bearbeitungsschritte der Struktur- bzw. Layoutplanung hatten die Ermittlung idealer und realer Anordnungsstrukturen (Layoutentwürfe) zum Inhalt. Entsprechend den Hauptinhalten der Kernfunktion „Gestaltung" (vgl. Abschn. 2 sowie Abb. 2.5) ist hierbei auch die technisch-organisatorische Gestaltung der Kopplungselemente (bereichsextern, bereichsintern) zwischen den Funktionseinheiten vorzunehmen. Das heißt, die Zuordnung der **Logistikelemente** erfolgt im Rahmen des **Layoutanpassungsprozesses** der Realplanung simultan-integriert in den Entwurf von Lösungsvarianten (z. B. nach den Prinzipien kooperativer Fabrikplanung – vgl. Abschnitt 1.5.3) durch die Auswahl und räumlich-funktionelle Einordnung der Logistikelemente bzw. -flächen in das Lösungskonzept (Reallayout) gemäß dem Logistikprinzip. Damit entsteht durch „Ergänzung **und** Anpassung" der durchgängige, ganzheitliche Strukturentwurf von Bearbeitungs- und Logistikprozessen des Lösungskonzeptes. Dieser setzt planungssystematisch auf den vorbestimmten Grundstrukturen der wertschöpfenden Funktionen auf (Ideallayout) und wird erweitert um die konkrete Umsetzung der Logistikprinzipien bzw. der erforderlichen Logistikfunktionen im Prozess (Reallayout).

Damit besteht die Aufgabe, die Ausrüstungsauswahl der **Logistikelemente** nachfolgender Logistikprozesse vorzunehmen und diese in die jeweilige Lösungsvariante funktions- und raumbezogen einzuordnen.

– **Förderprozesse**
  • Festlegung von **Förder- und Lagerhilfsmitteln (FHM)**
    Begriffe Fördern/Transportieren sind synonym – nachfolgend wird der Begriff Fördern (innerbetrieblich) angewendet
  • Bestimmung erforderlicher **Fördermittel (FM)**
– **Lagerprozesse**
  • Bestimmung erforderlicher **Lagermittel (LM)**.

Diese Logistikelemente sind unter Beachtung funktioneller, organisatorischer, maßlicher und flächenbezogener Aspekte, erforderlicher Investitionsbedarfe sowie des Logistikprinzips (vgl. Abschnitt 3.2.4) auszuwählen und den Reallayoutentwürfen bei entsprechender Variantenbildung zuzuordnen. Diese Zuordnung führt im Regelfall zu einer gravierenden Beeinflussung bzw. zu Veränderungen der Layoutstrukturen (Anordnungsveränderungen, Maßlichkeiten von Toren, Transportachsen, Lagerflächen). Oftmals prägen Logistikprozesse die Anordnungsstrukturen der Lösungskonzepte (vgl. Industriebeispiel in Abschnitt 8.2 sowie Abschnitt 4). Grundsätzlich sind Prinzipien der ganzheitlichen Gestaltung von Materialflussprozessen – sowohl unternehmensintern (Bereich der **Intralogistik**) als auch -extern – zu beachten. Ziel muss es sein, beide Komponenten zu durchgängigen unternehmensübergreifenden **Materialflussketten** (-netzen) auszubilden (vgl. [3.51], [3.52]). Diese entstehen dann, wenn die Schnittstellen der an der Kette beteiligten Materialflussfunktionen bzw. Logistikelemente durchgängig abgestimmt sind. Zu vermeiden sind damit rein separierte, punktuelle Lösungen, die nur zu Teiloptima führen, den Gesamtprozess aber nicht erfassen.

Die Voraussetzungen für die Auswahl und Zuordnung von Logistikelementen sind durch Ergebnisse der vorgelagerten Bearbeitungsschritte gegeben. So sind z. B. Bereiche, Werkstätten, Arbeitsplätze und Bearbeitungstechniken, die durch Förder- und Lagertechniken zu verknüpfen sind, in ihren **Anordnungsstrukturen** (Distanzmatrix), **Materialflussvernetzungen** und **Transportintensitäten** bekannt.

Die Bestimmung von **Logistikelementen** unterliegt folgenden für die Lösungsgestaltung wesentlichen Aspekten:

– Das **Logistikprinzip** bestimmt maßgeblich Typ und Zuordnung der Logistikelemente
– die **Variantenbildung** ist – neben Raum- und Gebäudeeinflüssen – maßgeblich durch die eingesetzten Förder- und Lagertechniken bestimmt
– der **Investitionsbedarf** der Förder- und Lagertechnik beeinflusst wesentlich den Investitionsumfang der Lösungsvarianten
– die eingesetzte Förder- und Lagertechnik (Materialflusslösung) bildet einen wesentlichen Faktor der **Variantenauswahl** im Rahmen der Layoutbewertung (vgl. Abschnitt 3.3.4.4).

Erkennbar wird, dass Materialflussbeziehungen zunächst die Anordnungsstruktur der Funktionseinheiten des Wertschöpfungsprozesses (Ideallayout) bestimmen. Diese Anordnungsstruktur erfährt anschließend Korrekturen u. a. auch durch die einzusetzenden Materialflusstechniken (Reallayout). Damit wird deutlich, dass die moderne Fabrikstrukturplanung dem Primat der funktionsgerechten Einordnung und Minimierung des Aufwandes für Logistikprozesse unterliegt (vgl. [3.51], [3.52], [3.53]).

Grundlagen für die **Auswahl von Logistikelementen** sind folgende Planungsergebnisse:

– Technische Merkmale der Produkte (Förder- und Lagergut)
– Produktionsvolumen Sortimentspositionen (Fertigungsarten)
– Materialflussbeziehungen – bereichsintern/-extern (qualitative/quantitative Vernetzung, vgl. Abschnitt 3.3.3.2)
– Fertigungsformen (bereichsintern – Werkstätten), Flusscharakter – Netz, Linie, Punkt
– Vorgaben zum Logistikprinzip (vgl. Abschnitt 3.2.4)
– Kostenbudget Investitionsumfang (vgl. Abschnitt 3.1 und 3.2).

Nachfolgend wird eine Grobübersicht über klassische **Logistikelemente** für Förder- und Lagerprozesse in Fabrik- und Produktionssystemen dargestellt. Für weiterführende Fragestellungen, insbesondere zu **Einsatzbereichen**, **Funktionsmerkmalen**, zur **Dimensionierung** und **Steuerung** (Organisation), wird auf vertiefende Spezialliteratur der Logistik verwiesen (vgl. z. B. [3.8], [3.39], [3.54] bis [3.58]). Auch ist diesbezüglich auf den Leistungsumfang der Ausrüstungshersteller im Rahmen der Angebots- bzw. Projekterarbeitung hinzuweisen, durch den die Auswahl und Auslegung der Logistikelemente im Regelfall lösungsbezogen abgedeckt werden kann, sodass diese Engineering-Pakete in der Variantenentwicklung nutzbar sind.

Auswahl von Förderhilfsmitteln (FHM)

Der Einsatz von Förderhilfsmitteln bildet eine wesentliche Voraussetzung für eine durchgängige Förderung **und** Lagerung von Produkten (Rohteile, Halbfabrikate, Endprodukte). Dazu werden Einzelprodukte gezielt zu **Ladeeinheiten** zusammengefasst, die von spezifischen Förderhilfsmitteln aufgenommen werden. Förderhilfsmittel sind gezielt auszuwählen (Regelfall – Einsatz von Standardsystemen), sie stellen **logistische Einheiten** dar (Förder- und Lagereinheiten) und erfüllen folgende Funktionen:

– Tragen, Zusammenhalten (Lagesicherung) und Schutz von Produkten in standardisierten, maßlich und geometrisch definierten Flach- oder Behältersystemen (Paletten, offene oder geschlossene Behälter). Spezielle Behältersysteme (Standardsysteme) sichern ihre Unterfahrbarkeit, Kranbarkeit und flexible Greifbarkeit.
– Bildung von definierten Ladeeinheiten (Einheitenbildung) zur Förderung (Transport), zum Abstellen (Arbeitsplatz) und zur Lagerung (Lagerbereich)
– Tragen von Informationen – produkt- und/oder behälterbezogen (Strichcode-Systeme, Begleitpapiere)
– Sicherung von Förderung, Handling und Lagerung der Ladeeinheiten bei Stapelfähigkeit (Standardisierung von Schnittstellen, Abmessungen und Lastaufnahmepunkten)
– Bildung integrierter Materialflussketten (bereichsintern, -extern, unternehmensübergreifend)
– Darstellung von Werbeaussagen/Marktauftritt.

Der gezielte Einsatz von funktionsgerechten Förderhilfsmitteln bildet eine wesentliche Voraussetzung für die Auswahl und den wirtschaftlichen Einsatz insbesondere von mechanisierten bzw. automatisierten Förder- und Lagertechniken.

In Abb. 3.45 ist eine grobe Übersicht über gebräuchliche **Arten von Förderhilfsmitteln** dargestellt. Danach unterscheidet man ebene (Paletten), umschließende (Boxen) sowie Sonderkonstruktionen. Dominierendes Behältersystem in der Industriepraxis bilden die Euro-Pool-Palette bzw. die Euro-Box-Palette. Der Einsatz ist durchgängig unternehmensintern und -extern üblich (Kreislauf- und Rückführsysteme).

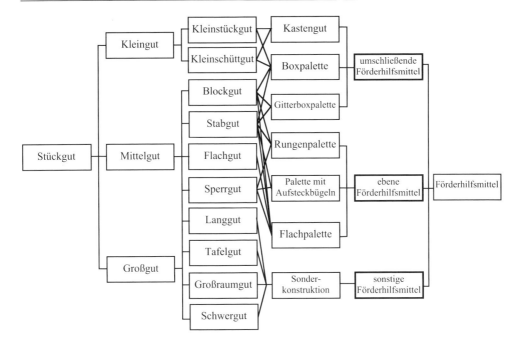

Abb. 3.45: Förderhilfsmittelarten und Fördergutzuordnung (i. A. an [2.2])

Wesentliche Kriterien der **Auswahl von Förderhilfsmitteln** sind:

– Anforderungen Fördergut (Klasseneinteilung, Fördergutgruppen)

Kleingut:
- Lager – Sichtkästen (Blech/Kunststoff)
- Kunststoffkästen, Boxpalette – Modulmaß Euro-Palette

Mittelgut:
- Euro-Pool-Palette (800 × 1200 / 1000 × 1200 in mm – Europaformat)
- Gitterbox – Modulmaß Euro-Palette

Großgut:
- Container, Flats (Flachcontainer)
- Sonderkonstruktionen

Sondergut:
- Werkstückträger/Baugruppenträger
  Formschlüssiges Trägersystem, Sicherung Lagefixierung Einzelteil zur auto-
  matisierten Handhabung (Einlegegeräte, Roboter), individuell/standardisiert,
  teilweise stapelbar
  (Sonderformen: Skids – Montageprozess Automobilbau)
- Magazin – Palette (flexibel, modular)
  Palettengrundrahmen mit Paletteneinsatz (Werkstückträger)

– Abstimmung von FHM mit Fördermitteln (FM) **und** Lagertechnik (LT)
Durch den FHM-Typ (Abmessungen, Gewicht, Manipulierbarkeit) werden maßgeblich bestimmt:

• Förderbereich – Transportwegbreiten, FM-Typ, Tragfähigkeiten, Palettenaufnahme
• Lagerbereich – Transportwegbreiten, Lager-Typ, -abmessungen, Tragfähigkeit, Lastaufnahme

– Einheitlichkeit der FHM ist zu sichern (Standardsysteme), Minimierung der FHM-Vielfalt, durchgängige Nutzung im Prozess
– Die Idealforderung der Ladeeinheitenbildung zur Senkung von Umschlag- und Handlingaufwand ist gegeben mit: Fördereinheit = Bearbeitungseinheit = Lagereinheit = Verpackungseinheit = Versandeinheit (Transportkettenbildung)
– Einsatz FHM-Typ setzt Kriterien im arbeitsplatzbezogenen Materialfluss – Anforderungen an den Abstellflächenbedarf (Voll-/Leerpaletten) je Arbeitsplatz – Feinlayout
– Sichern der Paletten- und Behälterkreisläufe bei Einsatz von Standardsystemen (Einweg-, Mehrwegsysteme).

Auswahl von Fördermitteln (FM)

Fördermittel stellen technische Systeme dar, mit deren Hilfe Güter (Produkte) unmittelbar oder mittelbar (bei Einsatz von FHM) gefördert werden können. Unter logistischer Betrachtung sind Fördermittel aktive, bewegliche Verbindungselemente zwischen Quellen und Senken, das Förderergebnis bildet die Orts- und/oder Lageveränderung von Produkten.

In Abb. 3.46 ist eine Übersicht über in der Industrie verbreitete **Fördermittelarten** des unternehmensinternen Materialflusses gegeben. Bei Gliederung der FM hinsichtlich ihres Förderprinzips können diese in stetige und unstetige Fördermittel eingeteilt werden.

– **Stetige Fördermittel**
Diese Fördermittel gewährleisten bei festgelegtem Förderkurs einen kontinuierlichen Materialfluss bei manueller, mechanisierter oder automatisierter Gutentnahme (ortsfeste Förderanlagen). Das Fördergut kann waagerecht, geneigt oder senkrecht linienorientiert, aber auch vernetzt gefördert werden, sodass Flächen- (dann flurgebunden bzw. aufgeständert) und Raumstrukturen (dann flurfrei) erfassbar sind. Typische Stetigfördersysteme sind (Auswahl):
• *Flurgebunden*: Schleppförderer (Unterflurförderer)
• *Aufgeständert:* Rollenbahnen, Kugelbahnen, Skid-Rollenbahnen (Tragrahmen), Schubplattformen, Tragkettenförderer, Gurtförderer, Wandertische
• *Flurfrei*: Kreisförderer (Elektrohängebahn, Power-and-free-Förderer, Kreiskettenförderer).

Die Vorteile von **Stetigförderern** liegen in ihrer hohen Automatisierbarkeit (geringer Personalbedarf), der flächen- und raumflexiblen Wegführung sowie der flexiblen Ein- und Ausschleusbarkeit des Fördergutes. Weiterhin sind die ständige Gutaufnahme- bzw. Förderbereitschaft sowie die Raumhöhenausnutzung (z. B. für Gutlagerung in deckengeführten Stichbahnen) positive Aspekte. Nachteile liegen in der ortsgebundenen Anordnung (Festinstallation) und damit in der sehr begrenzten Umstellungsflexibilität, u. U. dem hohen Bodenflächenbedarf (flurgebundene Systeme), sowie in den hohen Investitionsaufwänden.

– **Unstetige Fördermittel**
Typisch für diese Fördermittel sind der intermittierende und flächenflexible, teilweise raumflexible Fördercharakter (Ausnahme: Aufzüge). Typische **Unstetigförderer** sind Hebezeuge (flurfrei), Regalförderzeuge (geführt verfahrbar), sowie flurgebundene Fördermittel (gleislos, gleisgebunden, spurgeführt) sowie Aufzüge (vgl. Abb. 3.46).

• **Hebezeuge**
Ausführungsformen sind Hängebahnsysteme aber auch Krane, z. B. Portal-, Brücken- und Laufkrane. Diese nutzen den nahezu funktionsfreien Deckenraum, operieren fast unabhängig vom Flurtransport und sind äußerst aufnahme/absetzflexibel bei vertikaler und horizontaler Förderung. Unterschiedliche Lastenaufnahmemittel sichern eine hochflexible Gutaufnahme. Der Trend im Industriegebäudebau läuft allerdings aufgrund der Kostenerhöhung der Gebäude durch das Abfangen von statischen und dynamischen Deckenlasten sowie der erforderlichen Raumhöhen zu Ungunsten von Kraneinbauten. Verbreiteten Einsatz haben Elektro-Hängebahnsysteme (EHB). Sie sichern einen schienengeführten, flurfreien Transport (auch aufgeständert) in Verbindung mit Hub- und Senkstationen. Lastaufnahme über Greifer, Lasthaken, Plattformen, Gondeln u. a. Einsatz oftmals bereichsübergreifend in Montagelinien, Lägern, auch als mobile Werkbank (ergonomisch-absenkend).

• **Regalförderzeuge (Regalbediengeräte)**
Diese Fördermittel sind in der Regel schienengeführt (Boden/Decke) und werden zur Ein- und Auslagerung von palettiertem Fördergut (bei Einsatz von FHM-Standardsystemen) ausschließlich in Verbindung mit speziellen Lagersystemen eingesetzt. Damit ergeben sich in Verbindung z.B. mit Palettenregallagersystemen (Hochregallager, Kommissionierlager) vollautomatisierte Förder- bzw. Lagerprozesslösungen bei minimalem Flächenbedarf und günstiger Raumnutzung (vgl. z.B. Fertigungsformen IGFA in Abschnitt 3.3.3.3). Vertikal und horizontal verfahrbare Kabine (Hubwagen) verfügt über spezielle Lastaufnahmemittel (Teleskopgabel, Durchschubgabel, Greifer, Rollentische u.a.) zur Aufnahme von FHM. Kurvengängige Lösungen oder Umsetzen zum Einsatz in mehreren Regalgassen sind üblich. Regalbediengeräte (RBG) sind in der industriellen Anwendung sehr verbreitet und ermöglichen hochinnovative Förder- und Lagerlösungen.

- **Flurgebundene Fördermittel**

  - *Gleislose Fördermittel*: sehr verbreitet, Ausführungsformen sind Stapler (Frontstapler, Schubgabelstapler, Vierwegstapler, Kommissionierstapler u. a.), Hubwagen, Schlepper. Hauptmerkmale sind niedrige Anschaffungskosten, hochflexibler Einsatz in der Fläche, Einsatz von FHM (Ladeeinheitenbildung) sowie universelle/spezielle Aufnahme- bzw. Greifvorrichtungen (Anbauvorrichtungen).
  - *Gleisgebundene Fördermittel*: z. B. handfahrbare Plattformwagen, Tischwagen – im Industrieeinsatz gering verbreitet.
  - *Spurgeführte Fördermittel*: Typische Techniken sind fahrerlose Transportsysteme (FTS). Diese ermöglichen einen vollautomatischen Förderprozess (Stapler/Wagen auch Schlepper/Anhänger) bei flexibler Streckenführung insbesondere hinsichtlich folgender Funktionen:
    - *Fahrzeugsteuerung* des Durchlaufes durch die Werkstatt induktiv (Leitdraht in Hallenboden), mit Datenfunk, Ultraschall, Infrarot oder basierend auf programmierten, virtuellen Fahrwegenetzen in Verbindung mit Referenzmagneten bzw. reflektierenden Baken.
    - *Lastauf- und -abgabe* mittels Hubtisch an Lastübergabestationen (Palettenbahnhöfe) zwischen FTS und Bearbeitungsstation/Arbeitsplatz.

- **Aufzüge**
  Typisch für Aufzüge (Paternoster – Umlaufförderer) ist ihre senkrechte auch begrenzt waagerechte Förderrichtung (dann als Z-Förderer bezeichnet). Sie werden bei Etagenbauwerken zum Verbinden des Materialflusses über Produktionsebenen in Kombination mit anderen Fördermitteln (z. B. Gabelstapler) erforderlich. Aufzüge bilden im Regelfall Schnittstellen mit Stau- bzw. Wartecharakter und sollten vermieden werden (Produktion möglichst in einer Ebene).

Die **Fördermittelauswahl** ist durch eine Vielzahl von Kriterien bestimmt. Wesentliche Kriterien sind:

- **Förderaufgabe**
  - Fördergut (Art, Abmessung, Gewicht, Form), Ladeeinheiten (FHM)
  - Produktionsvolumen (Mengengerüst)
- **Materialflussbeziehungen**
  - Förderstrecken (Richtung, Entfernungen, Vernetzungscharakter)
  - Förderintensitäten (z. B. Fördereinheiten pro Zeitraum, Wiederholungscharakter)
- **Gesetzliche Bestimmungen**
  - Arbeitsschutz, Transportsicherheit
- **Förderorganisation**
  - Logistikvorgaben (z. B. Kanban- oder Just-in-time-Prozesse – vgl. Abschnitt 3.2.5)
- **Förderarten**
  - Direkt-, Stern-, Ring-, Linien-, Pendelverkehr.

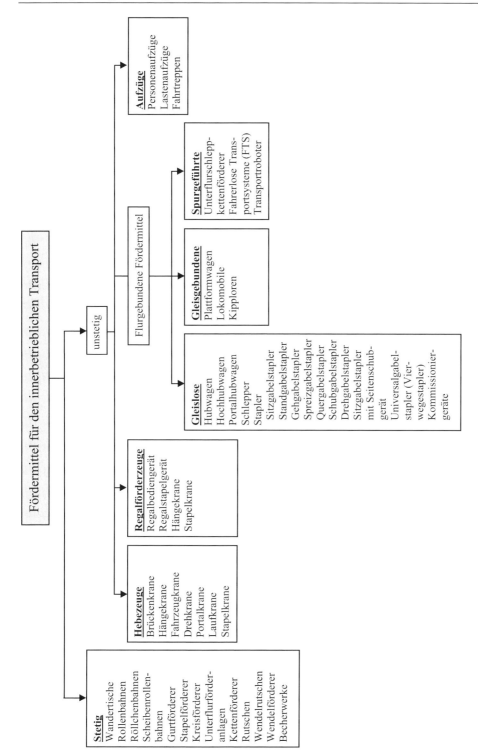

Abb. 3.46: Gliederung innerbetrieblicher Fördermittel (i. A. an [3.59])

Neben diesen Kriterien ist eine Grobbestimmung auch auf Basis der Kenntnis der Fertigungsarten bzw. der Fertigungsformen gegeben. So sind z. B. Werkstattfertigungen bei Einzel- bis Mittelseriencharakter durch lange Förderwege, hohe Transportflexibilität und unregelmäßiges Förderaufkommen charakterisiert. Damit ist hier der Einsatz von flurgebundenen flexiblen Fördermitteln (z. B. Stapler) und von Hebezeugen typisch. Mit steigendem Seriencharakter verstetigt sich die Förderaufgabe, sodass z. B. bei Reihen- und Fließfertigung stetige Fördermittel einsetzbar sind.

In Abb. 3.47 sind Beurteilungskriterien zu den Einsatzbereichen ausgewählter Fördermittel dargestellt, durch die eine grobe Abschätzung der Einsatzeignung nach unterschiedlichen Kriterien gegeben ist.

Auswahl von Lagertechniken (LT)

Lagerprozesse von Produkten stellen wesentliche Logistikfunktionen im Rahmen des Produktionsablaufes dar. Insbesondere die Tatsache, dass der Zeitanteil der Produkte für Lagerung im Regelfall deutlich über 50 % der Durchlauf- bzw. Lieferzeiten der Produkte beträgt, zeigt die Bedeutung der Lagerprozesse im Rahmen der Materialfluss- und Layoutplanung (vgl. Abschnitt 3.3.3.2).

Ausprägung:
● stark
◑ mittel
○ gering

	Beurteilungskriterien														
	Fördergut			Förderbereich				Fördermittel-einsatz				Förder-organisation			
Fördersystem	Abmessungen	Gewicht	spez. F.bedingung	Anzahl Positionen	Entfernung	Richtung	Förderebene	Grundfläche	Automatisiergrad	Förderhilfsmittel	Förderhäufigkeit	Förderzeit	Förderfrequenz	Fördermengen	Flexibilität
Aufzug	◑	◑	●	◑	○	○	●	◑	◑	○	◑	◑	◑	●	●
Brückenkran	●	●	◑	●	◑	●	●	○	○	◑	◑	◑	◑	○	●
Gabelstapler	◑	◑	◑	●	●	●	◑	●	○	◑	◑	◑	◑	◑	◑
Schlepper	●	●	◑	●	●	●	○	●	◑	○	◑	◑	◑	●	●
Schleppkettenförderer	○	●	○	●	●	○	○	◑	●	○	●	○	●	●	○
Rollenbahn	◑	◑	○	●	●	○	○	◑	●	○	●	●	●	●	○
Hängebahn	○	○	○	●	●	○	○	○	●	○	●	◑	●	●	○
Bandförderer	○	○	○	●	●	○	○	◑	●	○	●	●	●	●	○
Wandertische	○	◑	◑	●	●	◑	○	◑	○	○	◑	○	○	◑	◑
Fahrerloses Transportsystem	◑	◑	●	●	◑	◑	○	◑	●	◑	●	◑	○	◑	◑
Palettenförderer	◑	◑	◑	●	●	○	○	◑	●	●	●	◑	◑	◑	◑

Abb. 3.47: Beurteilungskriterien zu Einsatzbereichen ausgewählter Fördersysteme [2.19.]

Unter **Lagerung** wird allgemein „geplantes Liegen (Verweilen) von Produkten im Materialfluss" verstanden (nach VDI 2411).

Das **Lager** wird charakterisiert durch spezifische Flächen- bzw. Raumbedarfe in Verbindung mit den eingesetzten Lagertechniken zur Aufbewahrung von Stück- und Schüttgütern und deren mengen- bzw. wertmäßige Erfassung (Zu- und Abgangsidentifikation). Jedes Lager kann funktionell bedingt in folgende Bereiche (Funktionszonen) gegliedert werden:

– **Lagerzone**
  Lagerung – Lagertechnik/Lagergut,
  Lagerbedienung – Stapler/Regalbediengerät (Operationsraum)
  Kommissionierung – Zusammenstellung Lagergüter
– **Vorzone**
  Warenein- und -ausgang
  Identifikation, Buchung, Bereitstellung Lagergut.

Diesen Bereichen sind im Rahmen der Lagerplanung spezifisch Flächengrößen (Logistikflächen) zuzuordnen.

Der Lagerungsprozess stellt einen nichtwertschöpfenden, ausschließlich Kosten verursachenden Prozess im Rahmen der Produkterstellung dar. Die Kostenverursachung ist maßgeblich gegeben durch Kosten für Umlaufkapitalbindung, für Lagerpersonal, für Lagertechniken, für Lagerverwaltungssysteme, sowie für Flächen- bzw. Raumnutzung. Lagerprozesse sind unter Kosten- und Zeitaspekten unerwünscht, d. h., sie sind in ihrem Umfang (Flächen- und Raumbedarfe, Lageranzahlen und -größe, Ausrüstungskosten, Bestandshöhen, Verweilzeiten u. a.) weitgehend zu minimieren. Damit wird wesentlichen logistischen Zielsetzungen der Gestaltung von Beschaffungs-, Produktions- und Absatzprozessen entsprochen.

Andererseits sind in der industriellen Praxis Lagerprozesse als **Synchronisations- und Pufferelemente** in komplexen Materialflussprozessen nicht gänzlich vermeidbar, sondern bilden im Regelfall stabilisierende Elemente insbesondere unter den Aspekten des Kundenservices, z. B. bei Lieferflexibilität und Terminsicherheit. Prinzipiell setzen daher moderne Fabrikkonzepte auf eine gezielte Minimierung von Kosten für Logistikelemente, was im Rahmen des Fabrikplanungsprozesses durch frühzeitige innovative logistische Vorgaben abzusichern ist (vgl. Abschnitt 3.2.4 sowie 4).

Lagerprozesse können durch folgende, allgemeine **Lagerfunktionen** charakterisiert werden:

– **Ausgleichsfunktionen** (Synchronisation) zwischen Zu- und Abgang der Produkte unter den Aspekten
  • zeitlich (Zeitausgleich, Zeitüberbrückung)
  • mengenmäßig (Mengenausgleich)

• Zusammensetzung (Sortimentsausgleich durch Vereinzelung/Zusammenstellung)

• örtlich (Raumausgleich, Raumüberbrückung innerhalb des Lagersystems)

– **Bevorratungsfunktion** (Sicherheitsfunktion) zur gezielten Vorratshaltung von Roh-, Halb- und Fertigprodukten zur Kompensation von Störungen, Lieferausfällen, Absatzschwankungen

– **Bereitstellungsfunktion** zur verbrauchsortnahen Bereitstellung der Produkte für Produktion und Versand

– **Kommissionierfunktion** zur unternehmensinternen und -externen (kundenbezogenen) Auftragszusammenstellung

– **Technologiefunktion** zur technologisch bedingten Lagerung z. B. für Prozesse der Abkühlung, Alterung, Trocknung.

Entsprechend den jeweils erforderlichen **Lagerfunktionen** können unter Beachtung der Stellung des Lagers im Wertschöpfungsprozess unterschiedliche Lagerarten (Lagerstufen) definiert werden. Diese sind nach Abb. 3.48 in Industrieunternehmen prinzipiell in Eingangs-, Zwischen- und Ausgangslager (allgemein als **Produktionslager** bezeichnet) zu unterscheiden. In Abb. 3.48 sind den jeweiligen Lagerarten typische Lagerfunktionen zugeordnet, auch wurden die Lagerarten um weitere in der Industriepraxis übliche Begriffe erweitert.

Diese **Lagerarten** haben vereinfachend folgende Kernaufgaben:

Eingangslager   – Beschaffungs- und Bedarfsausgleich sowie Vorratshaltung von Rohmaterialien und Kaufteilen vom Liefermarkt zur ersten Fertigungsstufe

Zwischenlager   – Fertigstellungs- und Bedarfsausgleich sowie Vorratshaltung zwischen den Fertigungsstufen des Produktionsprozesses – Halbfabrikate

Ausgangslager   – Fertigstellungs- und Absatzausgleich sowie Vorratshaltung zwischen der letzten Fertigungsstufe und dem Kundenmarkt – Fertigprodukte.

Die Lagerfunktionen können in Abhängigkeit von der Problemstellung für die jeweiligen Lagerarten deutlich erweitert werden (vgl. Abb. 3.48), wobei eine ganzheitliche, durchgängige Logistikoptimierung auszustreben ist [3.51], [3.52]. Prinzipiell können diese drei Lagerarten für Produktionsprozesse bei Zugrundelegung der Fertigungsstufenanzahl (vgl. Abb. 3.21) zunächst ganz unabhängig von den Niveaustufen der Lagerlösung gesetzt werden. Lagerfunktionen des Ausgleichs und der Bevorratung (Versorgungssicherheit) sind immer – wenn auch in sehr unterschiedlichem Niveau – zu sichern.

Die funktionell bedingt erforderlichen **Lagerarten** im Produktionsprozess können im Rahmen des Fabrikplanungsprozesses schon sehr frühzeitig bestimmt werden, so z. B. bei der Erarbeitung des **Funktionsschemas** (vgl. Abschnitt 3.3.1). Sind die zu realisierenden Fertigungsstufen, Fertigungsbereiche (Funktionseinheiten) und Materialflussbeziehungen bekannt, können die erforderlichen prinzipiellen Lagerarten im Beschaffungs-, Produktions- und Absatzprozess bei Beachtung des umzusetzenden **Logistikprinzips** (vgl. Abschnitt 3.2.4 und 4) abgeleitet werden. Sind z. B. **Just-in-time-Strukturen** für das Fabrikkonzept vorgegeben, dann sind Lager-Minimallösungen bzw. der „Entfall" von Eingangs-, Zwischen- bzw. Ausgangslägern aufgrund der Durchsetzung von Synchronisationsprinzipien zwischen Zulieferungs- und Verbrauchs-(Entnahme-/Einbau-)Prozessen möglich. Daraus resultieren entsprechende Konsequenzen für das Fabrikplanungsobjekt. Der Flächenbedarf für Lagerprozesse geht in diesen Fällen deutlich zurück – erkennbar in den Flächenstrukturen der Layoutgestaltung (vgl. z. B. Abschnitt 4.5).

Lagerarten	Lagerfunktionen
Eingangslager (ELA) Vorratslager Wareneingangslager Rohteilelager Kaufteilelager Beschaffungslager	• Ausgleich von Zulieferschwankungen mit Entnahmebedarfen • Bevorratung • Produktidentifikation • Eingangsprüfung • Kommissionierung – Folgebereich • Auspacken

Zwischenlager (ZL)
Pufferlager
Fertigungslager
	• Ausgleich der Schwankungen von Bereitstellung und Entnahme zwischen den Bereichen
	• Bevorratung
	• Lagerung innerhalb der Bereiche (kombiniert, separat)
	  – Ausgleichslagerung zwischen den Arbeitsplätzen
	  – Bereitstellungslagerung an den Arbeitsplätzen
	• Kommissionierung – Folgebereich

Ausgangslager (ALA) Auslieferungslager Verteillager Kommissionierlager Fertigwarenlager Warenausgangslager Distributionslager Versandlager Absatzlager	• Ausgleich von Schwankungen zwischen Fertigstellung und Auslieferung • Bevorratung • Etikettierung • Verpackung • Ausgangsprüfung • Kommissionierung – Absatz/Verkauf

Abb. 3.48: Lagerarten und mögliche Lagerfunktionen im Produktionsprozess

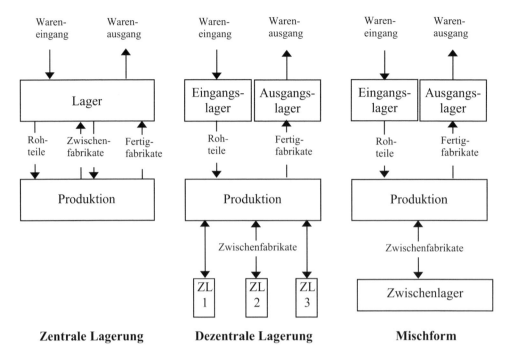

Zentrale Lagerung   **Dezentrale Lagerung**   **Mischform**

Abb. 3.49: Lagerkonzepte funktionell-räumlich unterschiedlicher Lagerarten (i. A. an [2.2])

Werden neben funktionellen Aspekten der Lagerung auch örtliche Aspekte, d. h. Kriterien der flächen-/raumbezogenen Zuordnung der Läger zum Produktionsprozess (Fertigungsstufe), betrachtet, dann können nach [2.2] drei prinzipielle **Lagerkonzepte** unterschieden werden. Wie Abb. 3.49 deutlich macht, unterscheiden sich diese Konzepte durch den Grad funktioneller Integration und/oder räumlicher Konzentration von Lagerarten bezogen auf den Produktionsprozess.

Prinzipiell können unterschieden werden:

– **Zentrale Lagerung**
  Dieses Konzept vereint Funktionen mehrerer Lagerarten in einem Lager (Komplexlager) und stellt aufgrund der hohen Flächen- bzw. Raumkonzentration der Lagerfunktionen u. U. bei Einsatz einheitlicher Lagertechnik (z. B. Palettenregal-Systeme) ein sehr rationelles Lagerkonzept dar.

– **Dezentrale Lagerung**
  Mehrere dezentrale Läger (insbesondere Zwischenläger), nahe den Orten der Bestandsbildung bzw. des Verbrauches zugeordnet, bilden dieses Konzept. Kurze Förderwege und schneller Zugriff sind Vorteile, die Vielgestaltigkeit der Lagerorte und gegebenenfalls der Lagertechniken sind Nachteile.

– Zentrale/dezentrale Lagerung – Mischform
In der Industriepraxis häufig anzutreffendes Lagerkonzept. Entsprechend den speziellen Bedingungen des Produktionsprozesses sowie der Flächen- und Raumgrößen werden Formen der zentralen **und** dezentralen Lagerung realisiert.

Ein wesentlicher Entscheidungsschritt im Rahmen der Zuordnung von Logistikelementen in das Reallayout ist die Bestimmung der einzusetzenden **Lagertechniken**. Von diesen werden z. B. Flächen- und Raumbedarfe, Anordnungsformen und Kostengrößen der Prinziplösungen maßgeblich bestimmt. In Abb. 3.50 sind prinzipielle, in der Industrieanwendung verbreitete **Lagermöglichkeiten** in Verbindung mit einer Zuordnung von **Lagertechniken** zum **Lagergut** (Stückgut) dargestellt. Die Funktionsprinzipien und Lagertechniken werden nachfolgend in einem Grobüberblick angeführt.

– Lagerung im Freien
Diese Lagermöglichkeit ist in der Industrie nur selten anzutreffen bzw. hat Kurzzeitcharakter (Sonderfälle). Sie ist aus Gründen des Produktschutzes (Witterung, Angriffe) weitgehend zu vermeiden. Ausnahmen sind Großgutlager (Container, Großteile).

– Lagerung in Gebäuden

A Lagerung ohne Lagergestell – Bodenlagerung (statische Lagerung)
Einfache Lagerform (ohne Lagertechnik), in den Formen Zeilen-(Reihen-)Lagerung oder Blocklagerung möglich – gestapelt (hohe Flächen-/Raumnutzung) oder ungestapelt. Typisch sind Möglichkeiten einer raumflexiblen Bodenlagerung, allerdings im Praxisfall mit Problemen der Produktidentifikation und des Zugriffes bei nahezu keiner Automatisierungsmöglichkeit des Lagerprozesses verbunden.

B Lagerung mit Lagergestell – Regallagerung
Sehr verbreitet bei Einsatz unterschiedlicher Arten von Regalsystemen. Prinzipiell ist hierbei zwischen beweglicher und feststehender Lagerung bei Einsatz entsprechender Lagertechniken zu unterscheiden.

– Feststehende Lagerung im Lagergestell (statische Lagerung)
Fachregallager
Lagergestelle (Stahlblech/Holz), die durch Fachböden und Trennwände gegliedert sowie ein- oder mehrstöckig ausgebildet (Etagenläger) sind. Einsatz verbreitet als Ersatzteil-, Hand- oder Normteilelager.

Palettenregallager
Einsatz bei palettiertem Lagergut (Ladeeinheiten), Absetzen der Paletten auf Auflageträgern (Palettenfächer) im mehrzeiligem Regalsystem bei Längs-/Quereinlagerung. Sehr verbreitet, da sehr flächen- und raumsparende kompakte Lagerung bei weitgehender Automatisierbarkeit der Lager- und Förderprozesse möglich, Einsatz von z. B. Stapelkranen, Regalförderzeugen, Regalbediengeräten zur Ein-, Aus- und Umlagerung von Paletten.

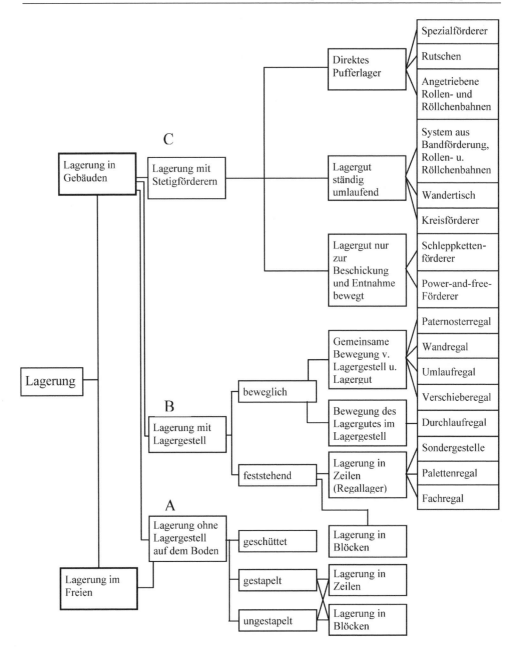

Abb. 3.50: Lagermöglichkeiten und Lagertechniken für Stückgut (i. A. an [2.16])

Die Regalanordnung erfolgt verbreitet paarweise, parallel zueinander als Regalblöcke mit Regalgasse für Fördermitteleinsatz.

- Palettenregallager werden nach der Bauhöhe unterschieden in:
- Paletten-Flachregallager (Bauhöhe bis 12 m)
- Paletten-Hochregallager (Bauhöhe 12 bis 45 m).

Eine innovative Sonderform des Palettenregallagers stellen **Zeilen-** bzw. **Kanallager** dar. Diese sind in Form statischer Zeilen- und Kanalstrukturen ausgebildet. Die Ladeeinheiten sind nebeneinander (Zeile) und hintereinander (Kanal) angeordnet, sodass eine hohe Packungsdichte erzielt wird. Der Transport in der Ebene erfolgt durch spezielle autonome Fahrsysteme (Shuttle-Systeme/Satellitenfahrzeuge). Zwischen den Lagerebenen und der Lagervorzone wird der Transport durch einen (oder mehrere) Vertikalförder realisiert. Einsatzbereiche sind automatisierte Mittel- und Kleinteileläger (Behälter/Kartonagen).

Sondergestelle

Für die Lagerung solcher Produkte, für die aufgrund der Abmessungen Flach- oder Palettenregale ungeeignet sind, z. B. Langgüter, Stangen- und Profilmaterial, Platten. Sondergestelle sind in den Ausführungsformen A-Gestell, Kragarmregal, Tannenbaumregal, Wabenregal bekannt.

- **Bewegliche Lagerung im Lagergestell (dynamische Lagerung)**
  Diese Lagerung ist in zwei Formen möglich:

Lagergutbewegung durch das Lagergestell

- **Durchlaufregallager**
  Durchlauflager sind Regale in Blockform bei getrennter Ein- und Auslagerung von hintereinander liegendem sortenreinem palettiertem Lagergut, das sich durch Schwerkraft bzw. auf angetriebenen Rollenbahnen von der Aufgabe- zur Entnahmestelle bewegt (FIFO-Prinzip). Bautechnisch ist es als Gestellkonstruktion mit neben- und übereinander angeordneten Regalkanälen ausgebildet. Bei nur einseitiger Bedienung, dann als Einschublager (Push-back-Regal) bezeichnet.

Lagergutbewegung mit dem Lagergestell

- **Verschieberegal**
  Dieses besteht aus mehreren Regalböden (Fachboden- oder Palettenregale), die parallel oder seitlich verfahrbar sind. Im Ruhezustand bilden sie einen geschlossenen Lagerblock ohne Regalgassen bei hoher Flächen- und Raumnutzung. Umschlagleistungen und Automatisierungsmöglichkeiten sind sehr begrenzt.

- **Umlaufregal (Karussellregal)**
  Dieses ermöglicht eine sehr kompakte, flächen- und raumsparende Lagerung bei hoher Lagerkapazität nach dem Prinzip „Ware zum Mann". Um-

laufregale bestehen im Regelfall aus zwei neben- oder übereinander angeordneten Blöcken (bestehend aus Regalreihen/Fachbodenregale), die horizontal umlaufend aneinander vorbei geführt werden und der Ober- und Unterseite schienengeführt sind. Die Ein- und Auslagerung (Stapler, Gabelhubwagen) kann an beliebiger Position erfolgen.

- **Wanderregal**
  Sonderform des Umlaufregallagers, bei der schienengeführte Einzelregale mit Fachböden an Endlosketten horizontal umlaufen (wandern). Der Zugriff auf die Regale ist bei offenen Anlagen wahlfrei möglich.

- **Paternosterregal**
  Die Lastaufnahmevorrichtungen sind zwischen zwei parallelen, vertikal, teilweise auch horizontal umlaufenden Ketten angebracht. Die Kettenstränge sind vor- und rückläufig angetrieben. Die Regale sind bis auf die Ein- bzw. Ausgabeebenen voll verkleidet – als Schrankpaternoster mit Fachboden, als Etagenpaternoster mit Tragstangen oder Gondeln ausgerüstet. Die Beschickung bzw. Entnahme erfolgt manuell oder durch Stapler. Hohe Raum- und Flächennutzung, guter Zugriff und hohe Automatisierungsgrade sind möglich.

C Lagerung mit Stetigförderern

Stetigförderanlagen sind hinsichtlich ihres Funktionsprinzips Fördersysteme mit kontinuierlichem Materialfluss, wobei allerdings bei Integration spezieller Funktionsmodule (z. B. Stichbahnen, Ausweichstellen) das Fördergut bis zur Entnahme bzw. Weiterbearbeitung ruhend oder in Bewegung gelagert wird. Deutlich wird damit, dass die Eignung dieser Lagermöglichkeit im Regelfall nur für eine Zwischenlagerung innerhalb und zwischen den Fertigungsstufen gegeben ist. Zu unterscheiden sind drei Ausführungsformen:

- **Stetigförderer mit direkter Pufferlagerung** (quasistatische Lagerung)
  Zwischen aufeinander folgenden Aufgabe- bzw. Entnahmestellen werden Pufferlager zum Ausgleich unterschiedlicher Taktzeiten bzw. Störungen angelegt. Ausführungsformen sind z. B. Rollenbahnen, Rutschen, Spezialförderer.
- **Stetigförderer mit ständig umlaufendem Lagergut** (dynamische Lagerung)
  Die Lagergüter werden permanent auf ringförmig geschlossenen Förderstrecken bewegt und beim Umlauf den Stationen zur Entnahme „angeboten". Typische Lösungsbeispiele sind Kreisförderer, Wandertische und zusammengesetzte „integrierte Fördersysteme".
- **Stetigförderer mit Lagerung des Lagergutes zur Beschickung und Entnahme** (statische Lagerung)
  In diese Fördersysteme können spezifische Lagerzonen (Schleifenstrecken, Stichbahnen) vor Aufgabe- und Entnahmestationen funktionell integriert werden, sodass das Fördergut gezielt „gelagert" werden kann. Lösungsbeispiele sind Power-and-free-Förderer, Schleppkettenförderer.

Die **Lagerplanung**, insbesondere hierbei die Auswahl der einzusetzenden **Lagertechniken**, unterliegt einer Vielzahl unterschiedlicher Einflussgrößen. Bei der Auswahl ist vom konkreten Praxisfall auszugehen, wobei nach dem Grundsatz der „Variantenplanung" immer Lösungsalternativen zu erarbeiten sind.

Ausprägung: ● stark | ◐ mittel | ○ gering

Lagersysteme		Lagergut			Lagerstelle				Lagerorganisation		
		Abmessungen	Gewicht	Stapelbarkeit	Lagerfläche	Automatisierungsgrad	Zugänglichkeit	Tragfähigkeit	Stückzahl Lagergut	Flexibilität	Frequenz
Bodenlager ohne Einrichtung	Lagerung in Blöcken	●	●	◐	●	○	●	●	◐	●	○
	Lagerung in Zeilen	●	◐	◐	●	○	◐	◐	◐	●	○
Ortsfeste Lager	Palettenregallager	●	◐	○	◐	◐	○	◐	◐	◐	◐
	Fachregallager	●	◐	○	◐	◐	◐	◐	●	◐	◐
	Hochregallager	●	◐	○	○	◐	◐	◐	●	◐	◐
	Sondergestelle	●	◐	○	◐	◐	○	◐	◐	◐	◐
Ortsveränderliche Lager	Paternosterregal	○	◐	◐	○	●	○	○	○	●	◐
	Power-and-Free-Förderer	○	◐	◐	◐	●	◐	○	○	◐	◐
	Wandertische	○	◐	◐	◐	◐	◐	○	○	◐	◐
	Verschieberegallager	○	○	○	◐	●	◐	◐	◐	◐	○
	Kreisförderer	○	○	○	●	●	○	○	◐	○	○

Abb. 3.51: Beurteilungsparameter zu Einsatzbereichen ausgewählter Lagersysteme [2.19]

Nachfolgende **Einflussgrößen** sind für die Lagerplanung von wesentlicher Bedeutung:

– Merkmale Lagergut (Maße, Gewicht, Empfindlichkeit, Sortimentsbreite, Zugriffshäufigkeit)

– Eingesetzte FHM-Typen, Ladeeinheiten (u. U. schon dadurch Vorbestimmung von Gassenbreiten, Regalabmessungen, Tragfähigkeiten)

– erforderliche Lagerkapazität (Lagerdimensionierung), maximale Anzahl Stellplätze, Reichweiten

– Ein- und Auslagerungsleistungen, Umschlagleistungen

– Einsatz von Fördermitteln (offen/vorgegeben/lagerbedingt)

– flächen- und raumbezogene Restriktionen des Reallayouts (Bedarfe/Verfügbare Grundflächen, Raumhöhen)

- Prinzipien der Lagerorganisation
  gezont/chaotisch (feste/freie Lagerplatzzuordnung), Lagerzonenbildung, Zugriff-
  zeiten
- Erforderliche Funktionen im Lagerungs-/Kommissionierprozess
- Gestaltung Schnittstelle – Lagersystem und zu- bzw. abführende Fördermittel
- Lagerungsstrategie (z. B. FIFO, LIFO, Doppelstrategie – Ein- und Auslagerung
  integriert) Kommissionierstrategie
- Automatisierungsgrad (Funktionsumfang).

Aus der Bearbeitung dieser Einflussgrößen leitet sich ein **Anforderungsprofil** zur
Bestimmung spezifischer Lagertechniken ab. Diese definieren Flächen- und Raumbedarfe aber auch Standorte (Anordnungen) im Reallayout. In Abb. 3.51 sind in einer
vereinfachten Übersicht Beurteilungskriterien zur Abklärung von Einsatzbereichen
spezieller Lagersysteme aufgeführt.

Die Wahl und Zuordnung von Lagertechniken führt zur wesentlichen Präzisierung
der Lösungskonzepte bzw. zur Bildung von Reallayoutvarianten. Investitions- und
Betriebskosten für Lagertechniken werden darstellbar.

3.3.4.4 Variantenauswahl – Vorzugsvariante

Im Ergebnis der Realplanung sind entsprechend der Fabrikplanungssystematik (vgl.
Abb. 2.4 und 2.6) bewertete Lösungsvarianten (**Feasibility-Studien**) des Planungsobjektes zur Sicherung der Entscheidungsfähigkeit dem Unternehmensmanagement
vorzulegen. Diese Planungsunterlagen sind das Ergebnis des Planungskomplexes
Grobplanung, besitzen den Charakter von Grobprojekten und ermöglichen eine
umfassende Darstellung und Bewertung alternativer Lösungsprinzipien (Varianten),
basierend auf realen Bedingungen (Umfeld) und Vorgaben (Zielplanung).

Die wesentlichen Inhalte der vorstehend aufgeführten **Realplanung** bestehen in

- der Realisierung des Anpassungsprozesses (Ideal- zu Reallayout) bei Beachtung
  von Anpassungsfaktoren und Materialflussgrundsätzen
- der funktionell-räumlichen Zuordnung von Logistikelementen (Förder- und Lagertechniken) zu den Materialflussprozessen.

Dieser „**Anpassungs- und Ergänzungsprozess**" führt zwangsläufig zu alternativen
Lösungskonzepten bzw. zu unterschiedlichen Varianten des Reallayouts. Der Entwurf von **Varianten** ist ein zwingend erforderlicher Bearbeitungsschritt. Hierdurch
ist zu sichern, dass der mögliche Lösungsraum gezielt und kritisch „durchgespielt"
wird, sodass alle wesentlichen und sinnvollen Lösungsvarianten erkannt und
hinsichtlich ihrer Vor- und Nachteile bewertet werden können (vgl. Planungsgrundsatz f – Variantenprinzip, Abschnitt 1.4). Der zulässige Raum für Variantenentwürfe
unterliegt allerdings Einschränkungen hinsichtlich Funktionalität, Zielerreichung,
Investitionsbedarf und Wirtschaftlichkeit, sodass nur solche Varianten zu verfolgen

sind, die diesen Vorgaben weitgehend entsprechen. Anderenfalls entstehen veränderte Entscheidungs- bzw. Planungssituationen (z. B. Investitionsgrößenüberschreitung, Zielwertunterschreitung) – eine in der anstehenden Entscheidungslage der Feasibility-Studie in der Industriepraxis oftmals eintretende Situation.

Die zu bewertenden **Reallayoutvarianten** stellen das formalisierte und visualisierte Lösungsprinzip des Planungsobjektes dar. Die Bewertung der Layoutvarianten unterliegt dabei einer Vielzahl unterschiedlicher, teils dualer Kriterien, sodass ein mehrdimensionales Entscheidungsproblem vorliegt. Die Bewertung kann mittels quantitativer und/oder qualitativer Größen erfolgen. Diese können durch monetäre und nichtmonetäre Elemente charakterisiert werden.

In Abb. 3.52 sind mögliche Layoutvarianten (dargestellt jeweils als Blocklayout), ausgehend vom Ideallayout in Abb. 3.8 entwickelt. Erkennbar sind deutliche Anordnungs- und Zuordnungsvariationen in den drei Varianten z. B. hinsichtlich:

– Gebäude- und raumbezogene Flächenaufteilungen und -zuordnungen
– Räumliche Anordnung und Größe von Funktionseinheiten (Bereiche, Arbeitsplätze, Transport- und Lagerflächen)
– Räumliche Anordnung von Transportachsen, Toren, Wegbreiten, Zu- und Abgängen.

Der nun vorzunehmende Gesamtprozess der **Variantenbewertung** und -auswahl erfolgt durch Gegenüberstellung und vergleichenden Bewertung der Varianten, sodass eine begründete Auswahl der **Vorzugsvariante** möglich wird. Dieser komplexe Entscheidungsprozess ist durch Anwendung quantitativer Methoden im Rahmen gestufter Vorgehensweise abzustützen, um objektivierte und reproduzierbare Auswahlergebnisse zu sichern. Auch ist in diesem Entscheidungsprozess zu beachten, dass **Bewertungskriterien** teilweise nur qualitativer Art sind, die Bewertung selbst stark subjektiven Charakter besitzt und dass spezielle Bewertungen auf Basis von Annahmen zukünftiger Entwicklungen erfolgen – d. h., der Bewertungsprozess unterliegt Unsicherheiten. Dadurch sollten Variantenbewertungen immer im sachkundigen, erfahrenen Planungs- bzw. Entscheidungsteam in gezielten Bewertungsrunden vorgenommen werden. Nur damit kann die Subjektivität eingegrenzt und die Akzeptanz der Auswahlergebnisse gesichert werden.

Die **Bewertung von Layoutvarianten** ist nach unterschiedlichen Methoden möglich. Nachfolgend werden zwei Möglichkeiten in einer Grobübersicht dargestellt.

a) Nutzwertanalyse

Durch Einsatz der Nutzwertanalyse (Multifaktorenmethode) wird es möglich, den erzielbaren Nutzen einer Lösungsvariante (formalisiert) im Reallayout), der monetär nicht (bzw. nur bedingt) quantifizierbar ist, durch Bewertungen (Punktvergabe) zu quantifizieren und damit Auswahlentscheidungen zu unterstützen.

Reallayoutvarianten (Blocklayout)

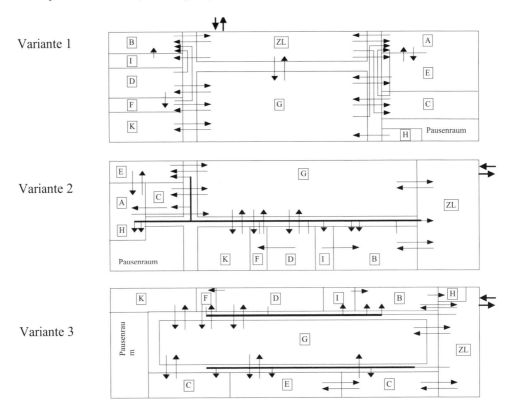

Legende: vgl. Abb. 3.8

Variantenauswahl (Nutzwertanalyse)

Bewertungskriterien	G	Variante 1		Variante 2		Variante 3	
		B	**Nw**	**B**	**Nw**	**B**	**Nw**
Materialfluss – intern	30	7	210	2	60	8	240
Materialfluss – Anbindung	12	6	72	7	84	7	84
Bereichsbildung	20	8	160	8	160	9	180
Erweiterungsmöglichkeit	12	4	48	4	48	4	48
Ausrüstungen – Anordnung	8	4	32	5	40	6	48
Flächen-/Raumnutzung	10	5	50	4	40	6	60
Förder-, Lagerlösung	8	6	48	6	48	7	56
Gesamtnutzenwert			**620**		**480**		**716**
Rangfolge – Varianten			**2**		**3**		**1**

Legende: G – Gewichtungsfaktor B – Bewertung $(1 \leq B \leq 10)$ Nw – Nutzwert

Abb. 3.52: Reallayoutvarianten (Geräteproduktion) und Variantenauswahl

Das Grundprinzip dieser Methode besteht darin, dass nach Festlegung und Gewichtung einer hinreichenden Anzahl von relevanten Bewertungskriterien eine Bewertung dieser Kriterien unter dem Aspekt des jeweils erreichten Erfüllungsgrades gesetzter Zielgrößen erfolgt. Nach Produktbildung aus Gewichtungsfaktor und Erfüllungsgrad sowie Produktsummation über alle Bewertungskriterien der jeweiligen Reallayoutvariante kann eine Rangfolge der Varianten abgeleitet werden.

Die Nutzwertanalyse wird in folgende Bearbeitungsschritte gegliedert:

– **Festlegung Bewertungskriterien** (Aufbau Kriterienhierarchie/Zielsystem)
Bestimmung solcher Kriterien, die für eine umfassende, vergleichende Bewertung der Varianten unter den Aspekten der Zielerreichung des Planungsobjektes deutlich relevant sind. Dabei ist zu beachten
  • Kriterien müssen bewertbar sein (Maßskala), u. U. auch unterteilbar
  • Sicherung Abgrenzbarkeit und Vermeidung von Mehrfacherfassung von Zielgrößen
  • Kriterienarten: Muss-, Soll-, Wunschkriterien
  • Aufbau von thematisierten Kriterienbereichen (zweistufige Kriterienhierarchie)
  • Kriterienanzahl max. 20 (einstufig), je Bereich max. 8 (zweistufig), Anzahl Bereiche max. 8.

– **Bestimmung von Gewichtungsfaktoren G**
Jedes Bewertungskriterium ist durch Zuordnung von Zahlengrößen zu gewichten (Zielkriteriengewichtung). Die Skalierung ist so anzusetzen, dass ein steigender Nutzen durch einen steigenden Ziffernwert ausgewiesen wird. Die numerischen Differenzen zwischen den Zahlenwerten der Gewichtungsgrößen entsprechen dabei den subjektiv beurteilten Distanzen zwischen den Bewertungskriterien. Damit ist es möglich, einzelne Bewertungsgrößen in ihrer wechselseitigen Bedeutung für die Entscheidungsfindung unterschiedlich, projektbezogen zu wichten bzw. zu favorisieren. Die Summe der Kriteriengewichte (Skalierbreite) sollte an einer Festgröße (z. B. 100) orientiert sein (Normierung), insbesondere bei der Bildung von Kriterienhierarchieebenen (Knoten- und Stufengewichte).

– **Bestimmung von Teilnutzen (Bewertung) B**
Durchführung der Bewertung des Erfüllungsgrades der Zielerreichung je Bewertungskriterium (Teilnutzen). Dabei wird jedes Bewertungskriterium einzeln und unabhängig voneinander durch Punktvergabe bewertet (Bewertungsskala). Zur Punktvergabe sind Skalenbereiche (z. B. Zehnpunkte-System) festzulegen, wobei gilt: niedere Punktzahl – schlechter Erfüllungsgrad. Sind nur unscharfe Bewertungen möglich, sind die Skalenbereiche schmal anzusetzen.

– **Ermittlung Nutzwert/Gesamtnutzwert G × B = Nw**
Durch Multiplikation von Gewichtungsfaktor mit dem Teilnutzen (Erfüllungsgrad) ergibt sich der Nutzwert je Bewertungskriterium. Aus der anschließenden Aufsummierung der Nutzwerte aller Bewertungskriterien ergibt sich der Gesamtnutzwert je Lösungsvariante. Der jeweilige Nutzwert bzw. Gesamtnutzwert bildet

damit ein Maß für den Grad der Zielerreichung des Bewertungskriteriums bzw. der Variante.

– **Auswahl Vorzugsvariante (Reallayout)**
  Die Lösungsvariante mit maximaler Punktzahl des Gesamtnutzwertes stellt formal die Vorzugsvariante in einer Rangfolge dar.
  Bei dieser finalen Entscheidung ist der deutlich subjektive Einfluss auf die Ergebnisentwicklung bei der Bewertungskriterienfestlegung, bei der Zuordnung der Gewichtungsfaktoren und bei der Teilnutzenbestimmung zu beachten, insbesondere gerade dann, wenn keine signifikanten Nutzwertunterschiede darstellbar sind. Daher ist zu fordern, dass alle Stufen der Nutzwertermittlung im Team vorgenommen werden, um so die Subjektivität (Beurteilungsvermögen, Erfahrungen) der Lösungsbewertung einzugrenzen.

In Abb. 3.52 ist das Anwendungsprinzip der Nutzwertmethode an einem vereinfachten Planungsbeispiel angeführt. Die Matrix der Variantenauswahl zeigt, Kriterienfestlegung, Gewichtung und Bewertung setzen detaillierte Kenntnisse zur Lösung, zu Zielsetzungen und Restriktionen, zur Ausgangslage sowie zu den erforderlichen Lösungskompromissen voraus.

Die ermittelte Vorzugsvariante – Reallayoutvariante 3 – ist in Abb. 3.53 als Groblayout dargestellt (Gebäudeetage).

b) Methode – einfache Punktbewertung

Diese Methode basiert auf einem stark vereinfachten Bewertungs- und Auswahlprinzip. Der Bewertung werden nur wenige, aber entscheidende Bewertungskriterien zugrunde gelegt (Vorauswahlprozess), wobei für diese Mindestanforderungen vorgegeben werden können. Im Rahmen des Bewertungsprozesses wird festgestellt, inwieweit die Anforderungen der Bewertungskriterien erfüllt, teilweise oder nicht erfüllt werden. Eine entsprechende Punktvergabe führt zur Rangfolge der Layoutvarianten bzw. zur Auswahl der Vorzugsvariante.

Die aufgeführten Methoden werden zur **Bewertung und Auswahl von Reallayoutvarianten,** d. h. zur Beurteilung von Planungsvarianten, eingesetzt. Bei der Bewertung der Auswahlentscheidungen ist allerdings prinzipiell zu beachten, dass die ermittelte Vorzugsvariante zwar hinsichtlich des zu erwartenden Nutzens eine günstige Lösung darstellt, aber unter den Aspekten ihrer Wirtschaftlichkeit nicht zwingend auch gleichzeitig die betriebswirtschaftlich beste Lösung sein muss.

Widersprüche der Varianten hinsichtlich Aufwand und Nutzen sind möglich. Dabei gilt grundsätzlich, dass solche Lösungsvarianten zu entwickeln sind, die bei geringen Aufwänden einen möglichst hohen Nutzen sichern. Unter den Aspekten

– Entwicklungen im zeitlichen Fortgang des Fabrikplanungsprozesses (Dynamik der Einflüsse und Planungsergebnisse)

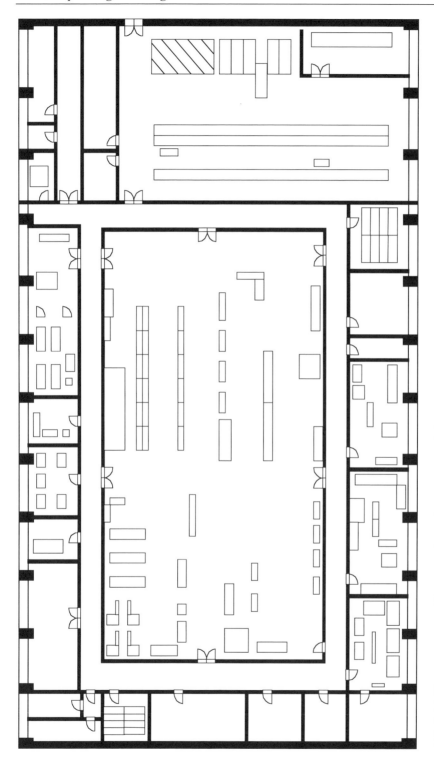

Abb. 3.53: Vorzugsvariante Fertigungsbereich – Geräteproduktion – (Groblayout)

- Entscheidungszwänge bei Abschluss der Grobplanung (basierend auf Feasibility-Studien)
- Probleme der nur begrenzten Sicherheit von Investitionsentscheidungen insbesondere bei mittel- und langfristigem Charakter (Risiko und Unsicherheit)

sind prinzipiell folgende Szenarien der **Variantenbeurteilung** zu beachten:

- Die erarbeiteten Lösungsprinzipien (Reallayoutvarianten) liegen hinsichtlich ihrer monetären Aufwands- (Investitionen) und Nutzensgrößen (Kosteneinsparungen, Mehrerlöse) innerhalb der in der Fabrikplanungsaufgabe vorgegebenen Zielgrößen. Die Wirtschaftlichkeit der Varianten bzw. der Vorzugsvariante ist gegeben, die Wirtschaftlichkeitsrechnungen, z. B. durchgeführt im Rahmen der Zielplanung (Opportunity-Studie) und Vorplanung (Pre-Feasibility-Studie), bleiben gültig. Folgerichtig findet nun eine Überprüfung bzw. Präzisierung dieser Berechnungen auf der Basis aktueller Daten statt, gegebenenfalls bei einer Aussageerweiterung durch Kosten-Nutzen-Analysen.
- Die erarbeiteten Lösungsprinzipien (Reallayoutvarianten) liegen hinsichtlich spezieller monetärer Parameter (Aufwände, Einsparungen, Erlöse) in veränderten Wertebereichen gegenüber den der Wirtschaftlichkeitsberechnung zugrunde gelegten Größenordnungen. Die für die vorliegende Entscheidungslage – unter Nutzensaspekten – „günstigen Varianten" sind aufgrund von Parameterveränderungen dann zu überprüfen bzw. neu zu berechnen.

Wirtschaftlichkeitsberechnungen zu Investitionsentscheidungen sind im Vergleich zu Nutzensbetrachtungen rein monetärer Art. Die Berechnungen beruhen auf solchen Kriterien, die in Geldwertgrößen darstellbar sind – folglich sowohl Aufwandsgrößen als auch Nutzensgrößen betreffend.

Für Wirtschaftlichkeitsberechnungen im Rahmen von Investitionsentscheidungen zu Fabrikplanungsvorhaben kommen unterschiedliche Berechnungsverfahren zur Anwendung. Diese sind in zwei Gruppen (statische/dynamische Verfahren) unterteilt, begründet durch die verwendeten Datenarten und die jeweiligen Berechnungsmethoden. Nachfolgend werden wesentliche Methoden zur Investitionsrechnung in einer Übersicht dargestellt, für detaillierte methodische Inhalte wird auf die spezifische betriebswirtschaftliche Fachliteratur verwiesen (vgl. z. B. [3.60] bis [3.63].

Statische Verfahren der Investitionsrechnung

In der Industriepraxis sehr verbreitet, insbesondere in mittelständigen Unternehmen. Es sind nur grobe Berechnungen, insbesondere bei Rationalisierungsinvestitionen und Kapazitätserweiterungen (z. B. Planungsgrundfälle B und C), möglich.

- Kostenvergleichsrechnung
- Gewinnvergleichsrechnung

– Rentabilitätsvergleichsrechnung
– Amortisationsrechnung

Dynamische Verfahren der Investitionsrechnung

Breite Anwendbarkeit in allen Investitionsarten (Planungsgrundfälle A bis E) möglich, bei Beachtung der Probleme unterschiedlicher Investitionshöhen und -laufzeiten insbesondere auch bei Ersatzinvestitionen. Bei der Anwendung sind spezielle Einschränkungen und Aussagegrenzen der Methoden zu berücksichtigen. Daher ist es sinnvoll, Investitionsrechnungen für größere Planungsvorhaben bei Einsatz mehrerer Berechnungsverfahren mit anschließender Ergebnisabwägung durchzuführen.

– Kapitalwertmethode
– Methode des internen Zinsfußes
– Annuitätenmethode

Grundsätzlich unterliegen Wirtschaftlichkeitsberechnungen zu Fabrikplanungsobjekten aufgrund ihres überwiegend mittel- und langfristigen Charakters besonderen Risiken und Unsicherheiten hinsichtlich ihrer Aussagegenauigkeit und -stabilität. Investitionsentscheidungen im Rahmen der Fabrikplanung sind Entscheidungen unter Risiko und Unsicherheit. Zur Berücksichtigung bzw. Dämpfung dieser Einflüsse sind Methoden bekannt, die in die aufgeführten Verfahren der Investitionsrechnung – je nach Bedarfslage – integriert werden können. Typische Beispiele solcher Methoden sind (vgl. z. B. [3.60]):

– Ansatz von Vorsichtsabschlägen bzw. -zuschlägen
– Ansatz von Wahrscheinlichkeiten spezieller Parameter
– Ansatz pauschaler Wahrscheinlichkeiten
– Durchführung von Sensitivitätsanalysen.

Insbesondere wird deutlich, dass die fundierte betriebswirtschaftliche Bewertung von Fabrikplanungsobjekten einen in den Fabrikplanungsablauf integrierten Berechnungsprozess darstellen muss. Dieser hat zeitparallel oder etappenweise betriebswirtschaftlich begründete Entscheidungen zum Fortgang bzw. zu Eingriffen in den Planungsablauf zu sichern. Die Einbeziehung von betriebswirtschaftlicher Kompetenz in das Fabrikplanungsteam ist daher zwingend erforderlich.

Ergebnis der Grobplanung des Fabrikplanungsobjektes ist das Vorliegen von Lösungs- bzw. Vorzugsvarianten, begrifflich auch als **Feasibility-Studie** (Durchführbarkeits- bzw. Machbarkeitsstudie) bezeichnet (vgl. Abb. 2.6). Inhaltlich stellen diese Optimierungs- bzw. Projektstudien zur Bestimmung von technisch-wirtschaftlich „optimalen" Lösungskonzepten dar. Sie sind eine wesentliche Basis für die im Ergebnis der Grob- bzw. Realplanung nun erforderlichen Unternehmensentscheidungen hinsichtlich Fortführung, Korrektur oder Abbruch der Planungs- und Projektierungsarbeiten (vgl. auch Abschnitt 2.1).

Inhalte der **Feasibility-Studie** (Projektstudien/Projektberichte) können sein:

- Aufgabenstellungen, Beschreibung Lösungsweg
- eingesetzte Grunddaten, Ergebnisse von Abstimmungen, Vorklärungen
- Funktionsschemata, Dimensionierungsrechnungen, Planungsvarianten, Ideal-layout-, Reallayoutentwürfe
- Beschreibungen, Funktionsabläufe, Organisationsprinzipien, Ausrüstungslisten
- Aufwands- und Nutzensgrößen, Wirtschaftlichkeitsberechnungen
- Lösungsbewertungen (Vorteile/Nachteile)
- Lösungsvarianten, Vorzugsvarianten (Vergleichsübersichten/Bewertungen)
- Vorschläge zur Fortführung bzw. zu erforderlichen Entscheidungen zum Planungsobjekt.

Typisch für die bisherigen Planungsinhalte war deren inhaltlich zunächst nur grober konzeptioneller Charakter – daher auch als Grobplanung bezeichnet. Werden Entscheidungen zum Planungsfortgang getroffen, besitzen die weiterführenden Planungsinhalte deutlich detaillierteren Charakter – dann als Feinplanung bezeichnet – verbunden mit einem entsprechend erhöhtem Arbeitsaufwand. Diese hier erreichte Planungssituation wird in der Fachwelt auch mit „**point of no return**" markiert (vgl. Abb. 2.6 sowie Grundsatz h in Abschnitt 1.4). Verdeutlicht werden soll, dass Eingriffe innerhalb der Planungsphase „Grobplanung" unter dem Aspekt des Aufwandes zulässig bzw. üblich sind, Eingriffe in der Feinplanung allerdings deutlich folgenschwerer und aufwendiger und daher so weit wie möglich zu vermeiden sind.

Liegen die Planungsfälle A, C, E vor (Fabrikplanung im erweiterten Sinn – vgl. Abschnitt 2.1), dann liefern die Ergebnisse der Grobplanung hinreichende Aussagen bezüglich erforderlicher Flächen- und Raumgrößen sowie Anordnungsformen, sodass qualifizierte Grundlagen für die Standort- bzw. Generalbebauungsplanung gegeben sind (vgl. Abschnitte 6 und 7).

3.4   Feinplanung – Ausführungsprojekt

Ziel der Feinplanung (Ausführungsplanung oder Detailplanung) ist es, aus den Ergebnissen und Entscheidungen der Grobplanung (z.B. Groblayout der Vorzugsvariante, vgl. Abb. 3.53) nun spezielle detaillierte Problemstellungen und Erweiterungen bis zur Erreichung der Qualitätsstufe Ausführungs- bzw. Umsetzungsreife der Projektlösung zu bearbeiten. Das heißt, das Projekt ist in *„Ausführungsreife"* vorzulegen, dann als **Ausführungsprojekt** bezeichnet. Dazu sind Daten und Lösungen zu überprüfen, zu vervollständigen, zu präzisieren, gegebenenfalls auch deutlich zu erweitern. Spezielle Komplexe und Gewerke des Ausführungsprojektes bilden die Basis zur Erarbeitung von Ausschreibungsunterlagen sowie zur Erstellung von Genehmigungsanträgen.

Das Spektrum der Arbeitsinhalte (Arbeitskomplexe) kann dabei je nach Fabrikplanungsobjekt und Qualität des erreichten Arbeitsstandes sehr unterschiedlich sein.

Der jeweilige Charakter der Arbeitskomplexe macht gerade in dieser Planungsphase eine parallele oftmals auch verteilte Bearbeitung erforderlich (Auswärtsvergabe – Sondergewerke), was mit einer entsprechenden Koordinierung (Projektmanagement) verbunden ist.

Grundsätzlich ist ein anforderungsgerechtes und störungsfreies Zusammenwirken von Mensch, Ausrüstung und Material (Produkt) an jedem Arbeitsplatz (Bedienstellen) im Fabrikkonzept zu sichern. Dabei sind unterschiedlichste, detaillierte Aspekte bei der **Feinplanung** zu beachten, z. B.:

– Stellung der Arbeitskraft im Arbeits- und Produktionsprozess
– Bereitstellung und Handhabung von Werkstücken (Paletten)
– Beleuchtungs- und Klimaanforderungen, Geräuschschutz
– Sicherung des Arbeits-, Brand- und Explosionsschutzes
– bedien-, wartungs- und instandhaltungsgünstige Ausrüstungsanordnung
– Sicherung von Anforderungen aus Umweltschutz/Ökologie
– Einhaltung gesetzgeberischer Vorgaben (z. B. Arbeitsstättenrichtlinie)
– Integration von Informations- und Kommunikationstechniken.

Nachfolgend werden Bearbeitungsinhalte ausgewählter Arbeitskomplexe, die je nach Projekttyp in der Feinplanung detailliert zu bearbeiten sind, aufgeführt. Deren qualitätsgerechte, umfassende Bearbeitung bildet die Grundlage für Entscheidungen zur **Projektfreigabe** für die Folgeschritte der Projektumsetzung. Diese Arbeitskomplexe umfassen in ihrer Gesamtheit sowohl **technologische** als auch **organisatorisch-informationstechnische** Inhalte (Projektteile), d. h. deren integrierte Bearbeitung und Dokumentation ist zu sichern (vgl. Planungsgrundsatz m in Abschnitt 1.4).

Grundsätzlich ist zu beachten, die Bearbeitungsinhalte der Feinplanung setzen direkt auf den Planungsergebnissen der Grobplanung (z. B. Blocklayout) auf. Das heißt, reale Grobstrukturen (Standorte, Zuordnungen) sind vorbestimmt (vgl. Abschnitt 3.3.4.2), diese sind durch nachfolgende Arbeitskomplexe (Auswahl) zu präzisieren und zu ergänzen (vgl. [1.1], [2.2], [3.40], [3.64] und [3.65])

Feinanordnung der Bearbeitungstechniken (Maschinenaufstellung)

Festzulegen sind die spezifischen Anordnungsformen (Aufstellungsart) der Maschinen innerhalb der Raumstrukturen bei Zuordnung zum Förder- oder Lagersystem bzw. zu den Transportwegen (TW). Dabei ist eine möglichst beidseitige Zuordnung von Ausrüstungen (Arbeitsplätzen) zum TW (Mittenlage) anzustreben. Zu unterscheiden sind:

– Punktanordnung (z. B. Bearbeitungszentren, Fertigungszelle-Komplettbearbeitung)
– Linienanordnung (Reihenanordnung)
  • Parallel zum TW – Parallelaufstellung (Rückstellung Werker zu TW vermeiden)

- rechtwinklig zum TW – Reihenaufstellung (orthogonal)
- winklige (schräge) Aufstellung zum TW – Schrägaufstellung
  (Vermeidung Verschattung, Manipulierabstände Stangenmaterialzuführung,
  begrenzte Maschinenstreifenbreite, Flächeneinsparung durch Überdeckung)
- ein- und zweireihige Anordnung
  (unmittelbare Zuordnung zum TW)
- drei- oder mehrreihige Anordnung
  (nur bei zusätzlichen Nebentransportwegen realisierbar)
- Kreisanordnung (Vieleckaufstellung)
- Dreiecksanordnung (Nestanordnung)
- unregelmäßige, freie Anordnung – Mehrstellenarbeit, Gruppenarbeit.

Kriterien zur Wahl von Anordnungsformen sind:

- Längen- und Breitenverhältnisse der Ausrüstungen/Arbeitsplätze (Grundrissstrukturen)
- Flächen- und Raumgeometrie, Systemmaße Maschinenstreifen (MS)
- Sicherung Zu-/Abfluss (Handling) Material (FHM)
- Strukturen der TW (Flächenteilungen, Maschinenstreifen)
- Objektabstände
- Fertigungsformen/Materialflussstrukturen
- Lichtverhältnisse/Arbeitsplatzgestaltung
- Anschlüsse Ver- und Entsorgungstechniken (ortsfest/ortsflexibel)
- Flächenbedarf Palettenbereitstellung (Voll-, Leerpalette) am Arbeitsplatz
- Arbeitsbereich (Kranhakenbereich) bei Einsatz Überflurfördermittel
- Netz von Haupt- und Nebentransportwegen (gegeben/gestaltbar).

In Abb. 3.54 sind Beispiele für Linienanordnungen (orthogonal) Maschine zu Fördermittel (Bandförderer, FTS, RBG) bzw. zu Lagersystem (Palettenregallager zweireihig) dargestellt. Deutlich werden die Konsequenzen bei Variation von FM bzw. LT auf die Layoutstrukturen von Produktionsbereichen.

Feinanordnung der Förder- und Lagertechniken

- maßliche Einordnung Förder- und Lagertechniken in Flächen- und Raumstrukturen (Gebäudehülle) – Hubhöhe, Bauhöhe, Transportöffnungen (Bauwerk)
- Prüfung bzw. Festlegungen zu Transportwegbreiten und -markierungen
- Festlegungen zur Förder- und Lagerorganisation
- detaillierte Spezifizierung von Flächenbedarfen für Bereitstellung, Kommissionierung, Umschlag, Wartung Fördermittel, Ein- und Ausschleusvorgänge (Palettenlagersysteme), Transport- und Ladeeinheitenbildung u. a.
- technische Gestaltung von Umschlags- u. Handhabungsvorgängen (Schnittstellengestaltung)
- Zuordnung von Identifikations-, Kennzeichnungs-, Prüf- und Verpackungsprozessen

Linienanordnung zum Fördersystem

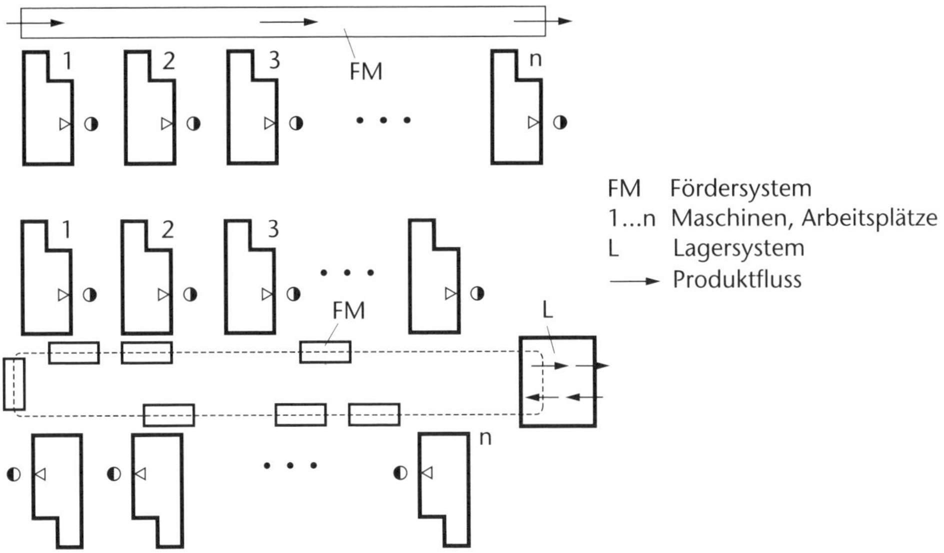

FM   Fördersystem
1...n   Maschinen, Arbeitsplätze
L   Lagersystem
⟶   Produktfluss

Linienanordnung zum Lagersystem

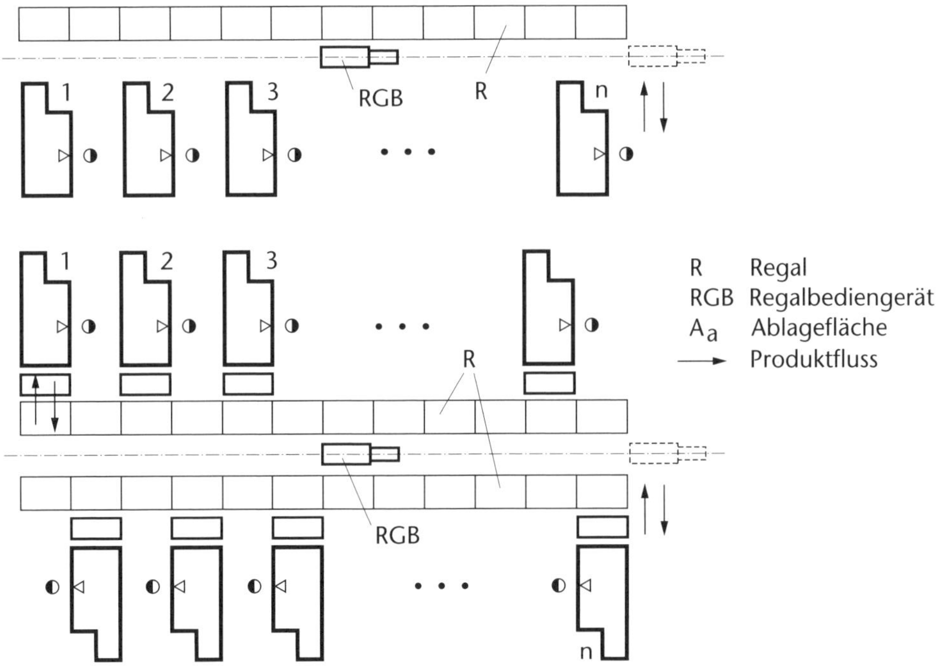

R   Regal
RGB   Regalbediengerät
A_a Ablagefläche
⟶   Produktfluss

Abb. 3.54: Anordnungsform – Linienanordnung, Maschinen rechtwinklig zum Fördermittel/Lagersystem (i. A. an [3.40]*)*

- Einordnung von Lagerprozessen für Betriebs- und Hilfsstoffe
- Markierung (Kennzeichnung) von Lager-, Bereitstellungs- und Transportflächen (Farbmarkierung, Bodenbeläge)
- Einordnung von Lagerprozessen für Vorrichtungen, Werkzeuge und Prüfmittel.

Ausrüstungs- und Objektabstände

Abstandsmaße sind von großer Bedeutung für die Sicherheit und uneingeschränktes Arbeiten des Bedienpersonals sowie für die Funktionsfähigkeit der Ausrüstungen. Zu groß gewählt, ergeben sich Flächenvergeudungen, zu klein gewählt, ergeben sich Funktionsbeeinträchtigungen und Gefährdungen. Üblich geworden sind Vorgaben zu Mindestabständen von und zwischen Objekten und Transportwegen/Gebäudebauteilen (Stützen, Wände). Basis dafür sind die erforderlichen Grundabmessungen zur Gewährleistung der Funktionssicherheit menschlicher Tätigkeit (Mindestplatzbedarfe) für Bedienung und Wartung.

Zu unterscheiden sind:

Objektgruppe I	– Objekte ohne Nachbarschaftsbeeinträchtigung, an denen **ständig** gearbeitet wird
Objektgruppe II	– Objekte ohne Nachbarschaftsbeeinträchtigung, an denen **nicht ständig** gearbeitet wird.

Unter Beachtung dieser Objektgruppen können in einschlägigen Richtwerttabellen (vgl. z. B. [2.10], [2.17], [3.40]) vereinfachend spezielle Abstandsmaße (Maßvorgaben) entnommen werden, wobei gilt: grundsätzlicher **Mindestabstand** zur Sicherung von Bedienung und Wartung ≥ 800 mm.

Ausrüstungsfundamentierung/Schwingungs- und Lärmdämpfung

Die statische Grundlast der Ausrüstung in Verbindung mit der dynamischen Kräfteentwicklung im Betriebszustand macht eine anforderungsgerechte Fundamentierung erforderlich. Insbesondere sind die auftretenden Schwingungen (Vibrationen) in ihrer Weiterleitung in den Bodenbereich und deren Ausbreitung in das Umfeld weitestgehend zu dämpfen. Dieser Problembereich ist umfassend in Wissenschaft und Industriepraxis untersucht worden, sodass bei Aufstellung und Einsatz moderner Ausrüstungen die Schwingungsentstehung und -ausbreitung im Regelfall beherrscht wird.

Die Ausrüstungsfundamentierung ist in folgenden Formen (vgl. z. B. [2.2], [2.17]) möglich:

a) ortsfeste Ausrüstungsanordnung; Fundamentierung durch
- Verankerungselemente **ohne** Isolierwirkung (Haken, Bolzen, Ankerschrauben)

– Verankerungselemente **mit** Isolierwirkung (Einbringung von schwingungsisolierenden Elementen in die Verankerungstechniken – z. B. Gummi-, Filz-, Kunststoffelemente)

b) ortsflexible Ausrüstungsanordnung

– Stützbolzen, Gummipuffer (schwingungsisoliert) zur fundamentlosen Maschinenaufstellung.

Strategien moderner Fabrikplanung fordern die Realisierung flexibler Produktionsabläufe. Ausrüstungen einschließlich ihrer Ver- und Entsorgungsanschlüsse sind in Verbindung mit einer Überflurinstallation der Ver- und Entsorgungsanschlüsse „kurzzeitig umsetzbar" anzuordnen (Mobilitätsgrad der Ausrüstungen).

Sind Fundamentierungen von Ausrüstungen erforderlich, dann räumlich abgetrennt bei Konzentration auf zusammenhängende Flächen (Maschinenstreifen). Maßnahmen der Schwingungsdämpfung implizieren auch die Lärmminderung an den Aufstellorten (Emission) und die Wirkungen auf die Arbeitskräfte (Immission). Unter Beachtung von Immissionsrichtwerten ist eine fundamentlose schwingungsisolierte Aufstellung möglichst ohne Bodenbefestigung vorzunehmen. Weiterhin ist u. U. der Einsatz von Schallschutzkapseln, Schallschutzwänden, -kabinen, Schallabsorptionswänden gegeben.

Versorgungstechniken

Festlegungen zur installations- bzw. anschlussseitigen Umsetzung von Ver- und Entsorgungstechniken (vgl. Abschnitt 3.3.2.5) in Verbindung mit Ausrüstungsanordnungen sowie Flächen- und Raumstrukturen (Gebäudekonstruktion). Wesentliche Medienarten sind Elektroenergie, Heizung, Gase, Druckluft, Wasser/Abwasser. Gestaltungsentscheidend hierbei ist die Installationsart (unter Flur, in Flurebene, über Flur, vertikale Leitungsschächte, horizontale Leitungstrassen, ortsfeste/mobile Installation). Projektierungsergebnisse bilden Kabel-, Trassen-, Kanalführungspläne von Haupt- und Verteilleitungssystemen in Anbindung an Gebäudezuleitungssysteme, ergänzend eingeordnet in das Feinlayout oder als eigenständige Installations- bzw. Trassenpläne. Ziel ist der Aufbau von komplexen Installationsnetzen (flexible Montageebenen – Installationsraster) mit Verbundcharakter zur Sicherung ortflexibler Anschlüsse unter den Aspekten optimaler Installation, Betrieb und Wartung.

Entsorgungstechniken

– *Späneentsorgung*

Die Methoden der Metallspäneentsorgung (Spänefördererwahl) sind vom Investitionsaufwand, dem Umfang des Späneanfalls, den Spanformen, dem Spänezustand (nass/trocken), von den eingesetzten Maschinenarten und gegebenenfalls deren Anordnung (Layout) abhängig und in folgenden Formen (über-/unterflur) realisierbar:

• manuelle Abführung in Spänebehälter (Spänerutschen, Spülrinne, freier Fall)

- mechanische Abführung in Sammelrinnen bei Einsatz von Unterflurförder-systemen (z. B. Schwingförderer, Förderschnecke) zum Sammelbehälter (Sammelanlage) – zentrale Späneerfassungsanlage
- pneumatische Abführung
- Absaughaube zur Späneerfassung unmittelbar an Werkstück herangeführt, Späne-Luft-Gemisch über Leitungssystem zu Abscheidern geführt (Sammelanlage)
- Abführung durch Einzelabsauggeräte – Spänesauger (Ansatzgeräte mit Filtersystemen).

Die globale Vorbestimmung des Späneentsorgungsaufwandes erfolgt nach den Ausrüstungsarten und -anzahlen, der einsetzbaren Abführungsart sowie der Spänebehandlung (z. B. Separatoren, Zerkleinerer).

– *Abfallentsorgung*
- Industrieabfälle entsprechend den Kriterien von Hausmüll – Ablagerung in örtlichen Deponien
- Industrieabfälle in der Form von Sonderabfällen – Ablagerung nur in behördlich zugelassenen Sondermülldeponien

Lüftungs- und Klimatechniken

– detaillierte Erfassung der funktionellen und räumlichen Lüftungs- und Klimatisierungsanforderungen des Projektes (vgl. auch Abschnitt 3.3.2.5) z. B. Feinmessräume, Mikroelektronikproduktion, Feinmechaniklabore
– Festlegung erforderlicher Luftzustände – Temperatur, Luftfeuchtigkeit, Luftbewegung, Luftreinheit (Staubarmut)
– Festlegungen zu Bereichen natürlicher (freier) und mechanischer (Zwangs-) Lüftung (u. U. Einbau von Abluft und/oder Zuluftanlagen)
– Festlegungen zu den Prinzipien und zur raumbezogenen Installation von Klimatechniken (gegebenenfalls von Reinraumtechniken) – Einsatz von Industrieklimaanlagen, Luftfiltersystemen

Arbeitsplatzgestaltung

Ganzheitliche arbeitswissenschaftliche Feingestaltung von Arbeitsplätzen (Maschine/Hand) mit folgenden inhaltlichen Planungsschwerpunkten bei Beachtung gesetzlicher Vorgaben (vgl. z. B. [3.5], [3.64], [3.66] bis [3.69]):
– anthropometrische und physiologische Anforderungen (Auslegung Arbeitsplatz, Arbeitsplatzumgebung, Klima, Licht, Lärm)
– Anforderungen an das Arbeitssystem (Mensch-Maschine-System, Ein-, Mehrmaschinenbedienung, Gruppenarbeit, Farbgebung u. a.)
– arbeits- und betriebspsychologische Aspekte (Wahrnehmung, Reaktionsfähigkeit, Stress-Vermeidung)
– Humanfaktor der Arbeitsplatzgestaltung (Architektur, Führungsmethoden).

Daraus leiten sich folgende Aufgabenschwerpunkte ab (Auswahl):

– Arbeitsorganisation (Arbeitsteilung, Arbeitsablauf, Arbeitsinhalte)
– Arbeitsplatzausstattung (Grundausstattung, arbeits- und organisationstechnische Ausstattung)
– räumliche Feingestaltung des Arbeitsplatzes (Arbeitsplatzlayout) basierend auf anthropometrischen Kriterien
– maßliche Gestaltung von Arbeitsstellen (Arbeitsaufgabe, Körperhaltung, Arbeits-anforderung)
– Arbeitsumweltgestaltung (z. B. Beleuchtung, Lärm, Luftreinheit)
– sicherheitstechnische Gestaltung des Arbeitsplatzes
– Formen der Arbeitszeit und Entlohnung, Kriterien der Personalauswahl
– Farbgestaltung von Arbeitsplätzen und -räumen (ordnende, kennzeichnende und sichernde Farbfunktionen).

Organisationslösung/Informations- und Kommunikationstechniken

– Entwurf/Einordnung Planungsobjekt in die Aufbauorganisation des Unterneh-mens
– Detaillierung von Organisationslösungen des Fabrikplanungsobjektes (Ablauf-organisation) einschließlich von Funktionsbeschreibungen (anwenderbezogen)
– Auswahl von ERP/PPS- sowie BDE/MDE-Techniken (Erstellung von Anforde-rungscharakteristiken)
– Datenaufbereitung/Datengenerierung (Software-Systeme)

In Abstimmung mit den Hard- und Softwarestrukturen der einzusetzenden Planungs- und Steuerungstechniken (ERP/PPS-Systeme) sind Raumzuordnungen und Installationsnetze erforderlich für

– Leitstände (prozessnah)
– Rechnerräume (zentral/prozessnah)
– RFID/BDE/MDE-Erfassungssysteme
– Kommunikationssysteme (Telefon-, Anzeige-, Signal-, Überwachungs- und Alarmtechniken)
– Internetzugänge.

Feingestaltung spezieller konstruktiv-technologischer und organisatorischer Aufgabenkomplexe

Lösungsprinzipien von Fabrik- und Produktionssystemen enthalten oftmals u. a. auch solche Problemstellungen (Spezialkonstruktionen, Systemabläufe, Schnittstel-len), für die keine „Standardlösungen" durch Anbieter verfügbar sind. Vielmehr wird es in solchen Fällen erforderlich, diese speziellen Aufgaben unternehmensintern bzw. -extern (Auftragsvergabe) zu bearbeiten. Solche Aufgaben können sein:

– spezielle Systemlösungen (Sonderkonstruktionen) von Übergabe-, Förder- und Lagertechniken (Schnittstellengestaltung)

– spezielle verfahrenstechnische Untersetzungen im technologischen Ablauf (Qualitätsparameter, Zeitgrößen)
– Gestaltung von komplexen Handhabungsprozessen (Robotereinsatz)
– experimentelle Untersuchungen z. B. zur Dimensionierung, Auslegung und Störungskompensation der Prinziplösung (z. B. bei Einsatz von Simulationstechniken).

Erarbeitung des Feinlayouts

Wesentliche erweiterte präzisierende Inhalte gegenüber dem Groblayout sind (Auswahl):
– maßgenaue Feindarstellung von Raum- und Flächenstrukturen (z. B. TW, MS, Tore)
– maßgenaue Grundrissgeometrie bezogene Darstellung der räumlichen Feinanordnung von Arbeitsplätzen, Bearbeitungstechniken und Anlagenkomplexen, Einbauten und Einrichtungsobjekten (vgl. Abb. 8.26)
– maßgenaue Einordnung von Förder- und Lagertechniken
– maßgenaue Einordnung der Ver- und Entsorgungsinstallation (optional), z. B. in Formen von Hauptleitungslayouts, Trassenführungen u. a.
– Kenntlichmachung der Zuordnung von Arbeitskräften zum Arbeitsplatz (Haupt-/Nebenarbeitsstelle) durch Einordnung entsprechender Symbolelemente (halbausgefüllter Kreis, Dreieck) – optional
– maßstäbliche Darstellung von Feinlayout-Übersichten (Regelmaßstab 1:100, Ausschnitte 1:50 oder 1:20)
– Eintragung von Hauptmaterialflussströmen (optional)
– Markierung von Anschlussstellen für Medienabgriff
– Detaillierte Strukturen der Arbeitsplätze (u. U. Layoutausschnitt – Arbeitsplatzgestaltung).

Insgesamt wird deutlich, dass aus der Feinplanung einer Lösungsvariante eine Vielzahl unterschiedlicher Ergebnisse resultieren, die als **Projektdokumentation** (Ergebnisbericht) vorzulegen sind. Diese umfasst Feinlayouts, Erläuterungen, Funktionsbeschreibungen, Aufgabenstellungen, Berechnungen, Bedarfslisten, Teilpläne (Ausschnitte), Kabelpläne, Installationsübersichten, Fundamentpläne, u. a.

Diese Unterlagen bilden in ihrer Gesamtheit das „Ausführungsprojekt" der Planungslösung. Das **Ausführungsprojekt** stellt die exakte, ausführungsreife Endgestaltung der Lösung dar und ist damit Grundlage für deren Realisierung (Bestellungen, Baumaßnahmen, Flächenfreizug u. a.). Erfahrungen bestätigen, je detaillierter die Feinplanung erfolgt, desto widerspruchs- und rückfragefreier kann die Lösungsumsetzung erfolgen.

3.5 Ausführungsplanung

Die Ausführungsplanung bildet eine erste Planungsphase innerhalb des Planungskomplexes „**Projektumsetzung**" (vgl. Abb. 2.3). Sie enthält alle vorbereitenden, planungsseitigen Aktivitäten für die organisatorische, technische und bauliche Realisierung des Planungsobjektes und umfasst damit alle Maßnahmen und Entscheidungen, die die nachfolgende funktions- und termingerechte sowie reibungslose **Ausführung** der Projektlösung sichern. Die Ausführungsplanung basiert maßgeblich auf den Ergebnissen der Planungsphase Feinplanung (Ausführungsprojekt) bzw. Grobplanung. Die Inhalte sind im Wesentlichen geprägt durch

– die Definition (Abgrenzung, Zerlegung, Zuordnung) von Aufgabenkomplexen (Arbeitspakete)
– die Erstellung von Ablauf- und Terminplänen zur Sicherung der Projektkoordination sowie
– die Festlegung von Zuständigkeiten und Verantwortlichkeiten.

Zu beachten ist, dass die Planungsphasen Feinplanung, Ausführungsplanung sowie Ausführung (Projektrealisierung) funktionell-inhaltlich direkt verbunden sind (Rückwirkungen, Wechselzusammenhänge), da deren Realisierung jeweils spezielle vorgelagerte Planungsinhalte erfordert. Auch zeigt die Industriepraxis, dass Inhalte dieser Planungsphasen aufgrund von Termindruck in **zeitlicher Überlappung** realisiert werden, u. U. bei Vorziehung bis in die Feinplanung, gegebenenfalls auch in die Grobplanung entsprechend den Prinzipien „gleitender Fabrikplanung" (vgl. Abschnitt 1.3).

Folgende Hauptinhalte (Arbeitskomplexe) sind im Rahmen der **Ausführungsplanung** unter Beachtung der jeweiligen Unterschiedlichkeit der Planungsobjekte zu bearbeiten:

– Festlegungen zum **Projektmanagement**
  Ziele sind die frühzeitige organisatorische Absicherung von Ausführungsplanung und Ausführung

  • Berufung einer **Projektleitung** (Aufbaustab, Planungsteam) unternehmensintern/-extern (vgl. auch Abschnitt 3.1)
  • Entscheidungen zu anzuwendenden zweckmäßigen Formen der **Projektorganisation** innerhalb der vorhandenen Aufbauorganisation (vgl. auch Abschnitt 1.3)

– Erstellung und Einreichung von **Genehmigungsanträgen**, Bauanträgen, Anträgen auf Medienbezug, Abfallbeseitigung, Entgiftung, Schadstoffentsorgung. Einholung von Gutachten (Bauaufsicht, Feuerwehr u. a.) und Genehmigungen.

– Erstellung von **Bedarfslisten** (z. B. Ausrüstungen, Gewerke), basierend auf Leistungsverzeichnissen (sachgebietsgegliedert), Angabe von Liefer- und Montageterminen, Beschaffungs- und Installationskosten

– Erarbeitung von **Ausschreibungen** (Funktions- und Leistungsbeschreibungen), Einholung von Angeboten, Angebotsvergleich, -bewertung und -auswahl (z. B. für Bau- und Monatageprozesse, Ausrüstungen, Hard- und Software, Engineering) bei Beachtung erforderlicher Zeitvorläufe auf Basis Terminachse

– **Auftragsvergabe** (Zuschlagserteilung, Vertragsgestaltung) an Liefer- und Leistungsunternehmen (Auftragnehmer) und deren Integration in den Planungsablauf

– **Einrichtungs- und Montageplanung**
Aufstellung und Anschluss von Ausrüstungen, Einrichtung von Räumen und Arbeitsplätzen (auf Basis Feinlayout), Vorgaben zur funktions- und termingerechten Ausführung

– Planung von zeitweiligen **Produktionsverlagerungen** zur Sicherung von Flächenfreizug (Baufreiheit) bzw. bei Werkstättenumbau unter laufender Produktion (Auslagerungen)

– **Umzugsplanung**
Festlegungen zur gezielten, schrittweisen Umsetzung von Ausrüstungen bzw. Arbeitsplätzen (Minimierung Produktionsausfall), Sicherung des Anlaufes der Produktion bei veränderten Anordnungen (Endlösung, Zwischenlösung), insbesondere bei den Grundfällen B, C und D (vgl. Abschnitt 1.2)

– Planung der **Baustelleneinrichtung** (Baustellenplan) zwischen Auftraggeber und den ausführenden Bau- und Montageunternehmen (Auftragnehmer). Inhalte sind z. B. Lage der Bauobjekte, Baustellenordnung, Baustellensicherung (Baustelleninfrastruktur).

– Ausführung **technologisch-organisatorischer Arbeitskomplexe**, wie z. B.
  • Neuaufbau bzw. Überarbeitung von Dateisystemen
  • Neueinführung/Veränderung/Einpassung von Organisationssystemen (z. B. Integration oder Neueinführung von PPS-Systemen, Leitstandstechniken, BDE/MDE-Systemen)

– Planung **Produktionsanlauf** (Vorproduktion/Nullserie) bzw. Produkteintritt (Neuprodukt), Sicherung Erstversorgung mit Material

– Planung (zeitlich gestufter) **Personalaufbau** (Personalbeschaffung und -qualifizierung), Information aller Beteiligten zum Vorhaben

– zeitlich-inhaltliche **Projektablaufplanung**
Das Planungsobjekt besitzt Projektcharakter, bestehend aus einer Vielzahl unterschiedlicher, netzartig verknüpfter Leistungsinhalte. Deren Detaillierungsgrad ist zum Zweck der Ablaufplanung frei wählbar. Hilfsmittel der Ablaufplanung können sein – Planungssoftwaresysteme, Netzplantechniken, Plantafeln, Ablaufdiagramme.

Wesentliche Elemente der Ablaufplanung sind:

- Strukturierung der Leistungsinhalte
  - Bildung inhaltlich definierter Arbeitspakete (Aktivitäten, Gewerke)
  - Zuordnung wesentlicher Ecktermine zu Arbeitspaketen (Meilensteinbildung)
  - Zuordnung Arbeitspakete zu Projektphasen (z. B. Ausschreibung, Montage, Inbetriebnahme)
- Ablaufplanung (Projektstrukturplan)
  - Analyse der funktionell- und zeitlich bedingten Aufeinanderfolge (Vernetzung) der Arbeitspakete (Ablaufstruktur)
- Zeit- und Terminplanung
  - Ermittlung der Vorgangsdauer der Arbeitspakete
  - Terminberechnungen auf Basis von Eckterminen (Vorwärts-/Rückwärtsterminierung), Ableitung Projektkalender (Kalendrierung)
  - Ableitung von Pufferzeiten, Engpassterminen, kritischen Wegen (Terminketten)
- Kapazitätsplanung
  - Zuordnung von Kapazitäten zu Arbeitspaketen bei Abstimmung mit Zeiträumen (Terminlage)
  - Rückwirkungen auf Terminplanung beachten (Iterative Termin- und Kapazitätsabstimmung)
- Kosten- und Finanzbedarfsermittlung
  - Kostenentwicklung aus terminiertem Kapazitätseinsatz ableiten, daraus folgt Entwicklung terminbezogener Finanzbedarfe (Budgetierung beachten).

Die Projektablaufplanung unterliegt Zielsetzungen zur Ablaufoptimierung hinsichtlich Kosten, Kapazitäten und Terminerfüllung – oftmals in Verbindung mit erforderlichen Realisierungszeitverkürzungen zur Sicherung von Endterminen. Maßnahmen in diesem Spannungsfeld sind durch eine Vielzahl von Möglichkeiten durch die Systeme des Projektmanagements gegeben (vgl. z. B. [1.15], [1.16]).

3.6 Ausführung/Inbetriebnahme

Die **Ausführung** beinhaltet die Erstellung von Bauwerken und Anlagen, die Installation von Ausrüstungen sowie Montagen einschließlich erforderlicher Umzüge. In dieser Planungsphase erfolgt die Umsetzung (Realisierung) der in der Ausführungsplanung festgelegten Aktivitäten (Arbeitspakete). Entsprechend den Merkmalen der Arbeitsinhalte kann die Ausführung in die eigentliche **Ausführung** (z. B. Bau- und Montagemaßnahmen), in die (etappenweise) **Übergabe** an den Nutzer sowie in die (etappenweise) **Inbetriebnahme** der Projektlösung gegliedert werden.

- **Ausführung** (Bau-, Montage-, Installations-, Umzugs- und Einrichtungsaktivitäten)

- Steuerung und Kontrolle der zu Ausführungsarbeiten beauftragten Unternehmen (Termin- und Kostencontrolling – Projektleitung)
- Ausführungsüberwachung
  Einhaltung Sicherheitsvorschriften, geordnete Baustelleneinrichtung, Sicherung Gewerkeausführung bei Abgleich mit vereinbahrtem Leistungsumfang, Qualitätsstandard und Termineinhaltung
- Abnahme von Prüfungen (Zwischen-, Funktions- und Abnahmeprüfungen) nach Prüf- und Abnahmefestlegungen (Belastungstests, Probeläufe) für Bauobjekte, Anlagensysteme u. a., Erstellung von Mängellisten, Einleitung von Sofortreparaturen. Frühzeitige Mängelerkennung ist zur Ausnutzung von Zeitreserven für Nachbesserungen (Endtermine!) anzustreben.

– Übergabe

- Nach Ausführung und Abnahme erfolgt die Übergabe von Gesamt- oder Teilkomplexen der Projektlösung (zeitgleich bzw. etappenweise) vom Auftragnehmer an den Auftraggeber bei Erstellung von Abnahmeprotokollen sowie von Abnahmebescheinigungen (z. B. Bauamt, TÜV, Feuerwehr).
- Administrative Aufgaben
  - Erfassung, Prüfung, Freigabe von Rechnungen (Lieferer, Gewerke), Kostenverfolgung
  - Endabrechnung der entstandenen Kosten (Nachkalkulation) bei Planung und Realisierung des Projektes
  - Abschlussdokumentation
    Zusammenstellung und Archivierung aller Projektunterlagen, Realisierungsberichte, Bautagebuch, Änderungen, Prüf- und Abnahmeprotokolle zur Projektdokumentation. Diese bildet eine wesentliche Basis zur Reproduzierbarkeit der Lösung hinsichtlich Funktionsablauf, Gewährleistungen, des Nachweises von Lösungsabweichungen sowie für eventuelle Projektweiterentwicklungen (Ausbaustufen).

– Inbetriebnahme

Der Inbetriebnahmeprozess (Produktionsanlauf) eines Fabrik- bzw. Produktionssystems umfasst den Zeitraum vom Produktionsstart bis zur Erreichung gesetzter Zielgrößen (Durchsatz, Qualität, Auslastung, Umsatz u. a.).
Er ist wie folgt gliederbar:

Pilotphase:

- Vor- und Nullserienproduktion/Materialerstversorgung
- Test- und Präsentationsziele (Produkt)
- Prozesstestung (Produkte/Technologie/Logistik), Personaltraining

Hochlaufphase:
- Übergangsphase von der Pilot- zur Serienproduktion
- Anlauf – Produktherstellung unter realen Serienbedingungen – erste verkaufsfähige Produkte
- Hochlauf der Produktion auf Leistungsziel (Stückzahl- bzw. Volumensteigerung), Wahl der Hochlaufstrategie z. B. simultan und/oder sequentiell bezogen auf Produkte und Prozessschritte
- Endstufe – Prozess unter Serienbedingungen läuft stabil, Kammlinie der Leistung erreicht. Abgleich mit Projektzielen

Serienphase: Normalbetrieb.

Diese Phasen von Inbetriebnahmeprozessen stellen zyklisch, azyklisch wiederkehrende Abläufe dar aufgrund von Innovationen (Produkt/Prozess/Fabrik). Die Beherrschung dieser komplexen Abläufe kann durch Einsatz von **Anlaufmanagementsystemen**, unterstützt werden. Dabei ist zu berücksichtigen, dass die Ausführung der Projektlösung (auch bei hochwertiger Ausführungsplanung) im Regelfall der Praxis von Störungen (Abweichungen) überlagert ist. Ein durchgängiges prozessnahes Projektcontrolling hinsichtlich Kosten, Terminen, Funktionalität und Qualität zur Überwachung des Projektfortschrittes ist daher auch im Inbetriebnahmeprozess zwingend durchzusetzen, z. B. durch Praktizierung von Rapport- und Abstimmungsberatungen im Anlaufmanagement. Auf die rechtzeitige Einbeziehung der betroffenen Arbeitskräfte zur Qualifizierung hinsichtlich veränderter Arbeitsinhalte (Technologiesprünge!) noch vor der Inbetriebnahme ist zu achten. Gegebenenfalls sind Personalbeschaffung und -qualifizierung erforderlich (Neubedarf, Zusatzbedarf).
Die Sicherung der Inbetriebnahmeprozesse erweist sich als Schwerpunkt in der Projektumsetzung (vgl. z. B. [3.70], [3.71], [3.104]). Die Absicherung dieser Prozesse erfolgt z. B. durch Notkonzepte, hochwertige Pilotphasen, personalstarke Hochlaufbetreuung, massives Qualitätsmanagement, vorgezogene Schulungen (Trainingspakete), Vorhaltung Material (Erstversorgung/Vorlaufproduktion), Baugruppen und Kaufteile (Vorratssicherung – Puffer) u. a.

Mit dem Nachweis eines stabilen Normalbetriebes bei Erreichen der Serienphase ist der formale Projektabschluss gegeben. Nun kann die Fabrik- bzw. Projektbewertung hinsichtlich des erzielten Erfüllungsgrades der im Vorhaben gesetzten Projektziele vorgenommen werden. Aber auch die insgesamt erreichte Planungsqualität ist zu analysieren und zu bewerten. Damit sind wesentliche Grundlagen zur **Projektabnahme** durch den Auftraggeber gegeben. Erkennbare Defizite und Ursachen, wie z. B. Termin-, Kosten- und Leistungsabweichungen, sind zu bewerten – gegebenenfalls sind Umfänge von Nachbesserungen zu fixieren.
Die Gesamtheit dieser Analysen und Festlegungen werden Bestandteil der schon angeführten **Abschlussdokumentation** des Projektes.

4 Strukturrelevante Logistikprinzipien

4.1 Grundprinzipien

Aktuelle Entwicklungen im Umfeld der Industrieunternehmen (vgl. Abschnitt 1.1) haben in ihrer Folge auch Wirkungen auf die spezifischen Zielsetzungen und Merkmale der Gestaltung von Fabrikstrukturen. Dominant ist hierbei die Vorgabe innovativer Logistikprinzipien mit deren Anwendung die Durchsetzung **logistikgerechter Fabrikstrukturen** verfolgt wird (vgl. z. B. [1.3], [1.9], [3.3], [3.4], [3.17], [3.55], [3.56] sowie [4.1] bis [4.9].

Werden die bekannte Vielzahl von **Logistikprinzipien** industrieller Prozesse analysiert, ist festzustellen, dass spezielle Logistikprinzipien primär Anforderungen an innovative Organisationsstrukturen sowie Informationstechniken setzen, ein anderer Teil von Logistikprinzipien allerdings neben diesen Neuanforderungen insbesondere auch auf eine spezifische, durchgängige Gestaltung der Fabrikstrukturen als Lösungsgrundlage setzt, d. h. diese Logistikprinzipien sind **strukturrelevant**. Die Gestaltung der Materialflussprozesse wird durch diese direkt beeinflusst einschließlich von Wechselwirkungen zu Arbeitsplatz- und Ausrüstungsstrukturen sowie zu Flächen- und Raumbedarf. Auch werden festgelegt erforderliche Produktzuordnungen, Bereichsbildungen, Prozesteilungen, Produktions- und Logistikstrukturen, sodass Auslegungs- und Investitionsumfänge des Planungsobjektes davon bestimmt werden.

Aus dem strukturrelevanten Charakter dieser Logistikprinzipien leitet sich ab, dass deren Anwendungsentscheidung bzw. Vorgabe vor der unmittelbaren Projekterarbeitung erfolgen muss, d. h. planungsmethodisch in die Planungsphase **Vorplanung** (vgl. Abschnitt 3.2.4) einzuordnen ist, damit deren gezielte Bearbeitung integriert in die Gesamtproblemlage der Fabrikplanungsobjekte „von Anfang an" gesichert ist.

Nachfolgend wird eine Auswahl typischer strukturrelevanter Logistikprinzipien kompakt behandelt, wobei die jeweils typischen **Strukturierungsprinzipien** in den Vordergrund gestellt werden. Die gleichermaßen erforderlichen speziellen Anforderungen an Organisation und Informationstechnik sind in der Fachliteratur teilweise detailliert dargestellt (vgl. z. B. [1.3], [3.17], [3.56], [4.9]).

Die Anwendung **strukturrelevanter Logistikprinzipien** erfolgt in der Industriepraxis oftmals im Rahmen der Umsetzung komplexer Strategien, wie z. B. „**lean production**" oder „**synchrone Fabrik**". Dabei ist ein **überlagernder, integrierter Einsatz** mehrerer der nachfolgend aufgeführten Logistikprinzipien oftmals üblich. So können einige Module der Vormontage bei vorliegender Modulstruktur der Fabrik spezifisch segmentiert sein (Stückzahl, Technologie), die Segmente (als Voll- und Teilsegmente) wiederum nach JIT- oder KANBAN-Prinzipien aufgebaut sein. Die

Materialflüsse bzw. Bereiche, Abschnitte, Einheiten innerhalb dieser Segmente wiederum sind nach wirtschaftlichen **Anordnungsprinzipien** (Fertigungsformen) strukturiert. So kann ein Fertigungssegment (kundenbezogen) in der Vorfertigung in Reihenfertigung und Fertigungsinseln, in der Vormontage in parallele Taktstraßenmontagen strukturiert sein.

Damit wird deutlich, Fertigungsformen bilden Untermengen der strukturrelevanten Logistikprinzipien. Das heißt, sie definieren ausschließlich Anordnungen innerhalb abgrenzbarer Bereiche, sind folglich **bereichsorientiert** (vgl. Abschnitt 3.3.3.3). Strukturrelevante Logistikprinzipien hingegen erfassen die durchgängige Strukturbildung bei Funktionszuordnung (Bearbeitungs-/Logistikfunktionen) und Integration von Organisationssystemen für gezielt abgrenzbare Produktsortimente und Prozesse. Sie sind folglich **prozessorientiert**.

4.2 Lagerorientierte Strukturen

Lagerorientierte Strukturen stellen eine historisch gewachsene, stark verbreitete klassische Form der Strukturierung von ein- und mehrstufigen Produktionsprozessen dar. Mit diesen Strukturen werden eine hohe Komplexität, Ganzheitlichkeit und Entkopplung der Prozesse darstellbar, bei Sicherung hoher Flexibilität und Prozessautonomie. Im Regelfall sind diese Strukturen kombiniert mit zentral agierenden Mehrebenenkonzepten der Produktionssteuerung (ERP/PPS) bei Einsatz von Push- und Pull-Prinzipien.

Grundprinzipien sind:
– Aufgliederung des technologischen Gesamtprozesses der Produktion (Vor- bis Endfertigung) in abgrenzbare autonome Fertigungsstufen (z.B. VF, BGM, EM; vgl. Abb. 3.21).
– Einordnung von Lagersystemen zur gezielten Bestandsbildung vor, zwischen und nach den Fertigungsstufen zur Entkopplung und Synchronisation des Materialflusses zwischen den Fertigungsstufen sowie zu externen Zulieferungs- und Ablieferungsprozessen. Es erfolgt eine definierte Bestandsbildung zur Störungskompensation sowie zur Sicherung von Flexibilität und Wirtschaftlichkeit im Materialzu- und -abfluss. Damit geht eine konsequente Entkopplung bzw. Autonomisierung der Fertigungsstufen einher, die Freiräume für gezielte stufeninterne Optimierungen ermöglicht (z. B. Anwendung der Methode „ Belastungsorientierte Auftragsfreigabe" (BOA), Steuerung nach „Belastungsschranke" – Betriebskennlinie, Durchsetzung „Entkopplungspunkt", stufenbezogene Losgrößen).
– Sortimentsbreiten- und Stückzahlschwankungen innerhalb der und zwischen den Fertigungsstufen sind beliebig zulässig, d. h. Überlagerungen der Fertigungsarten „Einzel-" bis „Großserienfertigung" sind unbegrenzt möglich.

– **Strukturierungsprinzip** (vgl. Abb. 4.1)

• Zuordnung (Vor-, Zwischen- und Nachschaltung) funktionell unterschiedlicher **Lagerarten** (z.B. ELA, ZL, ALA) zu den Fertigungsstufen (vgl. Beispiel in Abb. 3.21).

• Festlegung des wirtschaftlichen **Lagerkonzeptes** (Umfang der Funktionsintegration/räumliche Vernetzung und Verdichtung).

Folgende Grundformen werden unterschieden:

– **Zentrale Lagerung**
  (Komplexlager – hohe Funktionsintegration, räumlich zentralisiert)
– **Dezentrale Lagerung**
  (Lagerfunktionen und räumliche Lage – dezentralisiert, verbrauchsortnah)
– **Mischformen** (zentrale / dezentrale Lagerung).

Grundsätzlich können die Läger unabhängig vom Lagerkonzept fertigungsstufenübergreifend im Materialfluss kooperieren (vgl. Materialflussvernetzung in Abb. 3.21). Des Weiteren können „Sonderbereiche" des Produktionsprozesses (z.B. Oberflächentechnik, Prüfbereiche) beliebig an spezielle Lagerarten (auch Fertigungsstufen) angedockt werden. Damit wird deutlich, dass unterschiedlichste Materialflussketten und -netze abgebildet werden können.

• Dimensionierung der Läger erfolgt funktionsorientiert basierend auf berechneten Bestandsentwicklungen (Zufluss/Abfluss, Mengenbereich, Mindest- und Sicherheitsbestände, Störungskompensation u.a.)

In Abb. 4.1 sind mögliche Grundformen lagerorientierter Strukturen am Beispiel eines dreistufigen Produktionsprozesses dargestellt (vgl. auch Lagerkonzepte in Abb. 3.49).

Deutlich erkennbar sind die beträchtlichen Unterschiede hinsichtlich der funktionell-räumlichen Anordnung und des logistischen Aufwandes des jeweiligen Konzeptes. Grundsätzlich ist eine zentrale Lagerung durch Bildung von **Komplexlägern** (hohe Funktionsintegration) anzustreben.

Vorteile dieser Strategie sind:

– hohe Flexibilität im Lagersystem (Stellplatzzahloptimierung)
– rationelle Lagerlösung (Minimierung Einzelstandorte)

Allgemeine Merkmale dieser Strukturierung sind:

– hohe Durchlaufzeiten und Bestände (bewusste Bestandsbildung)
– hoher interner Steuerungs- und Logistikaufwand
– hohe Flächen- und Lagerausrüstungsbedarfe – insbesondere bei verteilter Lagerung (Einzelstandorte).

zentrale Lagerung (Komplexlager KL)
– Lagerfunktion integriert
– Langeranordnung räumlich konzentriert

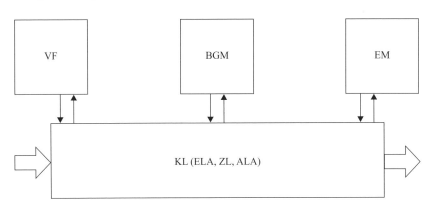

dezentrale Lagerung
– Lagerfunktion verteilt
– Lageranordnung räumlich dezentralisiert

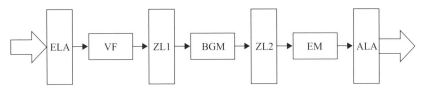

zentrale/dezentrale Lagerung (Mischform)
– Lagerfunktion integriert/verteilt
– Lageranordnung konzentriert/dezentralisiert

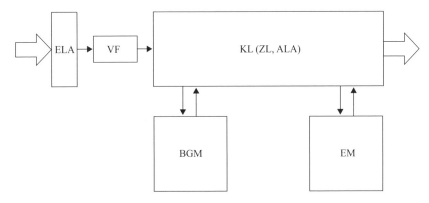

Legende:	VF	Vorfertigung	ZL	Zwischenlager
	BGM	Baugruppenmontage	ALA	Ausgangslager
	EM	Endmontage	KL	Komplexlager
	ELA	Eingangslager		

Abb. 4.1: Lagerorientierte Strukturen (schematisiert) – dreistufiger Produktionsprozess

4.3   Segmentierte Strukturen

Einen wesentlichen Ansatz innovativer Fabrikstrukturplanung bilden die von *Wildemann* in [3.17], [4.1] dargestellten **Prinzipien der Fertigungssegmentierung**.

Wesentliche Grundsätze dieser Methode sind:

– Verbindung der Vorteile der Ein-Produkt-Fabrik (z. B. Fließfertigung – produktbezogen hohe Wirtschaftlichkeit) mit den Vorteilen der Mehr-Produkt-Fabrik (z. B. Werkstattfertigung – hohe Flexibilität) durch **Modularisierung** (Vereinfachung) der Fabrikstrukturen. Durchsetzung des Prinzips „Fabriken in der Fabrik".

– Abkehr von funktions- bzw. verrichtungsorientierten Strukturen, Durchsetzung von objekt-(produkt-) bzw. **prozessorientierten** Strukturen (interne Gestaltung der Segmente)

– Aufbau konsequent **marktbezogen ausgerichteter Produktionsstrukturen** (strategische Produktionseinheiten) durch Entwicklung von Markt-(Kunde-)Produkt-Prozess-Beziehungen (externe Gestaltung der Segmente).

– Entflechtung der Leistungsbeziehungen in den Produktionsprozessen durch Bildung von **produktorientierten autonomen Produktionseinheiten**. Dazu sind die Produktionsprozesse unter dem Beziehungsgefüge Markt-Produkt-Technologie (-Prozess) möglichst durchgängig über die gesamte Prozesskette des Wertschöpfungsprozesses aufzuspalten (Fertigungssegmentierung).

– Erhöhung der Transparenz im Prozessablauf durch **Komplexitätsabbau** (Dezentralisierung), Sicherung durchgängiger Verantwortlichkeiten bei Integration indirekter Produktionsfunktionen, Erweiterung von Arbeitsinhalten und Handlungsfreiräumen.

In einem **Fertigungssegment** sind produktorientierte Produktionseinheiten zusammengefasst, die mehrere Stufen der logistischen Prozesskette der Produkterstellung umfassen und mit denen eine spezifische Wettbewerbsstrategie verfolgt wird (vgl. [3.17]). In die Fertigungssegmente sind indirekte (planende, dispositive) Produktionsfunktionen integriert, sodass eine produkt- und prozessbezogene durchgängige Aufgaben- und Verantwortungszuordnung (z. B. Ausbildung als Cost-Center) gegeben ist.

Mit der Fertigungssegmentierung werden folgende **Zielsetzungen** verfolgt:

– Absenkung von Durchlaufzeiten und Beständen
– Erhöhung von Produktivität und Qualität
– Erhöhung von Motivation und Identifikation der Mitarbeiter
– Sicherung durchgängiger Prozess- und Kostentransparenz (Kostenzuordenbarkeit)
– Abbau von Komplexität und Koordinierungsaufwand
– Sicherung durchgängiger Verantwortlichkeit und Aufgabenkonzentration.

Markante **Gestaltungsmerkmale** von Fertigungssegmenten sind (vgl. [3.17], [4.1] bis [4.5]):

– **Markt- und Zielausrichtung**
Aufbau von Produktionseinheiten (Segmenten), die auf spezifische Wettbewerbsstrategien ausgerichtet sind (Bildung von „Markt-Produkt-Prozess-Einheiten")

– **Produktorientierung**
Ausrichtung der Segmente auf spezifische Produkte („geringe" Produktbreite, möglichst Komplettbearbeitung – relativ hohe Fertigungstiefe)

– **Mehrere Stufen der Prozesskette**
Fertigungssegmente sollten mehrere bzw. möglichst alle Fertigungsstufen der Prozesskette umfassen. In der Vollausprägung dann als „Vollsegmente", anderenfalls als „Teilsegmente" zu bezeichnen.

– **Integration indirekter Funktionen**
Durch Erweiterung der Arbeitsinhalte (Übertragung von indirekten Produktionsfunktionen) der Mitarbeiter werden sowohl eine Schnittstellenreduzierung als auch die Erhöhung ganzheitlicher Verantwortung vor Ort angestrebt.

– **Kosten- und Ergebnisverantwortung**
Fertigungssegmente können als „produktbezogene Leistungsbereiche" in dem Unternehmen geführt werden z. B. bei Kostenverantwortung als Cost-Center, bei Ergebnisverantwortung als Profit-Center.

In Abb. 4.2 sind die unterschiedlichen Strukturen von rein verrichtungsorientierter und produktorientierter (segmentierter) Form am Beispiel eines zweistufigen Produktionsprozesses vergleichend gegenübergestellt. Für die Prozesse rein verrichtungsorientierter Strukturierung ist typisch, dass eine unstrukturierte, hochvernetzte (anonyme) Produkt- und Ausrüstungszuordnung vorliegt. Unterschiedliche Produkte (Einzelteile, Baugruppen) werden in gleichen Bereichen der Vorfertigung und Montage produziert. Im Unterschied dazu zeigen die Prozesse produktorientierte Strukturierung – nach Markt- bzw. Produktmerkmalen gebildete Produktgruppen werden in „spezialisierten" kleineren, autonomen Segmenten (Voll- oder Teilsegmente) produziert. Nicht alle Produkte durchlaufen gleiche „gemeinsame" Produktionsbereiche, sondern gezielt zusammengestellte Produktgruppen durchlaufen „spezifisch zugeschnittene" autonome Produktionsbereiche. Dadurch werden z. B. der Abbau von Schnittstellen sowie die Absenkung der Vernetzung im Materialfluss erreicht, sodass strukturelle Vereinfachungen des Prozesses gegeben sind. Gezielt abgesenkt wird damit die „Produktionsanonymität", d. h., eine erhöhte Verantwortlichkeit für Produkte und Prozess wird durchsetzbar.

Weiterhin wird aus Abb. 4.2 deutlich, die Module (Produktionseinheiten) innerhalb der Fertigungssegmente können hinsichtlich ihrer räumlichen Anordnungsprinzipien nach unterschiedlichen Fertigungsformen strukturiert sein. Sowohl Montage- als auch Vorfertigungsprozesse einschließlich der Logistikelemente können je nach

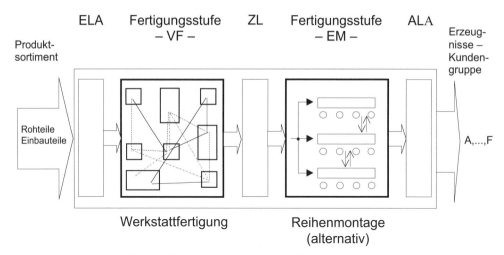

Verrichtungsorientierter Produktionsprozess

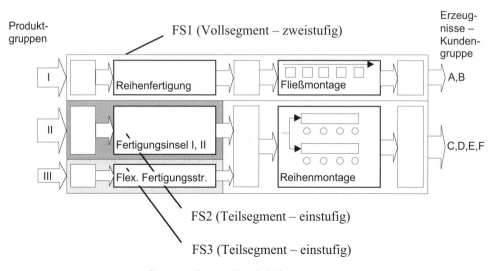

Segmentierter Produktionsprozess

Legende:

ELA   – Eingangslager
VF   – Vorfertigung
ZL   – Zwischenlager
EM   – Endmontage
ALA   – Ausgangslager
FS   – Fertigungssegment

Abb. 4.2: Prinzipien – verrichtungsorientierter und segmentierter Produktionsprozess (schematisiert)

erzielbarem Integrationsumfang als Voll- bzw. Teilsegmente ausgebildet werden, so-dass unterschiedliche Segmentierungstypen unterschieden werden können (vgl. [3.17]).

Strukturierungsprinzip (vgl. Abb. 4.2)

Der Prozess der Fertigungssegmentierung führt zur gezielten Auftrennung bzw. Zuordnung (Gruppierung) von Produkten und Prozessen (Ausrüstungen). Hin-sichtlich des **methodischen Ablaufes** sind zwei Bearbeitungskomplexe zu unter-scheiden:

A – Produktsegmentierung (vertikale Segmentierung)

Hauptinhalt ist die Produktgruppenbildung, basierend auf detaillierten Analysen der Produkte einschließlich deren Markt-/Kunden- und Wettbewerbsbedingungen.

Wesentliche Einflussfaktoren sind:

- Produktarten (Ähnlichkeiten – Bauart, Funktion, Produktionsablauf) – Einzelteile, Baugruppen, Komponenten
- Produktionsvolumen (Stückzahlen, Seriengrößen, Wiederholgrade)
- Bedarfsentwicklung (Statistiken, Trendentwicklungen, Verbrauchsstetigkeit, Schwankungen)
- Absatzstrukturen, Marktausrichtung
  • kundenbezogen (nachfrageorientiert)
  • lagerbezogen (angebotsorientiert)
  • Verfolgung Differenzierungsstrategien
- Kostenführerschaft
- Sofortbelieferung
- Seriengrößen, Losgrößen, Variantenbreite, Produktmix
- Wettbewerbsfaktoren (Preisentwicklungen, Durchlauf- und Lieferzeiten).

Hilfsmittel der Gruppen- bzw. Klassenbildung der Produkte sind z. B. der Einsatz von Methoden der Cluster-Analyse, der ABC-Analyse u. a. Ergebnis dieses Bearbei-tungskomplexes ist die Auftrennung von Produktsortimenten in Produktgruppen (Teileklassen, Produktfamilien) auf der Basis gleicher/ähnlicher Anforderungen bzw. Merkmale.

B – Prozesssegmentierung (horizontale Segmentierung)

Hauptinhalte sind Analysen des vorhandenen bzw. geplanten Produktionsprozes ses hinsichtlich der Herauslösung bzw. Zuordnung von Verfahren und Ausrüstungen (Kapazitäten). Hier erfolgt die Planung der „inneren" Struktur des Prozesssegments.

Wesentliche **Einflussfaktoren** auf die Prozesssegmentierung sind:

- Fertigungsablauf der gesamten Wertschöpfungskette je Produktgruppe (Fertigungsstufen, Arbeitsvorgangsfolgen, Rüst- und Bearbeitungszeiten) durchgängig analysieren
- Ausrüstungsauswahl und -zuordnung bei simultanem Kapazitätsabgleich innerhalb der Fertigungsstufen der Fertigungssegmente sowie zwischen den Fertigungssegmenten bzw. zu den verbleibenden Bereichen
- Erfassung (möglichst) aller Fertigungsstufen (z. B. Vorfertigung, Montage) im Fertigungssegment (Sicherung Komplettbearbeitung - Vollsegment)
- Minimierung Interdependenzen (Ausreißer-Produkte, Ausrüstungen), Sicherung Segmentautonomie (Geschlossenheitsgrad).

Ergebnis der Prozesssegmentierung ist das Vorliegen produktbezogener autonomer Ausrüstungs- und Materialflussstrukturen (vgl. Industriebeispiel Abb. 8.16). Zu beachten ist hierbei, durch die Segmentierung sinkt die Anzahl von Produktarten je Ausrüstung (Abbau Komplexität), wo hingegen der Grad der Materialflussvernetzung (Kooperationsgrad) konstant bleiben oder absinken kann.

Spezielle **Gestaltungskriterien** der Prozesssegmente sind:
- Flussoptimierung
  Kapazitätsharmonisierung (Engpassabbau), Bildung überschaubarer Einheiten (Module), Zuordnung flussorientierter Fertigungsformen
- räumlich konzentrierte Anordnung
  ablauforientierte, räumlich konzentrierte (separierte) Ausrüstungsanordnungen (Layout) in eigenständigen Raumbereichen, flächen- und wegeminimal, kommunikationsfreundlich
- kleine Kapazitätsquerschnitte
  Bildung „kleiner" Ausrüstungseinheiten bei Abgleich der Kapazitätsquerschnitte
- Prinzipien selbststeuernder Regelkreise
  Übertragung von Dispositionsaufgaben in die Module (Dezentralisierung), Anwendung vereinfachter Steuerungsprinzipien, z. B. Kanban, JIT auf Basis von Grobvorgaben von Vorgabesystemen
- Integration indirekter Funktionen
  Funktionelle und räumliche Integration (Dezentralisierung) indirekter Produktionsfunktionen, z. B. Qualitätskontrolle, Instandhaltung, Belegungsdisposition, Fortschrittsüberwachung, Materialbereitstellung, Werkzeug- und Vorrichtungsdisposition.

Die Einführung von Fertigungssegmenten in der Industriepraxis ist an spezielle **Eignungskriterien** gebunden. Als solche sind zu beachten:

- Die **Produktentwicklung** hinsichtlich Produktionsvolumen sowie Markt- und Zielausrichtung muss **mittel- und langfristig kalkulierbar** sein.

– Eindeutige stabile **Abgrenzungen** im Rahmen der Produktgruppenbildung müssen fixierbar sein. Innerhalb der Produktgruppen sind einheitliche Zuordnungen gegeben, aber diese sind signifikant abweichend zu anderen Produkten bzw. Produktgruppen.

– Die **Ausgangslage** (Planungssituation) ist im Regelfall durch das Vorliegen verrichtungsorientierter (anonymer) Strukturen breiter Produktsortimente der Produktionsprozesse charakterisiert.

– Die Produktsortimente sind breit und durch eine hinreichende **Heterogenität** (Stückzahlen, Technologie, Zeitgrößen) ausgewiesen.

– Die Ausrüstungsstrukturen (Produktionspotenzial) sollten einen deutlich **ersetzenden Charakter** bei hoher **technologischer Flexibilität** besitzen. Das Potenzial austauschbarer, verändert zuordenbarer Ausrüstungen sollte möglichst hoch sein.

Die Gewährleistung der Eignungskriterien ist für die Beherrschung des **Zielkonfliktes der Fertigungssegmentierung** von wesentlicher Bedeutung. Dieser besteht darin, dass im Ergebnis der Fertigungssegmentierung sowohl eine hinreichende **Kapazitätsauslastung** als auch gleichermaßen eine hohe **Segmentautonomie** zu gewährleisten sind. Die Sicherung einer hohen Segmentautonomie erfordert eine Minimierung der Interdependenzen zwischen Segmenten bzw. Bereichen. Der Segmentwechsel durch „Ausreißer" (kapazitäts- und/oder verfahrens- bzw. ausrüstungsbedingt) ist zu minimieren. In der hinreichenden Sicherung dieser Zielerfüllung sind in der Industriepraxis oftmals die Grenzen von Möglichkeiten zur Fertigungssegmentierung gesetzt.

Deutlich wurde, dass die Fertigungssegmentierung in ihrer Anwendung spezifische Bedingungen hinsichtlich der Zuordnung von Produkt und Markt sowie von Produkt und Technologie (Ausrüstung) setzt. Im Rahmen der Fabrikstrukturplanung sind daher **Zuordnungsentscheidungen** zur produktbezogenen Segmentierung schon wesentlicher Inhalt der Bereichsbildung in der Planungsphase Funktionsbestimmung (vgl. Abschnitt 3.3.1 sowie Industriebeispiel in Abschnitt 8.2). Innerhalb der Prozesssegmente sind die Produktionseinheiten (Module) durch die gezielte Auswahl flussorientierter Fertigungsformen (vgl. Abschnitt 3.3.3.3) zu untersetzen. Vorgaben zur Fertigungssegmentierung sind Bestandteil von Strategien logistikgerechter Fabrikplanung (vgl. Abschnitt 3.2.4).

4.4   Kanban-Strukturen

Das Kanban-Prinzip stellt ein Gestaltungs- und Organisationsprinzip basierend auf spezifisch ausgebildeten Produktions- bzw. Materialflussstrukturen ein- oder mehrstufiger Wertschöpfungsprozesse dar, mit Zielsetzungen zur Lieferzeit- und Bestandssenkung.

Grundprinzipien sind:

– Anwendung bei harmonisierten, stabilen Produktsortimenten begrenzter Sortiments- bzw. Variantenbreite (Produktgruppen, -familien) hohem Wiederholgrad (Standardbedarfe), im Stückzahlbereich Mittel- und Großserien; auch Massenfertigung. Prozessdurchgängig, auch begrenzt auf Teilabschnitte (Ausschnitte) der Fertigungsstufen Vorfertigung-, Baugruppen- und Endmontage.

– **Strukturierungsprinzip** (vgl. Abb. 4.3)

• Aufgliederung des Produktionsprozesses (Fertigungsstufen) in autonome Fertigungseinheiten (Ausrüstungsgruppen, Verfahrensgruppen, Werkstattbereiche) die flussorientiert in Linienstruktur (U-Form, L-Form, abgewinkelt) abstandsminimal angeordnet sind. Bedingung ist, der dominierende Materialfluss der Sortimente muss eine generalisierende einheitliche Flusslogik (weitgehender Vorwärtslauf) gewährleisten. Eine eigenständige Materialflussstruktur (Kanban-Produktionssystem) wird damit begründet.

• Vor-, zwischen- und nachgeschaltet zu den Fertigungseinheiten sind spezielle Pufferlager einzuordnen. Deren Dimensionierung basiert produkttypbezogen auf erforderlichen Mindest- und Sicherheitsabständen. Diese stellen autonome, synchronisierende Vorhaltelager dar, die produktions- und verbrauchsortnah in die Linienstruktur des Materialflusses eingeordnet sind.

• Die Fertigungseinheiten (Erzeuger) und das nachgeschaltete Lager (Verbraucher) bilden autonome Regelkreise durch die Prinzipien der sich zyklisch fortpflanzenden Selbststeuerung umsetzbar werden. Die Produktivitäts- bzw. Kapazitätsprofile der Fertigungseinheiten untereinander sind abzugleichen.

– Die Steuerung der Regelkreise erfolgt über Kanban-Karten (Informationsträger – Bedarfs- und Verbrauchsinformationen). Bei anliegendem Neubedarf erfolgt der Materialabzug aus dem jeweils vorangestellten Pufferlager. Wird dabei ein definierter Melde-/Mindestbestand unterschritten, erfolgt mittels Kanban-Karte die Neuauslösung eines Produktionsauftrages (Standardmenge) in der dem Puffer vorangestellten Fertigungseinheit. Bedarfsgrößen (Kunde) werden folglich vom Prozessende zyklisch zum Prozessanfang hin umgesetzt (PULL-Prinzip) bei Endkopplung der Regelkreise (Fertigungsabschnitte).

– Der Anstoß zur Produktion erfolgt am Prozessende, d. h. Aufträge werden dort nach Bestelleingang basierend auf Produktvorhaltungen im Pufferlager sofort montiert bei Sicherung minimaler Lieferzeiten. Eine Neu- bzw. Auffüllproduktion in den vorgelagerten Fertigungsabschnitten erfolgt nur, wenn aktueller Bedarf anliegt. Obwohl dieses Logistikprinzip bewusst auf Bestandsbildung (Vorhaltungen

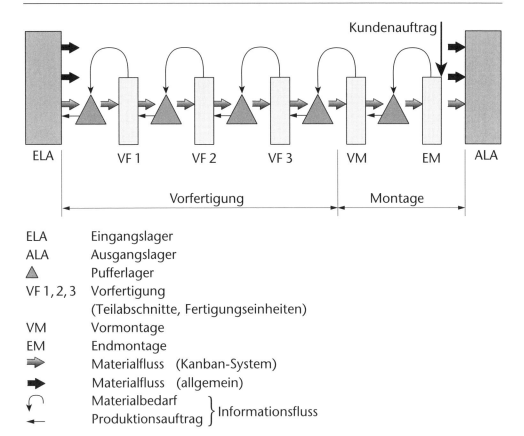

ELA	Eingangslager			
ALA	Ausgangslager			
▲	Pufferlager			
VF 1, 2, 3	Vorfertigung			
	(Teilabschnitte, Fertigungseinheiten)			
VM	Vormontage			
EM	Endmontage			

ELA   Eingangslager
ALA   Ausgangslager
▲   Pufferlager
VF 1, 2, 3 Vorfertigung
           (Teilabschnitte, Fertigungseinheiten)
VM   Vormontage
EM   Endmontage
⟹   Materialfluss (Kanban-System)
➡   Materialfluss (allgemein)
⟳   Materialbedarf
           Produktionsauftrag } Informationsfluss
⟵

Abb. 4.3: Kanban-Struktur (schematisiert)

in den Pufferlagern) setzt, wird dadurch die Bestandshaltung auf die jeweils aktuellen Produktionsbedarfe begrenzt. Damit wird den Prinzipien spätest möglicher, konsequent verbraucherorientierter Produktion entsprochen.

In Abb. 4.3 ist eine typische durchgängige Kanban-Struktur eines Produktionsprozesses schematisiert dargestellt. Deutlich wird, Kanban erfordert eine spezielle Strukturierung, abweichend von der klassischen stufen- bzw. bereichsbezogenen Prozessgliederung in abgrenzbare Fertigungseinheiten (Regelkreise) wie in entsprechenden Layoutstrukturen der Lösungskonzepte sichtbar wird.

4.5 Just-in-time-Strukturen

Das Just-in-time-(JIT-)Prinzip ist ein Gestaltungs- und Organisationsprinzip von Produktionsprozessen mit speziellen Zielsetzungen zur Durchlaufzeit- und Bestandsminimierung (Lagervermeidung) durch Synchronisation von Anlieferungs- und Verbrauchsprozessen.

Grundprinzipien sind:

– Anwendung bei stabilen Prozessen, wiederkehrender Produktion bei Serien- auch Massencharakter, insbesondere für werthaltige Produkte variantenarmer Produktion (Baugruppen, Module, Großteile, Systemkomponenten), regelmäßigem, zyklischem Bedarf unter Vorhersagesicherheit, d. h. für eingegrenzte spezielle Produktsortimente.

– Strukturierung von Zulieferungs-, Produktions- und Distributionsprozessen (durchgängig/auch Teilprozesse) in Form spezifischer JIT-Prinzipien.

– Steuerungsgrundsatz: Folgeprozess (Abnehmer) steuert vorgelagerten Zulieferer (bedarfsorientiert – ziehende Produktion PULL-Prinzip). Zentrales Informationssystem sichert synchronisierte Ablaufsteuerung zwischen Zulieferer und Abnehmer basierend auf Bedarfsvorhersage unter abgestimmter Meldezeit (Abrufsteuerung)

– Ein Sonderfall von JIT ist dann gegeben, wenn ein Leitprodukt (Hauptmaterialfluss) im Rahmen eines Endmontageprozesses durch Zulieferteile (Nebenmaterialfluss) und -komponenten „aufmontiert" wird. Hier bestimmt der Montageablauf des Leitproduktes Anlieferungs-, Bereitstellungs- und Montagereihenfolgen und -zeitpunkte, auch als Perlenkette bezeichnet. Das heißt, die Montage erfolgt nach dem JIS-Prinzip (just in sequence).

– **Strukturierungsprinzip** (vgl. Abb. 4.4)

  • Lagerarme bzw. Lagerfreie Strukturierung von ein- oder mehrstufigen Prozessen/Bereichen (durchgängig, auch Teilprozesse) abstandsminimal (regional, Industriepark) bei Entfall klassischer Lagerfunktionen bzw. Lagersysteme (z. B. Eingangs-, Zwischenlager). Das heißt, die Strukturierung erfolgt je nach JIT-Prinzip bei Entfall spezieller Logistikfunktionen (z. B. Bereitstellung, Verpacken, Umschlag, Lagern) und daraus folgend dem Entfall der entsprechenden Logistikflächen.

  • Eine flexible, kapazitäts- und zeitbegrenzte Pufferlagerung zur Absicherung von Bestandsreichweiten (Störungen) ist einordenbar entweder direkt in die Transport- bzw. Fördersysteme (dynamische Lagerung) als „Pufferung im Transport" (rollendes Lager) oder als Minimalpuffer (statisch) örtlich-funktionell dem Zulieferer oder dem Abnehmer zugeordnet.

  • JIT-Prinzipien können wie folgt gegliedert werden:
    JIT-Anlieferung – Entfall Eingangslager (ELA)
    Synchronisation Zulieferung Material (Teile, Baugruppen) an Vorfertigungsprozess
    JIT-Produktion – Entfall Zwischenläger (ZL) zwischen den Fertigungsstufen
      – Montagesynchrone Vorfertigung zu Folgebereich (z.B. Baugruppenmontage)
      – Baugruppensynchronisierte Vorfertigung zu Folgebereich (z. B. Endmontage)

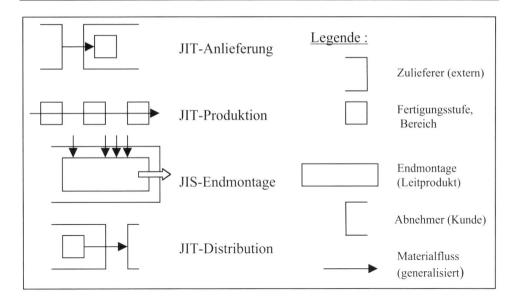

Abb.4.4: Materialflussstrukturen JIT/JIS (schematisiert)

JIS-Endmontage – Entfall Eingangslager (ELA) bzw. Montagelager
– Direktanlieferung verbausynchron zu Andockstellen am Montageort (vgl. Direktzufluss Endmontage in Abb. 3.21)
– Anlieferung im Zeittakt der Montagereihenfolge (Perlenkette) der Leitprodukte
JIT-Distribution – Entfall Ausgangslager (ALA)
– Direktanlieferung Endmontage synchronisiert zum Abnehmer (Kundenbestellung).

In Abb. 4.4 sind Strukturprinzipien unter JIT, JIS vereinfachend dargestellt. Auch hier wird erkennbar, JIT-Prinzipien führen zu deutlich veränderten Prozessstrukturen, die durch den Entfall von Logistikfunktionen charakterisiert sind, wodurch das Fabrik- bzw. Bereichslayout dominant bestimmt wird.

4.6 Modulare Strukturen

Liegen Produktionsprozesse vor, in denen hochkomplexe Erzeugnisse (z. B. Anlagen- und Maschinensysteme, Fahrzeugbau) in Großserien und Massenfertigung herzustellen sind, dann ist das Logistikprinzip der **Modulstrategie** anwendbar. Kerninhalte sind die Modularisierung von Erzeugnis und Produktionsprozess wobei dann

Module das Strukturierungsmerkmal des Fabriklayouts bilden (Modulare Fabrik-strukturen). Grundprinzip ist, das komplexe Endprodukt ist entsprechend der Erzeugnisgliederung in sinnvolle abgrenzbare Module (Baugruppen, Komponenten) aufzuspalten, diese bilden autonome Einheiten und werden in speziellen Fertigungs-modulen produziert bei definierter Zuordnung zum Montageendprozess des Erzeug-nisses.

Ziele dieses Strukturierungsprinzips sind

– die konsequente Durchsetzung des Kunden-Lieferanten-Prinzips über die gesamte Prozesskette
– die Minimierung von Durchlauf- und Lieferzeiten sowie Beständen bei weitge-hender Lagervermeidung
– die Sicherung flexibler Anpassungs- und Erweiterungsfähigkeit
– die Erzeugung von Transparenz („offene Strukturen") und Kommunikations-freundlichkeit

durch den Aufbau durchgängig flussorientierter, synchronisierter modularisierter Strukturen deutlich komplexer Produktionsprozesse.

Fertigungsmodule sind wie folgt charakterisiert:

– Separate, autonome technologisch differenzierte auch gestufte, vernetzte Ferti-gungsbereiche (z. B. Vormontage, Modulmontage, Oberflächentechnik), auch in Submodule unterteilbar
– Betreiber der Fertigungsmodule unternehmensintern /-extern möglich, Module in-tegrieren spezifische Modulzulieferer
– Fertigung im Modul eigenverantwortlich im Team, Modulprüfung (Vorprü-fung/Funktionsprüfung) vor Einbau (hausinterne/externe Modulmontagekräfte), montagetaktsynchrone und einbauortbezogene Modulanlieferung und -bereitstel-lung bei Minimalbeständen
– Jedem Fertigungsmodul sind Logistikflächen zuordenbar entsprechend den erfor-derlichern Logistikfunktionen (z. B. Ladezone, Umschlag- und Lagerbereiche). Die Fertigungsmodule sind werkstatt- bzw. bereichsbezogen strukturierbar (vgl. Abschnitt 3.3.3) bei Zuordnung von Fertigungsformen (Strukturtyp). Sie bilden das Prinzip „Fabrik in der Fabrik".

Neben Fertigungsmodulen können je nach Montagestrukturen der Erzeugnisse auch spezielle **Logistikmodule** (Logistikflächen z. B. Umschlag, Bereitstellung, Lage-rung) gebildet werden. Damit werden regionale bzw. überregionale Direktanliefe-rungen (Baugruppen, Komponenten) montageorientiert eingeordnet.

Strukturierungsprinzip (vgl. Abb. 4.5):

– Die Strukturbildung ist durch den räumlich zentral, in Hallenmittenlage einzu-ordnenden **Kernprozess (Kernmodul – Endmontage)** und den Prinzipien der räumlich-funktionellen Zuordnung unterschiedlicher Fertigungs- und Logistikmodule geprägt (Materialflussspine). Modulstrukturen bestimmen folgend die Layoutstruktur (Fabriklayout). Es sind zu unterscheiden – dienende Flächen (Fertigungsmodule/Logistikmodule) und bediente Flächen (Kernmodul)

– Die Fertigungs- und Logistikmodule werden flussorientiert, orthogonal/winklig, ein- oder beidseitig zum Kernprozess abstandsminimal und verbaupunktbezogen (Montagetaktbereich) zugeordnet. Zufließendes Material (Rohteile, Baugruppen u. a.) fließt von außen (dezentral) durch die Module nach innen (Kernbereich) direkt zum Verbaupunkt (Synchronisation). Damit wird eine betont **prozessbezogene Modulstruktur** entsprechend der Konfiguration der Erzeugnis- und Montagelogik direkt abgebildet

– Die Fabrikstruktur folgt direkt dem Prinzip „Gestalt folgt dem Fluss", sodass die entwickelte **Modulstruktur** auch direkt in der Grundriss- bzw. in der Gebäudehülle erkennbar wird, oftmals in der Form versetzter Vieleckgrundrisse (vgl. Abb. 4.5).

In Abb. 4.5 ist die Layoutstruktur eines Endmontageprozesses modularisiert dargestellt (Prinzipschema). Die strukturprägende Dominanz des Kernmoduls, aber auch die individuelle Ausprägung und Zuordenbarkeit der Fertigungs- und Logistikmodule werden deutlich. Diese spezifische Anordnung der Module zum Kernmodul ermöglicht bei Beachtung von Baukörper und Freiflächen ein individuelles stückzahl- und / oder technologiebedingtes Wachsen sowohl der Fertigungs- und Logistikmodule (kreisförmig „nach außen") als auch des Kernmoduls (stirnseitig) in nahezu alle

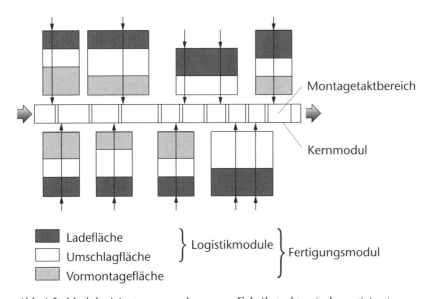

Abb. 4.5: Modularisierte, prozessbezogene Fabrikstruktur (schematisiert)

Richtungen ohne wechselseitige Beeinträchtigungen. Auch sind Neueinordnungen (Austausch) bzw. Modifikationen von Modulen möglich. Damit ist die erforderliche Dynamik zur Produkt- bzw. Marktanpassung gegeben.

Erkennbar ist allerdings: Das Kernmodul selbst ist in der in Abb. 4.5 dargestellten speziellen Anordnung nur begrenzt flexibel. Es kann nur in seiner Achse stirnseitig verlängert (auch auseinandergezogen oder gestaucht) werden z. B. zur Aufnahme zusätzlicher Module bzw. zu deren Zuordnungsvariation.

Folgende Abwandlungen des in Abb. 4.5 dargestellten Prinzips der Modulstruktur sind entsprechend den jeweils vorliegenden Produktions-, aber auch Gebäudeanforderungen möglich:

– Kernmodul auftrennen und parallelisieren (zwei Kernmodule),
   Zwischenfläche bildet Kommunikationszentrum (Mitarbeiterspine) als Wissens-Qualitäts-Plattform („Marktplatz")
– Kernmodul umwidmen als zentralen Logistikstrang (z. B. Fließband) zur Ver- und Entsorgung unterschiedlicher Fertigungsmodule
– Kernmodul wegen Längenbegrenzung orthogonal gewinkelt in Kreuzform (Plusform), auch in U-, L-Form. Fertigungsmodule (Systemlieferanten) sowie Logistikmodule (Zulieferer) sind verbaupunktbezogen zugeordnet.
– Kernmodul bei Längenbegrenzung (z. B. stirnseitig durch Gebäude) oder bei der Notwendigkeit innerer Aufweitung/Stauchung achsenbezogen schlangenförmig geschwenkt anordnen (Fingerprinzip). Das Wachsen der „Finger" (z. B. Modulvergrößerung, Zwischeneinordnung zusätzlicher Module) ist individuell möglich ohne Beeinträchtigung vor- und nachgelagerter Module (Grundgerüst bleibt stabil).

5 Simulationstechnik im Fabrikplanungsprozess

5.1 Grundprinzipien

Ein wesentliches Hilfsmittel im Fabrikplanungsprozess stellt der Einsatz von Simulationstechniken in Verbindung mit Animations- und Grafik-Tools (2D/3D) dar. Untersuchungsgegenstand sind Analyse, Strukturplanung (Auslegung), Optimierung und Funktionsprüfung von Produktions-, Logistik- und Materialflussprozessen einschließlich deren Realisierungs- und Anlaufphase.

Der Einsatz der Simulationstechnik im Fabrikplanungsprozess ermöglicht die Einbeziehung des zeitabhängig-dynamischen Verhaltens der zu untersuchenden Prozesse schon im Planungs- und Projektionsprozess und wird daher als **dynamische Fabrikplanung** bezeichnet. Grundlagen dafür sind die Abbildung und Simulation der zeitbezogenen Prozessabläufe in einem experimentierfähigen Modell. Die Simulationstechnik erlaubt die Abbildung sehr komplexer, vorhandener (existenter) oder geplanter (nicht existenter) Systeme und deckt verschiedenartige Planungsinhalte und Prozessstrukturen im Fabrikplanungsprozess ab.

Erkennbar werden damit die beträchtlichen Unterschiede zu den Prinzipien der rein **statischen Fabrikplanung**. Diese gehen von Mengengerüsten im Ergebnis analytischer Hochrechnungen aus, stellen zeitbezogene Durchschnittsberechnungen dar bzw. basieren auf der Anwendung spezieller analytischer Modelle. Die Abbildungsgenauigkeit ist begrenzt – insbesondere wird die Prozessdynamik nicht bzw. nur eingeschränkt erfasst (vgl. Berechnungsmethoden in Abschnitt 3.3.2).

Mit dem Einsatz von Simulationstechniken wird eine wesentliche Qualifizierung des Planungsablaufes und der Planungsergebnisse erreicht, können doch schon im Planungsstadium die im späteren Produktionsablauf (nach Projektrealisierung) auftretenden Abläufe bzw. Probleme erkannt, gegebenenfalls korrigiert und in die Planungs- und Investitionsentscheidungen einbezogen werden. Damit wird die Treffsicherheit der Projektlösung erhöht, Planungsunsicherheiten werden eingeschränkt, und die Planungsobjekte werden zwangsläufig frühzeitig transparent. Simulationsuntersuchungen werden damit direkt entscheidungs- bzw. kostenwirksam.

Die Simulationstechnik ist verbreitet eingesetzt als eigenständiges **Planungswerkzeug**, aber auch als Kerntechnologie integriert in ganzheitlich, virtuellen 3D-visualisierten Planungssystemen (VR-Technologie) der **Digitalen Fabrik** (vgl. Abschnitt 1.5.4).

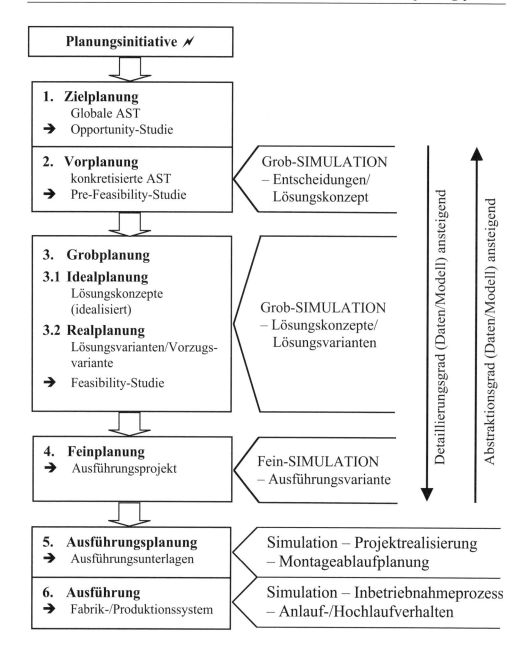

Abb. 5.1: Einordnung von Simulationsuntersuchungen in die Planungsphasen der Fabrik-planungssystematik

Die Nutzung der Simulationstechnik im Fabrikplanungsprozess ist abhängig von der Problemstellung, der verfügbaren Datenbasis und vom Einsatzzeitpunkt. Abb. 5.1 macht deutlich, dass die Anwendung in den Planungsphasen Vor-, Grob- und Feinplanung aber auch Ausführungsplanung sowie Inbetriebnahme möglich ist – entsprechend den jeweiligen Planungsinhalten. Unter Beachtung der Planungssystematik (vgl. Abb. 2.4 und 2.6) zeigt sich, dass Problemstellungen, Datenbasen, Abstraktionsgrade, Zeithorizonte, Planungstiefen und Aussagegenauigkeiten der Simulationsuntersuchungen in den Planungsphasen allerdings sehr unterschiedlich sind.

Die Simulationstechnik hat sich als ein allgemein anerkanntes, hochwertiges Analyse- und Planungshilfsmittel in der Industriepraxis erwiesen, ermöglicht diese Methode z. B. im Bedarfsfall sehr frühzeitig im Planungsprozess qualitative und quantitative Aussagen zum Planungsobjekt. So kann z. B. schon in der **Vorplanung** das Entscheidungsrisiko zu erforderlichen Ausrüstungs- und Investitionsbedarfen begrenzt werden, indem durch Einsatz der Simulationstechnik Bedarfsentwicklungen bei Variation von Produktions- und Absatzszenarien experimentell getestet und bewertet werden, sodass begründete Investitionsbedarfe ableitbar sind. Fehlinvestitionen wegen ungenügender Prozesskenntnisse werden vermieden, das Planungsrisiko kann gemindert werden (vgl. Anwendungsbeispiel in Abschnitt 8.1).

Moderne Fabrikplanungsmethodik integriert die Simulationstechnik durchgängig (auch punktuell) planungs- bzw. projektbegleitend, bei zyklischen Anwendungen im gesamten Planungsablauf mit jeweils spezifischen Zielsetzungen (vgl. Abb. 5.1). So ermöglichen Simulationsuntersuchungen permanent Experimente zu unterschiedlichen Problemstellungen wobei der Einsatz prinzipiell in allen **Planungsgrundfällen**, **Planungsebenen** und **Planungsphasen** gegeben ist. Typische praxisrelevante Problemstellungen, die simulationsgestützt in den einzelnen Planungsphasen bearbeitet werden können, sind (vgl. z. B. [3.36], [5.1] bis [5.5], [5.12]):

Vorplanung

– Testung von Produktions- und Absatzszenarien
– Testung von Produktionsstrategien (Logistikprinzipien/Lösungskonzepte)
– Bestimmung von Investitionsbedarfen bei Variation von Produktions- und Ausrüstungsszenarien (vgl. Anwendungsbeispiel in Abschnitt 8.1)

Grob- und Feinplanung

– Entwurf und Abgleich von Produktionsstrukturen (Segmentierung, Modularisierung, Bereichsbildung)
– Dimensionierung von Ausrüstungsbedarfen (Investitionsvolumen) von Bearbeitungs- und Logistikprozessen (Fördermittel, Lagertechniken)
– Analysen zur stau- und transportaufwandsminimalen Ausrüstungsanordnung (Layoutoptimierung), Ableitung von Puffergrößen

– Auswahl und Einsatzoptimierung von Fördersystemen (Fahrkurs- und Routenoptimierung)
– Auswahl und Dimensionierung von Lagersystemen (vgl. Anwendungsbeispiel im Abschnitt 8.2), Bestimmung von Lagerungs- und Kommissionierstrategien
– Systemvergleich alternativer Lösungskonzepte (Layoutvarianten – Variantenauswahl)
– Optimierung der Auslastung von Flächen- und Raumstrukturen (Anpassung Idealzu Reallayoutvarianten)
– Funktionsnachweise von Projektlösungen (Durchsatz, Grenzwerte, Optimalverhalten, Havarie- und Störungsstrategien)
– Analysen zum Systemverhalten – Leistungsnachweise (Durchlaufzeiten, Auslastungen, Terminverhalten), Durchsatzgrößen
– Analysen zur Flexibilität von Lösungsvarianten bei Variation von Produktionsprogrammen (Szenarien Marktdynamik)
– Analysen zu Einflüssen von Störgrößen (Ausfallverhalten) auf das Systemverhalten – Puffer- und Lageranpassung (Reichweiten)
– Animation Prozesslauf (virtuelle 2D/3D-Darstellungen) der Lösungskonzepte – Funktionsnachweis, Lösungsverständnis (Präsentation)
– Analysen von Havarie- und Kollisionssituationen (Fördermitteleinsatz, Ausrüstungsausfall), Ableitung/Testung alternativer Notfall- bzw. Havarielösungen

Ausführungsplanung

– Bestimmung zeit- und kostenoptimaler Montageablauf Planungsobjekt (Realisierungsvarianten)
– Testung Havarievarianten-Bauablauf

Ausführung/Inbetriebnahme

– Testung optimales Anlauf- und Hochlaufverhalten Produktionssystem.

Erkennbar ist, die Simulationstechnik bildet eine unterstützende Testumgebung im Planungs-, Entscheidungs- und Realisierungsprozess von Fabrikplanungsobjekten und stellt daher ein gezielt einsetzbares Planungswerkzeug dar.

Die **Simulation** wird nach [5.1] definiert:

„Simulation ist die Nachbildung eines Systems mit seinen dynamischen Prozessen in einem experimentierfähigen Modell, um zu Erkenntnissen zu gelangen, die auf die Wirklichkeit übertragbar sind."

Das methodische Grundprinzip der Simulationstechnik besteht folglich darin, entsprechend der jeweiligen Problemstellung, Planungsobjekte in einem manipulierbaren **Modell** realitätsnah (virtuell) abzubilden und anschließend den zeitlichen Ablauf des Prozesses im Rahmen gezielter **Experimente** (Szenarien) unter Einschluss einer intelligenten Rückkopplung zu simulieren. Nach Auswertung und Interpreta-

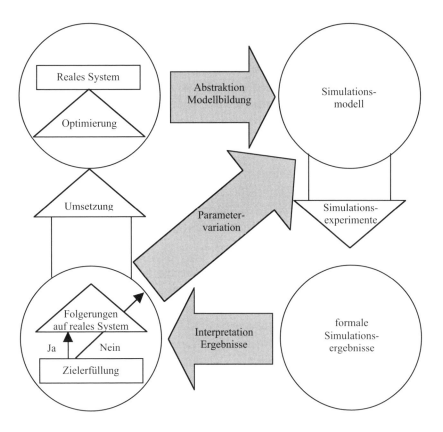

Abb. 5.2: Grundprinzip der Simulationsmethode – Simulations- und Optimierungszyklus (i. A. an [5.2])

tion der Experimentierergebnisse (2D/3D-Darstellungen) erfolgt je nach Zielerfüllung entweder Abbruch der Experimente und Auswertung der Ergebnisse oder eine gezielte **Parametervariation** im Modell (Variantenbildung) bei anschließender Neuauslösung eines Experimentierablaufes (Versuchsfortsetzung).

In Abb. 5.2 ist dieser **methodische Planungsablauf** schematisiert dargestellt, gegliedert in vier Arbeitskomplexe. Von besonderer Bedeutung ist dabei der abgrenzbare Optimierungszyklus der Experimente, der den spezifischen Ablauf bei **iterativer Lösungsoptimierung** z. B. im Rahmen von Dialogtechniken (Bewerten/Verändern) kennzeichnet.

Voraussetzung für die simulationsgestützte Bearbeitung ist die Abbildung der entsprechenden Produktions-, Logistik- bzw. Materialflussprozesse in einem abstrakten (algorithmischen) **Simulationsmodell**. Verbreitet und sehr anschaulich sind solche Modellabbildungsprinzipien, denen der für diese Prozesse typische **Warteschlangencharakter** zugrunde gelegt ist. Dadurch wird das Verständnis für formale Logiken im Prozessablauf gestützt. Zeitdiskrete Produktions- bzw. Materialflussprozesse stellen Bedienungssysteme (bzw. offene Warteschlangensysteme) dar. Der **Bedienungsprozess** ist durch Mehrphasenbedienung (Arbeitsvorgangsfolgen/Fertigungsstufen) gleichartiger/ungleichartiger *Produkte* (Aufträge/ Lose) bei gemischter Serien- und/oder Parallelstruktur (ersetzend/ergänzend) technologisch unterschiedlicher *Arbeitsplätze* (Ausrüstungen) charakterisiert und kann verkürzt als „**offener, netzartiger Bedienungsprozess**" bezeichnet werden. Von besonderem Interesse in diesen zeitabhängigen Bedienungsprozessen sind die Warteprozesse, charakterisiert durch die Dynamik von Warteschlangenbildung und -abbau der *Produkte* (Warten auf Bearbeitung – Kapazitätsmangel) und *Ausrüstungen* (Warten auf Belegung – Produktmangel). Dabei gilt vereinfacht, die Entwicklung der Warteprozesse ist das Ergebnis des zeitabhängig komplexen Zusammenwirkens von **Ankunftsprozessen** (Auftragsankünfte) und **Bedienungsprozessen** (Arbeitsplätze) in einem definierten Wartesystem.

Das allgemeine Ziel der **Prozessoptimierung** besteht im Kern in einer positiven Beeinflussung von Warteprozessen, d. h. in einer gezielten Einflussnahme auf die Warteschlangenbildung und -abbau durch Maßnahmen der **Systemgestaltung** (Fabrikplanung) bzw. der **Systemorganisation** (Fabrikbetrieb). Ziel ist es folglich, die **Warteschlangenbildung** von Produkten und Ausrüstungen im zeitlichen Prozessablauf durch Einsatz spezieller Methoden gezielt zu minimieren. Eine wesentliche Grundlage dafür ist die durchgängige Sicherung der Kapazitätsproportionen und -bilanzen.

Im realen, industriellen Prozessablauf sind zur Beherrschung dieser Kernaufgabe zwei zeitlich-methodisch unterschiedlich ansetzende Methoden in ihrem Zusammenwirken von Bedeutung (vgl. Abschnitt 1.3):

– **Mittelfristige Kapazitätsabgleiche**
  Diese erfolgen zyklisch/azyklisch im Rahmen der **Dimensionierung** von Ausrüstungsbedarfen (Investitions- bzw. Anpassungsprozesse), sind folglich Bestandteil der **Fabrikplanung (FAPL)**.

– **kurzfristige (operative) Kapazitätsabgleiche**
  Diese erfolgen permanent durch Funktionen der **Belastungsplanung** im Rahmen des Einsatzes von ERP/PPS-Systemen im unmittelbaren **Fabrikbetrieb (FABE)**.

In Abb. 5.3 ist die Komplexität der **Warteschlangenbildung** in einem einstufigen Produktionssystem (Bereich Vorfertigung) formalisiert dargestellt (zeitpunktbezogener Situationsausschnitt). Sichtbar wird die Vernetzung unterschiedlicher Arten von Produktwarteschlangen vor-, zwischen und nach unterschiedlichen Arten von Arbeitsplatzgruppen – zur flächenbezogenen Veranschaulichung im unteren Bildteil in eine Layoutstruktur (Werkstatt) eingeordnet. Deutlich wird, dass der industrielle Produktfluss durch einen **hochvernetzten** Prozess von Warteschlangenbildung und -ab-

Produktionssystem

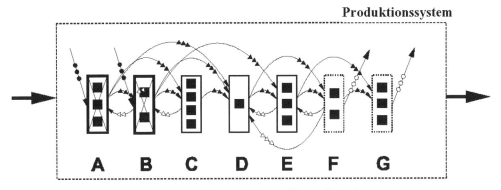

Warteschlangenbildung (formalisiert)

Werkstatt

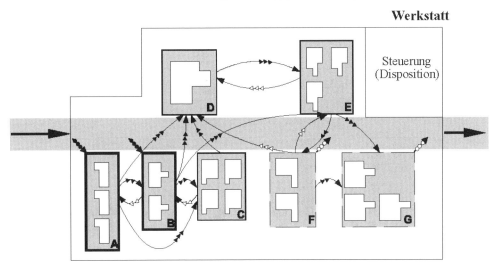

Warteschlangenbildung (werkstattbezogen)

Legende:

□ Eingangs-Arbeitsplatzgruppe (EAPG)	Eingangs-Warteschlange
□ Abarbeitungs-Arbeitsplatzgruppe (AAPG)	Vorlauf-Warteschlange
Ausgangs-Arbeitsplatzgruppe	Rücklauf-Warteschlange
■ Arbeitsplatz	Ausgangs-Warteschlange
Bearbeitungstechnik	

Abb. 5.3: Warteschlangenbildung des Produktflusses im Werkstattlayout (formalisiert/werkstattbezogen)

bau sowohl der *Produkte* als auch von Belegung bzw. Nichtbelegung (Warteschlangenabriss) der *Ausrüstungen* (Bearbeitungs-, Förder- und Lagertechniken) beschrieben werden kann.

Abb. 5.3 macht weiterhin deutlich, dass die **Dynamik der Materialflussvernetzung** in Produktionssystemen in den überwiegenden Fällen der Industriepraxis empirisch nicht abschätzbar ist bzw. sich der rein analytischen Betrachtung entzieht, sodass dann der Einsatz der Simulationstechnik, sowohl in der Planungs- als auch in der Nutzungsphase, geboten ist.

Die Warteschlangenbildung der Produkte und Ausrüstungen definiert maßgeblich das Zielsystem zur Bewertung des **Systemverhaltens**. Dieses kann durch folgende **Verhaltenskenngrößen** charakterisiert werden:

- **Zeitverhalten (ZV)**
  Stillstands-, Liege- und Durchlaufzeiten
- **Mengenverhalten (MV)**
  Warteschlangengrößen, Durchsatz-, Bestands- und Puffer-, Lagergrößen
- **Terminverhalten (TV)**
  Terminabweichungen, Termineinhaltungen.

Diese Kenngrößen des Zeit-, Mengen- und Terminverhaltens (ZMT-V) bilden wesentliche Mess- und Bewertungsgrößen der durch Simulationsexperimente zu testenden Produktionssysteme.

In Abb. 5.4 sind wesentliche **Einflussparameter (Systemparameter)** und **Verhaltenskenngrößen allgemeiner Produktionsprozesse** dargestellt. Dazu wurden die typischen Merkmale offener Warteschlangensysteme formalisiert und auf das Produktionssystem übertragen. Deutlich wird, dass die Verhaltenskenngrößen das Ergebnis des **zeitabhängig komplexen Zusammenwirkens** unterschiedlichster Merkmale der **Einflussparameter** A, B, C, D im Prozessablauf sind wodurch der jeweilige zeitbezogene Prozess von Warteschlangenbildung und -abbau definiert wird. Damit kann folgender zeit- und funktionsbezogener Grundzusammenhang formuliert werden:

$$ZMT\text{-}V = f(A, B, C, D)$$

Ist ein Simulationsmodell zu generieren, sind die in Abb. 5.4 angeführten **Einflussparameter** entsprechend der Problemstellung zu definieren (Festlegungen zu Bausteinen, Datensätzen, Attributen), wobei der zulässige Grad der **Abstraktion** (Abbildungsgenauigkeit) und Parameterreduktion durch die Komplexität der Problemstellung vorab festgelegt ist. Grundlage der Modellbildung ist die physische Grundstruktur des vorhandenen bzw. des geplanten Systems.

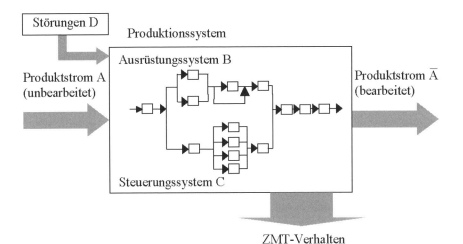

Einflussparameter				Verhaltens-kenngrößen
Produktstrom A	**Ausrüstungssystem B**	**Steuerungssystem C**	**Störungen D**	**ZMT-V**
Systemlast • Aufträge (Art, Anzahlen,Mix) **Stücklisten** **Fertigungstechnologie** • Losgröße • Zeit je Einheit • Rüstzeit **Montagetechnologie** • Montagezeiten • Montageschema • Montagefolgen • Losgrößen **Einlaststrategie** • Einschleussreihenfolge • Auftragsankünfte (einzeln, Gruppe, Zeitpunkte)	**Bearbeitungssystem** • Arbeitsplätze (Anzahl, Art, Struktur) • Anordnungen (Topologie) • Kapazitäten (Schichtfaktoren) **Materialflusssystem** • Lager-Puffersystem • Fördersystem • Förderhilfsmittel • Anordnungen (Topologie) • Kapazitäten (Schichtfaktoren)	**Ablauforganisation** • Dispositionsformen • Prioritätsregeln • Lagerorganisation • Kommissionierungsprinzipien **Logistikprinzipien** • Push/Pull • Bereitstellungs-Vorfahrtstrategie • JIT • KANBAN	• Ausfälle • Eilläufer • Umdispositionen • Störprofile	**Zeitverhalten (ZV)** • Durchlaufzeiten • Liegezeiten • Stillstandszeiten • Transportzeiten **Mengenverhalten (MV)** • Warteschlangengrößen (Staugrößen) • Lagergrößen • Bestandsgrößen **Terminverhalten (TV)** • Termineinhaltungen • Terminabweichungen

Funktionsbausteine in ProModel			
Entities *Processing* *Arrivals*	*Locations* *Resources* *Path Network*	*Locations* *Priorities (Rules)* *Arrivals*	*Downtimes* *Shifts*

Abb. 5.4: Einflussparameter und Verhaltenskenngrößen allgemeiner Produktionssysteme und Zuordnung von Funktionsbausteinen im Simulationssystem ProModel (Beispiel)

Dabei sind folgende **Datenarten** zu unterscheiden (vgl. Abb. 5.4 und Abschnitt 3.2.1):

– **Stammdaten** – „zeitneutrale, änderungsarme" Basisdaten, z. B. Stücklisten, Arbeitspläne, Arbeitszeitstrukturen, Schichtmodelle, Ausrüstungsstrukturen, Dispositionsformen
– **Bewegungsdaten** – (Produktions- bzw. Belastungsdaten – Systemlasten) – zeitabhängige, änderungsintensive Daten. z. B. Anzahl, Größe, Mix von Aufträgen (Kunden-, Produktions-, Fertigungs-, Montage-, Transportaufträge), Ankunftsarten, Störungsprofile.

Sind Simulationsuntersuchungen z. B. für solche Problemstellungen durchzuführen, bei denen CAD-gestützt erstellte Layoutentwürfe vorliegen, kann eine deutliche Vereinfachung der Erzeugung der Datenbasis durch Dateiübergaben über Datenschnittstellen zwischen CAD-System und Simulator erfolgen.

Werkzeuge der Simulationstechnik sind in Form von Soft- und Hardwaresystemen (Simulatoren) gegeben, wobei diese hinsichtlich der Prinzipien der Systemprogrammierung (Sprachkonzepte) und der Systemmodellierung (Modellkonzepte) zu unterscheiden sind.
Folgende Einteilung ist üblich:

– Simulationssprachen – problembezogen
  (z. B. GPSS, SIMSCRIPT, SIMILA, SLAM)
– bausteinorientierte (problembezogene) Simulationssysteme
  (z. B. ProModel, Plant Simulation (UGS), Quest (Delmia), AutoMod, Witness, Flexsim, Arena, Enterprise Dynamics (ehemals Taylor II), Factory CAD).

Der Einsatz problembezogener, **bausteinorientierter Simulationssysteme** (Standardsimulationssysteme) ist Anwendungsstandard in der Industriepraxis. Diese bieten den Vorteil, dass ohne Programmieraufwand, basierend auf **Bausteinbibliotheken**, relativ schnell lauffähige Simulationsmodelle konfiguriert werden können. Die **Modellerstellung** erfolgt iterativ auf der Bedienoberfläche (grafikgestützt) durch die gezielte **Auswahl**, **Konfiguration** und **Positionierung** von **parametrisierbaren Bausteinen**, wobei das Bausteinangebot (z. B. Arbeitsplätze, Bearbeitungstechniken, Förder- und Lagersysteme) auf den jeweiligen Anwendungsbereich zugeschnitten ist. In Abb. 5.5 sind die Systeme ProModel und Plant Simulation (früher eM-Plant bzw. Simple++) als Beispiele für Bausteinkonzepte von Simulationssystemen für Fabrikplanungsprobleme aufgeführt.

Aktuelle Entwicklungen zur Flexibilisierung von Modellanpassung und -einsatz sind unter dem Begriff Multi-Level-Simulation bekannt.

Multi-Level-Simulatoren sind Bausteinsimulatoren, die es dem Anwender zusätzlich ermöglichen, individuell für das Problem angepasste Bausteine zu entwickeln,

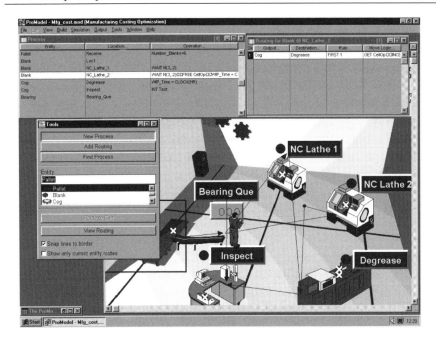

Simulationssystem ProModel [5.6]. (Locations – grafische Darstellung Produktionssystem)

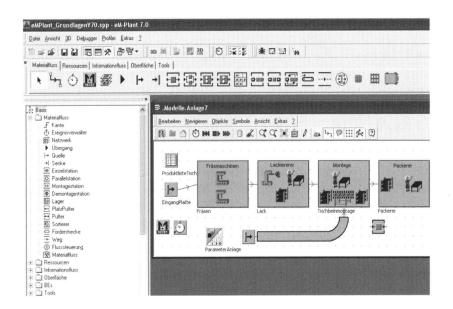

Simulationssystem eM-Plant (Plant Simulation) [5.7]. (Objekte in einem Netzwerk – grafische Darstellung Produktionssystem)

Abb. 5.5: Parametrisierbare Bausteinkonzepte problembezogener Simulationssysteme (Beispiele)

sodass die jeweils spezifischen Vorteile der baustein- und der sprachorientierten Simulation genutzt werden.

Softwareanbieter, wie z. B. DELMIA und UGS bieten umfangreiche Suites zur Abdeckung weiter Bereiche der Digitalen Fabrik an. So deckt die Siemens PLM Software Digital Factory Solution von UGS (Unigraphic Solution GmbH) mit der Tecnomatix-Lösungssuite eine weite Spanne von der Planung bis zur Produktion ab. Neben Programmen wie FactoryCAD (Fabriklayout-Anwendung zur Erstellung detaillierter, intelligenter Fabrikmodelle) und PlantSimulation (Modellierung und Simulation von Produktionssystemen und -prozessen) sind auch u. a. Module wie eM-RealNC (Werkzeug zur detaillierten Analyse und Optimierung von NC-Programmen) oder eM-Sequencer (Reihenfolgeplanung und -optimierung) enthalten.

Simulationsexperimente der Fabrikplanung basieren verbreitet auf den Prinzipien der **ereignisorientierten Simulation** (Event Scheduling). Das heißt, es wird die zeitliche Abfolge (Zeitfortschritt) von Ereignissen bzw. Zustandsänderungen (z. B. Transportstart, Belegungsende) simuliert. Diese Ergebnisse werden simultan registriert und gezielt ausgewertet.

Bei der Auswahl von Simulationssystemen sind aus der Sicht des Anwenders zu beachten

– Problem- und Anwendungsbereich
– Qualität der Bedienoberfläche (Modellbeschreibung)
– Formen interner Datenstrukturen zur Modellkonfiguration (Modellierungskonzept, Bausteinstrukturen, Anpassungsmöglichkeiten)
– Möglichkeiten interaktiver Eingriffe sowie der Prozessvisualisierung (Animationskomponenten).

In Abb. 5.4 sind weiterhin die Zuordnungen (softwarespezifische Übersetzungen) der allgemeinen Einflussparameter eines Produktionssystems zu den systemspezifischen Funktionen (Befehls- und Datensätzen) am Beispiel des Simulationssystems ProModel dargestellt. Sichtbar werden damit Zuordnungen und die Abdeckung der im Modell abzubildenden Einflussparameter durch die produktspezifischen Abbildungsstrukturen des Simulationssystems.

5.2 Anwendungsmethodik

Das allgemeine Grundprinzip der methodischen Vorgehensweise bei Simulationsuntersuchungen (Simulationsstudie) ist in Abb. 5.6 dargestellt. Die stufenweise abzuarbeitenden Problemkomplexe (mit teilweise überlagernden Inhalten) haben itera-

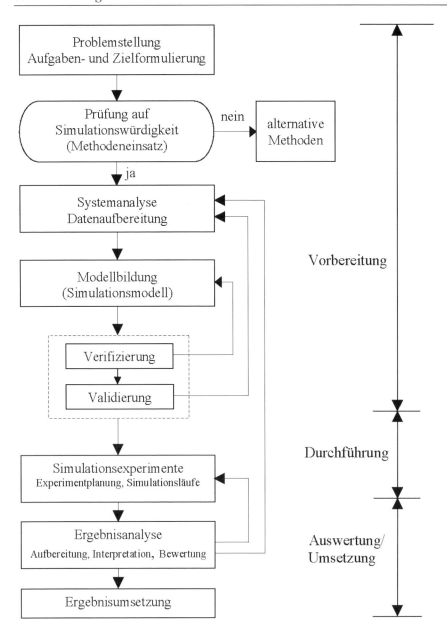

Abb. 5.6: Methodischer Ablauf von Simulationsuntersuchungen (Simulationsstudie) – schematisiert (i. A. an [5.1], [5.10])

tiven Charakter und sind durch die folgenden Kerninhalte charakterisiert (vgl. z. B. auch [5.3], [5.8]):

Analyse der Problemstellung – Aufgaben und Zielformulierung

– Erkennen (Analyse), Eingrenzen und Abstraktion der Problemstellung (Definition Realitätsausschnitt), Formulierung Gesamtziele, Teilziele – Zielwertigkeiten –, Festlegung Detaillierungsgrad
– Beschreibung von Aufgabeninhalten (Lastenheft), Konzeption einer Untersuchungsstrategie, Ableitung Lösungsmethodik (Pflichtenheft)
– Formulierung von quantitativen Zielsystemen, Ableitung zielrelevanter Kenngrößen (Verhaltensparameter, Wirkungszusammenhänge, Widersprüche)
– Präzisierung der Simulationsstrategie und der erforderlichen Parameter- und Datenstrukturen durch Ableitung/Einordnung der Problemstellung zum **Anwendungsfalltyp** der Simulation (vgl. [5.1]):

Typ 1 – System bekannt/Systemlast bekannt
        Test: Funktionalität, Organisation, ZMT-V
Typ 2 – System bekannt/Systemlast offen (variabel)
        Test: Leistungsgrößen, ZMT-V
Typ 3 – System offen/Systemlast bekannt
        Test: Technisch-organisatorische Struktur (Varianten), ZMT-V
(zu Typ 2/3 – vgl. Anwendungsbeispiel in Abschnitt 8.1)

Analyse der Simulationswürdigkeit

Wesentliche Prüfaspekte sind:

– Verhältnis Aufwand (Modellerstellung) zu Nutzen (Lösungsverbesserung) – Wirtschaftlichkeitsabwägung
– Schwierigkeitsgrad der Problemstellung (Datenmengen, Datenzustand, Anzahl Einflussparameter, Objektgröße, Überschaubarkeit), erforderliche Detaillierungstiefe
– Qualität und Verfügbarkeit von Datenstrukturen (Streubreite, Wahrscheinlichkeiten, Relevanz für das Systemverhalten)
– Erforderliche Qualität des Eignungsnachweises der Lösungsvariante (Beweisführung – Funktionsablauf)
– Vorhandene Voraussetzungen an Fachpersonal, Soft- und Hardwaretechnik der Simulation, Anwendungserfahrungen, Zeiträume (Eigenbearbeitung oder Fremdvergabe)
– Abklärung des Einsatzes alternativer analytischer Methoden.

Erfahrungen aus der Nutzung der Simulationstechnik zeigen, dass dieser Prüfschritt von hoher Relevanz für die Sinnhaftigkeit geplanter Simulationsuntersuchungen ist. Oftmals setzen erreichbare Abbildungsgenauigkeiten (Simulationsmodell) deutliche

Aussagegrenzen, andererseits sind überfeinerte Simulationsergebnisse für die Industriepraxis ohne Bedeutung bzw. werden durch wirksamere Einflüsse überlagert.

Systemanalyse – Datenaufbereitung

Wesentliche Inhalte sind:

– Aufdeckung von Merkmalen und Wirkungszusammenhängen des Untersuchungsobjektes, Erfassung **problemrelevanter** Einflussparameter und Wechselbeziehungen, Ableitung der zu modellierenden Datenstrukturen (Experimentierdaten) in Abstimmung mit der eingesetzten Simulationssoftware (Datenanforderungen – Formatierung)

– Diskrete Produktionssysteme sind durch Datenkomplexe der Einflussparameter **Produktstrom** (A) **Ausrüstungssystem** (B), **Steuerungssystem** (C) sowie zum **Störungsverhalten** (D) – vgl. Abb. 5.4 – charakterisiert. Diese bilden die Simulationsdatenbasis zur Abbildung des Analyseobjektes und müssen der angestrebten Zielsystemen, den Modellbildungsprinzipien (Simulator) und der geforderten Aussagegenauigkeit angepasst sein. Sie sind simulationstechnisch aufzubereiten wobei zu beachten sind – Vollständigkeit, Stichprobenumfang, Schwankungsbereiche, Repräsentativität, Konsistenz, Verdichtung , Reproduzierbarkeit und Plausibilität der Daten.

– Datenerhebung (Datensätze)
  bei vorhandenem System (Überplanung) – Realdaten:
  • direkt (vor Ort) oder indirekt (aus Arbeitsplänen, Stücklisten u. a.) bzw. idealerweise aus Datenbanksystemen (Datenschnittstellen)
  bei nicht vorhandenem System (Neuplanung):
  • Daten sind aus Prognosen, Schätzungen, Analogievergleichen, Hochrechnungen abzuleiten (begrenzte Zuverlässigkeit).
  bei Vorhandensein einer CAD-Schnittstelle:
  • Datenübernahme online von CAD-System in Simulator
  bei unzureichender (bzw. nichtvorhandener) Datenbasis:
  • Datenerzeugung mittels Zufallszahlengenerator auf Basis von Verteilungsfunktionen oder in Form von Pseudozufallszahlen

– Sicherung statistischer Anforderungen an Datenstrukturen entsprechend den Aussagezielsetzungen.

Grundsätzlich ist zu beachten – empirisch erfasste Daten sind **Vergangenheitsdaten**, sie repräsentieren historische Abläufe. Sind Zukunftsdaten gefordert, sind diese entweder aus Prognosen (wie dargestellt) oder durch Zufallsdaten darstellbar. Dazu sind die Verläufe der Zufallsverteilung zu bestimmen, sodass dann eine Datenerzeugung mittels Zufallsgenerator gegeben ist.

Simulationssysteme unterstützen die Datenaufbereitung und Datengenerierung durch Online-Schnittstellen bzw. durch symbol-, masken- oder menüorientierte externe Eingabeformen, wobei Prinzipien der bausteinorientierten, grafisch interaktiven Datenmodellierung verbreitet sind.

Unter Beachtung der Simulationszielsetzungen, der Datenlage und statistischen Anforderungen sind Festlegungen zur deterministischen und/oder stochastischen Definition von Datenkomplexen der Einflussparameter vorzunehmen, sodass dann in **deterministische** oder **stochastische** Simulationsmodelle zu unterscheiden ist. **Deterministische Modelle** sind charakterisiert durch eine eindeutige Folge von Zuständen der Verhaltenskenngrößen bezogen auf die jeweiligen Eingangsgrößen – konkrete numerische Größen für die Datensätze der Einflussparameter können definiert werden.

Stochastische Modelle beinhalten den Zufallscharakter in der Datenentwicklung bzw. im Prozessablauf. Das heißt, es ist keine eindeutige Folge von Zuständen der Verhaltenskenngrößen gegeben – mindestens ein Einflussparameter im Modell besitzt Zufallscharakter (z. B. Auftragsankünfte, Bearbeitungszeiten, Bereitstellungszeitpunkte, Störungen). Solche Datenkomplexe werden durch (diskrete/stetige) **Verteilungsfunktionen** definiert (z. B. Exponential-, Erlang-, Normal-, Gleich-, Poisson-, Binomialverteilung). Diese Funktionen sind vom realen Prozess abzuheben (Prozess vorhanden – Korrelations- bzw. Regressionsanalysen),können aber auch charakteristischen Verteilungsfunktionszuordnungen entnommen werden und sind dann die Basis zur Erzeugung von Zufallszahlen bzw. Pseudozufallszahlen mittels Zufallsgenerator. In der Praxisumsetzung ist dieser Arbeitskomplex im Regelfall relativ aufwendig, da die erforderlichen Datenstrukturen – sofern vorhanden – einer aufwendigen Erfassung, statistischen Auswertung und Überprüfung (Plausibilität) bedürfen.

Modellbildung – Simulationsmodell

Die Modellbildung ist streng an den Untersuchungszielsetzungen orientiert. Diese bestimmen maßgeblich die für das Modell relevanten bzw. die nicht oder nur bedingt relevanten Verhaltenskenngrößen und Einflussparameter (Umfang/Datenkomplexe) und deren erforderliche Präzision in der Abbildung (vgl. Abb. 5.4). Die Modellierung beinhaltet die **Abbildung** des zu untersuchenden (vorhandenen/geplanten) Objektes in einem **experimentierfähigen algorithmischen Softwaremodell.** Dazu ist zwingend eine **Abstraktion** bzw. Vereinfachung (Reduktion/Idealisierung) vom Realobjekt erforderlich. Strategie hierbei sollte prinzipiell sein, dass die **Abbildungsgenauigkeit** nur so hoch wie nötig bzw. so grob wie möglich anzusetzen ist.

Der **Modellbildungsprozess** ist inhaltlich gestuft wie folgt gliederbar:

- Zunächst wird das Originalobjekt gedanklich analysiert und abstrahiert bei gleichzeitig sinnvoller Aufgliederung (Zerlegung) in seine Komponenten (Strukturen), sodass die Komplexität bzw. Ganzheitlichkeit des Objektes beherrschbar sind.

Dabei ist die Definition und Abbildung von **Systemgrenzen** (Schnittstellen) zum Umfeld erforderlich (Abgrenzen/„Freischneiden" des Objektes). Vorgehensweisen der Aufgliederung können sein

- **Top-down-Methode** (analytisches Prinzip)
  Vom Gesamtsystem ausgehend erfolgt die Abbildung mit steigendem Detaillierungsgrad in Teilsysteme.

- **Bottom-up-Methode** (synthetisches Prinzip)
  Ausgehend von Teilsystemen erfolgt die Abbildung synthetisierend zum Gesamtsystem,

- aber auch gestufte, alternative Überlagerungen beider Prinzipien (vgl. Abschnitte 1.3 und 5.1).

Dabei wird durch Analyse, Abstraktion, Reduktion und Idealisierung ein auf wesentliche (relevante) Inhalte beschränktes, vereinfachendes Abbild des Originals entwickelt. Dieses entspricht einem **konzeptionellen Modell (Gedankenmodell) – erste Modellbildungsstufe.**

– Die **Generierung** dieses Modells in ein Softwaremodell erfolgt durch Auswahl bzw. Definition der als relevant fixierten Merkmale der Einflussparameter (vgl. Abb. 5.4). Bausteinorientierte Simulationssysteme ermöglichen Modellaufbau und -korrektur dialogorientiert und grafisch interaktiv bei gezielter Auswahl, Positionierung und Vernetzung von parametrisierbaren Modellbausteinen unter Zuordnung spezifischer Attribute. Gestützt wird dieser Prozess durch alphanumerisch bzw. grafisch orientierte Benutzeroberflächen und Bausteinbibliotheken. Das heißt, der Modellaufbau erfolgt auf Basis vordefinierter Bausteine (Module), die gezielt zu parametrisieren und zu strukturieren sind. Dieser Modellbildungsablauf führt zu einem **symbolischen Modell – zweite Modellbildungsstufe.**

– Die **Implementierung** des symbolischen Modells in ein lauffähiges Simulationsmodell (Softwaremodell) erfolgt automatisch, sodass bei Einsatz von Standardsimulationssystemen eine anwenderfreundliche und fehlerarme Modellerstellung gesichert ist – **dritte Modellbildungsstufe.**

Prüfkomplexe

Die nun erforderlichen Prüfschritte sind zur Sicherung hinreichend genauer Simulationsergebnisse erforderlich und können funktionell-inhaltlich bedingt gegliedert werden in:

– **Verifizierung** (Programm- und Modellprüfung)
  Überprüfung der inneren Modelllogik hinsichtlich logischer, syntaktischer und semantischer Programmfehler (Programmprüfung). Weiterhin erfolgt eine Prüfung auf Funktionalität und Logik (Plausibilität/Korrektheit) der Modellstrukturen (Modellprüfung). Die Prüfinhalte werden durch den Modellentwickler realisiert. Die Prüfung der syntaktisch und funktionell korrekten Implementierung des symbolischen Modells wird automatisch rechnerintern durchgeführt.

- **Validierung** (Gültigkeitserklärung)

Überprüfung der Abbildtreue des implementierten Simulationsmodells zur Realität. Dabei ist zu prüfen, inwieweit das Modell des zu simulierenden Prozesses die bezüglich der für die Problemlösung und Zielsetzungen relevanten Einflussparameter richtig und hinreichend exakt widerspiegelt. Prüfergebnis ist eine „Gültigkeitserklärung" des Simulationsmodells hinsichtlich des realisierten Abstraktionsprozesses. Die Methoden der Validierung sind problembezogen unterschiedlich, oftmals erfolgt die Validierung im Rahmen erster spezieller Simulationsexperimente (Prüftests) möglichst bei visueller Laufbetrachtung der Prozessdynamik (Animation). Das heißt, es erfolgt ein erster Vergleich von Testresultaten mit Eingabedaten (Istdaten) bzw. vorliegenden Systemkenntnissen (Erfahrungen). Die Validierung wird daher auch als Prüfmethode des externen Abgleichs (Output zu Input) bezeichnet. Ein anderer Weg der Validierung ist durch visuelle Laufbetrachtung (Animation) der Prozessdynamik bei Sicherung hinreichend langer Laufzeiten (Sicherung stationärer Zustände) gegeben. Struktur- und Parameterfehler können erkannt, die Vertrauenswürdigkeit (Statistik) der Ergebnisse wird abschätzbar. Die Validierung ist durch den Systemnutzer (Anwender) zu realisieren.

Deutlich wird, dass Simulationserfahrungen, detaillierte Daten-, Modell- und Programmkenntnisse sowie Kenntnisse zum Realsystem zur Realisierung der dargestellten Prüfschritte erforderlich sind (vgl. z. B. [5.1], [5.2], [5.8]).

Simulationsexperimente

Die Experimentierdurchführung hat in direkter Abhängigkeit zu den Untersuchungszielen zu erfolgen. Typisch für Simulationsuntersuchungen der Fabrikplanung ist, dass eine Vielzahl von numerischen Experimenten (Simulationsläufe) bei gezielter, systematischer Variation von Merkmalen der Einflussparameter zu realisieren sind. Diese ermöglichen vergleichende Analysen und Bewertungen der Verhaltenskenngrößen (iterativer Versuchsablauf – vgl. Abb. 5.2), sodass durch eine schrittweise Systemoptimierung die Zielsetzungen verfolgt werden.

Die Durchführung von Experimenten hat auf der Basis begründeter **Experimentierpläne** (Versuchsreihen) zu erfolgen, damit treffsichere, signifikante Ergebnisreihen der Verhaltenskenngrößen bei möglichst geringem Versuchsaufwand (Experimenteanzahl) erzielt werden. Experimentierpläne legen dabei Simulationsläufe (Szenarien), die zu variierenden Einflussparameter (Einstellungen), deren Wertebereiche sowie die Experimentierreihenfolgen, die Simulationsdauer, Darstellungsformen sowie Messpunkte und -intervalle fest.

Sind statistische Sicherheiten der Aussagen gefordert, dann ist der Experimentierablauf zwingend entsprechend den Gesetzmäßigkeiten der statistischen **Versuchsplanung** (SVP) anzulegen [5.9]. Dazu sind Experimenteanzahl, Versuchszeitraum,

Parametervariationen sowie spezielle Auswertungsprinzipien unter statistischen Kriterien festzulegen.

Der Simulationsablauf ist durch **instationäre** (Ein- und Ausschwingphasen) und **stationäre** („eingeschwungene") **Systemzustände** charakterisiert (vgl. Gantt-Diagramm in Abb. 8.6). Instationäre Systemzustände entstehen z. B. dadurch, dass bei Simulationsbeginn in zunächst „leere" Produktionssysteme Produkte „einströmen" und die Bearbeitungstechniken erst schrittweise entsprechend den Bearbeitungsfortschritten in den Bearbeitungsprozess (durch Erstbelegung) einbezogen werden. Die Verhaltenskenngrößen in dieser Einschwingphase sind für das Systemverhalten untypisch (Sondercharakter). Als Auswertebereich der Untersuchungen ist daher im Regelfall der stationäre Systemzustand anzusetzen.

Damit sind Festlegungen zur Beschreibung (Abgrenzung) des **Anfangszustandes** (Simulationsstart) z. B. nach folgenden Prinzipien erforderlich:

– Erzeugung einer gesonderten **Vorbelegung** (Initialisierung) durch Simulationsvorlauf vor dem eigentlichen Experimentierbeginn. So kann z. B. durch Vorabeingaben von Produkten (Systemvorlast) der instationäre Zustand gezielt durchlaufen bzw. übergangen werden.

– Bestimmung der **Einschwingphase**
Die eindeutige Identifikation des Endes der Einschwingphase ist nur bedingt möglich. Prinzipiell gilt: Der Systemzustand ist eingeschwungen (Stationärität erreicht), wenn der Mittelwert der Verhaltenskenngrößen dem Erwartungswert für unendlich viele Verhaltenskenngrößen entspricht [5.1]. Das Ende der Einschwingphase ist mit hinreichender Genauigkeit „abzuschätzen", wobei gilt:
• Simulationsdauer (Versuchszeitraum) möglichst lang ansetzen
• Nutzer kann den Verlauf der Verhaltensparameter unter Visualisierung der Simulationsabläufe (Animation/Monitoring) beobachten und die erreichten Systemzustände „abschätzen" (Erreichung Wertestabilität)
• Wiederholungen der Simulationsläufe stabilisieren die Erkenntnisse zur Abgrenzung der instationären/stationären Systemzustände.

Weiterhin ist es z. B. in Fällen der Systemneuplanung sinnvoll, durch Erzeugung von begründeten **Basissystemen** (Ausgangslösungen) den Experimentierraum (Suchraum) zur Systemoptimierung gezielt einzugrenzen. Basissysteme sind speziell zu definieren (z. B. durch statische Hochrechnungen), auf die die Simulationsexperimente dann aufzusetzen sind (vgl. Anwendungsbeispiel in Abschnitt 8.1).

Der Kenngrößenabgriff (z. B. ZMT-V) im Experimentierverlauf erfolgt unter stationärem Systemzustand bei one-/off-line Laufbetrachtung (Animation/Monitoring).

Der Abbruch der Experimente ist durch spezielle **Abbruchkriterien** bzw. bei Erreichen definierter Wertebereiche der Verhaltenskenngrößen gegeben.

Ergebnisanalyse – Ergebnisinterpretation

Grundsätzlich stellen Simulationsergebnisse Rückmeldungen (Abbildungen) über das zeitliche Verhalten des simulierten Systems dar. Diese werden an definierten „Messpunkten" im Simulationsexperiment erfasst und sind während (online) oder nach Beendigung (off-line) des Simulationslaufes verfügbar. Sie bedürfen einer speziellen Analyse und Aufbereitung als Voraussetzung zur Interpretation.

Die Formen der Ergebnisdarstellung und -analyse in den Simulationssystemen sind vielgestaltig. Prinzipielle Darstellungsmöglichkeiten sind:

– **Tabellenform** (Masken, Listen, Protokolle)
– **Grafische Formen** (Linien-, Balken-, Gantt-, Kreis-, Sankey-Diagramme, Kennlinien, Histogramme)
– **Prozessvisualisierung** (Animation realitätsnahe 2D/3D-Layoutgrafik/Monitoring – dynamische Darstellung Ablaufdaten) – insbesondere zur Darstellung der Prozess- und Wertedynamik (Live- oder Playback-Animation).

Spezielle Datenaufbereitungen (Statistikprogramme, Tabellenkalkulation, Grafikprogramme) sind möglich, insbesondere um überzeugende, komprimierte Aussagen zu sichern. Die Ergebnisanalyse in Form von **Empfindlichkeitsanalysen** (Sensitivitätsanalysen) ist oftmals gefordert. Dabei wird die Empfindlichkeit der Veränderung von Verhaltenskenngrößen (z. B. der Durchlaufzeit) im Ergebnis der Variation von Wertebereichen spezieller Einflussparameter (z. B. Ausrüstungskapazität) dargestellt.

Die **Ergebnisinterpretation** basiert auf der detaillierten Aufbereitung und Bewertung von Werteveränderungen bzw. dem Wechselverhalten von Einflussparametern und Verhaltenskenngrößen des Simulationsobjektes, gegebenenfalls unter Einbeziehung von statistischen Kenngrößen. Zu beachten ist, dass im Regelfall mehrdimensionale Zielsysteme vorliegen und ein duales Zielverhalten auftreten kann (z. B. Maximierung der Auslastung bei gleichzeitiger Minimierung der Durchlaufzeit – bekannt als „Dilemma der Fertigungsablaufplanung"). Anzustreben ist, Kostenbewertungen bzw. eine Kosteninterpretation der Ergebnisse vorzunehmen (monetäre Beurteilungen), um eine begründete Differenzierung der Aussagen zu sichern. Auch sind zur Vermeidung rein intuitiver Interpretationen Verfahren der Nutzwertanalyse anwendbar (vgl. Abschnitt 3.3.4.4).

Grundsätzlich wird deutlich, dass die Ergebnisinterpretation zur Ableitung umsetzungsrelevanter Folgerungen eine sehr anspruchsvolle Aufgabe darstellt. Diese erfordert fundierte Systemkenntnisse (Simulator, Statistik) sowie Kenntnisse zum Planungsobjekt (Planungsingenieur, Prozessbetreiber) und sollte daher prinzipiell im Team vorgenommen werden. Den Abschluss der Untersuchungen bildet eine nachweisfähige Dokumentation (Entscheidungsbegründungen).

Ergebnisumsetzung

Entscheidungen zu Ergebnisumsetzungen (z. B. Eingriffe in räumliche Anordnungen bzw. Layoutstrukturen, Dimensionierungsänderungen) an vorhandenen bzw. geplanten Fabriksystemen haben immer unter Beachtung von

– Daten- und Abbildungsgenauigkeiten (Modell)
– Statistischer Relevanz der Ergebnisse
– Stabilität des Eingriffes bei Flexibilität der Einflussgrößen (z. B. Markt- bzw. Bedarfsschwankungen)
– Umbauaufwand, -kosten

in Teamarbeit zu erfolgen. Dabei ist wichtig, dass die Simulationstechnik nur ein Hilfsmittel zur Entscheidungsunterstützung darstellt, die Entscheidungen selbst müssen im Gesamtkontext aller relevanten Einflüsse getroffen werden.

6 Standortplanung

6.1 Planungsinhalte

Aufgabenstellungen der Standortplanung sind grundsätzlich Entscheidungen im Rahmen der strategischen Planung eines Unternehmens. Aufgrund des hierbei zugrunde zu legenden **Planungshorizontes** (10 bis 30 Jahre) besitzen sie einen langfristig bindenden Charakter und sind von wesentlicher Bedeutung für den wirtschaftlichen Erfolg des Unternehmens. Aktivitäten der Standortsuche, insbesondere dabei der Grundstückserwerb und die Grundstückserschließung, sind mit beträchtlichen Investitionen verbunden. Unter diesen Aspekten muss Standortplanung das Ergebnis weitsichtig fundierter Entscheidungsfindung sein, basierend auf einer systematischen Analyse und Auswahl von Standortalternativen.

Grundsätzlich ist allerdings auch festzustellen, dass die Dynamik globalisierter, turbulenter Wirtschaftsräume die Unternehmen zu einer ständigen Überprüfung der Wirtschaftlichkeit und Chancen vorhandener Standorte im Vergleich mit Alternativstandorten zwingt. Diese Entwicklung macht **Standortplanung und -überprüfung** zu einem zyklisch, permanenten Prozess in den Unternehmen (im Sinne – rollender Fabrikplanung – vgl. Abschnitt 1.3), teilweise verbunden mit dem Trend verkürzter, zeitbegrenzter Nutzungszeiten der Standorte bei dynamischen Planungshorizonten und Tendenzen sinkender zeitlicher Vorschau.

Die **Standortplanung** beinhaltet die Bestimmung des **Standortes** (Örtlichkeit, Lage) einschließlich der **Grundstückswahl**. Der Planungsablauf umfasst schwerpunktmäßig die Gegenüberstellung von Standortanforderungen mit den jeweiligen Standortbedingungen alternativer Standorte, sodass durch Analysen und Bewertungen Auswahlentscheidungen zu Vorzugsstandorten möglich werden. Neben den Unternehmensinteressen sind dabei prinzipiell die Interessenlagen der Anbieter industrieller Standorte (Kommunen, Gemeinden) von Bedeutung.

Schwerpunkte und **Zielsetzungen** der Standortplanung sind:

– Standortbestimmung unter Beachtung vorteilhafter Markt-, Produktions- und Absatzbedingungen (Umfeldbeziehungen), optimale Standortpositionierung des Unternehmens im globalen Wirtschaftsraum
– Einbindung des Standortes (Grundstück) in
  • das lokale, regionale bzw. globale Umfeld
  • das Beziehungsfeld kooperierender Standorte (z. B. Produktionsnetze, Zulieferverbünde)
– Sicherung der Verfügbarkeit der erforderlichen Standortressourcen und deren bestmögliche Nutzung
– Durchsetzung ökologisch verträglicher Wechselbeziehungen von Standort (Fabrik) und Umfeld [3.66].

Ergebnis der Standortplanung sind **Standortpläne** (Standortdokumentation), aus denen Lage und Einbindung alternativer Fabrikstandorte zum Umfeld erkennbar sind. Diese bilden die Grundlage zur Entscheidungsfindung.

Ursachen und Zielsetzungen der Standortplanung können hinsichtlich folgender Planungsfälle unterschieden werden:

- **Neubau** (Neugründung) für Neuprozesse
  (typisch z. B. für Grundfall A – vgl. Abschnitt 1.2)
- **Ausgliederung**, **Verlagerung**, **Dezentralisierung**, **Konzentration** im Ergebnis von veränderten Anforderungen bestehender Prozesse (typisch z. B. für Grundfälle B, C – vgl. Abschnitt 1.2)
- **Standortwechsel** – Aufgabe Altstandort/Neuansiedlung auf Neustandort
  (Typisch Grundfall A, u. U. überlagert mit Grundfall B, C – vgl. Abschnitt 1.2).

Die auslösenden Gründe für Aufgaben der Standortplanung sind vielgestaltig und können unternehmensintern bzw. -extern verursacht sein. Beispiele für Anstöße zur Standortplanung sind:

- erforderliche Produktionserweiterungen im Ergebnis von Umsatzwachstum
- wirtschafts- und sozialpolitische Veränderungen (Kostenstrukturen – z. B. Personal, Steuern, Energie)
- Auflagen des Umweltschutzes/Ökologie
- Verlagerungen (Ausgliederungen) z. B. zur Sicherung von Kostenvorteilen
- Einführung von Neuprodukten in innovativen Neuprozessen
- Dezentralisierung z. B. zur Sicherung von regionaler Präsenz (Kunden- bzw. Abnehmerpräsenz, Umgehung von Handelsbeschränkungen, Erhöhung der Marktakzeptanz)
- Strategische Entscheidungen (Alt- zu Neustandort)
  - Kostenentwicklungen
  - Flächen- bzw. Raumbegrenzungen und -bedarfe
  - Konzentration/Erweiterung Unternehmensstandort
  - Produktion im Kunden- und/oder Zulieferumfeld
  - Umfang Eigenfertigung (Fertigungstiefe) am Standort
  - Erscheinungsbild Grundstück- und Gebäudestrukturen.

Die funktionelle und zeitliche **Einordnung der Standortplanung** in den Fabrikplanungsablauf (Fabrikplanung im erweiterten Sinn – vgl. Abschnitt 2.1) unterliegt folgenden Aspekten:

- Anstoß für Aufgabenstellungen zur Standortplanung sind im Regelfall Vorgaben, Planungsvarianten bzw. Entscheidungen im Ergebnis der „**Zielplanung**" und/oder der „**Vorplanung**" von Fabrikplanungsvorhaben. Aber auch erkennbare Defizite (z. B. Flächenbedarfe, Strukturkompromisse) im Ergebnis der **Grobplanung** können Standortalternativen erforderlich machen (vgl. Abb. 2.4, sowie Abschnitt 3.1,

3.2 und 3.3). Diese basieren – wie dargestellt – auf Sachzwängen bzw. strategischen Zielsetzungen und können unternehmensintern oder -extern verursacht sein. Erfordernisse zum Neustandort können folglich aus direkter Vorgabe resultieren oder erst im Ergebnis von Ziel-, Vor- bzw. Grobplanung ersichtlich werden. Alternative Neustandorte können in Auswahlkonkurrenz zum Altstandort stehen (sofern Flächen- bzw. Raumalternativen verfügbar). Werden Standortfragen Planungsgegenstand, dann sind diese zur Sicherung systematischer und zeitlich begrenzter Abläufe frühzeitig und konsequent anzugehen.

– Die Planung von Industriestandorten ist in den überwiegenden Fällen verbunden mit einer sich anschließenden **Bebauungsplanung** (vgl. Abschnitt 7). Diese ist prinzipiell beeinflusst vom jeweiligen Bebauungsgrad des Fabrikgrundstückes. Grundstücke können vorliegen als unbebautes (Freigelände), teil- oder vollbebautes Gelände.

– Sowohl die Standort- als auch die Bebauungsplanung setzen Planungsergebnisse voraus (z. B. zu Flächen- und Raumbedarfen, zu Bereichsstrukturen und -anordnungen), die rein formal erst im Ergebnis der Grobplanung (Feasibility-Studie) vorliegen. Damit sollte für den Fabrikplanungsprozess gelten – sind Standort- und Bebauungsplanung erforderlich, dann ist diesen planungsseitig die **Fabrikstrukturplanung** mit entsprechendem Vorlauf zeitlich voranzustellen bzw. parallel versetzt zuzuordnen. Dabei sind die Zeitpunkte der erforderlichen Vorgabebedarfe zur Standort- und Bebauungsplanung zu synchronisieren mit Zeitpunkten der entsprechend dem jeweils erreichten Anarbeitungsstand möglichen Planungsergebnisse (vgl. Abb. 2.4). Zielsetzung dabei ist die Durchsetzung einer **prozessorientierten Fabrik-** bzw. **Gebäudestruktur**.

Zur Sicherung kurzer Planungszeiträume erfolgt die Standortplanung in der Industriepraxis allerdings oftmals deutlich vorgezogen zur Fabrikstrukturplanung, dann aufsetzend auf den Ergebnissen der Ziel- bzw. Vorplanung. Erforderliche Vorgaben z. B. zu Flächen und Aufwänden basieren auf Ermittlungen der Vorplanung (Bedarfsermittlungen, Flächenkenngrößen – vgl. Abschnitt 3.2) Die Bebauungsplanung hingegen setzt formal auf den Ergebnissen der Grobplanung auf (bereichsbezogene Flächen- und Anordnungsstrukturen), d. h. diese sind Strukturierungsbasis.

Insgesamt wird deutlich – die erforderliche Fabrikstruktur bestimmt maßgeblich die Standortwahl und das Bebauungskonzept. Dieser Grundzusammenhang ist im Fabrikplanungsablauf durchzusetzen.

6.2   Planungsmethodik

Bedeutung und Reichweite der Standortplanung erfordern eine zielorientierte und systematische Vorgehensweise der Standortbestimmung. Diese beruht auf der gezielten Ermittlung und Analyse alternativer Standortvarianten bei Abgleich mit Anforderungsprofilen des gesuchten Neustandortes.

In Abb. 6.1 ist eine formalisierte **Rahmenmethodik für Standortplanungen** dargestellt (vgl. auch [2.2], [6.1], [6.2], [2.3]). Diese Planungssystematik ordnet die stu-

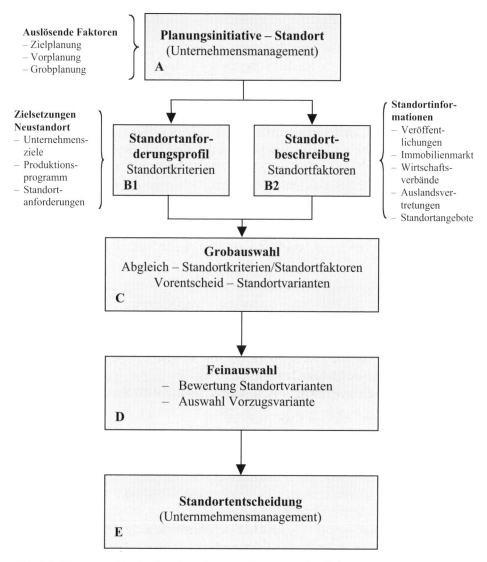

Abb. 6.1: Planungsablauf – Standortplanung (Rahmenmethodik)

fenweise Abarbeitung aufeinander aufbauender Planungs- und Entscheidungsschritte.

Wesentliche Bearbeitungsinhalte der Planungsschritte A bis E sind (vgl. Abb. 6.1):

Planungsschritt A

Entscheidungen im Ergebnis von Ziel- und/oder Vorplanung (auch Grobplanung) lösen Initiativen des Unternehmensmanagements zur Standortplanung aus. Dabei können die Planungsschritte B1 und B2 nahezu zeitgleich angegangen werden, wobei die im Regelfall beträchtlichen Erfassungsaufwände im Planungsschritt B2 zu beachten sind.

Wesentliche Festlegungen sind:

– Finanzierungsbudgets (Standort, Standortplanung)
– Zeitbudgets (Planungs- und Realisierungsfristen – Standort)
– Ernennung Planungsteam.

Planungsschritt B1

Erarbeitung eines **Anforderungsprofils des Neustandortes** durch Vorgabe von Standortkriterien. Diese können unterschiedlich definiert und gewichtet sein, so z. B. in Formen von Basis-, Fest-, Mindest-, Wunsch- bzw. Sonderkriterien. Diese charakterisieren z. B. unbedingte Festforderungen bzw. Mindest- oder auch (optionale) Wunschforderungen. Sie bilden die Basis zur Auffindung und Beurteilung von Standorten.

Grundlagen zur Formulierung von Standortkriterien (Anforderungs- und Zielgrößen) sind:

– Unternehmenszielsetzungen/Unternehmensstrategie
– Termine (Etappen) der Produktionsaufnahme – Markteintritt
– Produktionsprogrammstrukturen und -entwicklungen
– Spezielle Standortanforderungen in Form qualitativer und quantitativer Wertgrößen. Dabei ist der potenzielle Suchraum von Standorten (global, regional bzw. lokal) zu charakterisieren bzw. festzulegen
– die jeweils vorliegende Planungssituation (Planungsgrundfälle).

Wesentliche **Standortkriterien** sind (Auswahl):

– Zeiträume der Standortbereitstellung
  (Grundstückkauf, Abstimmung, Bauleitplanung, Realisierung
  Erschließungsmaßnahmen, Genehmigungsverfahren)
– Flächenbedarfe/-struktur umbauter Raum (Produktion/Lager)
  • Hallenflächen – Nutzflächen/Funktionsflächen
  • Flächenstrukturen – z. B. Zonenplan/Flächenmaßstäbliches Funktionsschema
    (vgl. Abschnitt 3.3.1)/Idealisiertes Gesamtbetriebsschema (vgl. Abschnitt 7.2)
  • Bauweise (ein-, mehrstöckig)

- Flächenbedarfe – Verwaltung
- Flächenbedarfe Freiflächen – Parkflächen, Flächen für Zufluss/Abfluss, Reserven
- Geländeform/Bodenstruktur
- Grundstücklage (Anbindung – Verkehr, Umfeld)
- Ver- und Entsorgung (Bedarfsgrößen)
- Lage Zulieferer, Kooperationsfirmen (Material- und Leistungsbeschaffung)
- Anforderungen Arbeitskräfte (qualitativ/quantitativ – Lohnniveau)
- Entwicklungsmöglichkeiten – Diversifikation (mittel/langfristig)
- Ökologische Kriterien – Umweltbelastung (Gewässerschutz, Luftverkehrsnutzung, Lärmvermeidung, Naturschutz).

Die Erarbeitung von Standortkriterien legt Rahmenbedingungen zur Standortbestimmung fest. Diese haben den Charakter einer Aufgabenstellung (Lastenheft), erlauben Beurteilungen zur Machbarkeit des Projektes und sind in Abstimmung mit dem Industriearchitekten vorzunehmen. Die Standortkriterien ermöglichen u. a. erste **Lageplankonzepte** als Voraussetzung zur Bewertbarkeit von Standort- bzw. Grundstückalternativen.

Planungsschritt B2

Erarbeitung von **Standortbeschreibungen alternativer Standorte**. Ausgehend von Vorinformationen zur Eingrenzung des Suchraumes sind potenzielle Standorte einschließlich einer detaillierten Beschreibung der für sie typischen **Standortfaktoren** zu erfassen. Diese stellen Beschreibungsgrößen zur Charakterisierung industrieller Standorte einschließlich der Grundstücksituation (Geologie, Erschließung, Besitz) dar. In Abb. 6.2 ist eine Übersicht über mögliche Standortfaktoren dargestellt.

Standortfaktoren werden zweckmäßigerweise unter räumlichen Betrachtungsebenen gegliedert in **globale**, **regionale** und **lokale Standortfaktoren**. Werden z. B. wesentliche globale bzw. regionale Anforderungen nicht erfüllt, erübrigt sich der beträchtliche Aufwand zur Präzisierung lokaler Faktoren. Der Aufwand zur Abklärung aller relevanter Standortfaktoren durch deren detaillierte qualitative und quantitative Bewertung kann erforderlich sein. Das heißt, im Regelfall ist ein beträchtlicher Bedarf an Informationsbeschaffung zu realisieren. Übliche Quellen für **Standortinformationen** sind Veröffentlichungen, Konferenzen, Messen, Banken, Immobilien- und Beratungsfirmen, Statistiken, Wirtschaftsverbände, Ländervorgaben, Fördergesetze, Auslandsvertretungen, Industrie- und Handelskammer, Standortangebote u. a. Wesentlich für die Beurteilung der Standortfaktoren sind auch Kenntnisse zu deren zeitlicher Entwicklung bzw. die Ableitung entsprechender Trends.

Werden die Entwicklungen von Industrieansiedlungen und -verflechtungen welt- und europaweit betrachtet, so wird deutlich, dass insbesondere gerade **globale Standortfaktoren** eine steigende Bedeutung für Standortentscheidungen besitzen, insbesondere unter den Aspekten Kosten und Marktnähe. Gründe sind Entwicklun-

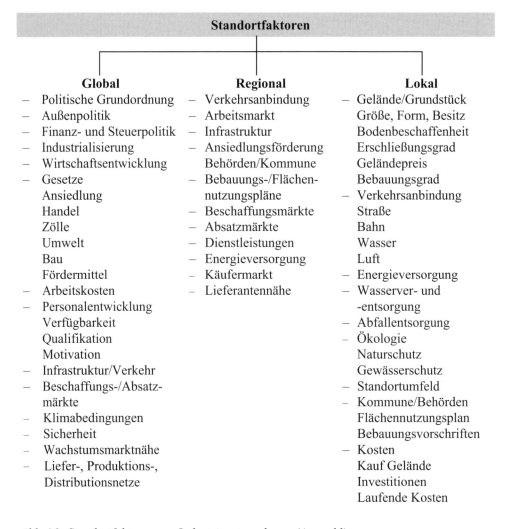

Standortfaktoren		
Global	**Regional**	**Lokal**
– Politische Grundordnung	– Verkehrsanbindung	– Gelände/Grundstück
– Außenpolitik	– Arbeitsmarkt	Größe, Form, Besitz
– Finanz- und Steuerpolitik	– Infrastruktur	Bodenbeschaffenheit
– Industrialisierung	– Ansiedlungsförderung	Erschließungsgrad
– Wirtschaftsentwicklung	Behörden/Kommune	Geländepreis
– Gesetze	– Bebauungs-/Flächen-	Bebauungsgrad
Ansiedlung	nutzungspläne	– Verkehrsanbindung
Handel	– Beschaffungsmärkte	Straße
Zölle	– Absatzmärkte	Bahn
Umwelt	– Dienstleistungen	Wasser
Bau	– Energieversorgung	Luft
Fördermittel	– Käufermarkt	– Energieversorgung
– Arbeitskosten	– Lieferantennähe	– Wasserver- und
– Personalentwicklung		-entsorgung
Verfügbarkeit		– Abfallentsorgung
Qualifikation		– Ökologie
Motivation		Naturschutz
– Infrastruktur/Verkehr		Gewässerschutz
– Beschaffungs-/Absatz-		– Standortumfeld
märkte		– Kommune/Behörden
– Klimabedingungen		Flächennutzungsplan
– Sicherheit		Bebauungsvorschriften
– Wachstumsmarktnähe		– Kosten
– Liefer-, Produktions-,		Kauf Gelände
Distributionsnetze		Investitionen
		Laufende Kosten

Abb.6.2: Standortfaktoren von Industrieunternehmen (Auswahl)

gen zu internationalen Produktionsverbünden und -zusammenschlüssen im Ergebnis der Globalisierung von Beschaffungs-, Produktions- und Vertriebsprozessen. Die Folgen sind die Bildung globaler durchgängiger **Liefer-, Produktions- und Vertriebsnetze**, das Vorhandensein und die Einbindungsmöglichkeiten in solche Netze selbst werden zum Standortfaktor.

Die Betrachtungsebenen der **Standortfaktoren** können wie folgt charakterisiert werden:

Globale Standortfaktoren (Makrostandort)   – Charakteristik der nationalen Situation eines Staates hinsichtlich politischer, wirtschaftlicher und sozialer Verhältnisse

Regionale Standortfaktoren – Charakteristik des Wirtschaftsraumes eines Staates
(Makrostandort)

Lokale Standortfaktoren – Charakteristik der unmittelbaren Standorte und
(Mikrostandort) deren Umfeld

Von genereller Bedeutung für die Markierung von Standorten sind dabei die standortspezifischen Regelungen zur politischen Grundordnung, zur Wirtschaftsgesetzgebung, sowie zur Steuer- und Subventionsgesetzgebung anzusehen.

Planungsschritt C

Grobauswahl von Standortvarianten durch Gegenüberstellung globaler, regionaler bzw. lokaler Standortfaktoren des Anforderungsprofils (Standortkriterien) mit Standortfaktoren alternativer Standorte. Das Ergebnis führt zu einer Vorauswahl bzw. Eingrenzung der Variantenauswahl auf direkt konkurrierende Standortvarianten der engeren Wahl. Dabei kann z. B. je nach Offenhaltung der Entscheidungslage der Entscheid zum Altstandort (lokaler Flächenzukauf, erweiterte Flächennutzung) oder zwingend zur Akzeptanz von Neustandorten führen.

Planungsschritt D

Feinauswahl des Vorzugsstandortes durch Analyse und Bewertung bzw. Gegenüberstellung qualitativer und quantitativer Merkmale der Zielerreichung spezieller Standortfaktoren gegenüber dem Anforderungsprofil des gesuchten Standortes.

Zur Beurteilung und Auswahl alternativer Standortvarianten sind unterschiedliche Methoden bekannt, die sich hinsichtlich Zielsetzung, Aussagekraft, Datenbasis und Vorgehensweise deutlich unterschieden.

Nachfolgend wird eine Übersicht über ausgewählte **Bewertungsmethoden** gegeben (vgl. z. B. auch [2.2], [2.7], [6.1]):

Methode der einfachen Punktbewertung (Bewertungsschema)

Für die Standortvarianten werden die wesentlichen qualitativen und quantitativen Standortfaktoren zueinander in Beziehung gesetzt (Tabelle/Matrix) bewertet und dem Anforderungsprofil (Standortkriterien) gegenübergestellt. Durch Punktvergabe (mit oder ohne Gewichtung der Faktoren) wird der Erfüllungsgrad der Standortfaktoren ausgedrückt (u. U. nach der Methode paarweiser Vergleich). Diese Bewertung sollte im sachkundigen Team erfolgen. Nach Summierung der Punktzahl können die punktzahlmaximale Variante als Vorzugsvariante sowie Rangfolgen abgeleitet werden (vgl. Abschnitt 3.3.4.4).

Methode der Transportkostenminimierung

Sind der erzielbare Erlös, das betriebsnotwendige Kapital und alle weiteren Kosten (außer Transportkosten) aller Standortvarianten nahezu gleich und damit von der

Standortvariante unabhängig, kann der Standortentscheid durch Ermittlung der außerbetrieblichen Transportkosten gesucht werden. Ausschließlich die außerbetrieblichen Transportkosten sind durch die geografische Lage der Standorte entscheidungsrelevant. Prinzipielles Ziel ist die Minimierung der Transportkostensumme, die sich bei Zugrundelegung aller Transportkosten zwischen Zulieferfluss und Abnehmerfluss zum jeweiligen Standort ergibt. Im Ergebnis ist der Standort optimal, der die minimale Transportkostensumme aufweist.

Methode der Kapital- und Kostenrechnung

Im Regelfall wird der Standort optimal sein, bei dem eine maximale Verzinsung des Kapitaleinsatzes erzielt wird. Durch Bestimmung der Eigenkapitalrentabilität für alle Standortvarianten – basierend auf den Kenngrößen Umsatz, Betriebskosten und standortspezifischer Kapitaleinsatz – kann die Variante mit maximaler Eigenkapitalrentabilität bestimmt werden. Diese betriebswirtschaftlich sehr aussagefähige Auswahlmethode erfordert allerdings frühzeitig hinreichend genaue Kostengrößen und ist auf eine rein monetäre Bewertung beschränkt.

Methode der Nutzwertanalyse

Diese Methode ermöglicht einen hohen Detaillierungsgrad der Bewertung, auch bei komplexen Problemstellungen, bei dem alle relevanten qualitativen und quantitativen Kriterien erfassbar sind. Zunächst wird eine Hierarchie von Bewertungskriterien aufgebaut, innerhalb deren eine der Bedeutung der Kriterien entsprechende Gewichtung zugeordnet wird. Zur Begrenzung subjektiver Einflüsse ist die Analyse im sachkundigen Team durchzusetzen. Die Kriteriengewichte sind Basis für die anschließende Nutzwertanalyse. Für jede Standortvariante wird jeder Standortfaktor mit einem Beurteilungswert hinsichtlich erreichter Zielerfüllung bewertet. Der Nutzwert jeder Variante wird aus dem Produkt von Kriteriengewicht und Beurteilungswert gebildet, sodass aus der Summe aller Einzelwerte je Standortvariante deren Gesamtnutzwert ermittelt werden kann. Die nutzwertmaximale Variante bildet die Vorzugsvariante (vgl. Abschnitt 3.3.4.4).

Planungsschritt E

Standortentscheidung durch die Unternehmensleitung basierend auf bewerteten Standortvarianten (Vorzugsvariante, Rangfolgen). Die Ergebnisse der Standortplanung sind dazu in Standortplänen (Lage und Grundstücksanbindung zum Umfeld) detailliert dokumentiert (Standortdokumentation) und sichern die Nachvollziehbarkeit der Bewertungen und Auswahlentscheidungen.

7 Generalbebauungsplanung

7.1 Planungsinhalte

Der **Generalbebauungsplan** besitzt den Charakter eines mittel- und langfristigen Gesamtentwicklungsplanes (Fabrikleitplan/Masterplan) zur Sicherung einer planmäßigen Standortentwicklung. Im Generalbebauungsplan sind die Anordnungsstruktur der Gebäude, deren Nutzung und die Möglichkeiten der Weiterentwicklung des Geländes und der Gebäude (Anlagen) festgelegt. Das heißt, die flächenmäßige Aufteilung und Nutzung des Grundstückes und der Gebäude sind fixiert. Die dazu notwendigen Entscheidungen sind unter den Aspekten ihrer mittel- und langfristigen Wirkungen und der teilweise nur begrenzt möglichen (bzw. sehr aufwendigen) nachträglichen Korrekturmöglichkeiten zu treffen.

Wesentliche **Planungsinhalte** der Generalbebauungsplanung eines Industriegeländes sind:

– die Geländegliederung in Funktionsbereiche
– die Festlegung bzw. Integration von Haupttransportachsen sowie von Verkehrs-, Ver- und Entsorgungsanschlüssen
– die flächenbezogene, räumliche Zuordnung von Gebäudeeinheiten auf dem Industriegrundstück (Ordnung der Bebauung)
– die Wahl von Gebäudeformen sowie die Vorgabe von „organischen" Ausbau- und Erweiterungsstufen.

Wesentliche **Zielsetzungen** sind:

– **flussgerechte Strukturierung** (Material-, Personen-, Informations-, Energieflüsse) des Industriegeländes zur Sicherung effektiver Prozessabläufe
– gezielte Entwicklung der **Flächen- und Raumnutzung** der Gelände- und Gebäudestrukturen
– Sicherung von **Ausbau- und Erweiterungsetappen** von Flächen und Gebäuden
– Sicherung der **Nutzungsflexibilität** der Gebäude (Wandlungsfähigkeit).

Im Ergebnis der Generalbebauungsplanung wird eine Vielzahl von **Planungs-** und **Baudokumenten** erstellt, so z. B.:

– maßstäbliche Pläne des Industrie- bzw. Fabrikgeländes einschließlich vorhandener bzw. geplanter Bebauung (Gesamtlayout, Fabriklayout, Werkslayout)
– Gutachten von Baugrund- und Altlastenuntersuchungen
– Funktionsbeschreibungen (Erläuterungsberichte) zum Lösungsprinzip sowie zur Lösungsauswahl (Vorzugs- bzw. Entscheidungsvariante)
– Installationsübersichten (Ver- und Entsorgungsleitungen)
– Struktur der Bebauung (Art und Bauhöhe), vorgehaltene Erweiterungsflächen und Ausbaustufen.

Damit werden die Funktions-, Flächen- und Raumstrukturen des Geländes umfassend dokumentiert. Zur Sicherung deren Nutzbarkeit für Planungs- und Nachweiszwecke sind sie einer ständigen Aktualisierung und Ergänzung zu unterziehen.

Die Bezeichnung als „Generalbebauungsplanung" resultiert aus der Tatsache, dass hierbei die Geländestrukturierung und Bebauungsplanung zur „Startphase" der Geländenutzung erfolgt und damit „generalisierenden", d. h. im Regelfall langfristig bestimmenden und deutlich bindenden Charakter besitzt.

Die Generalbebauungsplanung sollte auf den **Ausbauendzustand** bezogen erfolgen. Basierend auf geplanten Entwicklungen des Unternehmens ist der voraussichtliche Endzustand der Grundstücksnutzung abzustecken. Davon ausgehend, sind zeitlich rückwärts laufend **Ausbau- und Erweiterungsstufen** zu konzipieren (retrograde Planung), von denen dann Teilpläne bzw. Entwicklungsabschnitte (Bauabschnitte) abgehoben werden können.

Die Generalbebauungsplanung besitzt grundsätzlich **bereichsbezogenen Charakter,** d. h. das bereichsbezogene **Funktionsschema** bzw. **Ideallayout** des Produktionssystems bilden eine wesentliche Planungsgrundlage. Die günstige Strukturierung der Materialflussbeziehungen **zwischen** den Bereichen ist damit wesentliches Planungskriterium (Makroebene, vgl. Abschnitt 3.3.3.2). Funktionseinheiten können dabei sein: Bereiche der Produktion (Fertigung, Montage), der Lagerung, der Verwaltung, der Ver- und Entsorgung usw.

Die **Einordnung der Generalbebauungsplanung** in den Fabrikplanungsablauf (Fabrikplanung im erweiterten Sinn, vgl. Abschnitt 2.1 sowie Abb. 2.4) ist wie folgt gegeben:

− Die Generalbebauungsplanung sollte prinzipiell integriert mit der Standortplanung (vgl. Abschnitt 6.1) betrachtet werden. Sie erfolgt standortkonkret und zeitlich versetzt zur Standortbestimmung. Dabei ist zu beachten, dass die Generalbebauungsplanung der Standortplanung wesentliche Vorgabegrößen liefert, z. B. Vorgaben zu erforderlichen Flächengrößen und zur Flächengeometrie des Grundstücks, sowie u. U. zu Gebäudegrößen, -gliederungen und -anordnungen. Spezielle Planungsschritte der Generalbebauungsplanung, insbesondere die Inhalte zur Entwicklung des **idealisierten Gesamtbetriebsschemas**, sind daher gegenüber der Standortplanung zur Absicherung fundierter Vorgabegrößen zeitlich vorgezogen zu realisieren. Kann dieser Planungsvorlauf nicht gesichert werden, sind Grobabschätzungen (z. B. basierend auf Kennzahlen) zu Flächenbedarfen im Rahmen der Standortplanung erforderlich.

− Die dargestellte zeitlich-funktionelle Einordnung der Generalbebauungsplanung beruht wesentlich auf den Zusammenhängen zur Definition des **Fabrikkonzeptes** (vgl. Abschnitt 1.1). Danach gilt: Der zu realisierende Prozess bestimmt die Größe, Anordnung und Form der Bauhüllen (Gebäude). Diese Faktoren wiederum bestimmen das erforderliche Grundstück. Das heißt, der Prozess bestimmt die Struktur der Bebauung und diese das Grundstück (Standort).

Nur durch Umsetzung dieser Logik wird es möglich, die allgemein zu fordernde, betont **prozessorientierte Fabrikstruktur** durchzusetzen. Die grundsätzliche formale zeitliche Abfolge der angeführten Planungsfelder der Fabrikplanung (vgl. Abschnitt 1.1) ist damit gegeben in: **Fabrikstrukturplanung, Generalbebauungsplanung, Standortplanung**. Somit wird auch hier deutlich, dass das **Fabrikkonzept** vom Prozess- folglich vom Produkt (Produktionsprogramm) – bestimmt wird. In dieser Logik bildet das idealisierte Gesamtbetriebsschema der Generalbebauungsplanung (Planungskomplex I, vgl. Abb. 7.1) eine Vorgabegröße für die Standortplanung. Der darauf folgende **Anpassungsprozess** (Planungskomplex II) setzt auf das konkrete Grundstück im Ergebnis der Standortentscheidung auf und führt zu realen Bebauungsvarianten. Die Industriepraxis zeigt allerdings, dass diese Abfolge der Planungslogik oftmals nur eingeschränkt erreicht wird. Zeitversatz, Überlappungen sowie Grobvorgaben (Vereinfachungen), aber auch extremer Zeitdruck sind oftmals der Regelfall.

Entsprechend dem jeweils vorliegenden Planungsfreiraum können folgende **Grundfälle der Generalbebauungsplanung** unterschieden werden:

– Das Grundstück ist vorhanden (damit der Generalbebauungsplanung vorgegeben), es ist in unbebautem, teil- oder vollbebautem Zustand. Idealisierte Bereichsanordnungen sind nur als Kompromiss mit Einschränkungen durchsetzbar.
– Die Grundstückswahl ist noch offen. Die Anforderungen der Generalbebauungsplanung fließen in die Grundstückswahl (Standortbestimmung) ein. Eine kompromissarme Umsetzung der idealisierten Bereichsanordnung ist möglich.

Damit sind – je nach Planungssituation – die Wirkungsmöglichkeiten zur Durchsetzung optimaler Fabrikkonzepte im Praxisfall sehr unterschiedlich gegeben. Oftmals sind Entscheidungen zur Flächenneutralisierung (Gebäudeabriss), d. h. zur Grundstücks- und Gebäudeneustrukturierung erforderlich, um innovative Fabrikstrukturen im Ergebnis der Generalbebauungsplanung durchzusetzen.

7.2 Planungsmethodik

Der methodische **Ablauf der Generalbebauungsplanung** ist wie folgt charakterisiert:

– Inhaltlich entspricht die Planungsmethodik einem **Zuordnungsproblem** (Objekt-Platz-Zuordnung), d. h., betriebliche Bereiche sind räumlich im Gelände so anzuordnen, dass die speziellen Zielsetzungen der Generalbebauungsplanung (vgl. Abschnitt 7.1) erfüllt werden. Damit sind typische Inhalte und Methoden der

Strukturplanung bereichsbezogen (Makrostrukturierung) angesprochen (vgl. Abschnitt 3.3.3.2).

– Der Planungsablauf folgt den allgemeinen Grundsätzen der Fabrikplanung (gestufter Ablauf, Grob- zu Feininhalten, Ideal- zur Realplanung, Variantenprinzip).

Die Generalbebauungsplanung ist (in Analogie zur Planungsphase „Grobplanung", vgl. Abschnitt 3.3) prinzipiell in zwei **Planungskomplexe** zu gliedern.

Der **Planungskomplex I (Idealplanung)** beinhaltet zunächst die Entwicklung des idealisierten Gesamtbetriebsschemas (**Generalstruktur**). Im **Planungskomplex II (Realplanung)** erfolgt darauf aufbauend während eines Anpassungsprozesses (Variantenbildung) die grundstückskonkrete Entwicklung der real möglichen Anordnungen und Bebauungen des Fabrikgeländes (**Generalbebauungsplan**). Mit dem Idealkonzept ist eine „optimale" Lösungsorientierung vorgegeben aber auch ein objektiver Maßstab zur Beurteilung der Generalbebauungsvarianten (vgl. Planungssatz g in Abschnitt 1.4).

In Anlehnung an [2.2] ist in Abb. 7.1 diese zweistufige Vorgehensweise der Generalbebauungsplanung dargestellt. Dieser Rahmenablauf sichert eine systematische zielbezogene Vorgehensweise. Wesentliche Inhalte der Planungskomplexe werden nachfolgend präzisiert (vgl. auch [2.2], [6.2], [7.1], [3.9]).

Ausgangspunkt der Generalbebauungsplanung sind Vorgaben im Ergebnis der Planungsphasen „Ziel- bzw. Vorplanung" (vgl. Abschnitt 3.1 und 3.2), insbesondere hinsichtlich der mittel- und langfristigen Produktionsprogrammentwicklung (Leistungsrahmen). Der langfristige Planungscharakter der Generalbebauungsplanung ist durch begründete Entscheidungen zur Unternehmensentwicklung abzusichern.

Planungskomplex I   **Entwurf idealisiertes Gesamtbetriebsschema**
                          (Generalstrukturplanung)

Bereichsbildung

Die Bereichsbildung erfolgt bei Zugrundelegung unterschiedlichster funktionaler, technischer, organisatorischer und insbesondere logistischer Kriterien basierend auf der Leistungsentwicklung (vgl. Ableitung Funktionsschema – bereichsbezogen, Abschnitt 3.3.1). Grundsätzlich sind hier z. B. dominante Produktstrategien, Produktionsstrukturen und Logistikprinzipien in ihrer zeitlichen Entwicklung (Realisierung) herauszustellen, sodass gegebenenfalls Wirkungen auf die Zuordnung von Verfahren und Ausrüstungen im Rahmen der Bereichsbildung abgeleitet werden können.

Schon hier erfolgt eine Vorabfestlegung wesentlicher Strukturierungsergebnisse, so z. B. zur Zusammenfassung bzw. zur Aufteilung von Bereichen (vgl. Abschnitt 3.3.1.2) und folglich zu deren späterer Zuordnung zu Flächen und Gebäuden.

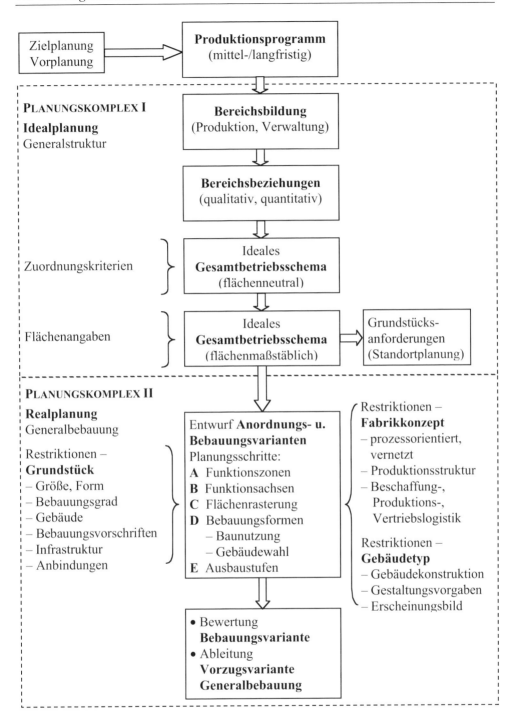

Abb. 7.1: Rahmenmethodik der Generalbebauungsplanung

Die **Bereichsbildung** kann vorgenommen werden für:

- Produktionsbereiche (direkte Bereiche)
  • Fertigungsprozesse (Vorfertigung, Teilefertigung, Oberflächen- und Wärmebehandlung)
  • Montageprozesse (Baugruppen-, Endmontagen)
  • Lagerprozesse (Eingangs-, Zwischen-, Ausgangsläger, Komplexläger)

Produktionsbereiche stellen dabei eine funktionell-räumliche Zusammenfassung von gleichen/ungleichen Funktionseinheiten (Arbeitsplätze, Ausrüstungen) aus den Gründen - Funktionssicherung, Verfahrensmerkmale, Organisation, Kostenzuordenbarkeit und Logistik – dar. Bereiche können auch durch Modulstrukturen definiert sein (vgl. Abschnitt 4.5).

- Verwaltungs- und sonstige Bereiche (indirekte Bereiche)
  • Entwicklung/Konstruktion
  • Produktionsvorbereitung
  • Qualitätssicherung
- Sozialbereiche
- Ver- und Entsorgungsbereiche
- Verkehrs- und Parkraumbereiche
- Sonstige Bereiche (z. B. Sperrflächen, Vorhalteflächen).

Zur Durchsetzung prozessbezogener innovativer Fabrikstrukturen ist die Bereichsbildung orientiert an der Prozesskette der gesamten Produkterstellung vorzunehmen. Als Ergebnis liegt eine tabellarische Zusammenstellung funktionell abgrenzbarer direkter und indirekter Bereiche vor, die zur Funktionserfüllung des Produktionsprozesses erforderlich sind.

Bereichsbeziehungen

Die ermittelten Bereiche des zu planenden Unternehmens sind grundsätzlich in unterschiedlichster Form qualitativ und quantitativ (intern/extern) verknüpft. Diese Beziehungen leiten sich aus den jeweiligen **Flusssystemen** ab, wobei zu unterscheiden sind: Stoff-, Personal-, Informations- und Energieflusssysteme (vgl. Abschnitt 1.1, sowie Abb. 3.1). Die zu bestimmenden Beziehungskenngrößen sind wesentlich für die Prinzipien der räumlichen Zuordnung der Bereiche. Die Ermittlung, Darstellung und Bewertung von qualitativen und quantitativen zwischenbereichlichen Beziehungskenngrößen der Flusssysteme kann entsprechend den in Abschnitt 3.3.3.2 dargestellten Prinzipien erfolgen bzw. ist – je nach Datenlage – z. B. im Ergebnis von Auswertungen (bereichsbezogene Darstellungen – Funktionsschema, Ideallayout, Flussmatrizen, Sankey-Diagramme), von Abschätzungen, Prozessvergleichen bzw. von Hochrechnungen vorzunehmen.

Im Ergebnis dieses Analyseschrittes liegen Bereichsübersichten in Verbindung mit Kriterien und Datensätzen zu den **Flussintensitäten** (z. B. Beziehungsmatrizen) zwischen den Bereichen der jeweiligen Flusssysteme vor.

Ideales Gesamtbetriebsschema – flächenneutral

Im Ergebnis der vorgelagerten Planungsschritte kann das idealisierte Gesamtbetriebsschema – maßgeblich basierend auf Flussintensitäten der Bereiche – entworfen werden. Dieses stellt modellartig idealisiert die **flussoptimale Zuordnung** aller wesentlichen Bereiche des Unternehmens dar, wobei reale Grundstücks- und Umgebungsbedingungen (Restriktionen) zunächst ausgeklammert sind (Idealplanung). Ausschließlich die Minimierung des Aufwandes für Flusssysteme bzw. deren flussgerechte Zuordnung sind **Zuordnungskriterien**.

Die Beziehungskenngrößen z. B. der Produktions- und Lagerbereiche werden dominant durch den Materialfluss charakterisiert. Der Bedeutung der Materialflusssysteme entsprechend (vgl. Abschnitt 3.3.3.2) gilt für die Anordnungsstrukturierung von Produktionsbereichen, dass **Bereiche hoher Materialflussintensität distanzminimal** (flussorientiert) zueinander anzuordnen sind, um so den Materialfluss- bzw. Logistikaufwand zu begrenzen. Auch JIT-, Kanban-, Modul- bzw. gemischte bereichsbezogene Strukturen sind Gegenstand von Zuordnungen bei der Erstellung des idealisierten Gesamtbetriebsschemas. Dabei sind die speziellen Zuordnungsaspekte der weiteren Flusssysteme (z. B. Personal- und Informationsfluss) in die Entscheidungen einzubeziehen, allerdings bei genereller Orientierung am Materialhauptfluss.

Die flussbezogene Zuordnung z. B. von Verwaltungs-, Sozial und Verkehrsbereichen wird dagegen primär unter den Aspekten des Personal- und Informationsflusses vorgenommen.

Das so entwickelte idealisierte Gesamtbetriebsschema ermöglicht wesentliche Aussagen zur Bereichsstrukturierung der Flusssysteme, weiterhin werden erkennbar z. B. erforderliche Transporthauptachsen (Kernfluss), der Hauptproduktionsfluss sowie erforderliche Anbindungen. Diese begründen die idealisierte **Generalstruktur** der Bereichsanordnung.

Ideales Gesamtbetriebsschema – flächenmaßstäblich

Durch Vorgaben zum bereichsbezogenen Flächenbedarf (flächenmaßstäbliches Funktionsschema, Kennzahlen, Berechnungen – vgl. Abschnitt 3.3.2.4) kann das idealisierte Gesamtbetriebsschema flächenmaßstäblich dargestellt werden. Diese **Generalstruktur** – nun erweitert um Flächenbedarfe (Sollgrößen) – ermöglicht erste Überlegungen und Konzepte zu Flächenstrukturen, zu Grundstücksanforderungen, sowie zur Bebauung. Die erforderliche flächenbezogene Generalstruktur der Fabrik wird erkennbar. Schon hier kann eine erste logistisch begründete Variantenbildung und -auswahl zu Anordnungsvarianten (Produktions-, Verwaltungs-, Ver- und Entsorgungsbereiche) erforderlich werden, um Vorzugslösungen der (idealisierten) Generalstruktur herauszuschälen (vgl. [7.1]).

Damit sind grundsätzliche **Grundstücksanforderungen** aufgestellt, die begründete Vorgaben zur Grundstückswahl in den Fällen erforderlicher **Standortplanung**, z. B. hinsichtlich Größe, Form, externe Anbindung und Bebaubarkeit, ermöglichen (vgl. Abb. 7.1 sowie Abschnitt 6).

Planungskomplex II   **Entwurf der Generalbebauung**
                            (Generalbebauungsplanung)

Entwurf Anordnungs- und Bebauungsvarianten

In diesem Planungskomplex erfolgt die **Bebauungsplanung** des real verfügbaren Industriegeländes (Realplanung). Dazu ist im Rahmen eines gestuften Anpassungsprozesses die Transformation der idealisierten Anordnungsstruktur (Planungskomplex I) auf die realen Grundstücksbedingungen bei Einbeziehung von Anbindungs- und Umgebungserfordernissen vorzunehmen. Unter funktionellen und materialflussbezogenen Kriterien sowie in Abhängigkeit von Baukörpertyp und -anordnung ist damit eine Hallen- bzw. Gebäudestruktur zu entwickeln, durch die das **Fabriklayout** des Unternehmens in unterschiedlichen Bebauungsvarianten abgebildet wird (Planungskomplex II). In der industriellen Praxis ist die Umsetzung des idealisierten Gesamtbetriebsschemas bei Planungsgrundfall A kompromissarm gegeben, allerdings in den Planungsgrundfällen B, C, E aufgrund der Vielzahl unterschiedlichster Restriktionen des real verfügbaren Geländes, der jeweiligen Bebauungsgrade sowie der Bauvorschriften oftmals nur mit großen Einschränkungen möglich.

Zur Sicherung einer systematischen Erarbeitung von Anordnungs- und Bebauungsvarianten sind die nachfolgenden **Planungsschritte** [2.2], [7.1] zu durchlaufen. Als Ziellösung ist dabei prinzipiell die weitgehende Umsetzung des idealisierten Gesamtbetriebsschemas anzusetzen (vgl. Abb. 7.1):

A Flächenaufgliederung in Funktionszonen

Durch Bildung von Funktionszonen wird das verfügbare Grundstück grob in **Bauzonen** und **Freiflächen** aufgegliedert (Zonenprojekt, Funktionszonenplan, Maßstab 1:500 bis 1:2000). Entsprechend den umzusetzenden Funktionen erfolgt dabei eine Aufgliederung der Bauzonen in:

- Produktionszonen
- Lager- und Versandzonen
- Verwaltungs- und Nebenbereichszonen
- Verkehrszonen
- Energieversorgungs- und -verteilungszonen

Grundlagen dazu sind Angaben aus dem **Situationsplan** des Grundstücks (Auszug aus Katasterplan, Lageplan Fabrikgelände) wie z. B.:

- topografische Angaben
- Baulinien
- Grundstücksform und -grenzen
- Anbindungen, Wegerechte, Infrastruktur
- Bodenbeschaffenheit, Höhengliederung, Grundwasserstände
- Erschließungs- und Bebauungsgrad (Gebäudesubstanz).

Die **Produktionszonen** bilden den dominanten Faktor der Zonengliederung (Sicherung prozessbezogener Fabrikstruktur). Die Bildung von Produktionszonen unterliegt den folgenden Kriterien

- Flächenbedarfe (Flächengeometrie und -größe)
- Flussorientierung (Flusssysteme – Stoff-, Personal-, Information-, Energiefluss)
- Logistikprinzipien (Zulieferer-, Produktions-, Vertriebsprozesse)
- Anbindungen (intern/extern) – Förder-, Transportflüsse
- Bebaubarkeit (Boden- und Gebäudestrukturen)
- Schutzabstände (Umfeld) – Lärm, Erschütterungen, Brand, Explosion
- Erweiterungsfähigkeit (Flächenreserven)
- Bauvorschriften (Gesetze, Auflagen).

B Bildung von Funktionsachsen/Transportachsen (Achsennetze)

Die Bildung von Funktionsachsen ist ein weiteres wesentliches Gliederungskriterium der Zonenbildung. Kerninhalt ist hierbei die Bestimmung eines Grundschemas für die drei fluss- und richtungsorientierten **Hauptfunktionsachsen** (Material, Personen, Medien) unter besonderer Beachtung interner und externer Anbindungen und der Anforderungen einzusetzender Förder- und Transportsysteme (Transportachsen). Weiterhin sind die erforderlichen Erweiterungshauptrichtungen in die Festlegung von Funktionsachsen einzubeziehen (Vierachsenprinzip).

Die Bildung von Funktionszonen und Funktionsachsen erfolgt weitgehend integriert auf der Basis grundstücksspezifischer Merkmale wobei orthogonale Strukturen anzustreben sind.

Merkmale externer/interner Funktionsachsen sind:

Extern – vorgegeben, ortsfest (Straßen, Kanäle/Flüsse, Schiene)
Intern – variabel gestaltbar – abhängig von Materialfluss (Bereichstrukturierung), Überbauung (Bauhülle), Anbindung sowie Erweiterungsoptionen.

Schnittstellen (Flächenstrukturen) von externen/internen Transportachsen (z. B. Verlade- und Andockbereiche) sind spezifisch zu gestalten.

C Flächenrasterung (Rasterplan)

Die Flächenrasterung ist auf Hauptfunktionsachsen (Transportachsen) bzw. Grundstücksgrenzen (Systemlinien) bezogen. Dabei wird das Grundstück mit einem quadratischen Gitternetz (Rasterlinien) überdeckt (vgl. Abschnitt 3.3.3.4). Dieses bildet ein orthogonales Koordinatennetz (Grundraster) des Geländes und ermöglicht eine exakte Lokalisierung spezieller Elemente innerhalb der Funktionszonen und stellt damit ein Ordnungskriterium (Übersichtlichkeit) für den weiteren Planungsablaufes dar. Das Rastermaß sollte am Einheitsmaß der zukünftigen Gebäudesysteme orientiert sein (Grundrisseinordnung), es bildet eine exakte Orientierung für die Bauzonengliederung sowie für die Vorhaltung von Erweiterungsflächen (vgl. Industrierasterstrukturen nach DIN 4171 bzw. DIN 4172).

D Festlegung von Bebauungsformen

– Baunutzung Fabrikgrundstück (Bebauungsart)

Die Bedingungen der baulichen Nutzung sind gesetzgeberisch festgelegt. Die **Baunutzungsverordnung** (BauNVo) [7.3] legt Art und Umfang der baulichen Nutzung, Bauweise sowie zulässige Überbaubarkeit von Grundstücksflächen fest. Dabei ist vom Gesetzgeber veranlasst, dass die für Bebauungszwecke vorgesehenen Flächen in einem **Flächennutzungsplan** auszuweisen sind. Diese werden entsprechend der Art der baulichen Nutzung in spezielle Baugebiete (z. B. Industrie- und Gewerbegebiete) gegliedert.

Für die Zulassung von Industrieansiedlungen sind gleichermaßen auch Bestimmungen des **Immissions- bzw. Emissionsschutzes** von Bedeutung, durch die entsprechende Höchstwerte (Luftverunreinigungen, Erschütterungen, Geräusche, Wärme, Strahlung, Abfälle, Abwasser u. a.) bestimmt sind.

Der Umfang der zulässigen Nutzung begrenzt die Baudichte und Bauhöhe und ist nach BauNVo durch folgende **Baukenngrößen** bestimmt:

* Grundflächenzahl (*GRZ*)
* Baumassenzahl (*BMZ*)
* Geschossflächenzahl (*GFZ*)
* Anzahl Vollgeschosse (*Z*).

In Abb. 7.2 sind Baukenngrößen dargestellt einschließlich zulässiger Obergrenzen der Baunutzung der Bauflächen.

Entsprechend diesen Vorgaben können auch **Flach-** und/oder **Hochbauzonen** im Rasterplan unterschieden werden. Als **bebaute Fläche** ist eine Fläche zu bezeichnen, die bei lotrechter Projektion des Bauwerkes auf das Gelände definiert wird. Die Ausweisung von Bebauungsmöglichkeiten entsprechend den Vorgaben der BauNVo erfolgt im **Bebauungsplan**, der kommunaler bzw. landesrechtlicher Zuständigkeit unterliegt.

Zur Festlegung der **Baunutzung** wird das Werksgelände unter Zugrundelegung von Funktionszonen und -achsen gegliedert in **Bauzonen** und **Freiflächen**. Bauzonen sind hinsichtlich der Bebauung gliederbar in:

- Offene Bebauung (Bebauung dezentralisiert, aufgelockert)
- Geschlossene Bebauung (Bebauung kompakt, zentralisiert).

Unter den Aspekten Flächennutzung, Transportwegeminimierung, Energie- und Instandhaltungsaufwand ist eine **kompakte Bauweise** (Baunutzung) des Fabrikgrundstückes anzustreben (Blockbebauung). Das heißt, die geschlossene Bebauung, durch die Produktionsprozesse raumkonzentriert unter „einem" Dach realisiert werden, sichert wesentliche Vorteile.

Bauflächen im Flächennutzungsplan	Baugebiete im Bebauungsplan	Grundflächenzahl *GRZ*	Geschossflächenzahl *GFZ*	Baumassenzahl *BMZ*
Gemischte Bauflächen M	Dorfgebiet MD Mischgebiet M	0,6	1,2	–
	Mischgebiet M	1,0	3,0	–
Gemischte Bauflächen M	Gewerbegebiet GE Industriegebiet GI	0,8	2,4	10,0

Grundflächenzahl
$$GRZ = \frac{\text{Überbaute Grundfläche } GF}{\text{Grundstücksfläche } GR}$$

Baumassenzahl
$$BMZ = \frac{\text{Baumasse } BM}{\text{Grundstücksfläche } GR}$$

Geschossflächenzahl
$$GFZ = \frac{\text{Überbaute Grundfläche} \times \text{Anzahl Vollgeschosse}}{\text{Grundstücksfläche } GR}$$

Abb. 7.2: Obergrenzen der Baunutzung von Bebauungsflächen (i. A. an [2.2], [2.11])

Festlegungen zur **Baunutzung** des Grundstücks bilden im Kern den **Anpassungs-prozess** (vgl. Abschnitt 7.1). Dieser wird durch Zusammenführung der vorliegen-den Planungsergebnisse

- Strukturen des idealen, flächenmaßstäblichen Gesamtbetriebsschemas
- Gliederungen der gezonten Geländestrukturen (Funktions- und Bauzonen, Frei-flächen)

und den nun folgenden Entscheidungen zur

- Gebäudewahl, einschließlich der Bereichseinordnung sowie der
- Gebäudeanordnung (Lagepläne) bei Beachtung von externen/internen Anbin-dungskriterien

realisiert. Dabei sind insbesondere die Zu- und Anordnung (gegebenenfalls auch Aufspaltung) von direkten und indirekten Bereichen innerhalb von Bauzonen bei Einordnung in Hallen- bzw. Gebäudestrukturen und -ebenen sowie auf Freiflächen vorzunehmen.

Das Planungsergebnis bilden alternative **Bebauungsvarianten** des realen Grund-stücks (Fabriklayout, Werkslayout).

Dieser äußerst komplexe Auswahl- und Entscheidungsprozess ist prinzipiell in Zusammenarbeit mit dem Industriearchitekten vorzunehmen. Dabei ist es Auf-gabe des Architekten, alle beteiligten Gewerke und ihre speziellen Anforderungen in den Entwurfs- und Auswahlprozess zu integrieren, die Zuarbeiten zu koordinie-ren sowie die Genehmigungsverfahren einzuleiten. Maßgeblich beteiligte Fach-kräfte an diesem Planungsprozess können sein:

- Fabrikplanungsingenieure (Fabrikstruktur, Logistik)
- Industriearchitekten (Planung Bauwerk, Bauleitung)
- Bauingenieure (Statik, Tragkonstruktion)
- Tiefbauingenieure (Fundamente, Kanalsysteme, Straßen)
- Gebäudetechniker (Ver- und Entsorgung, Klima)
- Vermessungsingenieure (Einmessung – Grundstücke, Gebäude).

– Gebäudewahl (Gebäudetypen)

Im Ergebnis der Analysen und Festlegungen zur Baunutzung des Fabrikgeländes sind Entscheidungen zur Wahl des **Industriegebäudes** vorzunehmen. Dazu sind Festlegungen zum **Gebäudegrundriss** und zur **Gebäudeform** zu treffen.

Wesentliche grundsätzliche **Anforderungen an Industriebauwerke** sind:

- größtmögliche Flexibilität bzw. Wandlungsfähigkeit gegenüber erforderlichen Veränderungen bzw. Anpassungen im Produktionsprozess. Sicherung adaptiver Gebäudestrukturen durch deren wandlungsfähige Auslegung.

Damit sind flexibel strukturierbare Industriebauwerke mit wenigen Festpunkten bei durchgängigen, stützenarmen, flexibel nutzbaren Flächen gefordert

(Wände, Treppen, Stützen, Ver- und Entsorgungsmodule). Dem stehen allerdings erhöhte Kosten der Baukonstruktion gegenüber (Spannweite, Stützenraster), sodass ein Kompromiss zwischen Baukosten und erforderlicher Flexibilität eingegangen werden muss.

- multifunktionale Nutzbarkeit (Mehrzwecknutzung, Mehrzweckgebäude)
- prozess- und funktionsangepasste Gebäudestruktur
- leistungsinitiierende Licht- und Raumsysteme (motivierendes Ambiente)
- Sicherung innovativer Informations- und Kommunikationsmöglichkeiten (Sichtkontakte, Testinseln)
- günstige Investitions-, Instandhaltungs- und Betriebskosten
- kurze Bau- und Monatgezeiten des Bauwerkes, flexible systemgerechte An- und Umbaumöglichkeiten
- positive Stimulierung des Erscheinungsbildes der Fabrik (Corporate Identity)
- flexible interne/externe Anbindungsmöglichkeiten Materialfluss
- flexible Maschinenaufstellung bzw. -verankerung
- flexible Ver- und Entsorgungssysteme (Unterflur/Überflur)
- Sicherung Erweiterungsfähigkeit (Evolution)
- Integrative Strukturierbarkeit von Gebäudesystemen (Verkopplung)
- Klare Strukturierbarkeit von Flächen- und Raumelementen
- Sicherung Einsatz innovativer Logistiksysteme (z. B. oberhalb/unterhalb Produktionsebene)
- digitalisierte Abbildung von Raum- und Flächenstrukturen.

Festlegungen zum **Gebäudegrundriss** erfolgen integriert mit der Gebäudewahl und sind dominant von der Flächengeometrie und -größe sowie von Anordnungs- und Einordnungskriterien der direkten/indirekten Bereiche in die Raumsysteme bestimmt. Folgende funktionsbezogene **Grundrissstrukturen** (quadratisch/ rechteckig) von Produktions- und Lagergebäuden können unterschieden werden [6.2]:

- Einfachfunktion (Zu- und Abgänge allseitig anordenbar)
- Mehrfachfunktionen (Integration einseitiger Kopfbau-Büro, Sozialräume u. a.)
- Vielfachfunktionen (Integration zwei-, mehrseitige Kopfbauten-Büro, Sozialräume, Läger).

Die Wahl der **Gebäudeform** ist maßgeblich bestimmt durch:

- Verwendungszweck (funktionelle Anforderungen Produktions- und Logistiksysteme, wie z. B. Produktionsstrukturen und -prozesse, Fertigungsformen, Lagerarten u. a.)
- Investitionskosten (Kostenbudget) – Bauqualitätsanforderungen
- Baugesetzliche Vorschriften (Anordnungen, Lage, Bauweise, Nutzung)
- Erscheinungsbild/Qualität (Lebenszyklus Gebäude).

Im Industriebau sind folgende prinzipielle **Gebäudeformen** zu unterscheiden:

- **Flachbauten**
  Ausführungsform z. B. eingeschossiger Flachbau mit Kopfbau in Shedbauweise oder fensterlos (Kunstlicht, Lichtkuppeln),
  Parallelanordnung (Aneinanderreihung) möglich

- **Hallenbauten**
  Ausführungsform z. B. eingeschossiger leichter oder schwerer Hallenbau (Hallenschiff) mit/ohne Seitenschiffe

- **Geschossbauten**
  Ausführungsform z. B. mehrgeschossige Skelettbauten (Massivbau, Stahlbeton, Stahl), u. U. mit Untergeschossen (Versorgung, Transport u. a.) typische Grundrissformen sind Vieleck- (Innenhof), L- und U- sowie einfache Linienform.

Abb. 7.3 zeigt Hauptmerkmale, Einsatzbereiche sowie Vor- und Nachteile dieser Gebäudeformen, sodass typische Anwendungsbereiche erkennbar sind. Grundsätzlich sind soweit gegeben **Universalbauten** anzustreben, durch die eine breite, wechselnde Nutzbarkeit langfristig gesichert ist. In der Industriepraxis sind vielfältige Kombinationen aus den drei Gebäudeformen verbreitet, insbesondere von Geschoss- und Flachbauten, so z. B. durch Anbauten (Kopfbau – Verwaltung), durch Einordnung von Untergeschossen (Versorgungsgeschosse), durch Ebenenbildung (Produktions-, Lager-, Transportebenen), durch Einordnung von Galerien u. a.

Weiterhin sind folgende Spezialfälle von Geschossbauten zu unterscheiden:

- **Hochbauten**
  Ausführungsform z. B. vielgeschossiger Hochbau, bei flächenbeengtem Grundstück, geringen Lasten und der Produktion von Leichtteilen (z. B. Elektroindustrie, Gerätebau)

- **Hochbauten – Hochregallager**
  Ausführungsform – extremer Hoch- und Kompaktbau, fensterlos zur Aufnahme mehrreihiger Hochregalsysteme (Regalblöcke).

Die **Geschossanzahl** für Produktionsgebäude (Geschossbau) wird neben Flächen- und Kostengrößen insbesondere durch die Erfordernisse der Produkte, der Ausrüstungen und der Materialflussgestaltung bestimmt. „Mittelschwere bis schwere" Produktionsstätten (Maschinenbau) sind im Regelfall eingeschossig (Flachbau) ausgeführt, leichte Produktionsstätten (Geräte- und Elektronikbau) können mehrgeschossig (Geschossbau, Hochbau) ausgelegt werden (vgl. Abb. 7.3).

Entsprechen den Vorgaben des Rasterplanes und den Ergebnissen der realisierten Gebäudewahl ist das Grundstück in **Hoch-** und **Flachbauzonen** unterteilt.

Typische, verbreitete Zuordnungen von Prozessen (Bereichen) zu Gebäudeformen sind:

- Großflächige Flachbauten (Produktions- und funktionsbedingt zuordenbare Fach- und Sozialbereiche)
- Materialflussgebundene Hochbauten (Hochregallagersysteme) bei Einordnung von Be- und Entladezonen, sowie
- Mehrgeschossbauten (Verwaltungs-, Entwicklungs-, Planungs- und Sozialbereiche).

	Flachbauten	Hallenbauten	Geschossbauten
Bauform	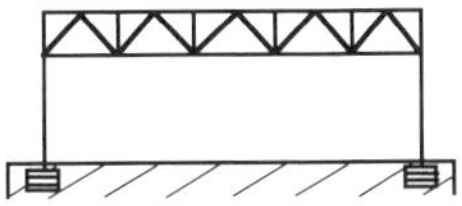	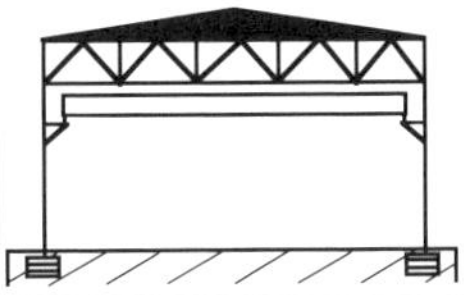	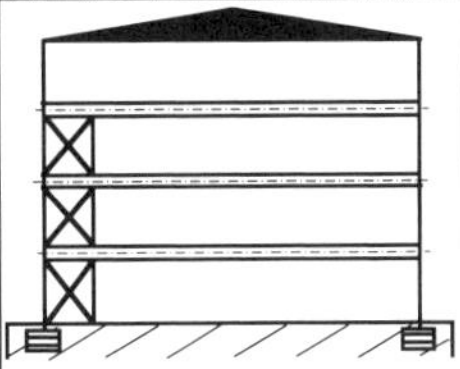
Raumhöhen (in m)	5 ... 6	6 ... 15	3,5 ... 5
Stützenabstände (in m)	5 ... 8	5 ... 8	5 ... 8
Spannweite (in m)	10 ... 18 (50)	15 ... 30 (50, 60)	9 ... 15
Einsatzbereiche	– Maschinenbau – Fahrzeugbau – Textilindustrie – Druckindustrie – Lager	– Großmontage – Großmaschinenbau – Stahlwerke, Gießereien – Behälterbau – Großraumlager	– feinmechanisierte, optische, elektronische Fertigungen – Lebensmittel- und Bekleidungsindustrie – Verwaltung, Labore
Vorteile	– ebenerdige, zusammenhängende Produktionsfläche – gute Erweiterungsmöglichkeiten – übersichtlicher Produktionsablauf – schwere Fördertechnik einsetzbar – kurze Bauzeit – keine vertikalen Transporte erforderlich – Bekranung möglich – geringe Baukosten	– ebenerdige, zusammenhängende Produktionsfläche – gute Erweiterungsmöglichkeiten in Längsrichtung – große Höhen, Tragfähigkeiten und Deckenlasten realisierbar – kurze Bauzeit – keine vertikalen Transporte erforderlich – Bekranung möglich	– niedriger Grundstücksbedarf – gute Wärmehaltung – wirtschaftliche Installation – gute Raumverteilung – Abteilung von Nebenräumen sehr gut möglich – niedrige Heiz- und Unterhaltskosten
Nachteile	– größerer Grundstücksbedarf – höherer Wärmebedarf – Stützen teilweise vorhanden – Verwaltungs- und Sozialbereiche in angegliedertem Geschossbau	– größerer Grundstücksbadarf – höherer Wärmebedarf – Verwaltungs- und Sozialbereiche in angegliedertem Geschossbau	– unübersichtlicher Produktionsablauf – Vertikaltransporte erforderlich – eingeschränkte Spannweiten, Raumhöhen, Deckentragfähigkeit – Stützen vorhanden

Abb. 7.3: Hauptmerkmale von Gebäudeformen

Die **Gebäudewahl** und -anordnung unterliegt folgenden Grundprinzipien (vgl. [1.9], [2.2], [2.16], [7.1], [3.9]):

- Grundsätzlich ist davon auszugehen, dass der **Gesamtprozess der Produktion** (Fertigungs- und Logistikprozesse) einschließlich der erforderlichen internen und externen Anbindungen (Produktfluss) bei Beachtung der mittel- und langfristigen Produktionsentwicklung den Haupteinflussfaktor der Gebäudewahl bildet. Ziel ist der Aufbau einer „**prozessbezogenen Fabrik**", d. h. die Durchsetzung einer materialflussorientierten Produktionsstruktur durch eine ganzheitliche prozessgerechte Abbildung des Produktionsprozesses im Bauwerk (Bauhülle – Tragwerk). Prinzipiell gilt: Produkte bestimmen den Prozess – dieser definiert Ausrüstungsstrukturen und Flusssysteme – diese wiederum bestimmen das erforderliche Gebäude (vgl. Abschnitt 7.1).

- Zu beachten ist, Gebäude sind in ihrer Struktur quasi-statisch, der Prozess hingegen ist dynamisch. Beide Aspekte sind durch gezielte Strukturbildungen in der Gebäudeauslegung zu synchronisieren, sodass **dynamische Prozessentwicklungen** möglich sind. Dynamische Strukturen von Gebäuden sind zu sichern durch solche Zuordnungsformen, durch die ein individuelles, auch zeitversetzt unterschiedliches Wachsen, Schrumpfen aber auch Einfügen von Flächen (Funktionen) gesichert ist. In Kenntnis dieser potentiellen Entwicklungen hat eine innovative Kombination von Verkettung und Zuordnung der Bereiche für Produktion und Logistik (Läger, Warenzu- und -abfluss), von Ladezonen, Erschließungsstraßen und Andockstellen (Montage) zu erfolgen.

Übliche, deutlich niveauunterschiedliche Strukturen sind Linien- und Ringstrukturen sowie Serpentinen-Formen, U-Shape und Spine-Konzepte (vgl. Abschnitt 4.5). Diese Strukturen sind sowohl in Einfach- als auch in vernetzten Mehrfachgebäudesystemen realisierbar.

Wesentliche **projektbezogene Anforderungskriterien** im Prozess der Gebäudewahl sind (Auswahl):

- Gesamtbetriebsschema (idealisiert), Bereichs- und Anforderungsübersichten, Flusssysteme – Beziehungsintensitäten, Flächenbedarfe und -geometrie, Leistungsentwicklungen
- Produktionsstruktur (Fertigungsstufen, Prozessarten)
- Logistikprinzipien (Beschaffungs-, Produktions-, Vertriebslogistik)
- Mitarbeiterzahlen – Verwaltungs- und Produktionsbereiche (Struktur direkter/indirekter Bereiche)
- Stützraster (Spannweiten, Binderabstände) – Rastermaße (in m) 15 × 15, 18 × 18 bzw. 7 × 14, 10 × 25
- Boden- und Deckenlasten (Ausrüstungen)
- Einsatz innovativer Fördersysteme (horizontal/vertikal), Boden-, Deckenführung (Bekranung)

- Auslegung von Ladezonen (z. B. LKW-Verladebereiche)
  Rampenformen – Seiten-, Kopf-, Dockrampen sowie Laderampen in Sägezahn-
  form
  Einsatz mechanisierter/automatisierter Be- und Entladesysteme
- Anforderungen an Kommunikationsbeziehungen – Mitarbeiter (Kommunika-
  tionsvernetzung, Kommunikationsbereiche, Teamkonzepte, Transparenz der
  Abläufe)
- Klima, Standortmerkmale, Umfeld (Abstände)
- Beleuchtung (Kunstlicht, Tageslicht), Belüftung (zentral, dezentral)
- Kulturelles Umfeld (Corporate Identity), Fassadengestaltung (Modulstruk-
  turen)
- Informationsbeziehungen (Wege, Sichtverhältnisse, Bürointegration)
- Ver- und Entsorgungssysteme (hochflexibel, flächenbezogen)
- Haus- und Prozesstechnik
- Personenfluss (Mitarbeiter/Besucher – getrennte Auslegung).

Diese Anforderungskriterien sind abzugleichen mit den bauwerksbezogenen Kon-
struktions- und Gestaltungsmöglichkeiten des Gebäudes wobei im Regelfall auf
eine Vielzahl von Kompromissen bzw. Anpassungen eingegangen werden muss.

Wie verdeutlicht wurde, ist bei der Gebäudewahl immer davon auszugehen, dass
die beabsichtigte Nutzung die baukonstruktiven Bestimmungsgrößen des Gebäudes festlegt. Prinzipiell ist eine **ganzheitliche Bebauungs- und Gebäudestruktur** bei Vernetzung von Produktions-, Verwaltungs- und Sozialbereichen anzustreben. Mit der erfolgten Gebäudewahl sind u. a. die Gebäudeform, die Bauart, der
Grundriss, die Lichtverhältnisse und die Baukosten fixiert.

Im Ablauf der prozessbezogenen Auswahl und Anpassung von Industriegebäuden
kommt den Aspekten moderner, funktions- und prozessbezogener **Industriearchitektur** eine steigende Bedeutung zu. Insbesondere zu Möglichkeiten des Erscheinungsbildes von Industriegebäuden, zu speziellen architektonischen Ge-
staltungs- und Integrationsmöglichkeiten von Funktionselementen, zur Raum-
und Lichtgestaltung (Produktionsambiente) sowie den erzielbaren leistungsmoti-
vierenden Effekten ist eine Vielzahl von wegweisenden Entwürfen und Lösungen
bekannt.

Weiterhin sind Entwicklungen zu effizienten, wettbewerbsfähigen Baustrukturen
deutlich erkennbar, durch die eine erforderliche Flexibilität bzw. abrufbare Wandlungsfähigkeit der Produktionssysteme des Unternehmens gesichert wird. So
werden durch den Einsatz flexibel montierbarer, modularer Grundelemente
(Multifunktionselemente) von Tragwerkssystemen der gestufte Aufbau der Ge-
bäudekomplexe, deren Erweiterung, Rückbau, Umbau sowie Demontage bis hin
zur ortsveränderten Wiederverwendung von Grundelementen möglich. Aber auch
die Erhöhung der Flexibilität der Flächennutzbarkeit sowie der Instandhaltungs-
techniken von Ver- und Entsorgungssystemen sind sichtbare Entwicklungstrends.

Dabei sind Industriegebäude als **Zeitbauwerke** differenzierter Lebenszyklen zu betrachten. Entwicklungszielsetzungen zu weitgehender Bauwerksanpassung auch an extreme Prozessveränderungen sind sichtbar.

Folgende **Entwicklungsschwerpunkte der Gebäudegestaltung** im Industriebau werden deutlich (vgl. z. B. [4.7], [7.2], [7.4] bis [7.10], [7.13]):

* *Baustruktur*
    - kostengünstige, kurzzeitig erstellbare, nutzungsflexible Baukörper
    - fundamentfreier, modularer Gebäudeaufbau (Teilfabriken, Module, Zonen)
    - „eingebaute" Freiheitsgrade, Entwicklungsoptionen offen
    - Anwendung vorfertigender Bauweisen
    - multifunktionale Gebäudestrukturen
      (Gliederung in Teilfabriken, Module, Zonen, Segmente)
    - variable Raum- und Flächenzuschnitte
    - Funktionstrennung in vertikaler Schichtung
    - Freizügige Layoutplanung durch hohe Spannweiten („stützfreie" Hallen)
    - Steigerung Nutzungsflexibilität durch produktions- und bautechnische Fabrikplattformen
    - Gebäudesystemgliederung in baukastenartige Module bei flexibler Zusammensetzbarkeit
    - Flexible, prozessorientierte Gebäudeerschließung – horizontal und/oder vertikal
* *Baukonstruktion*
    - kostendämpfend durch Einsatz komplexer Tragwerkssysteme (Stahlbausysteme), vorgefertigter Montagemodule, Minimierung der Bauzeiten
    - Gestaltung flexibler Modulfassaden, frei einordenbare gerasterte Fenster- und Torausschnitte
    - Luftraumnutzung zwischen tragenden Fachwerkträgern im Deckenbereich für den Einsatz von vorgefertigten, frei positionier- und austauschbaren Raummodulen („Cases"), Montage gezielt positioniert über dem Produktionsbereich zur Aufnahme von Haustechniksystemen, Sozial- und Verwaltungsräumen, IT-Leitständen (vgl. auch [7.13]
    - modulare Baukonstruktion der Gebäudehülle zum Anbau weiterer Tragwerkmodule auf Vorhalteflächen (Gebäude- und Flächenerweiterung)
* *Installationstechnik*
    - Technikzentralen dezentralisiert, bevorzugt im Geschossdeckenbereich
    - Ver- und Entsorgungssysteme, offen geführt, produktionsflächen-flexible Anbindungsmöglichkeiten
    - Einsatz Installationsraster (standardisierte Montageebenen für flexible Installationsführungen)
    - Einsatz von Medientrassen (schwenkbar)
    - flexible Ausrüstungsinstallation in flexiblen Montagegrundrahmen

- *Raumgestaltung*
  - hochtransparent, lichtmaximal,
    (natürliches Licht – Dachverglasung, Atrien, Glasfassadenelemente)
  - Freiblicke, Sichtbezug auf zu verantwortende Prozesse
  - Produktion als „werbender Erlebnisbereich" (Besuchergalerie), Integration historisch-musealer Elemente
  - Optimierte Lichtverteilung durch gezielte Schichtung der Raumhöhen
- *Kommunikation*
  - Sichtintegration von Funktionsräumen (ständiger Sichtbezug zwischen Produktion und Büro) – Einordnung von Kommunikationsinseln, Lerninseln (Kommunikationsarchitektur)
  - Optimierung Kommunikations- und Informationsprozesse als wesentlicher Produktivitätsfaktor (Kommunikationsfabrik – Wissenszentren, Marktplatz).

Neben der Bebauung sind gleichermaßen die **Außenbereiche** (Infrastruktur – Freigelände) wie z. B. Straßen, Parkplatzflächen, Integration Gleisanschlüsse und Grünflächen innerhalb des Geländes detailliert zu planen.

E Festlegung von Ausbaustufen

Die langfristig bindende Wirkung des Generalbebauungsplanes erfordert die vorausschauende Festlegung von Stufen bzw. Varianten möglicher Ausbau- und Erweiterungsfähigkeit einschließlich Möglichkeiten des erneuerungsbedingten Anlagenaustausches. Optionen für geplante bzw. absehbare Entwicklungen sind damit offen zu halten, die durch das Vorhalten folgender Potenziale möglich sind:

- Flexible Gebäudestrukturen
  „Überdimensionierung" von Flächen, Ver- und Entsorgungssystemen, Spannweiten, Raumhöhen
- Spezielle Anordnung der Bauwerke (Grundrissformen) innerhalb der Funktionszonen zur Sicherung von Flächenerweiterungen. Die Erweiterungsrichtung ist dabei prinzipiell senkrecht zum Materialfluss (Transportachsen) zu setzen wobei gilt:
  - Expansionssensible Bereiche sind möglichst den Randbereichen der Gebäude zuzuordnen
  - Gebäudeerweiterungen durch Anbauten (Andocken) – Freihaltung von Erweiterungsflächen erforderlich.
- Vorhaltung von flussbezogenen alternativen Parallelflächen zum unterbrechungsarmen Anlagenaustausch (z. B. Oberflächentechniken, Wärmebehandlungsanlagen) – Flächenspiegelung.

Entwicklungen der Bebauung bzw. Nutzung haben damit im Rahmen der durch die Generalbebauung vorgegebenen Möglichkeiten zu erfolgen.

Im Ergebnis des in Abb. 7.1 dargestellten gestuften **Anpassungsprozesses** innerhalb des Planungskomplexes II ergeben sich alternative **Varianten der möglichen Gene-**

ralbebauung des Fabrikgeländes. Dem Entwurf dieser Varianten sind folgende grundsätzlichen **Gestaltungskriterien der Generalbebauung** zugrunde zu legen (vgl. [1.9], [2.11], [3.9], [2.16]):

- Die Anordnung der Bauwerke sollte auf eine geradlinige, einheitlich richtungs-orientierte, möglichst kreuzungsfreie Gestaltung der Flusssysteme (insbesondere des Materialflusses) ausgerichtet werden.
- Zusammenhängende technologische Prozesse bzw. Bereiche mit intensiven Mate-rialflussbeziehungen sind räumlich konzentriert, flussbezogen (distanzminimal) anzuordnen.
- Ver- und Entsorgungseinrichtungen sind möglichst dezentralisiert, räumlich nahe dem Bedarfsträger anzuordnen.
- Flächen- bzw. Gebäudezuordnungen sind unter den Aspekten der Erweite-rungsfähigkeit vorzunehmen.
- Die Anordnung von Gebäuden bzw. Anlagen mit starken Emissionen ist an der vorherrschenden Windrichtung auszurichten.
- Gebäudeachsen sind weitgehend in Nord-Süd-Richtung anzuordnen (Begrenzung direkter Sonneneinstrahlung).
- Sanitärflächen dezentralisieren (Großbereiche) bzw. zugangsgünstig räumlich konzentriert anordnen.
- Gebäudeabstände nach den Kriterien Transportwege, Flächennutzung, Tageslicht-einfall und Brandschutz unter Zugrundelegung von Vorschriften zu Mindest-abständen festlegen.
- Gebäudeanordnung im Fabrikgelände auch bei Beachtung von geologischen und hydrologischen Gegebenheiten vornehmen.
- Transportwege (Gleisanlagen, Straßen) sind so anzuordnen, dass ein störungs-freier, umschlags- und aufwandsarmer Transport unter Beachtung freier Zugäng-lichkeit im Brand- und Havariefall gesichert ist.
- Materialfluss und Personenfluss sind wegebezogen getrennt zu führen.
- Im Generalbebauungsplan sind nach Möglichkeit Grünbereiche vorzusehen, das Erscheinungsbild der Fabrik ist durch eine funktionsbezogene, innovative Indus-triearchitektur gezielt positiv zu entwickeln (Corporate Identity).

Bewertung Bebauungsvarianten – Ableitung Vorzugsvariante Generalbe-bauung

Die ermittelten Varianten der Generalbebauung sind nun einer Bewertung bei an-schließender Auswahl der Vorzugsvariante zu unterziehen. Die **Bewertung** kann nach folgenden Kriterien erfolgen:

- quantifizierbare Kriterien
  - Grad der Flächennutzung (Nutzflächen, Verkehrsflächen u. a.)
  - Transportaufwände (Materialfluss intern/extern)
  - Investitionskosten (Neubau/Abriss – Gebäude, Ausrüstungen)
  - Betriebskosten (Energie, Instandhaltung, Ver- und Entsorgung)

– nicht quantifizierbare Kriterien
- Qualität Fabriklayout (flussorientiert, kompakt, logistikgerecht, Transparenz, Aufwand Produktionssteuerung u. a.)
- Erweiterungsfähigkeit
- Störanfälligkeit (Engpassvermeidung)
- Flexibilität – marktbedingter Wechsel der Produktionsprogramme
- Variabilität – marktbedingter Wechsel von Verfahren, Ausrüstungen, Organisationsabläufen
- Niveau im Unfall- und Arbeitsschutz (Anzahl Gefahrenpunkte)
- Risikobewertungen, Möglichkeiten der Havariekompensation
- Erscheinungsbild (Innengestaltung/Außengestaltung).

Als **Bewertungsmethoden** kommen die

- Nutzwertanalyse sowie die
- Punktwertmethode (vgl. Abschnitt 3.3.4.4)

zur Anwendung. Prinzipiell gilt auch hier, aufgrund des stark subjektiven Charakters beider Methoden sind diese im interdisziplinären Kreis kompetenter Planungsingenieure in Zusammenarbeit mit dem Unternehmensmanagement anzuwenden, sodass fundierte Auswahlentscheidungen zur **Vorzugsvariante der Generalbebauung** erzielt werden.

Der **Generalbebauungsplan** umfasst maßstäbliche zeichnerische, flächenbezogene und räumliche Darstellungen der Gesamt- und Teilbebauung des Geländes, Funktionsbeschreibungen, Begründungen zu Auswahl- und Entscheidungsabläufen u. a. Die zeichnerische Darstellung des Generalbebauungsplanes (Fabriklayout) ist je nach Gelände- und Fabrikgröße in den Maßstäben 1:200 bis 1:500 bzw. 1:2000 bis 1:5000 üblich. Er sollte folgende Aussagen ermöglichen (vgl. auch Abschnitt 7.1):

- Lage, Grenzen und Gliederung des Fabrikgrundstückes
- Externe und interne Verkehrsanbindung bzw. -führung
- Entwicklungsmöglichkeiten, Ausbaustufen, Reserven
- Gebäudegrundrisse, Gebäudeformen, Nutzungsarten
- Freiflächen, sonstige Flächen (Nutzungseinschränkungen)
- Leitungsführung Ver- und Entsorgungssysteme.

Im Ergebnis der Generalbebauungsplanung liegt damit eine geschlossene Dokumentation zur Bebauung des Fabrikgeländes einschließlich Optionen einer möglichen Weiterentwicklung vor. Diese Planungstätigkeit stellt im Unternehmen eine grundsätzliche, langfristig wirkende und zyklisch zu betreibende Aufgabe dar. Die ständige Einarbeitung bzw. Abstimmung der aktuell erforderlichen Nutzungs- und Bebauungsentwicklung mit dem Generalbebauungsplan ist zur Sicherung einer abgestimmten und systematischen Grundstücks- und Gebäudenutzung durchzusetzen.

8 Fabrikplanungsbeispiele – Industrieanwendungen

8.1 Simulationsuntersuchungen zur Auslegungs- und Investitionsplanung einer Fertigungslinie

8.1.1 Problemstellung – Investitionsobjekt Kleinteileproduktion

Vor einem mittelständigen Unternehmen des Maschinenbaus stand die **Investitionsaufgabe – Neuaufbau einer einstufigen Fertigungslinie (FL) der mechanischen Teilefertigung** zur hochrationellen Produktion von konstruktiv-technologisch unterschiedlichen Kleinteilen in Stückzahlbereichen mit Seriencharakter.

Mit dieser Problemlage sind typische Aufgabeninhalte der Fabrikplanung angesprochen. Kerninhalte der anstehenden Entscheidungsprozesse waren Fragestellungen zur Auslegung (Größenordnungen), zu Flächen- und Raumbedarfen sowie zu Ausbau- und Investitionsetappen bei Zugrundelegung unterschiedlicher Produktionsumfänge, sodass die komplexe **Investitionsaufwandsentwicklung** erkennbar wird. Überlagert waren diese Fragestellungen auch von den Einflüssen des marktbedingt dynamischen Wandels der Produktionsprogramme. Damit waren unterschiedliche Produktionsprogrammvarianten und ihr Wechselverhalten zur Auslastung der Ausrüstungen bei Sicherung geplanter Umsatzgrößen in die Entscheidungen zur Auslegung der Fertigungslinie einzubeziehen.

Der Neuaufbau der geplanten Fertigungslinie war am vorhandenen Standort bei Einordnung in alternativ verfügbare Gebäude- bzw. Raumstrukturen vorgesehen. Das entspricht dem Grundfall C der Fabrikplanung (vgl. Abschnitt 1.2).

Vom Unternehmen wurde frühzeitig erkannt, dass durch den Einsatz der Simulationstechnik eine fundierte Unterstützung dieses stark risikobehafteten Entscheidungsprozesses möglich ist. Als **Untersuchungsziele** bei Nutzung der Simulationstechnik wurden festgelegt:

- Ermittlung des Ausrüstungsumfanges (Investitionsvolumen) bei Sicherung von Produktdurchsätzen (Varianten)
- Ermittlung von Flächen- bzw. Raumbedarfen der Fertigungslinie (Gebäudevorklärung).

Zu bestimmen waren damit Produktionssysteme (Varianten) mit folgenden **Restriktionen** bei deren Auslegung:

- Sicherung von Durchsatzgrößen (zeitraumbezogen – Jahr, Quartal, Monat)
- Einhaltung von Auslastungsgrößen der Ausrüstungen
- Begrenzung und Homogenisierung der Staubildung der Produkte vor den Ausrüstungen (Pufferdimensionierung).

Die **Ausgangslage** der Untersuchungen war durch das Vorhandensein folgender Grobinformationen beim Auftraggeber charakterisiert:

– Globalanalysen zur Markt- und Absatzentwicklung (Sortimente, Produktmix, Stückzahlen)
– Konstruktionsunterlagen der Produkte
– Fertigungstechnologie (Verfahren, Ausrüstungen, Bearbeitungszeiten)
– Umsatzgrößen (Plangrößen – Produktdurchsätze, Wachstumsetappen).

Wird das Anwendungsstadium der Simulationsuntersuchungen im vorliegenden Industrieprojekt den Planungsphasen der Fabrikplanungssystematik zugeordnet (vgl. Abb. 5.1), so liegt ein Einsatz in der frühen **Planungsphase „Vorplanung"** vor. Die Untersuchungsziele leiten sich aus den Inhalten dieser Planungsphase ab. Untersuchungsziel war damit die Ermittlung von Kenngrößen zur Auslegung bzw. zu erforderlichen Investitionsumfängen der Fertigungslinie (Pre-Feasibility-Studie), nicht jedoch die Erstellung detaillierter Lösungskonzepte (Projekterarbeitung). Zu beachten ist, dass in diesen zeitlich frühen Einsatzfällen von einer zunächst unscharfen Datensituation auszugehen ist, verbunden mit entsprechenden Aufwänden der Datenaufbereitung zum Planungsobjekt sowie der Ergebnisauswertung. Die realisierten Untersuchungen besitzen Stichprobencharakter und basieren auf gezielt festgelegten Datenstrukturen. Die Simulationswürdigkeit ist durch die Zielsetzungen und die Möglichkeiten zur Modellabbildung gegeben.

Bewusst wird ein einfaches, überschaubares Industriebeispiel der Simulationsanwendung vorgestellt, um so die Anwendbarkeit der Simulationstechnik gerade auch für Problemstellungen von klein- und mittelständigen Unternehmen (KMU) aufzuzeigen.

Nachfolgend sind die Vorgehensweise und Inhalte des Untersuchungsablaufes sowie der Ergebnisauswertung ausschnittsweise dargestellt [8.1], [8.2]. Diesen Abläufen ist die in Abschnitt 5.2 angeführte allgemeine Anwendungsmethodik von Simulationsuntersuchungen zugrunde gelegt. In der Fachliteratur z. B. in [5.3], [5.8], [5.12], [8.3] bis [8.5] wird in einer Vielzahl von Beispielen die industriepraktische Anwendung der Simulationstechnik vorgestellt.

8.1.2　Untersuchungsablauf – Simulationsexperimente

Systemanalyse

Hier erfolgt der Entwurf aller für die Modellabbildung relevanten Einflussparameter und Datenkomplexe des geplanten (nicht existenten) Produktionssystems. Diese wurden abgeleitet aus Konzepten zu den zu erwartenden physischen Grundstrukturen der Systeme im Ergebnis von Abstimmungen mit dem Auftraggeber.

- **Produktionsprogramme (Szenarien)**
  Basierend auf Analysen und Trendentwicklungen zur Absatz- bzw. Produktionsentwicklung wurden unterschiedliche, zeitraumbezogene Produktionsprogrammvarianten (Szenarien) A, B, C, D, … entworfen (optimistische, pessimisti-
  sche Bereiche). Diese charakterisieren die zeitparallele Fertigung von Produkten
  (Losen) unterschiedlicher Stückzahl- und Sortimentsstrukturen bei steigenden
  (bzw. fallenden) Umsatzgrößen. In der vorliegenden Darstellung soll gelten:
  Umsatzgrößen für Szenario A < B < C < D. Die Detailliertheit der entwickelten
  Szenarien (Anwendungsfälle) entspricht dem Charakter definitiver Produktionsprogramme (vgl. Abschnitt 3.2.2.).

- **Bearbeitungssystem**
  Der zu realisierende Bearbeitungsprozess wurde durch 8 technologisch unterschiedliche Verfahren bzw. Ausrüstungsarten (A1 bis A8) charakterisiert. Diese
  werden von den Produkten bei unterschiedlichen Arbeitsvorgangsfolgen (Materialflussvernetzungen) – wie im Funktionsschema (vgl. Abb. 8.1) dargestellt –
  durchlaufen. Erkennbar ist in Abb. 8.1 das Vorliegen eines einheitlich gerichteten
  Materialflusses, aber auch Verzweigungen und Zusammenführungen treten auf,
  sodass in Verbindung mit Belegungszeitunterschieden eine Staubildung der Produkte (Warteschlangenprozess) sowie Stillstände von Ausrüstungen aufgrund von
  Konkurrenzsituationen zu erwarten sind (vgl. Abschnitt 5.1). Die Arbeitsvorgänge
  und -folgen sowie Rüst- und Bearbeitungszeiten wurden mit potenziellen Ausrüstungslieferern abgestimmt.

- **Prozessmerkmale** (Abstraktionsgrad)
  - Förder-, Puffer- und Lagerkapazitäten unbegrenzt
  - Störungen ausgeklammert
  - Förderung losweise
  - Rüstzeiten ausrüstungsbezogen
  - Förderhilfsmittel – Europalette, Bodenlagerung (geblockt)
  - Einsatz FCFS-Regel (Steuerungssystem – Warteschlangenabbau)

Simulationsmodell

Die Simulationsuntersuchungen erfolgen unter Einsatz des Fabrikplanungssystems
MOSYS [8.6]. Entsprechend den Modellbildungsprinzipien von MOSYS wird das
Untersuchungsobjekt im Simulationsmodell im Wesentlichen charakterisiert durch:

- **MOSYS-Funktionsmodell (Bearbeitungssystem)**
  Unter Einsatz des Funktionen-Editors erfolgte die grafische Darstellung der
  Strukturierung von Bearbeitungs-, Lager-(Puffer-) und Förderfunktionen einschließlich der Materialflussvernetzung (vgl. Abb. 8.2) als Basismodell der Fertigungslinie. Grundlagen dieser Modellbildung sind das Funktionsschema, Arbeitspläne sowie Abbildungszielsetzungen.

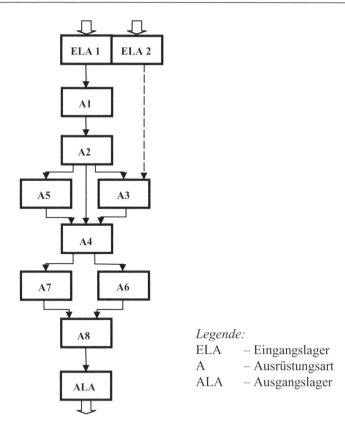

Abb. 8.1: Funktionsschema (ausrüstungsbezogen) –
Fertigungslinie „Kleinteileproduktion"

– MOSYS-Arbeitspläne
Die Arbeitsvorgangsfolgen der Produkte wurden „ganzheitlich durchlaufbezogen"
überarbeitet und als MOSYS-Arbeitspläne hinterlegt.

– MOSYS-Funktionsobjekte (Produktstrom)
Für alle Szenarien wurden Objektlisten (Einlastlisten – Systemlasten) definiert in
Verbindung mit dem Einlasttyp „Liste". Dieser legt eine zeitpunktbezogene (deterministische) Einschleusung von Losen gemäß den vorgegebenen Objektlisten
fest.

Simulationsexperimente

– Experimentierstrategie
Die Bearbeitung der vorliegenden Problemstellung machte die Aufgliederung der
Experimente in die in Abb. 8.3 dargestellten Experimentierfelder A und B erfor-
derlich.

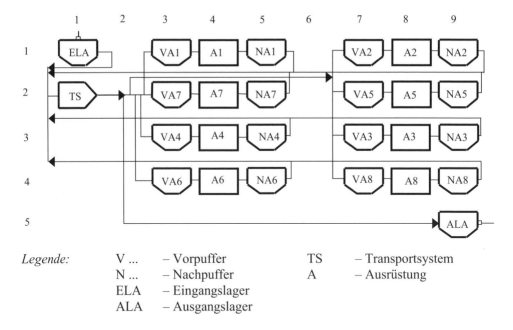

Legende: V ...   – Vorpuffer   TS   – Transportsystem
             N ...   – Nachpuffer   A   – Ausrüstung
             ELA   – Eingangslager
             ALA   – Ausgangslager

Abb. 8.2: MOSYS-Funktionsmodell – Fertigungslinie (Basismodell)

Experimentierfeld A: Anpassung FL an Produktionsprogramm PP (Szenario) – Systementwurf – (Systemlast bekannt – System offen)

Gesucht sind Vorzugsvarianten der Fertigungslinie (FL) unter Variation von Ausrüstungsanzahl und Schichtfaktor bei Akzeptanz der Kenngrößen Durchsatz, Auslastung und Staubildung.

Experimentierfeld B: Anpassung des Produktionsprogramms PP (Szenarien) an Vorzugsvariante der FL – Systembetrieb – (Systemlast offen – System bekannt)

Gesucht ist die Empfindlichkeit der Kenngrößen der ermittelten Vorzugsvarianten der FL gegenüber einer gezielten Variation der Parameter Produktmix, Einlastzeitpunkte und Losgrößen (Sensibilitätsanalyse). Spezielles Anliegen dieses Experimentierfeldes ist es, Kenntnisse zur Stabilität bzw. zur Beeinflussbarkeit der Vorzugsvarianten gegenüber Schwankungen der Produktionsprogramme (Absatzdynamik) zu ermitteln, sodass Kriterien zur Generierung dieser Programme ableitbar sind.

– **Experimentierablauf**
Die Simulationsexperimente wurden auf **Basisvarianten** der FL aufgesetzt. Diese wurden durch kumulative Hochrechnungen zu den erforderlichen verfahrensbezo-

Experimentierfeld A: Anpassung FL an PP (Systementwurf)

Versuchsmerkmale: feste Parameter: Produktmix
                         (Szenario)   Einlastzeitpunkt
                                                Losgröße
                         variable Parameter: BM-Anzahl
                         (System)   Schichtsystem

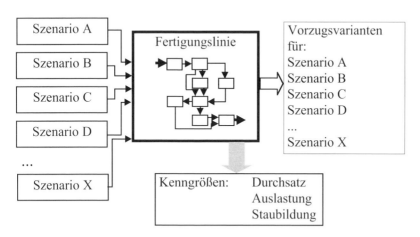

Experimentierfeld B: Anpassung PP an FL (Systembetrieb)

Versuchsmerkmale: feste Parameter: BM-Anzahl
                          (System)   Schichtsystem
                         variable Parameter: Produktmix
                         (Szenario)   Einlastzeitpunkt
                                                Losgröße

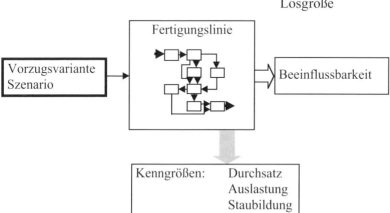

Abb. 8.3: Experimentierfelder A und B der Simulationsexperimente

genen Ausrüstungsbedarfen für jedes Szenario ermittelt (statische Dimensionierungsentscheide, vgl. Abschnitt 3.3.2.1). Damit wurde der Such- und Experimentierraum zur Bestimmung hinreichend positiver Lösungen gezielt eingegrenzt.

Der Versuchsablauf in **Experimentierfeld A** ist wie folgt charakterisiert (vgl. Abb. 8.4). In die Basisvarianten der FL wurden Produktströme eingeschleust. Sind die Werte der Testläufe im Akzeptanzbereich gesetzter Kenngrößen (Durchsatz ± 10%, Auslastung > 85%), wird die Testvariante zur Vorzugsvariante. Anderenfalls werden die Parameter (Ausrüstungsanzahl, Schichtfaktor) unter Abschätzung des Warteschlangenverhaltens gezielt variiert (interaktive Systemeingriffe) und ein neuer Experimentierablauf wird gestartet (iterativer Experimentierablauf).

Der Versuchsablauf in **Experimentierfeld B** (Umkehrfall, vgl. Abb. 8.3) beschränkt sich auf die „Durchschleusung" von Produktionsprogrammen bei gezielt veränderten Parametern durch die FL (Vorzugsvarianten) bei Kennwertanalyse.

In beiden Experimentierfeldern sind grundsätzlich eine hohe Anzahl von iterativen Experimenten unter gezielten interaktiven Parametervariationen erforderlich – entsprechend der Methodik „schrittweises Herangehen" an gesetzte Zielgrößen.

8.1.3 Experimentierergebnisse

Aus der Vielzahl der realisierten Simulationsergebnisse werden nachfolgend zur Veranschaulichung von Methodik und Aussagemöglichkeiten nur ausgewählte Auswertungsbeispiele spezieller Simulationsläufe der Experimentierfelder A und B dargestellt (vgl. auch [8.1], [8.2]).

Auswertungen – Experimentierfeld A

In Abb. 8.5 sind Entwicklungen der Ausrüstungsstruktur (Einflussparameter) und der Verhaltenskenngrößen für Experimente bei Szenario D dargestellt. Erkennbar sind der iterative Charakter von Parameter- und Kennwerteveränderung der Experimente im Ergebnis gezielter Eingriffe in die Ausrüstungs- und Schichtstrukturen der FL.

– Simulationslauf 0 (SIM-VAR 0)

Die Simulationsergebnisse der Basisvariante zeigen unbefriedigende Kennwerte, insbesondere hinsichtlich der erzielten Auslastung der investitionsaufwendigen Ausrüstungen A2 und A7.

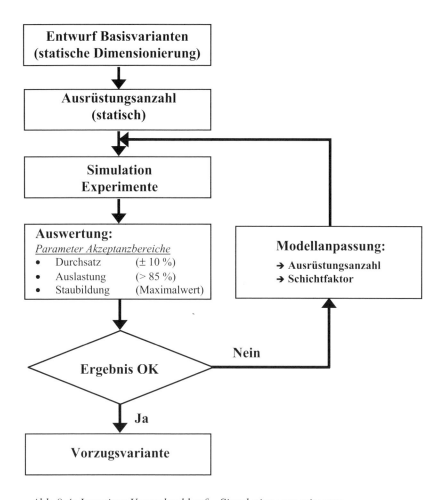

Abb. 8.4: Iterativer Versuchsablauf – Simulationsexperimente

– Simulationslauf 1 (SIM-VAR 1)

Durch gezielte Kapazitätssenkung an A2 und A7 wird eine Auslastungsverbesserung erreicht, allerdings bei gleichzeitiger Verschlechterung der Auslastung von A3 bis A6 sowie von A8 bei drastischem Absinken des erreichten Durchsatzes, sodass auch diese Variante nicht befriedigt. Erkennbar als Ursache für dieses Systemverhalten werden „Flaschenhalseffekte" bei A1, A2 und A7, verbunden mit einem deutlichen Anstieg der Staubildung.

Szenario D / Ausrüstung	Basisvariante	SIM-VAR 0					SIM-VAR 1					SIM-VAR 2 → VORZUG-VAR				
		i	s	Auslastung (%)	Stau (Lose)	Durchsatz (%)	i	s	Auslastung (%)	Stau u (Lose)	Durchsatz (%)	i	s	Auslastung (%)	Stau (Lose)	Durchsatz (%)
A1		1	3	96	110	87	1	3	96	110	74	1 → 2	3 → 2	72	108	92
A2		4	3	77	2		4 → 3	3	98	11		3 → 4	3	77	11	
A3		1	3	83	4		1	3	76	2		1	3	93	6	
A4		1	3	75	2		1	3	72	1		1	3	77	5	
A5		1	3	89	3		1	3	84	1		1	3	98	4	
A6		2	3	76	3		2	3	72	2		2	3	86	3	
A7		2	3	62	1		2 → 1	3	89	11		1 → 2	3 → 2	88	11	
A8		1	3	85	4		1	2	68	2		1	3	85	3	
		13	∅ 3	∅ 80		∅ 87	11	∅ 3	∅ 82		∅ 74	14	∅ 2,75	∅ 85		∅ 92

Kap.-Auslastung / Staubildung max. Vorpuffer / Durchsatzsicherung

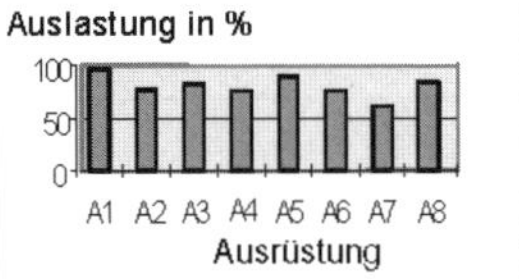

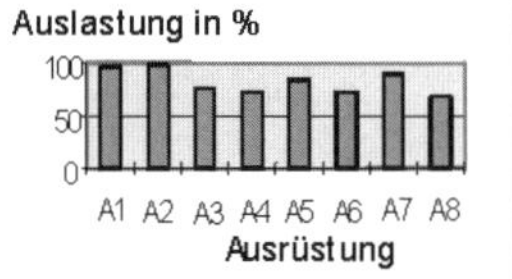

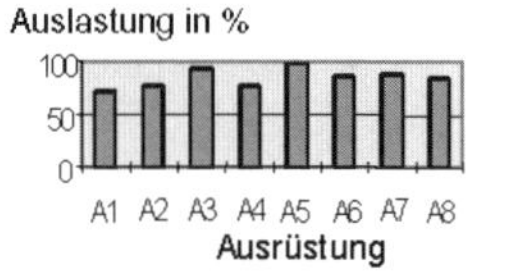

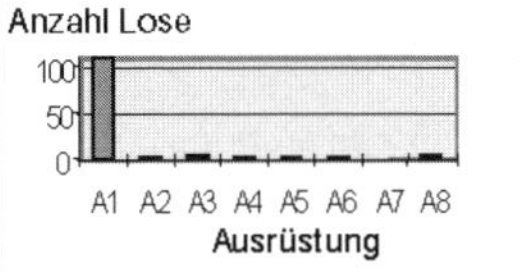

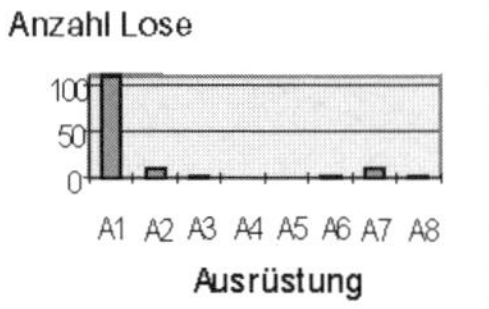

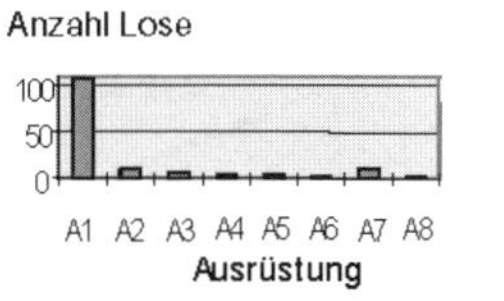

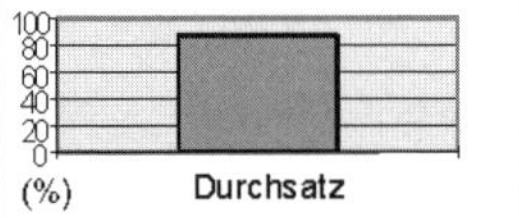

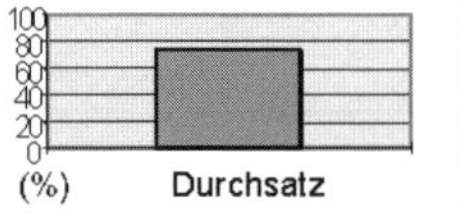

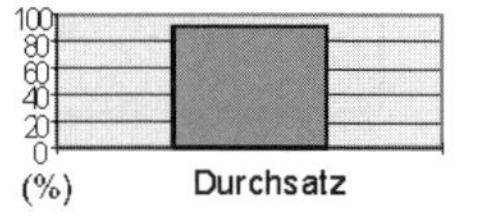

i Ausrüstungsanzahl, s Schichtfaktor

Abb. 8.5: Experimentierergebnisse – Parameter- und Kennwerteentwicklung in Szenario D

– Simulationslauf 2 (SIM-VAR 2)

Eine gezielte Kapazitätsaufweitung (Parallelisierung des Kapazitätsangebotes) durch Vergrößerung der Ausrüstungsanzahlen bei A1, A2 und A7 unter teilweiser Rücknahme des Schichtfaktors führt zu deutlich positiven Folgen auf die Kennwerteentwicklung. Die Systemauslastung steigt bei deutlicher Verbesserung des Produktdurchsatzes auf 92 % und begrenztem Anstieg der Staubildung, sodass diese Variante als Vorzugsvariante bestimmt wurde.

Eine Analyse der erzielten „Kapazitätsanpassung" zeigt, dass die **Vorzugsvariante** gegenüber der **Basisvariante** Abweichungen (Ausrüstungs- und Schichtstruktur) bei erhöhtem Produktdurchsatz aufweist, d. h., Dimensionierungsdefizite der rein statisch dimensionierten Basisvariante werden erkennbar. Damit zeigt schon das Beispiel dieses „Kleinsystems" die Notwendigkeit der Integration der Dynamik des Prozessablaufes in die Auslegungsplanung bzw. Dimensionierung der FL. Nur der Einsatz der Simulationstechnik ermöglicht diese realitätsnahe Abbildung des Prozessablaufes (vgl. Abschnitt 5.1).

Im Gant-Diagramm von Abb. 8.6 ist zur Veranschaulichung des „realen Produktionsablaufes" das **zeitliche Belegungsschema (ZBS)** der Ausrüstungen (Vorzugsvarianten) bei Belegung (quartalsbezogen) durch die Szenarien B und D aufgeführt [8.2]. Das ZBS stellt die Protokollierung (Visualisierung) des zeitabhängigen dynamischen Produktdurchlaufes durch die FL im Rahmen der Simulationsexperimente dar. Die Durchlauf- und Belegungsstrukturen in Abb. 8.6 machen deutlich, dass die simulationsgestützte **dynamische Dimensionierung** im Unterschied zur **statischen Dimensionierung** (Basisvarianten) vom real vernetzten, zeitabhängig dynamischen Produktdurchlauf in Wechselwirkung zum zeitlichen Verhalten der Ausrüstungsstruktur ausgeht. Der dynamische Prozess von Warteschlangenbildung und -abbau bildet die Grundlage für die Auslegungsgrößen (Dimensionierungsentscheide). Diese im Simulationsmodell abgebildete **Prozessdynamik** wird im Simulator protokolliert und im ZBS deutlich erkennbar durch folgende Ereignisse und Systemzustände:

– Produktein- und -austritt,
– Ausrüstungsbelegung und -stillstände
– zeitlicher Produktionsfortschritt (Produktdurchlauf),
– Zeitversatz im Produktdurchlauf (Staubildung, Durchlaufzeiten, Liegezeiten)
– Ein- und Ausschwingphasen (instationäre Systemzustände)
– Stabiles Systemverhalten (stationäre Systemzustände).

Diese Ereignisabfolgen wurden auf Planeinsatzzeiträume der Ausrüstungen bezogen und erlauben eine sehr anschauliche Bewertung des realen Systemverhaltens der FL in Zusammenarbeit mit dem Auftraggeber.

Das dynamische **Auslastungsverhalten** der Ausrüstungen in Abb. 8.6 zeigt, dass zeitabhängig wechselnd Stillstandszeiten auftreten (Belegungsunterbrechungen bei A2 bis A8), die ablaufbedingt durch Auftragsmangel (Warteschlangenabriss) verursacht sind. Diese werden bei rein **statischer Dimensionierung** nicht beachtet. Vielmehr wird eine ununterbrochene Auslastbarkeit (Verfügbarkeit) der Ausrüstungen innerhalb der geplanten Einsatzzeit zugrunde gelegt. Diese ablaufbedingten Stillstände stellen im realen Prozess „verlorene" Kapazitäten dar, die folglich durch „zusätzliche" Kapazitäten (z. B. Überstunden/Sonderschichten) kompensiert werden

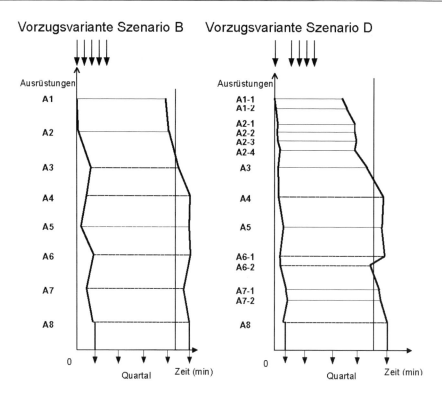

Abb. 8.6: Zeitliches Belegungsschema (ZBS) Szenarien B und D [8.1]

müssen um den bilanzierten Produktdurchsatz und Termine zu halten. Damit wird erkannbar, erst durch deren Erfassung mithilfe von Simulationsexperimenten ist die Grundlage „realer" Dimensionierung gegeben. Das bedeutet, dass die Kapazitätsbedarfe unter **dynamischer Dimensionierung** im Regelfall höher ausgewiesen werden und folglich die Realität besser abgebildet wird (vgl. Abschnitt 3.3.2.2).

In Abb. 8.7 sind die **komplexen Wirkungszusammenhänge** von Parametersetzung (Produktstrom/Systemstruktur) und Kennwerteentwicklung bei steigendem Produktionsvolumen (Szenarien) dargestellt. Deutlich werden folgende Zusammenhänge am Untersuchungsobjekt:

– Ein Anstieg des zu realisierenden Produktionsvolumens führt erwartungsgemäß zur Vergrößerung der Fertigungslinien. Steigender Durchsatz ist tendenziell verbunden mit steigender Auslastung, allerdings bei ansteigender, differenzierter Staubildung (duales Kennwerteverhalten).
– Der erzielbare Durchsatz wird durch Erfordernisse der wirtschaftlichen Systemauslastung (Ausrüstungen) sowie der Minimierung der Staubildung (Durchlaufzeiten-Produkte) begrenzt (Betriebskennlinieneffekte).

Parameter Fertigungskomplex

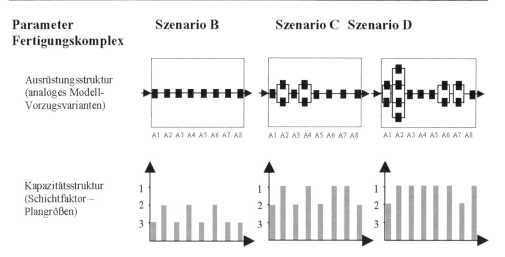

Kenngrößen Fertigungskomplex

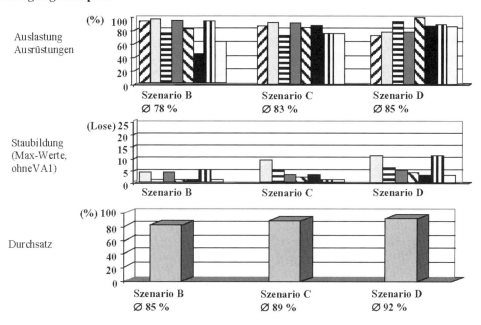

Abb. 8.7: Parameterstrukturen und Kennwerteentwicklung Vorzugsvariante Fertigungslinie (Szenarien B, C, D)

– Mit steigender Systemgröße sind bessere Werte von Auslastung und Durchsatz erreichbar, Auslastungshomogenität und differenzierte Staubildung steigen an (Ausgleichs- und Dämpfungseffekte).

Die Auswertungen ermöglichten die Ableitung von Grenzbereichen und Ausbaustufen (Investitionsetappen) wirtschaftlicher Strukturen der Fertigungslinie.

In Abb. 8.8 ist ein Ausschnitt aus szenarienbezogenen **Kennwerteübersichten** im Ergebnis der Experimentauswertung dargestellt. Diese Übersichten erlauben vergleichende, alternative Auswertungen aller experimentell ermittelten Vorzugsvarianten der Fertigungslinie. Der erforderliche Ausrüstungs-, Investitions- und Flächenbedarf (Ausrüstungen, Arbeitsplätze, Puffer) ist szenarienbezogen ableitbar.

Davon ausgehend wurden – wie am Beispiel in Abb. 8.9 dargestellt – für jedes Szenario erste, grobe **Strukturentwürfe** (Vorschläge) der Fertigungslinie erstellt. Unter Beachtung der Systemmaße der vorgegebenen Gebäude- bzw. Raumalternativen konnte als Lösungsprinzip der Fertigungslinie die Fertigungsform Reihenfertigung, basierend auf Linienstruktur (gerichtet) und U-förmiger Flächen- und Ausrüstungsanordnung vorgegeben werden.

Szenario Vorzugsvariante	Durchsatz	Ausrüstungsstruktur		Investitionsbedarfe		Flächenbedarfe					
				Investition Ausrüstung	Investition gesamt	AP-Fläche		Puffer-Fläche *			Fläche gesamt
								Paletten (max)	Blöcke (Anzahl)	Fläche	
				(T€)	(T€)						
	(%)	Typ	Anz.			B × T	(m²)			(m²)	(m²)
D 10 Mio	92	A1	2	320	640	(4 × 5) 2	40	–	–	(ELA)°	40
		A2	4	650	2600	(3 × 4) 4	48	11	2	6	54
		A3	1	100	100	(2,5 × 4) 1	10	6	1	3	13
		A4	1	300	300	(4 ×12) 1	48	5	1	3	51
		A5	1	580	580	(5 × 4) 1	20	4	1	3	23
		A6	2	230	460	(4 × 6) 2	48	3	1	3	51
		A7	2	850	1700	(4 × 5) 2	40	11	2	6	46
		A8	1	230	230	(4 × 6) 1	24	3	1	3	27
			14		6610		278		27		305
C 6 Mio	89	A1	1	320	320	(4 × 5) 1	20	(ELA)	–	–	20
		A2	2	650	1300	(3 × 4) 2	24	9	2	6	30
		A3	1	100	100	(2,5 × 4) 1	10	5	1	3	13
		A4	2	300	600						
		A5	1	580							

*   Einsatz Europalette (800 × 1200), Bodenlagerung (3 Paletten), gestapelt (2 Ebenen) = Lagerblock, Mehrblocklagerung je AP zugelassen

°   Bereitstellungslagerung vor A1 im ELA (Eingangslager)

Abb. 8.8: Kennwerteübersichten – Ausrüstungs-, Investitions- und Flächenbedarfe der Fertigungslinie (Varianten) [8.2]

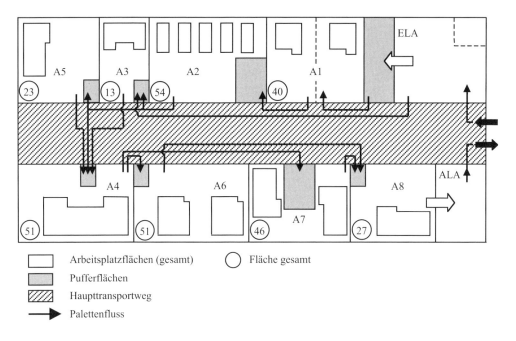

Abb. 8.9: Grobentwurf Anordnungsstruktur Fertigungslinie (Szenario D) [8.2]

Auswertungen – Experimentierfeld B

In diesem Experimentierfeld wurden im Rahmen von Sensitivitätsanalysen gezielte Untersuchungen zur Kennwertestabilität der ermittelten Vorzugsvarianten gegenüber der Variation spezieller Parameter der Produktionsprogramme (Szenarien) durchgeführt.

Untersuchungsziele waren:

– Aussagen zur Kennwertestabilität der Vorzugsvarianten
– Ableitung von Kriterien zur Generierung von Produktionsprogrammen
– Vorgaben zu relevanten Steuerungskriterien des Fertigungskomplexes (Systembetrieb).

Folgende Parameter wurden experimentell variiert (vgl. Abb. 8.3):

– Produktmix (Sortimentsstruktur) durch Variation der Bereitstellungs- bzw. Einschleusreihenfolgen
– Einlastzeitpunkte (Gruppenankünfte, -monats- oder wochenbezogen)
– Losgrößen (abweichend von wirtschaftlicher Losgröße).

Folgende Aussagen konnten aus den Experimenten abgeleitet werden:

- Veränderungen im Produktmix sind ohne signifikante Folgen auf das Kennwerteverhalten
- Veränderungen der Einlastzeitpunkte führen zu dominanten Wirkungen auf die Staubildung im Vorpuffer des Eingangsarbeitsplatzes A1 bei nur begrenztem Einfluss auf das Kennwerteverhalten
- Veränderungen der Losgrößenstruktur führen zu einer direkten Beeinflussbarkeit der Kennwerte, kleine Losgrößen (höhere Losanzahlen) führen tendenziell zu Durchsatz- und Auslastungsverbesserungen („Ausgleichseffekte", Abbau von Blockierungen).

Diese Ergebnisse machen deutlich, dass insbesondere die gezielte Festlegung von Losgrößenstrukturen von wesentlicher Wirkung auf die Kenngrößen ist. Die Losgrößenfestlegung innerhalb der Produktionsprogrammstrukturen wird damit ein wesentlicher Kerninhalt dispositiver Belegungs- und Steuerungsstrategien im Betrieb der Fertigungslinie.

Ergebnisumsetzung

Im Ergebnis der Simulationsuntersuchungen wurde im Rahmen gemeinsamer Analysen und Bewertungen von Auftraggeber und Simulationsteam eine Vielzahl von Kriterien für Entscheidungen zu Auslegungs-, Flächen- und Investitionsgrößen sowie zum Systembetrieb abgeleitet. Wesentliche **Entscheidungsvorgaben**:

- Richtgrößen zu verfahrensbezogenen Ausrüstungsbedarfen (Investitionsvolumen), strukturiert nach erzielbaren Produktdurchsätzen (Vorzugsvarianten)
- Flächenbedarfe der Fertigungslinie, gegliedert in Flächengrößen für Ausrüstungs- und Pufferdimensionierung
- Kriterien zur Generierung von Produktionsprogrammen
- Eingrenzung wirtschaftlich realisierbarer Produktionsprogramme bzw. Ausrüstungssysteme, Ableitung von Ausbaustufen (Investitionsetappen)
- Filterung von kapazitätssensiblen Ausrüstungs- und Pufferelementen (Sicherung der Erweiterungsfähigkeit durch gezielte Flächenvorhaltung)
- Grobentwürfe von Anordnungsstrukturen (Lösungsprinzipien) der Fertigungslinie.

Insgesamt wird an den erzielten Untersuchungsergebnissen deutlich, dass durch den Einsatz der Simulationstechnik wesentliche Bearbeitungsinhalte der Planungsphase „Vorplanung" fundiert unterstützt werden konnten. Insbesondere wurden die Bedarfsabschätzung (Ausrüstungen/Flächen) und die Vorbestimmung der Lösungsrichtung (Lösungsprinzip) inhaltlich wesentlich präzisiert.

Beim Auftraggeber führten die Ergebnisse zur deutlichen Konkretisierung der Ziel- und Aufgabenstellung, zur Korrektur unternehmensinterner Planungen, zur Dokumentation des Vorhabens (Pre-Feasibility-Studie). Sie waren Basis für entsprechende Unternehmensentscheidungen zum Investitionsablauf und Planungsfortgang.

8.2 Logistische Neugestaltung der Geräteproduktion durch Aufbau segmentierter, flexibel automatisierter Fertigungskomplexe

8.2.1 Problemstellung – Rationalisierungsobjekt Geräteproduktion

Gegenstand des nachfolgend dargestellten Fabrikplanungsbeispiels ist die durchgängige, komplexe **Rationalisierung und Neugestaltung eines Großbereiches der mechanischen Vorfertigung** (Teilefertigung) eines maschinen- und gerätebauenden Unternehmens. Durch Totalumbau der Fertigungsstätte, basierend auf einem innovativen logistischen Neukonzept, wurden folgende Hauptzielsetzungen verfolgt:

– Rationalisierung der Fertigungs- und Materialflussprozesse
– Neuordnung der Produktionslogistik des Gesamtprozesses der Geräteproduktion.

Diese Aufgabenstellung enthält folglich den Umbau bzw. die Modernisierung bestehender Produktionsprozesse, sodass der Planungsgrundfall B der Fabrikplanung vorliegt (vgl. Abschnitt 1.2).

Der vielschichtige Planungsablauf dieses komplexen Industrieprojekts wird nachfolgend entsprechend der **Fabrikplanungssystematik** (vgl. Abb. 2.5) durchgängig geordnet und betont praxisbezogen dargestellt. Damit werden wesentliche funktionelle Inhalte der **Planungsphasen** (vgl. Abschnitt 3) in ihrer Umsetzung an einem realisierten Industriebeispiel gezeigt, sodass der praktizierte Planungs- und Entscheidungsablauf in seiner Planungslogik nachvollzogen werden kann. Auch Erfordernisse der **Systemweiterentwicklung** (Ausbaustufen) sind aufgeführt, um so die Prinzipien dynamischer, „rollender Fabrikplanung" in ihrer Anwendung deutlich werden zu lassen [8.7]. Die Ausführungen sind stark komprimiert, auf die Darstellung des umfangreichen Zahlenmaterials wurde bewusst verzichtet.

Zur Verdeutlichung der **Problemlage** sowie der **Rationalisierungs- und Logistikziele** (Projektidee) werden nachfolgend Merkmale und Bewertungen der Ausgangslage aufgeführt:

– **Prozessmerkmale**
  • Gerätefertigung – zweistufiger Produktionsprozess
    – Vorfertigungsbereich – Teilefertigung (VF)
    – Endmontagebereich – Gerätemontage (GM)
    Die Gerätefertigung ist der Produktlinie Schaltschrankfertigung (Blechvorfertigung, Gefäßbau, Schaltschrankmontage) parallel zugeordnet, vgl. Funktionsschema in Abb. 8.10
  • Vorfertigungsbereich eingeordnet in Shedhallenbau, vier parallele Sheds, Verwaltungs- und Sozialeinbauten, Werkstattfläche 3360 m² (Bruttofläche)

- Fertigungsform – Werkstattfertigung bei losweisem Auftragsdurchlauf (Reihenverlauf)
- Lagerprozesse – Bodenlagerung von Paletten (Bereitstellungs- und Ausgleichslagerung)

– **Produktmerkmale** (Teilesortimente)
- Prisma-, Rota-, Flachteile (Klein- und Mittelteile), Sortimentsbreite ca. 3000 Positionen (Identnummern)
- Jahresstückzahlen: 100 … 20000 Stück
- Fertigungs-/Transportlosgrößen: 100 …   500 Stück
- Anzahl Arbeitsvorgänge: 2 …   25
- Fertigungsart: zyklisch/azyklisch wiederkehrende Klein- und Mittelserienfertigung

– **Ausrüstungsmerkmale**
- Ausrüstungsstruktur: Dreh-, Fräs-, Bohr-, Schleiftechnik; 110 Arbeitsplätze, gegliedert in 77 Arbeitsplatzgruppen (Hand/konventionell/NC-Techniken/Roboterinseln)
- Schichteinsatz: zwei- und dreischichtig
- Vorrichtungen, Werkzeuge, Prüfmittel (VWP) überwiegend arbeitsplatzgebunden, geringer Teil produktbezogen
- Fördermittel: Gabelstapler, Hubwagen
- Förderhilfsmittel: Europalette, Großpalette, Sonderpaletten

– **System Produktionsplanung und -steuerung**
- Disponentensystem auf der Basis globaler Vorgaben vom zentralen rechnergestützten Produktionsplanungssystem
- Werkstattdisposition rein operativ (Rapportsysteme), basierend auf dringendem Bedarf der Folgebereiche (Gerätemontage) oder/und globaler Produktionsvorgaben des Produktionsplanungssystems
- Durchlaufzeiten der Aufträge: 1 … 2 Monate.

Wesentliche **Bewertungen des Altzustandes** (Ausgangslage) sind:

– hohe Durchlaufzeiten und Lagerbestände (Kapitalbindung)
– Diskontinuität in der Mengen-, Sortiments- und Termineinhaltung
– mangelhafte Übersicht und Kontrolle über Materialfluss, Abarbeitungsfortschritt und Bestände, sporadische Förderungs- und Lagerungsprozesse
– Probleme in der Bereitstellung von Material und VWP-Systemen
– keine Progressivität in der Produktionsvorgabe und -abrechnung möglich
– lange Produktions- und Lieferzeiten der Produkte infolge hoher Durchlaufzeiten
– Nichteinhaltung von Auslieferungsterminen
– ungenügende, inhomogene Auslastung der Ausrüstungen, Sicherung von Mengenbedarfen durch einen hohen Anteil von Überstunden
– ungenügende Flächen- bzw. Raumnutzung.

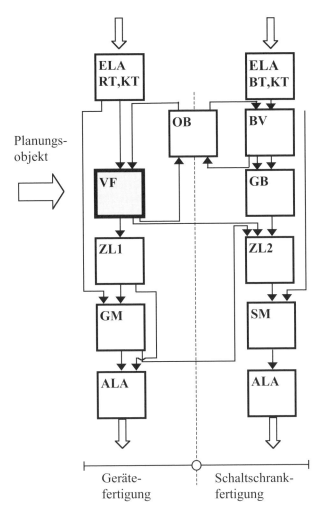

Abb. 8.10: Funktionsschema (bereichsbezogen) – Geräte- und Schaltschrankfertigung

Basierend auf dieser Problemlage wird nachfolgend der realisierte Fabrikplanungsablauf zur Projekterarbeitung systematisch abgearbeitet und dargestellt.

8.2.2 Fabrikplanungsablauf – Industrieprojekt

8.2.2.1 Zielplanung

Im Ergebnis von strategischen Entscheidungen der Unternehmensleitung zur erforderlichen Geschäftsfeldentwicklung wurden Untersuchungen zum Niveau bzw. zu Defiziten des vorhandenen **Produktionspotenzials** (Technologie, Organisation, Kosten) sowie zur erforderlichen **Produktionsentwicklung** basierend auf Markt- und Absatzentwicklungen vorgenommen. Erkennbar war, dem geforderten Wachstum des Produktionsvolumens standen quantitative (Fertigungskapazität, Produktionsflächen) und qualitative (Lieferzeiten, Lieferflexibilität, Termintreue) Begrenzungen des Produktionspotenzials gegenüber. Als Hauptschwerpunkt für Rationalisierungsmaßnahmen erwies sich zunächst der Großbereich der **mechanischen Vorfertigung** innerhalb des zweistufigen Produktionsprozesses.

Im Rahmen des Entwurfs einer **Gesamtstrategie** zur innovativen Neugestaltung der Geräteproduktion wurde der gesamte Geschäftsprozess der **Auftragsrealisierung**, insbesondere die zu realisierenden Produktions- und Logistikprozesse einschließlich der Beschaffungs- und Vertriebsprozesse erfasst , kritisch bewertet und hinsichtlich erforderlicher Veränderungen bzw. Zielsetzungen markiert.

Dabei wurde festgelegt, dass die Neugestaltung des Gesamtprozesses der Geräteproduktion in **zwei Ausbaustufen** zu realisieren ist, wobei gilt:

– **Ausbaustufe 1**   → Rationalisierung **Vorfertigungsbereich** Teilefertigung
– **Ausbaustufe 2**   → Neugestaltung **Produktionslogistik** Gesamtprozess.

Entsprechend der Ausgangslage des Vorfertigungsbereiches (vgl. Abschnitt 8.2.1), durch die der Gesamtprozess der Geräteproduktion dominant negativ beeinflusst wird, wurden von der Unternehmensleitung Aufgabenstellungen der Fabrikplanung einem (zunächst kleinen) Planungsteam vorgegeben (Ausbaustufe 1). Die **Ausbaustufe 1** beinhaltete den Totalumbau und die Modernisierung des Vorfertigungsbereiches. Durch Benchmarking, Kennzahlenvergleiche, Hochrechnungen, Problem- und Zieldiskussionen wurden die nachfolgenden globalen Zielsetzungen und Aufgabenkomplexe für das Planungsprojekt abgesteckt:

Zielsetzungen – technologische Neugestaltung Vorfertigungsbereich

– Senkung von Aufwänden und Kosten
– Freisetzung von Werkstattfläche – Erhöhung der produktiven Flächennutzung

– Komplexitätsabbau (Segmentierung), Erhöhung der Transparenz
– Freisetzung von Ausrüstungen
– Erhöhung der Auslastung der Ausrüstungen
– Senkung von Durchlaufzeiten, Erhöhung der Termin- und Sortimentstreue zum Folgeprozess
– Erweiterung der Arbeitsinhalte.

Zielsetzungen – Neugestaltung Produktionslogistik Vorfertigungsbereich

– schrittweise, durchgängige und integrierte Gesamtplanung des zweistufigen Produktionsprozesses (Teilevorfertigung/Gerätemontage)
– auftragsbezogene Vorfertigung und Montage, d. h., Kundenaufträge führen zur Auslösung von betriebsinternen Montage- und Vorfertigungsaufträgen
– Vorfertigungsaufträge leiten sich aus Montageaufträgen ab und werden mit zeitlichem Vorlauf unter Beachtung von Materialbeschaffung und -abgleich gebildet
– Minimierung der Bestände (keine Produktion auf Vorrat)
– Absenkung der Lieferzeiten durch synchronisierte Zeitvorläufe aus Beschaffungszeit sowie aus Durchlaufzeiten für Vorfertigung und Montage
– Ausnutzung des Optimierungsfreiraumes bei der Bildung betriebsinterner Montage- und Vorfertigungsaufträge (Blockung/Splittung) mit den Zielaspekten rüst-, stillstands- und durchlaufzeitminimaler Belegung der Vorfertigungs- und Montagekomplexe
– Verkleinerung von Eingangs- und Zwischenlägern (Flächeneinsparungen).

Folgende wesentliche **Aufgabenkomplexe** waren im Rahmen des Fabrikplanungsablaufes zu bearbeiten:

– Entwicklung eines **Neukonzeptes (Lösungsprinzipien) für den Gesamtkomplex der mechanischen Vorfertigung** (Varianten) als Entscheidungsbasis zur prinzipiellen Lösungsrichtung (Planungsphase – **Vorplanung**)
– Erarbeitung von technologisch-organisatorischen **Lösungskonzepten** (Feasibility-Studie) als Grundlage für Planungsentscheidungen zur Vorzugsvariante (Planungsphase – **Grobplanung**)
– Erarbeitung der technologisch-organisatorischen Projekte der **Vorzugsvariante** in „Ausführungsreife" einschließlich der erforderlichen Aufgabenstellungen für Gewerke/Zulieferer (Planungsphase – **Feinplanung**)
– Sicherung der Voraussetzungen zur **Ausführungsplanung** sowie zur **Projektrealisierung** und Inbetriebnahme (Planungsphasen **Ausführungsplanung** und **Ausführung**).

Diese Aufgabenkomplexe wurden seitens der Unternehmensleitung durch qualitative und quantitative **Restriktionen** erweitert, durch die der Lösungsraum bewusst eingegrenzt wurde. Solche Restriktionen waren:

a) Investitionsaufwände (budgetiert, Zeitetappen)

b) Planungsetappen, Realisierungszeitpunkte/Inbetriebnahmeetappen (Grobterminketten)

c) Größenordnungen zu erzielender Einsparungen hinsichtlich
  - Personal (Transport, Lagerung, Fertigung, Disposition)
  - Flächen
  - Fertigungszeiten
  - Durchlauf- und Lieferzeiten/Bestände

d) Schwerpunkte der intensiven und extensiven Erhöhung von Ausrüstungsauslastungen (Kapazitätsentwicklung)

e) weitgehender Einsatz vorhandener Fertigungsausrüstungen

f) Absenkung der Ausrüstungsanzahl

g) Prämissen zur Neubelegung der Produktionsflächen in der Shedhalle (ausschließliche Nutzung vorhandener Flächen)

h) qualitative Anforderungen an den Neuprozess
  - Aufbau einer komplexen Gesamtprozesslösung der Vorfertigung bei hoher funktioneller in informeller Integration von Haupt- und Hilfsprozess, Teil- und Vollautomatisierung von Transport-, Umschlag- und Lagerprozessen sowie Integration der Roboterinseln in den Materialfluss
  - höhere Flächen- und Raumnutzung durch Prozessverdichtung sowie Lagerung in der 3. Dimension
  - Sicherung bedien-, transport- und überwachungsarmer Prozessabläufe

i) Neugestaltung Strategie der Produktionsprozesssteuerung
  - Sicherung des Auftragszwangslaufes auf Basis vernetzter, integrierter, zentraler und dezentraler DV-Systeme (Vorgaberechner/Leitstandstechniken)
  - Arbeitsplatzbelegung der Vorfertigung dezentral im Leitstand auf Basis vorlaufgeplanter, terminierter und bilanzierter Vorgaben vom Vorgaberechner im Ergebnis der Terminplanung aktueller Montagbedarfe (Vorlaufermittlung).

Schon hier wird deutlich – Problemstellungen der Gestaltung von Produktionsstrukturen (Fabrikplanung) erfordern gleichermaßen die integrierte Behandlung von Fragestellungen zur Planung, Steuerung und Überwachung des Produktionsablaufes (Fabrikbetrieb) – vgl. Planungsgrundsatz m in Abschnitt 1.4.

Die Ergebnisse der Zielplanung wurden in einer **Machbarkeitsstudie** (Opportunity-Studie) vorgelegt. Als Form der Projektorganisation im Prozess der Planung und Realisierung des Rationalisierungsvorhabens wurde die **Einflussprojektorganisation** festgelegt.

8.2.2.2 Vorplanung

Bearbeitungsinhalte waren die Analyse des zu verändernden Prozesses, die Ermittlung zukünftiger Entwicklungen und Anforderungen und das Herbeiführen von

Vorentscheidungen zum Lösungskonzept. Damit konnte die vorliegende Aufgabenstellung konkretisiert werden, sodass eine fundierte Arbeitsrichtung und Entscheidungsfähigkeit für den weiteren Planungsablauf gegeben war.

Potenzialanalyse

Durch Methoden direkter und indirekter Datenerfassung (Abgriff Dateisysteme) wurde eine Vielzahl von Kenngrößen ausgewertet, durch die der Istzustand (Ausgangslage) und Defizite unterschiedlicher **Analysebereiche** qualitativ und quantitativ ausgewiesen wurde:

– Auslastungsgrade Arbeitsplätze/Ausrüstungen
– Durchlauf- und Liegezeitverteilung dominierender Aufträge
– Zeitaufwände Auftragsförderung
– Ansprechhäufigkeit und technologische Planbelastung der Bearbeitungstechniken
– Alters- und Verschleißstruktur Ausrüstungen (Instandhaltungsaufwand)
– Lager- und Bestandsverhalten von Aufträgen
– Analysen von Arbeitsplänen (Ausrüstungszuordnung, Zeitgrößen)
– Personaleinsatz Transport- und Förderprozesse
– Flächennutzung/Flächenreserven
– Dispositionsaufwände (Erfassungen, Vorgaben)
– Schwerpunkte der Staubildung von Aufträgen (Kapazitätsengpässe – Warteschlangenbildung)
– Einsatz von Vorrichtungen, Werkzeugen, Prüfmitteln (Bedarfe)
– Darstellung Netzcharakter Materialfluss (intern/extern)
– Teile- und Sortimentsanalysen (Mix, Flexibilität).

In Abb. 8.11 sind das Groblayout des Vorfertigungsbereiches bei Istzustand (Ausgangslage) dargestellt – die netzartig ungeordnete (historisch gewachsene) Struktur der Ausrüstungsanordnung und des extrem vernetzten (chaotischen) Materialflusses (ausschnittsweise dargestellt) sind deutlich erkennbar.

Produktionsprogramm

Zur Abschätzung der strukturellen, zeitlichen und volumenmäßigen Entwicklung des Produktionsprogramms, insbesondere dabei des Teilebedarfes der Vorfertigung (abgeleitete Bedarfsgrößen) wurden Hochrechnungen zur mittelfristigen **Gerätebedarfsentwicklung** durchgeführt. Diese basierten auf

– einer Analyse der Markt- und Absatzentwicklungen und
– den vorgesehenen mengen- und wertmäßigen Umsatzzielsetzungen des Unternehmens.

Im Ergebnis wurden globale Festlegungen zum **Erfolgsjahr** (Nutzungsjahr der Neulösung bei 15 Monaten Planungsvorlauf) als Grundlage für Planungsrechnungen getroffen.

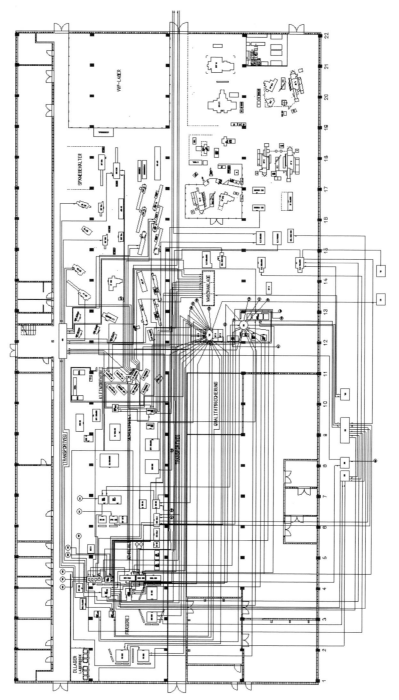

Abb. 8.11: Groblayout Istzustand Vorfertigungsbereich Teilefertigung – Materialflussbeziehungen (transportwegeneutral)

Gerätesortiment	Stückzahl Erfolgsjahr	Anzahl Teilearten	Arbeitszeitaufwand Erfolgsjahr (in h)
Grundsortiment Geräte			
Gerätesystem X	30000		
		400	200000
Gerätesystem Y	9000		
Restsortimente Einzelteile			
X_1	200000		140000
...	bis	2600	bis
X_n	250000		160000

Abb. 8.12: Globale Eckwerte Produktionsprogramm Vorfertigung (Erfolgsjahr)

In Abb. 8.12 sind Eckwerte des Produktionsprogramms für das Erfolgsjahr darge-stellt. Diese bilden das **Grundsortiment** Einzelteile von Gerätesystemen (bei hohen stabilen Jahresstückzahlen) und das **Restsortiment** sonstiger Einzelteile (Liefer-teile) für unterschiedlichen Einbau (stark wechselnde Jahresstückzahlen). Des weite-ren wurde von einem mittelfristigen jährlichen Wachstum von 5 bis 10 % des Pro-duktionsvolumens ausgegangen. Deutlich wird in Abb. 8.12 das extrem breite und inhomogene Teilesortiment. Für die Lösung der Fabrikplanungsaufgabe war von we-sentlicher Bedeutung, dass für alle Teilearten ausgearbeitete **Arbeitspläne** vorlagen, auch waren Sortimente und Stückzahlen bekannt, d. h., es konnte von einem **defini-tiven Produktionsprogramm** ausgegangen werden, womit eine präzise Planungs-grundlage gegeben war.

Vorentscheidung Logistikprinzipien

Basierend auf Vorgaben der Zielplanung wurden folgende strukturrelevanten Logis-tikzielsetzungen festgelegt (vgl. Abschnitt 3.2.4):

- **Produktionsstruktur** (Vorfertigungsbereich) – Ausbaustufe 1
  - Bildung von Fertigungssegmenten
    (Komplexitätsabbau, Erhöhung Marktbezug)
  - Objektivierung Materialfluss
    (Einsatz automatisierter Förder- und Lagersysteme)
  - Zentralisierung der Lagerprozesse
    (Aufbau Komplexläger)

- **Produktionsflexibilität**
  - Einführung Pull-Prinzipien (Gesamtprozess)
    „kundengetriebene" Vorfertigung und Montage (Ausbaustufe 1)
  - Aufbau Komplexläger (Ausbaustufe 1/2)
  - lagergesteuerte Vorfertigung, kundengesteuerte Montage (Ausbaustufe 2)

Vorentscheidung Lösungskonzept

Ausgehend von den Ergebnissen der Potenzialanalyse, der Leistungsentwicklung und den Grundforderungen der Logistikprinzipien wurden Vorentscheidungen zum Lösungskonzept vorgenommen. Damit wurde gesichert, dass schon frühzeitig Lösungs- und Arbeitsrichtungen sowie Konsequenzen zur Entscheidung gestellt sind und die nachfolgenden Planungsphasen auf realisierbaren Lösungsprinzipien aufbauen. Wie Praxiserfahrungen zeigen, sollte dieser wesentliche Entwurfsschritt basieren auf Kenntnissen zu innovativen, wissenschaftlich fundierten alternativen Lösungsprinzipien der Fabrik- und Werkstättenstrukturierung, auf praktischen Nutzungserfahrungen vergleichbarer Industrielösungen (Referenzen) sowie auf den Kriterien ihrer Realisierbarkeit.

Langjährige Praxiserfahrungen im Vorfertigungsbereich machten das Kernproblem der erforderlichen Neugestaltung deutlich. Dieses bestand in der Beherrschung des **hochvernetzt dynamischen Prozesses von Warteschlangenbildung und -abbau** im Palettenfluss (vgl. Prinzipien in Abb. 5.3), sowohl intern als auch extern zu vor- und nachgelagerten Bereichen. Die extrem hohe **Vernetzung der APG** im Ausgangszustand ist in Abb. 8.11 sowie Abb. 8.16 deutlich erkennbar.

Zur Sicherung der Umsetzung aktueller Vorgaben (Maschinenbelegung, Förder- und Lagervorgänge, Umdispositionen) sowie des Fortschrittscontrolling war es erforderlich, den Material- bzw. Palettenfluss so zu gestalten, dass eine durchgängige **zeitliche und örtliche Erfassung** (Identifikation) bzw. **Adressierbarkeit der Palettenstandorte** gesichert ist. Auszuschließen war in der Neulösung damit prinzipiell, dass Paletten örtlich undefiniert und „rein subjektiv" gefördert und gelagert werden. Vielmehr war durchzusetzen, dass ein **örtlich definierter Warteschlangenaufbau** bei **wahlfreiem Warteschlangenabbau** und zielbezogenen Förder- und Lagerprozessen durch spezielle Materialflusstechniken gesichert wird. Damit waren besondere Anforderungen an die **Materialflussgestaltung** gesetzt. Diese können durch den Einsatz spezieller Lager- und Fördertechniken durch die der geforderte **Zwangslauf im Materialfluss** erzeugt wird, wie z. B. von Palettenregalsystemen mit integrierten Regalbediengeräten (RBG), gewährleistet werden (vgl. Abschnitt 3.3.4.3).

Ausgehend von den Zielsetzungen des Rationalisierungsobjektes wurden folgende **Auswahlkriterien** für das neue Lösungsprinzip (Ausbaustufe 1) als entscheidend betrachtet:

- Erfassung des Gesamtbereiches der Vorfertigung (Ganzheitsprinzip) einschließlich der Schnittstellen zu vor- und nachgelagerten Bereichen
- Einsatz innovativer, flächenbedarfsminimierender Materialflusssysteme
- Automatisierbarkeit von Teilfunktionen (Bedienarmut)
- Durchsetzung der Rechnersteuerung im Materialfluss (Einsatz von PPS- und BDE-Systemen)
- Abdeckung der zu realisierenden Systemgröße des Fertigungsbereiches

– Einsetzbarkeit vorhandener Bearbeitungstechniken bzw. Arbeitsplätze (Mischsystem)
– Erzielung einer Prozessverdichtung (erweiterte Produktion auf weniger Fläche)
– schrittweise Ausbau- und Erweiterungsfähigkeit der Systemlösung (Kapazitätserweiterung, Investitionsetappen – Ausbaustufen)
– Sicherung von Flexibilität gegenüber wechselnden Produktionsaufgaben (Programmdynamik)
– Einsatz einer Systemlösung mit hinreichenden Anwendungserfahrungen (Referenzen).

Von diesen Auswahlkriterien ausgehend, wurden **integrierte Fertigungsformen (IF)** des Produktionsprozesses – speziell die Gestaltungsformen **Integrierter gegenstandsspezialisierter Fertigungsabschnitte (IGFA)** – als anwendbare, alle wesentlichen Forderungen abdeckende Lösungsprinzipien der Neugestaltung zugrunde gelegt (vgl. [3.17], [3.24], [3.41], [3.20], [3.22]). Damit ist schon in der Vorplanung eine Vorfestlegung der **Fertigungsform** erfolgt, obwohl diese rein planungssystematisch erst in der Strukturplanung formal gegeben ist. Die Begründung liegt in der speziellen Problemlage, insbesondere der Wahl einer komplexen Systemlösung sowie in der Notwendigkeit der Segmentierung der Vorfertigung (vgl. Abschnitt 8.2.2.3).

Grundprinzip der Lösungsgestaltung IGFA ist es, eine definierte Anzahl von Maschinen- und/oder Handarbeitsplätzen einem zentral/dezentral angeordneten Lagerkomplex (Palettenlager) zuzuordnen, die erforderlichen Transport- und Übergabetechniken system- und schnittstellengerecht in wählbarer Niveaustufe (Automatisierung) zu gestalten und diesen Fertigungskomplex durch integrierte PPS-Systeme einschließlich Rückmeldetechniken gezielt zu steuern (vgl. Grundmerkmale IGFA in Abschnitt 3.3.3.3).

Basierend auf den dargestellten Zielsetzungen, Auswahlkriterien und Grundmerkmalen von IGFA wurden alternativ die **Grundvarianten IGFA/A** und **IGFA/C** für den vorliegenden Problemfall verfolgt. Die Grundvariante B wurde wegen Nichteignung der Materialflusslösung ausgeklammert. In Abb. 8.13 sind für das vorliegende Projekt die Lösungsvarianten für den Gesamtkomplex der Vorfertigung (Shedhalle) nach IGFA/A sowie alternativ nach IGFA/C als prinzipiell möglicher Entscheidungsraum zum Lösungskonzept aufgezeigt.

Die entsprechenden Flächen- und Raumstrukturen der Grundvarianten von IGFA sind in Abb. 8.14 schematisiert dargestellt. Eine anwendungsbezogene Merkmalsübersicht dieser Lösungsvarianten einschließlich ihrer Vor- und Nachteile sind in Abb. 8.15 angeführt, sodass Bewertungen möglich sind.

Bei nahezu gleichen Investitionsaufwendungen für beide Lösungen wurde die Vorentscheidung zugunsten einer IGFA/C-Lösung (Basisvariante) als weiter zu verfolgender Arbeitsrichtung getroffen. Damit wurde als konkretisierte Aufgabenstellung (AST) festgelegt: Umgestaltung des Gesamtbereiches der Vorfertigung in Form von

Grundvariante IGFA/A   Grundvariante IGFA/C

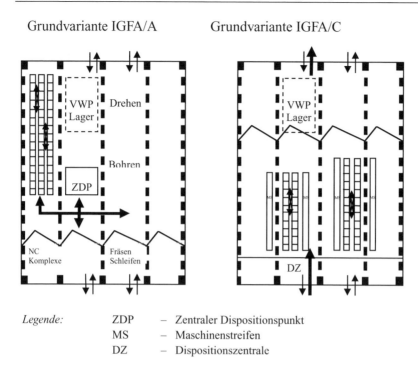

Legende: ZDP   – Zentraler Dispositionspunkt
                MS   – Maschinenstreifen
                DZ   – Dispositionszentrale

Abb. 8.13: Alternativen der Lösungsgestaltung im Vorfertigungsbereich bei Einordnung von IGFA

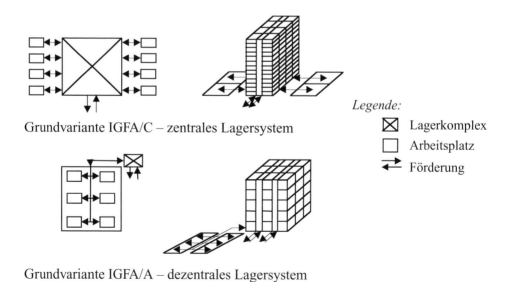

Grundvariante IGFA/C – zentrales Lagersystem

Grundvariante IGFA/A – dezentrales Lagersystem

Abb. 8.14: Flächen- und Raumstrukturen von Grundvarianten IGFA (schematisiert)

IGFA/A	IGFA/C
Merkmale	**Merkmale**
– Einsatz eines komplexen dezentralen Lagersystems in Shed I (Palettenregallager) – Einsatz eines zielgesteuerten Flurfördersystems (z. B. fahrerloses Transportsystem FTS), Palettenbahnhöfe – Ausrüstungsanordnung (Layout) in Werkstättenstruktur (modifizierter Ist-zustand) – Disposition rechnergestützt von zentralem Dispopunkt (zentraler Vorgabe- und Erfassungspunkt) – I Punkt – zentrales VWP-Lager im Shed II	– Einsatz zweier zentraler Lagersysteme (Palettenregallager) im Shed II und Shed III – Auftrennung Vorfertigung in zwei autonome Fertigungskomplexe (Segmentierung) – Einsatz von Regalbediengeräten innerhalb der Regalkomplexe – Disposition rechnergestützt aus Dispositionszentrale (Leitstand) – zentrales VWP-Lager im Shed II
Vorteile	**Vorteile**
– Layout (Werkstättenstruktur) teilweise erhaltungsfähig – Ausrüstungsneuzuordnungen flexibel – ein Lagerkomplex für alle Fertigungsaufträge – Sortiments- und Ausrüstungszuordnungen bleiben erhalten – Werkstattflächen bleiben flexibel belegbar (keine Neufixpunkte) – Lösungseinführung (Umbauphase) unproblematisch – Lageraufbau auf dezentraler Freifläche – Teilumbau in Halle	– totale Neugestaltung der Werkstattbereiche (Neulayout) erforderlich – Sortiments- und Ausrüstungsneuzuordnung erzwingt Progressivität (Technologieüberarbeitung) – Direktzuordnung AP zu Regal – unproblematische Transportlösung – hoher Zwanglauf – äußerst flächen- und raumkompakte Prozesslösung – erprobte Steuerungslösungen verfügbar – mehrere Vorbildlösungen (Referenzen) – Einsatz erprobter Lager- und Transporttechniken – einheitliche Materialflusshauptrichtung
Nachteile	**Nachteile**
– hoher Transportaufwand zur Realisierung der Transportspiele (Regal-Arbeitsplatz AP) – Subjektivität im Werkstattbereich bleibt – Transportsystem sehr anspruchsvoll, hohe Investitionsaufwände	– geblockter Aufbau erforderlich – Lösungseinführung aufwendig – Zweiteilung der Werkstattflächen – Einbringung Fixpunkte (Regal-Systeme) – hoher Aufwand zur Sortiments- und Ausrüstungsneuzuordnung – Gesamtumbau in Halle

Abb. 8.15: Merkmalsübersicht der Lösungsvarianten IGFA/A und IGFA/C (Industriebeispiel)

zwei parallelen, materialfluss- und steuerungsseitig autonomen, integrierten Fertigungsabschnitten in der **Gestaltungsform IGFA, Grundvariante C**.

Folgende Hauptkriterien wurden dieser **Vorentscheidung** zugrunde gelegt:

– Schaffung einer **einheitlichen neuen Gestaltungs- und Organisationslösung** für den Gesamtbereich der Teilevorfertigung innerhalb des gesamten Hallenkomplexes. Die Systemlängen-, -breiten- und -höhenverhältnisse (Shedhallenbau) sowie die am Regelkomplex maximal anstellbaren Bearbeitungstechniken (Systemgrenzgrößen IGFA) erforderten die räumlich parallele Anordnung von **zwei Fertigungsabschnitten** (IGFA/C) unterschiedlicher Größe. Damit wurde system- und raumbedingt eine Auftrennung und Zweiteilung des Werkstattkomplexes durch Fertigungssegmentierung erforderlich. Die Segmentierung wird damit zum Kerninhalt der Funktionsbestimmung.

– Erzielung eines konsequent **einheitlich richtungsorientierten Materialflusses** (Hallenachse) von Nord nach Süd (Rohmaterialeingang zu Montagekomplex), Einordnung der IGFA-Komplexe entsprechend dieser Flussrichtung.

– Einordnung **doppelreihiger Palettenregalkomplexe** zum Aufbau von Lagerkapazitäten. Folgende Lagerfunktionen waren in einer ersten Ausbaustufe abzudecken:
  • **Bereitstellungslagerung** (Lagerung von Aufträgen **vor** den Startarbeitsplätzen)
  • **Ausgleichslagerung** (Lagerung der Aufträge **zwischen** den Arbeitsplätzen).

  Die Regalgrößen (Lagerkapazitäten) wurden durch die volle Ausnutzung der Systemhöhe, der erforderlichen Anstelllängen der Arbeitsplätze sowie von erforderlichen Reserven prinzipiell hoch angesetzt. Ziel war es, Voraussetzungen für die späteren Integration weiterer Lagerfunktionen zu sichern.

– **Gruppierung zuordnungsgeeigneter Arbeitsplätze** (spanende Fertigung, Roboterinseln, Entgraten, Waschen) ein- oder zweistreifig längs der Regalkomplexe. Sicherung der Übergabeprozesse des Materialflusses intern (Regal/Arbeitsplatz) sowie extern (Zwischenaus- und Wiedereinschleusungen).

– Gewährleistung funktioneller und visueller **Übersichtlichkeit** (Transparenz) und **Systemeinheitlichkeit** des Produktionsablaufes in beiden Fertigungskomplexen durch:
  • Einsatz einheitlicher Lager-, Transport- und Übergabetechniken in den Fertigungskomplexen
  • Einsatz einheitlicher Förderhilfsmittel (Europalette)
  • Schaffung einer zentralen Übersichts- und Steuerzentrale unmittelbar im Hallenkomplex (Leitstand).

Mit dieser Entscheidung zum Prozessumbau entsprechend dem Lösungskonzept IGFA konnte gewährleistet werden:

– Umsetzung einer „mittleren Niveaustufe" flexibler integrierter Fertigungsformen (Einsatz manueller sowie teil- und vollautomatisierter Komponenten)

– Abdeckung eines breiten Einsatzbereiches:
  - 3000 Einzelteile unterschiedlicher Geometrie und technologischer Bearbeitung
  - Anstellbarkeit von bis zu 50 niveauunterschiedlichen Arbeitsplätzen je Komplex
  - azyklisch wechselnde Serien- und Auftragssortimente (Klein- und Mittelserien).

– Durchsetzung einer „investitionsarmen" Rationalisierungslösung für den Gesamtbereich der Vorfertigung, weitgehend basierend auf der Nutzung vorhandener Flächen und Bearbeitungstechniken.

Bedarfsabschätzung

Im Rahmen von Bedarfs- bzw. Aufwandsabschätzungen erfolgte nun die Zusammenstellung, Hochrechnung und Überplanung der nun erkennbaren globalen Kostenaufwände, Einsparungspotenziale sowie erforderlicher Planungs- und Realisierungsaufwände und der erforderlichen Terminketten (Meilensteine, Aufbaustufen), sodass betriebswirtschaftliche Bewertungen zur Wirtschaftlichkeit des Planungsobjektes möglich wurden.

Wesentliche Grundlagen waren Erkenntnisse aus der Vorplanung, wie:

– Produktionsprogrammentwicklung (Trend, Mix)
– Konstruktiv – technologische Entwicklung der Produkte
– Verfahrensbedarfe, Ausrüstungsstrukturen
– Lösungskonzepte und Logistikprinzipien.

Damit konnten im Rahmen von Hochrechnungen folgende Aufwandsgrößen quantifiziert dargestellt werden:

– Ausrüstungsumfänge und -aufwände; Investitionskosten Systemlösung (Regalkomplexe, RBG, Leitstandstechniken – PPS Systeme)
– Flächen- bzw. Raumbedarfe
– Aufwände für Planung, Realisierung (Flächenfreizug, Systemmontage, Vorlauf- bzw. Parallelproduktion), Inbetriebnahme (Personal- bzw. Engineeringaufwände), In-house-Kapazitäten, Fremdrealisierung)
– Terminketten, Zeitabläufe.

Weiterhin waren entsprechend den Vorgaben kostenrelevante Einsparungspotenziale abzuleiten und darzustellen, wie z. B:

– Ausrüstungsreduktion
– Ausstattungserhöhung
– Einsparung Produktionspersonal (Haupt- und Hilfsprozess)
– Flächeneinsparung
– Produktionsaufwandssenkung (z. B. Bearbeitungs- und Rüstzeiten)
– Bestandsabbau, Durchlauf- und Lieferzeitsenkung.

Diese Datenstrukturen ermöglichen eine erste betriebswirtschaftliche Gesamtbewertung des Planungsobjektes durch

- Ermittlung der **Investitionskosten** auf Basis erster Angebote, Kostenvoranschläge, Benchmarking, Erfahrungsgrößen
- Darstellung der Bewertung basierend auf Berechnungen zur
  - Wirtschaftlichkeit
  - Amortisationsdauer
  - Rentabilität
  - Liquiditätsentwicklung
- Bestimmung der **Produktselbstkosten** auf Basis der Kalkulation der erkennbaren Kostenentwicklung der Produkte nach Lösungsrealisierung
- Aufstellung **Finanzbedarf**, Abklärung der Finanzierbarkeit des Vorhabens.

Die Ergebnisse der Vorplanung wurden in einer **Pre-Feasibility-Studie** zusammengefasst. Diese waren eine erste Entscheidungsbasis für die Unternehmensführung insbesondere zur Arbeitsrichtung (Lösungsprinzip). Diese wurde bestätigt und bildete die **Aufgabenstellung** für den weiteren Projektierungsablauf (Grob- und Feinplanung).

8.2.2.3 Grobplanung – Lösungsvariante

Idealplanung

Basierend auf den Entscheidungen zum Lösungsprinzip erfolgte in der Teilplanungsphase Idealplanung zunächst die gestufte Erarbeitung (Funktionsbestimmung, Dimensionierung, Strukturierung) der idealisierten Lösung (vgl. Abschnitte 3.3.1 bis 3.3.3). Dabei wurde von rein funktionellen Erfordernissen ausgegangen, nur globale Eckwerte der Systemlösung (z. B. Investitionsbudget, System-, Flächen- und Raumgrenzgrößen) waren zu berücksichtigen.

Grundsätzlich war zu beachten, dass das zu realisierende Lösungsprinzip aufgrund der systembedingt hohen Funktionsintegration eine **hohe Planungstiefe** erforderte. Diese wurde durch den Einsatz rechnergestützter Planungsmodule, insbesondere durch Einsatz von Analyse-, Statistik- und Simulationstools, realisiert.

A Funktionsbestimmung – Fertigungskomplexe

Inhalte dieser Kernfunktion sind die Auswahl bzw. Zuordnung von Verfahren, Ausrüstungen (Funktionen) zu den Fertigungskomplexen sowie die Bestimmung deren qualitativer materialflusstechnischer Verknüpfungen. Ziele sind die Ableitung **ausrüstungsbezogener Funktionsschemata** der Fertigungskomplexe.

Die besondere Problemlage des Planungsobjektes war charakterisiert durch:

- das **Gestaltungsziel** – Aufbau von zwei autonomen räumlich parallelen Fertigungskomplexen (vgl. Abb. 8.13)

- die **Ausgangslage** – unstrukturierter verrichtungsorientierter Großbereich der Vorfertigung (vgl. Abb. 8.11).

Die Ausrüstungen und Materialflussvernetzungen des Vorfertigungsbereiches bei Ausgangslage lagen vor, das daraus ableitbare Funktionsschema ist in Abb. 8.16 dargestellt (Altzustand). Erkennbar ist ausschnittsweise die extrem hohe **Materialflussvernetzung** (qualitativ) zwischen den Arbeitsplatzgruppen (APG).

Davon ausgehend bilden nun Schritte der **Fertigungssegmentierung** einen wesentlichen Inhalt der Funktionsbestimmung, die im Ergebnis zur produktgruppenbezogenen **Auftrennung der Ausrüstungsstruktur** in zwei **autonome Strukturen** (2 Funktionsschemata) führt (Neuzustand).

Die **Fertigungssegmentierung** erforderte (vgl. Abschnitt 4.1):

- eine **Produktsegmentierung**
  durch gezielte Auftrennung der Sortimente in **zwei eigenständige Teilsortimente (TEISO 1/TEISO 2)**
- eine **Prozesssegmentierung**
  durch gezielte Neuzuordnung (Entflechtung, Reduktion, Erweiterung) der Bearbeitungstechniken (bzw. Arbeitsplätze) in zwei **neue autonome Fertigungskomplexe (FK 1/FK 2).**

Dabei waren IGFA-spezifische Kriterien (wie z. B. zulässige Systemgrößen, Teileeignung, Systemautonomie) einzubeziehen.

Folgende **Arbeitskomplexe der Segmentierung** wurden rechnergestützt (Dateisysteme, Analyse- und Statistiksoftware, CAP-Module) bearbeitet:

Produktsegmentierung

- Analyse der Teile hinsichtlich IGFA-Eignungsfähigkeit (Fertigungstechnologie)
  - Handhabungsfähigkeit/Grundform
  - Gewicht $\left.\begin{array}{l}\\\\\end{array}\right\}$ Abgleich mit
  - Abmaße $\qquad$ Behältersystem „Europalette"
  - Struktur der Arbeitsvorgänge in der Prozesskette (der Fertigungsstufe vor-, zwischen- und nachgelagerter Arbeitsvorgänge)
  - Verfahrensüberprüfung (systemintern, -extern)
  Die Eignungsfähigkeit der Teile konnte durchgängig nachgewiesen werden.

- Auftrennung und Neuzuordnung der Teilesortimente

  Basierend auf den Kriterien
  - **Kundenzuordnung** (Absatzstrategie)
  - Zuordenbarkeit Produktgruppe
  - Fertigungsablauf (Homogenität – Technologie)
  wurde eine Segmentierung in folgende Produktsegmente (Teilesortimente) vorgenommen (vgl. Abb. 8.12):

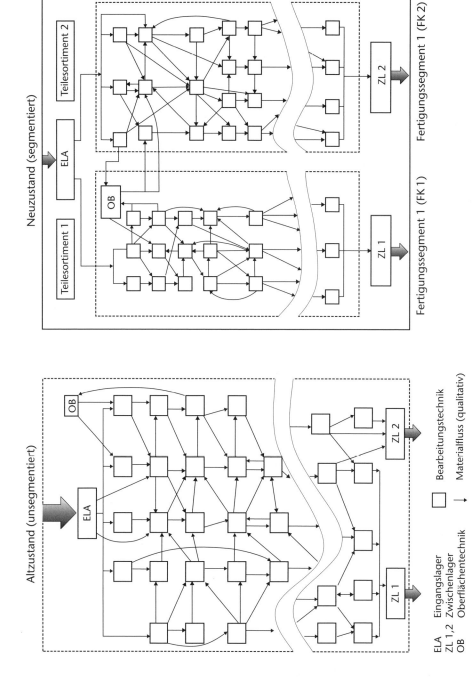

Abb. 8.16: Funktionsschema Vorfertigung (Gesamtbereich) – ausrüstungsbezogen, Altzustand/Neuzustand

- **Grundsortiment** (Gerätesysteme) – TEISO 1
  400 Teilearten (Identnummern)
  → Produktion in FK 1
- **Restsortiment** (Einbau- und Verkaufsteile) – TEISO 2
  2600 Teilearten (Identnummern)
  → Produktion in FK 2.

Prozesssegmentierung

- Analyse der **Zuordenbarkeit** von Verfahren/Bearbeitungstechniken je FK (Verfahrenseignung, Platzbedarf, Systemautonomie)
  - Oberflächenbearbeitung – Einordnung hallenextern
  - Waschanlage integriert in FK 1, teilintegriert zu FK 2
  - Gleitschleifen integriert in FK 1

- **Ausrüstungsneuzuordnung** je FK gemäß TEISO 1, TEISO 2
  Wesentliche Kriterien waren:
  - Minimierung Systemwechsel der Produkte zwischen FK 1/FK 2 (Ausreißerminimierung)
  - Sicherung hoher Geschlossenheitsgrad der Arbeitsvorgänge je FK (vgl. Abschnitt 3.3.3.3)
  - Harmonisierung der technologischen **Ansprechhäufigkeit** und der **Kapazitätsauslastung** der Bearbeitungstechniken innerhalb FK 1 und FK 2. Dazu wurden die entsprechenden Kennwerte aus der Potenzialanalyse herangezogen. Zur Dämpfung von extremen Abweichungen dieser Kennwerte erfolgten gezielte Teileumlegungen bzw. Ausrüstungsneuzuordnungen.

- Basierend auf Analysen zur Ansprechhäufigkeit und Kapazitätsbelastung wurden in mehreren **Reduktionsschritten** die erforderlichen Arbeitsplatzgruppen je FK ermittelt. Prinzipiell wurden dabei Arbeitsplätze niederer Ansprechhäufigkeit und Kapazitätsauslastung ausgesondert bzw. durch technologisch alternative Arbeitsplätze ersetzt (Nutzung technologischer Redundanz).

- Grundsätzlich erfolgte eine **Überarbeitung der Bearbeitungstechnologie** aller Einzelteile infolge der Neuzuordnung und Reduktion der Ausrüstungen in zwei autonome FK. Etwa 80 % aller Arbeitsvorgänge waren aufgrund der damit erforderlichen „Teileumlegungen" direkt betroffen und wurden mit Zielsetzungen zu Fertigungszeiteinsparungen neu berechnet. Im Ergebnis von Ausrüstungsreduktion und Teileumlegung wurde die Arbeitsplatzgruppenanzahl bei gleichzeitiger Auslastungserhöhung um 10 % und die Arbeitsplatzanzahl um 27 % abgesenkt.

Insgesamt wird deutlich, dass die Fertigungssegmentierung im vorliegenden Industriebeispiel ursächlich veranlasst war durch:

- die Umsetzung des Logistikprinzips (vgl. Anschnitt 8.2.2.2) sowie
- durch Begrenzungen der Systemgröße des Lösungskonzepts (vgl. Abschnitt 3.3.3.3).

Nach den Schritten der Produkt- und Prozesssegmentierung erfolgte die Überprüfung bzw. Neuberechnung von **Einzelteilfertigungsauftragsgrößen** (Richtgrößen je Teileart). In IGFA-Komplexen kommt diesen Kenngrößen eine besondere Bedeutung zu. Einerseits wird durch diese die Intensität des Materialflusses (Palettendurchsatz) direkt beeinflusst (z.b. mit Wirkungen auf die Spielanzahl der RGB), zum anderen die Effektivität der Nutzung der Ausrüstungskapazitäten (z.B. Rüstzeitaufwände).

Folgende **Einflussgrößen auf die Fertigungsauftragsbildung** waren insgesamt zu berücksichtigen:

- Jahresstückzahlen
- Montagelosgrößen (Folgebereich – Gerätemontage)
- Belegungszeiten Arbeitsplätze (Blockierung)
- Rüstaufwände
- Grenzgrößen Transportspielzahl Regalbediengerät (RGB)
- Dispositionssaufwände (Ein-, Ausschleusungen, Belegungen)
- Auslastung/Fassungsvermögen Förderhilfsmittel (Europalette)
- Bilanzierbarkeit AP (Auslastung)
- Intensität Palettenfluss
- Durchlaufzeit Fertigungsauftrag.

Die Berechnungen führten zu Richtwerten „günstiger" Fertigungsauftragsgrößen (Fertigungsauftragsdatei). Bei ca. 25 % der Teilearten erforderten die ermittelten Auftragsgrößen die Splittung der Aufträge in mehrere, zusammengehörige Paletten („Transportlose" zu 2 bis 5 Paletten).

Im Ergebnis der Fertigungssegmentierung lag eine Neuaufgliederung der Teilsortimente in TEISO 1/TEISO 2 und der Bearbeitungstechniken (Arbeitsplätze bzw. Arbeitsplatzgruppen) in FK 1 / FK 2 vor. Darauf aufsetzend wurden **Operationsfolgediagramme** für jeden FK aufgestellt, aus denen ausrüstungsbezogene **Funktionsschemata** für FK 1 und FK 2 abgeleitet wurden. Diese sind in Abb. 8.16 ausschnittsweise dargestellt. Deutlich erkennbar ist die produktgruppenbezogene Auftrennung und Neuordnung der Arbeitsplatzgruppen (APG) im Neuzustand gegenüber dem Altzustand. Die Anzahl der Teilearten je APG wird dabei zwangsläufig deutlich gesenkt (Abbau Komplexität), der Kooperationsgrad allerdings wird aufgrund seiner spezifischen Definition nicht oder nur bedingt beeinflusst. Wie in Abbildung 8.16 erkennbar ist, wurde durch die Segmentierung eine deutliche **Leistungsentflechtung** der Bearbeitungstechniken und des Materialflusses bei gleichzeitiger **Ausreißerminimierung** (Systemwechselhäufigkeit) erreicht, sodass eine höhere Transparenz und Verantwortungsabgrenzung gegeben sind. Der Vorfertigungsbereich wurde damit zweigeteilt modularisiert – zwei autonome Fertigungskomplexe lagen im Ergebnis der Funktionsbestimmung vor.

B Dimensionierung – Fertigungskomplexe

Werden die zu ermittelnden Kenngrößen der Dimensionierung und der anschließenden Strukturierung unter den speziellen Anforderungen integrierter Fertigungsformen betrachtet, ist festzustellen, dass eine rein analytische Berechnung ausscheiden muss. Die Gründe liegen im extrem vernetzten, hochintegrierten Charakter des Materialflusses innerhalb der Fertigungskomplexe. Die Komplexität der Warteschlangenbildung der Aufträge (Paletten) im Prozessablauf erfordert eine integrierte Analyse, Dimensionierung und Strukturierung der Bearbeitungs-, Förder- und Lagerprozesse, sodass der **Einsatz der Simulationstechnik** geboten war (vgl. Abschnitt 5).

Im vorliegenden Planungsbeispiel wurde das problemspezifische **Fabrikplanungs- und Projektierungssystem CAD-FAIF** (Flexibel **a**utomatisierte **i**ntegrierte Fertigungen) [8.8] eingesetzt. Dieses Planungssystem basiert auf den besonderen Prozessmerkmalen integrierter Fertigungen und erlaubt deren spezifische Abbildung im Simulator. Kerninhalte sind Module für:

– Analysen/Statistiken – Teilesortimente
– Hochrechnungen (Dimensionierung)
– Strukturplanungen (Layoutentwürfe)
– Analysen/Statistiken – Systemverhalten.

Das Anwendungsstadium der Simulationsuntersuchungen lag im betrachteten Einsatzfall in der Planungsphase – Grobplanung – (vgl. Abb. 5.1), d. h., die Simulationsexperimente waren zur Planungsunterstützung der Lösungskonzepte (Feasibility-Studie) eingesetzt.

Mithilfe von CAD-FAIF war die Klärung folgender grundsätzlicher **Problemstellungen der Systemgestaltung** zu unterstützen:

a) Analyse der Eignungsfähigkeit TEISO 1/TEISO 2 (Vernetzung, Ausreißerminimierung)
b) Sicherung der Strukturautonomie (Segmentierungsergebnisse), Geschlossenheitsgrade, Minimierung Systemwechsel
c) Erforderliche Größenordnungen FK 1, FK 2 (Arbeitsplatzanzahlen, Flächenbedarfe, Systemlänge Palettenregalkomplexe)
d) Notwendige Ausrüstungsstruktur am Fertigungskomplex, Auslastungsgrade, Umfang technologisch und kapazitiv bedingter Kooperation
e) Flexibilität der FK gegenüber Schwankungen des Produktionsprogramms (Varianten)
f) Erlaubt der Baukörper (Shedhalle – begrenzte Systemhöhen und Systembreiten) die flächengünstige Einordnung doppelreihiger Regalsysteme mit hinreichenden Regalhöhen sowie hinreichenden Maschinenstreifen (Flächen) und Transportwegbreiten?

g) Anzahl erforderlicher Palettenstellplätze im Regalsystem (Grundlagen der Dimensionierung Regalsysteme)

h) Erforderliche Transportspielanzahlen der RBG aufgrund der zu erwartenden Materialflussvernetzungen bei Einhaltung der Belastungsgrenzen der RBG (Grundlagen bei der Dimensionierung Fördermittel)

i) Umfang des zu erwartenden zeitraumbezogenen Dispositionsaufwandes im Leitstand, z. B. hinsichtlich:
   – Ein- und Ausschleusungen Regalkomplex
   – Arbeitsplatzbelegungen (Materialtransporte)
   – Fertigmeldungen (Materialabtransport)
   – Lagerplatzbelegungen und -entnahmen, Umlagerungen (Auswahlkriterien für einzusetzenden PPS-Soft- und Hardware).

Einsatz Planungssystem CAD-FAIF

Die rechentechnische Verarbeitung der Eingabedatenkomplexe wurde auf die durch die Fertigungssegmentierungen definierten **Basissysteme** (Ausgangslösungen) aufgesetzt. Diese stellen statisch vorbilanzierte bzw. „voreingelastete" Kapazitätsprofile der Ausrüstungsstrukturen dar, durch die der Lösungsraum der Dimensionierungs- und Strukturierungsexperimente gezielt eingegrenzt wird.

Der Experimentierablauf erfolgte modulbezogen im Rahmen dialogorientierter iterativer Bearbeitungsschritte entsprechend der Systemlösung von CAD-FAIF. Dimensionierungsentscheide erfolgten unter simultanem Abgleich mit Kenngrößen des jeweils erzielten Zeit- und Mengenverhaltens.

Basierend auf den Produktionsprogrammstrukturen von Abb. 8.12 (Erfolgsjahr), der Produktsegmentierung und Trendentwicklungen wurden unterschiedliche Produktionsprogrammvarianten (PPV) je Fertigungskomplex entworfen und den Experimenten zugrunde gelegt. Durch Bildung einer Vielzahl von PPV wurden Vorhersagengenauigkeiten der perspektivischen Programmentwicklung (Umfang, Struktur, zeitliche Verteilung) erfasst und in die Experimente einbezogen.

In Abb. 8.17 ist eine Auswahl unterschiedlicher Kenngrößen (Dimensionierung, Statistik, Zeit-Mengen-Verhalten) im Ergebnis von Simulationsexperimenten am Beispiel FK 1 ausschnittsweise dargestellt. Diese wurden – wie nachfolgend aufgeführt – in mehreren Untersuchungskomplexen ausgewertet und der Systemgestaltung von FK 1 zugrunde gelegt (Verfahrensweise FK2 analog).

APG (IGFA-Komplex)			1	2	3	4	5	6	…	31	32	33	RGB
AP je APG **DIM-BS**	Erzeugnis-Struktur	TL-Größe											
	PPV I 9000 Erz.	X reduziert	1		1	1							1
	30000 Erz.	Y reduziert		1	1		1	2		2	1	1	
	PPV II 9000 Erz.	X 3fach	1		1	1							1
	30000 Erz.	Y 3fach		1	1		1	2		2	1	1	
	PPV III 9000 Erz.	X reduziert	1		1	1							1
	40000 Erz.	Y reduziert		1	1		1	2		2	1	1	
	PPV IV 18000 Erz.	X reduziert	2	2	2	2	1	1		2	2	2	1
	20000 Erz.	Y reduziert	6	1	1	1	4	4					
	Vernetzung der APG (alle PPV)									10	13	12	–
Produktions-programm Variante II	TL (Jahr)		421	56	190	52	129	389		1249	906	455	20320
	TL 1. Arbeitsvorgang (Jahr)		0	56	183	0	3	163		31	530	78	4606
	Auslastungsgrad – APG (%)		45	83	56	28	28	80		94	88	78	41
	Schichtfaktor		1	2	2	1	1	3		2	1	1	3
ZM-V **DIM-FLS**	**nach 1000 TL:**												
	Warteschlange max.		4	6	4	3	2	30		16	17	6	1
	Warteschlange mittl.		0,4	3,3	1,3	1,5	0,2	21,1		4,9	14,9	1,2	0,1
	nach 1500 TL:												
	Warteschlange max.		4	12	6	4	2	40		16	30	6	2
	Warteschlange mittl.		0,4	6,4	2,1	2,0	0,2	27,8		4,7	21,1	1,1	0,1
	nach 1000 TL:												
	Lagerbestand max.		239										
	Lagerbestand mittl.		184										
	nach 1500 TL:												
	Lagerbestand max.		344										
	Lagerbestand mittl.		235										

Legende: PPV – Produktionsprogrammvariante   TL – Transportlos   FLS – Förder- und Lagersystem
        APG – Arbeitsplatzgruppe   RBG – Regalbediengerät   ZM-V – Zeit-Mengen-Verhalten
        AP – Arbeitsplatz   BS – Bearbeitungssystem   DIM – Dimensionierung

Abb. 8.17: Ausgewählte Kenngrößen der Simulationsexperimente von FK 1

Untersuchungskomplexe – Planungssystem CAD-FAIF

1. Analyse der Produktsegmente

– Vernetzung der Arbeitsplatzgruppen (APG)
Die Analyse von TEISO 1 und TEISO 2 zeigte, dass in FK 1 bzw. FK 2 jede APG mit 6 bzw. 5 kooperierenden APG materialflusstechnisch verknüpft ist (Durchschnittsgrößen). Wird die anzustrebende Mindestvernetzung in IGFA von > 4 APG zugrunde gelegt (vgl. **Kooperationsgrad** in Abschnitt 3.3.3.3), zeigt sich die hohe Eignungsfähigkeit des IGFA-Konzeptes für diese Teilesortimente, da „ständig" extrem veränderte Materialflussvernetzungen durch das Förder- und Lagersystem zu realisieren sind. Dadurch ist der Einsatz dieses hochflexiblen Materialflusssystems besonders begründet.

– Geschlossenheitsgrad – Prozesssegmente
Die ermittelten Kenngrößen lagen bei 0,95 und damit deutlich über der Mindestforderung von 0,75 (vgl. Geschlossenheitsgrad in Abschnitt 3.3.3.3). Das heißt, 95 % der zu realisierenden Arbeitsvorgänge (AVG) liegen innerhalb der Fertigungskomplexe, sodass eine nahezu geschlossene autonome IGFA-Struktur gesichert ist (Minimierung von Aus- und Wiedereinschleusungen).

2. Dimensionierung der Teilsysteme

– Bearbeitungssystem (BS)
- erforderliche Kapazität je Arbeitsplatzgruppe (APG)
- Anzahl Arbeitsplätze (AP) je Arbeitsplatzgruppe (APG) – Struktur Bearbeitungssystem
- erforderlicher Schichtfaktor – erzielter Auslastungsgrad je APG
- Anzahl Transportlose (TL) mit erstem Arbeitsvorgang APG (Ableitung dominierender Startarbeitsplatzgruppen zur gezielten Kapazitätsauslegung)
- Flexibilität des Bearbeitungssystems gegenüber Produktionsprogrammschwankungen

Strukturellen und kapazitiven Schwankungen der Produktionsprogrammvarianten von ca. 30 % standen nur entsprechende Veränderungen in der Bearbeitungssystemstruktur von 20 % gegenüber (Dämpfungseffekte). Kapazitätsstabile und -instabile APG wurden als Grundlage für Kapazitätsauffüllungen (Teileumlegungen), für Investitionsplanungen sowie für Alternativtechnologien spezieller Arbeitsvorgänge (Sicherung technologischer Redundanzen) ermittelt.

– Förder- und Lagersystem (FLS)
Grundlage waren detaillierte Analysen zu den Schwerpunkten der Warteschlangenbildung im **Palettenfluss** der Fertigungskomplexe. Wesentliche Auswertungsschwerpunkte (vgl. Abb. 8.17):

Fördersystem: – Anzahl Transportlose (TL)
(Regalbediengerät – RGB)   – Auslastungsgrad RBG
     – Warteschlangenbildung vor RBG

Lagersystem: – Warteschlangenbildung vor APG
(Palettenregal)   – Lagerbestand im Lagersystem
     – Anzahl TL über alle APG (Übergabe-
intensität).

Dargestellt sind in Abb. 8.17 für PPV II in FK 1 die mittlere und maximale Warte-schlangenbildung vor den APG im Simulationszeitraum bei Abhängigkeit von der Einschleusmenge (Palettenanzahl – Transportlose TL). Deutlich wird, dass auch bei extremer Einschleusung der Palettengesamtbestand im Regalkomplex unter 400 Stück (nach 1000 TL) bzw. unter 350 Stück (nach 1500 TL) bleibt, sodass Maximalbestände erkennbar werden.

Hinsichtlich der Dimensionierung der **Regalsysteme** ist zu beachten: Während die **Regallänge** (Anzahl Regalspalten) maßgeblich durch die erforderliche Anstell-länge der Arbeitsplätze vorbestimmt ist, leitet sich die entsprechende erforderliche **Regalhöhe** (Anzahl Regalzeilen) aus dem zu realisierenden Maximalbestand an Palettenlagerung ab. Das Dimensionierungsergebnis zeigte, dass die mögliche Re-galhöhe deutlich über der erforderlichen Regalhöhe liegt. Damit wurde erkennbar, dass die begrenzte Systemhöhe des verfügbaren Produktionsgebäudes (Shedhal-lenbau) kapazitiv zur Einordnung der Lagerkomplexe genügt. Zwecks Aus-nutzung von Raumhöhe und Regalbediengerätetechnik wurde das einordenbare Lagervolumen (Stellplatzanzahl) maximiert, d. h., die verfügbare Lagerkapazität beträgt etwa das Doppelte der erforderlichen Größe. Damit wurden schon im Stadium der Idealplanung aufgrund exakter Hochrechnungen mittels der **Simula-tionstechnik** Kapazitätsreserven im Lagerbereich erkennbar. Wie in der „Produk-tionslogistik Gesamtprozess" vorgegeben, wurde damit die Aufnahme weiterer Lagerfunktionen zur Ausschöpfung der Lagerkapazitäten möglich (Aufbau – Komplexläger, Ausbaustufe 1/2).

Werden die Belastungen des Regalbediengerätes in FK 1 analysiert (vgl. Abb. 8.17), so zeigt sich, dass das RBG nur zu 41 % zeitlich ausgelastet ist. Das heißt, ein RBG deckt die erforderlichen Materialtransporte ab – Transporteng-pässe (kapazitiv bedingt) treten nicht auf und zusätzliche Transportspiele für er-weiterte Lagerfunktionen sind möglich (kapazitiver Gestaltungsraum für Aus-baustufen).

– **Flächenbedarf**
Basierend auf Vorgaben zum Ausrüstungseinsatz (Hauptabmessungen) wurden er-mittelt:
• Größe der Arbeitsplatzflächen

- Flächengrößen der Funktionsbereiche (Ein-/Ausfahrbereiche RBG, Wartungsflächen u. a.)
- Flächengrößen der Fertigungskomplexe
- Flächennutzungsgrade.

– **Personalbedarf**
Detaillierte Ermittlungen wurden für folgende Tätigkeitsbereiche vorgenommen:
- Maschinen- und Handarbeitsplätze
  Beachtung von Mehrmaschinenbedienung, Normerfüllungsgrad, Schichtfaktoren, Auslastungsgraden, Gruppenarbeit (erweiterte Inhalte), Robotereinsatz, bedienarme Komplexe, Ausfallzeiten
- Transport- und Handhabungstätigkeiten (Ein- und Ausschleusbereich)
- Dispositionstätigkeiten (Leitstand).

– **Dispositionsaufwand**
Zur vorausschauenden Abschätzung des zu erwartenden Dispositionsumfanges (pro Tag/Schicht/Stunde) wurden folgende Kennwerte abgehoben:
- Anzahl Ein-/Ausschleusungen von Paletten
  - Ein-/Ausschleusbereich (Kopfbereich Regalkomplex)
  - Übergabefächer (Arbeitsplatzbereiche)
- Anzahl Arbeitsplatzbelegungen
- Anzahl RGB-Bewegungen (Transportvorgänge), Lagerbewegungen (Ein-, Aus- und Umlagerungen)
- Anzahl Fertigmeldungen (Rückmeldeumfang BDE).

3. Zeit-Mengen-Verhalten des Gesamtsystems

Die Bewertung des komplexen Systemverhaltens basierte auf folgenden Kenngrößen:

– Warteschlangenbildung vor APG
– Durchlaufzeit TL (Palette)
– Liegezeitanteile an Durchlaufzeit
– Auslastung APG, RBG (Gesamtsystem).

Mengenverhalten (MV):

Die Analyse zur Warteschlangenbildung (Staueffekte) zeigten, dass die zu erwartenden Warteschlangengrößen je APG im Bereich von 3 bis 8 Paletten liegen (nach Eingriffen zur Kapazitätshomogenisierung). Damit sind erforderliche APG-bezogene Palettenlagerkapazitäten (Richtgrößen) bestimmt, die z. B. bei Strategien gezonter Lagerung bzw. chaotischer Lagerung zur Lagerplatzgenerierung von Bedeutung sind.

Zeitverhalten (ZV):

- Erzielbar sind Durchlaufzeitsenkungen von 30 bis 60% sowie Absenkungen der Liegezeitanteile an der DLZ von 30 bis 50% (Abbau Übergangszeiten).
- Die zeitliche Auslastung der APG bzw. AP zeigte sich bei simulativer Dimensionierung leicht unter den entsprechenden Werten bei statischer Dimensionierung (kumulative Hochrechnung der Kapazitätsbedarfe), konnte aber deutlich höher als bei Istzustand nachgewiesen werden.

C Strukturierung – Fertigungskomplexe

Entwurf Anordnungsstruktur – Ideallayout

Basierend auf den Vorgaben zur Ausrüstungsgruppierung wurden in den Simulationsläufen zur Strukturierung ermittelt:

- Entwurf einer **optimierten räumlichen Anordnungsstruktur** (Ideallayout) der AP bzw. APG zum Regalkomplex. In Abb. 8.18 ist der Rechnerausdruck eines stilisierten **werkstattbezogenen Ideallayouts** (Blocklayout) für FK 1 dargestellt. Von Bedeutung ist hierbei, dass die Anordnungsoptimierung ausschließlich unter der Zielfunktion – Minimierung Fahrwege RGB (Spieldauer/Spielanzahl) – erfolgt ist, sodass AP mit hohem Belegungswechsel in der Systemmitte, AP mit geringem Belegungswechsel hingegen am Systemrand (Endbereiche der Regalkomplexe) angeordnet sind. Prinzipien der Materialflussoptimierung durch entsprechende Anordnungsstrukturen wurden damit umgesetzt (vgl. Abschnitt 3.3.3.2), hier allerdings basierend auf dem Belegungswechsel der AP.
- Entwurf von **Anordnungsformen** (Längs-, Queraufstellung) innerhalb der Maschinenstreifen (MS).

Von Bedeutung ist eine Besonderheit der vorliegenden speziellen Systemlösung: die Umsetzung auch extremer Materialflussvernetzungen durch den Einsatz ständig verfügbarer, hochflexibler Förder- und Lagersysteme. Daraus folgt, dass der Problemkomplex „materialflussoptimierte Anordnung" (vgl. Abschnitt 3.3.3.4) an Bedeutung verliert und eine weitgehend **materialflussunabhängige Anordnungsstruktur** der AP innerhalb der IGFA-Komplexe möglich wird. Das heißt, nicht die Flussintensität und Objektabstände sind wesentlich, sondern die Häufigkeit der Belegungswechsel an den AP. Damit sind bei dieser Fertigungsform deutlich erweiterte **Freiräume der Strukturplanung** (Reallayout!) gegeben. Diese Folgerung gilt – wie im vorliegenden Industriebeispiel – allerdings nur unter Einhaltung der Bedingung, dass die **Grenzbelastung der RBG** nicht erreicht bzw. überschritten wird.

Mit dem Entwurf von programmbezogenen Varianten des Ideallayouts gemäß den Inhalten der Idealplanung lagen „idealisierte Ausgangslösungen" für den Prozess der Realplanung vor.

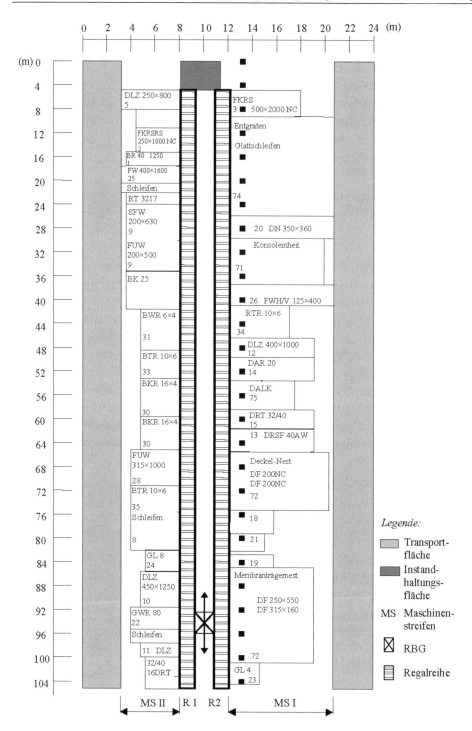

Abb. 8.18: Ideallayout FK 1 (Blocklayout – Simulationstest)

Realplanung

D Gestaltung – Fertigungskomplexe

Ausgehend von den Ergebnissen der Idealplanung wurde die Anpassung der Ideallösung an die „realen Bedingungen" der Fabriksituation vorgenommen (vgl. Abschnitt 3.3.4.2). Diesem **Anpassungsprozess** wurden Restriktionen vorgegeben, die wesentlich durch die realen Flächen- und Raumstrukturen des zu nutzenden Shedhallenkomplexes sowie durch spezielle Anforderungen aus der unmittelbaren Praxis des Produktionsablaufes begründet waren.

Im Rahmen des **Anpassungsprozesses** wurden u. a. folgende Eingriffe in die Lösungsgestaltung vorgenommen:

- Umordnungen innerhalb der Maschinenstreifen zu den Regalkomplexen (Abstimmung von Raum- und Systemstruktur)
- Systemverkürzungen (FK 1 / FK 2) durch doppelreihige Ausrüstungsanordnung
- Gruppierung der Arbeitsplätze nach Verantwortungsbereichen (verfahrensorientiert)
- Umsetzung spezifischer Anschluss- und Fundamentierungsbedingungen der Ausrüstungen
- Bekranung nur in Shed 1 (Einordnung von „Schwertechnik")
- Feinzuordnung von Übergabefächern (ÜF) je Arbeitsplatz bei Beachtung von Stützenreihen (Fixpunkte) längs der Regalkomplexe (Verfahrbarkeit der Übergabewagen im AP-Bereich)
- Zuordnung externer Arbeitsplätze (funktions- und raumgerecht), z. B. in FK 1 – Waschen und Entgraten
- Einhaltung von Gesetzmäßigkeiten der Arbeitsplatzgestaltung.

Im Ergebnis der Anpassung der Ideallösung an die Realbedingungen ergaben sich Lösungsvarianten (bei nur marginalen Unterschieden), aus denen die in der Abbildung 8.19 dargestellte **Gestaltungslösung** als zu realisierende **Vorzugsvariante** bestimmt wurde.

In den Anpassungsprozess waren neben speziellen **Anpassungsfaktoren** weiterhin **Materialflussgrundsätze** einzubeziehen (vgl. Abschnitt 3.3.4.2). Die Wahl und Einordnung von **Logistikelementen** in das Lösungskonzept war durch die gewählte Fertigungsform IGFA/C systembedingt vorgegeben.

In Abb. 8.19 ist das **Reallayout** (Groblayout) der **Neugestaltung des gesamten Vorfertigungsbereiches** bei Einordnung in den Shedhallenkomplex dargestellt, detaillierte Anordnungen sowie wesentliche Materialflussstrukturen (Palettenfluss) sind erkennbar.

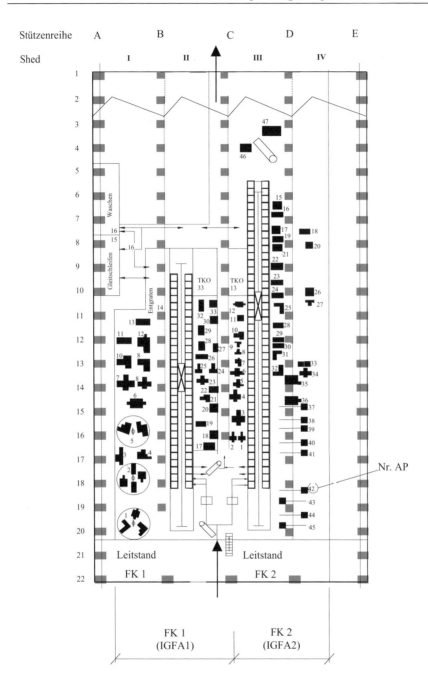

Abb. 8.19: Reallayout – Anordnungs- und Materialflussstrukturen Fertigungskomplexe – FK 1 / FK 2

Wird z. B. das Reallayout von FK 1 in Abb. 8.19 mit dem entsprechenden Ideallayout in Abb. 8.18 verglichen, so werden u. a. deutliche Veränderungen in den Arbeitsplatzanordnungen und in den Systemmaßen erkennbar. Zu beachten war, dass diese Abweichungen vom Ideallayout in der Konsequenz teilweise auch zu Abweichungen von den mittels Simulation ermittelten Kenngrößen führten, so z. B. der Kennwerte zur Dimensionierung der Regalbedientechniken (vgl. Abb. 8.17). Die durch die Layoutveränderungen zusätzlich auftretenden Belastungen der Regalbediengeräte (Abweichung von transportoptimaler Anordnung) lagen allerdings innerhalb der durch Simulationsexperimente ermittelten Reservekapazitäten (von über 55%), wie auch in Nachuntersuchungen bestätigt werden konnte, sodass die Anordnungsveränderungen zulässig waren. Die durch Simulation ermittelten Kenngrößen der Ideallösung machten den **„Anpassungsspielraum" der Reallösung** deutlich bzw. grenzten diesen ein.

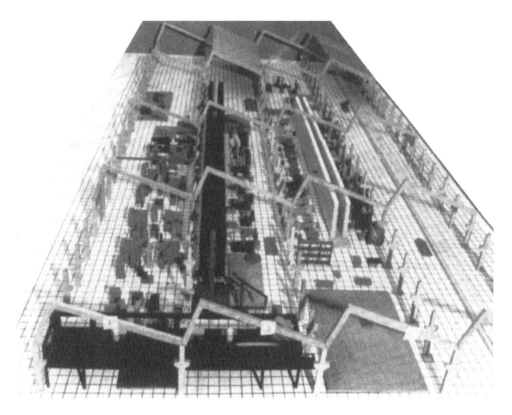

Abb. 8.20: Räumliches Modell Shedhalle – Fertigungskomplexe IGFA/C (Realisierungsvariante)

Zur Unterstützung der Entscheidungsprozesse und der Lösungsakzeptanz wurde das in Abb. 8.20 dargestellte maßstäbliche dreidimensionale Modell der Lösung des Shedhallenkomplexes basierend auf dem Reallayout von Abb. 8.19 erstellt. Dieses **Demonstrationsmodell** erwies sich als äußerst hilfreich – Prozessveränderungen, Neuanordnungen und der Funktionsablauf konnten anschaulich und überzeugend präsentiert werden.

Gestaltungsgrundsätze – Reallayout

Folgende Gestaltungsgrundsätze charakterisieren die Realisierungsvariante (vgl. Abb. 8.19 und 8.20):

- Längsseitige Teilung des Shedhallenkomplexes in zwei autonome, räumlich parallele Fertigungskomplexe FK 1 / FK 2
- „shedbezogene" Einordnung der Fertigungskomplexe in die Flächen- und Raumstruktur des Baukörpers (Shedhalle) – vgl. Abb. 8.21
  FK 1 in Shed I/II, FK 2 in Shed III/IV
  Querstrukturierung FK – Transportweg (TW), Maschinenstreifen (MS), Regalreihe (R), Fahrgasse/Ausfahrbereich Regalbediengerät (RBG), Regalreihe (R), Maschinenstreifen (MS), Transportweg (TW)
- Einsatz einheitlicher doppelreihiger Palettenregallager in räumlich zentraler Achslage zu jeweils parallelen Maschinenstreifen
  Als Lösungsausschnitt zeigt Abb. 8.22 die Längsansicht des Regalkomplexes (R1), den Ein- und Ausschleusbereich sowie den Maschinenstreifen (MS II) von FK 1
- räumlich direkte Zuordnung der Arbeitsplätze/Ausrüstungen innerhalb der Maschinenstreifen längsseitig zum Förder- und Lagersystem bei deren direkter Ver- und Entsorgung mit Material (Paletten) vom Lager zum Arbeitsplatz und Einsatz von manuell frei verfahrbaren Übergabewagen (ÜW)
- Palettenregale und Regalbediengerät bilden ein kombiniertes Förder- und Lagersystem und stellen das funktionelle Kernstück der Fertigungskomplexe zur Realisierung von Palettenförderung und -lagerungen dar
- Einheitlich palettierte Materialförderung und -lagerung unter Einsatz von Europaletten bei Längseinlagerung im Regalkomplex
- Kopfseitig aufgestelzte Quereinordnung der Leitstandszentrale (Galerie) für FK 1 und FK 2, räumlich unmittelbar zum Ein- und Ausschleusbereich beider FK (Sichtkontakt). Durchgesetzt ist damit ein wesentlicher psychologischer Aspekt – der „ständige" Blick auf den zu steuernden bzw. zu verantwortenden Produktionsbereich.

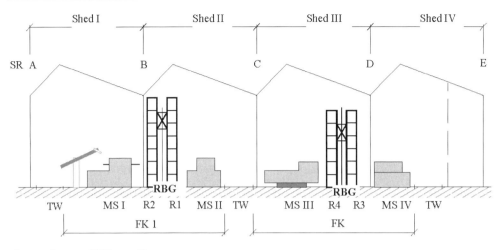

Legende: TW – Transportweg
MS – Maschinenstreifen
FK – Fertigungskomplex
SR – Stützenreihe
R – Regalreihe
RBG – Regalbediengerät

Abb. 8.21: Einordnung Fertigungskomplexe in Shedhallenbau

Abb. 8.22: Längsansicht Regalkomplex und Maschinenstreifen FK 1

Technologische Merkmale – Systemlösung FK 1 / FK 2

In Abb. 8.23 sind ausgewählte technologische Merkmale der Systemkomponenten – Teilesortiment, Bearbeitungs- und Materialflusssystem (Lager-, Förder- und Übergabetechniken) der Fertigungskomplexe dargestellt. Diese präzisieren die realisierte Gestaltungslösung und markieren Einsatzmerkmale und Größenordnungen. Planungsinhalte der Realplanung der Ausführungsvariante werden deutlich erkennbar.

Merkmal	FK 1	FK 2
Teilesortiment		
Grundsortiment	Einzelteile – Gerätesyste	Einzelteile – Liefersortiment – sonstige Geräte
Sortimentsbreite	400	2600
Abmessungen (max.) in mm	120 x 120 x 120 Durchmesser 300	120 x 120 x 120 sowie Ausreißer
Masse je Teil in kg	0,5 ... 3,0	< 1
Fertigungsauftragsgrößen in Stück	100 ... 500	100 ... 500
Transportbehälter je FA	1 ... 10	1 ... 6
Anzahl AVG je Teil	5 ... 12	5 ... 12
Teilegeometrie	rund, flach, Gehäuse	rund, flach, Gehäuse
Vernetzungsgrad der AP	6	5
Geschlossenheitsgrad der AP	> 0,75	> 0,75
Bearbeitungssystem		
Anzahl APG	33	43
Anzahl AP	33	47
– davon NC-Technik	15	5
– davon konventionelle Technik	14	42
– davon Handarbeitsplätze	4	–
Reserveanstellplätze	–	5
VWP-Versorgung	Arbeitsvorgangsbezogen extern auf Basis von Vorschaulisten (DV-Vorgaben)	
Späneentsorgung	konventionell	
Materialflusssystem Regalkomplex		
Systemmaße in m		
(SL _ SB _ SH)	53 x 2,8 x 7,4	72 x 2,8 x 6,6
Regalspalten	74	94
Regalzeilen	7	6
Palettenplätze	1036	1128
davon:		
Lagerplätze	888 (Zeile 2–7)	940 (Zeile 2–6)
Einschleusplätze (Zeile 1)	4	8
Ausschleusplätze (Zeile 1)	4	4
Übergabeplätze (Zeile 1)	72	84 (davon 10 Reserve)

Abb. 8.23: Technologische Merkmale der Systemkomponenten von FK 1 / FK 2

Der **Palettenfluss** (Materialflusssystem) in den FK wird funktionell wie folgt realisiert:

– *Regalsystem – intern*

    Einsatz automatisches **Regalbediengerät** (RBG)

    Funktionen: – Ein-, Aus- und Umlagerung von Paletten
                       – Ver- und Entsorgung der Übergabefächer

– *Regalsystem – extern*

- Schnittstelle Regal/Arbeitsplatz (Übergabesystem)
  Einsatz **Übergabewagen** (ÜW)
  Funktion: Zu-/Abförderung Paletten zwischen Übergabefach (ÜF) und Arbeitsplatz
  In Abb. 8.24 ist ein Regalausschnitt zum **Funktionsbereich „Palettenübergabe"** – Einordnung Übergabewagen in Übergabefach – dargestellt (Systemlösung).
- Schnittstelle Regal/Ein- und Ausschleusbereich (Übergabesystem)
  Einsatz **Übergabewagen** (ÜW)
  Funktion: Zu-/Abförderung Paletten zwischen Einschleus-, Ausschleusfach und Flurfördermittel
- Schnittstelle FK zu Umfeld
  Einsatz **Flurfördermittel** (Gabelstapler)
  Funktionen: – Ver- und Entsorgung mit Material über Kopfstation
                   – Kooperationstransporte zu vor-, zwischen- und nach gelagerten AP (Bereichen)
                   – Ver- und Entsorgung mit Vorrichtungen, Werkzeugen, Prüfmitteln (VWP).

Die **Palettenlagerung** in den FK ist funktionell gliederbar in:

- Palettenlagerung im Lagerkomplex (Lagerfunktionen – Bereitstellung- und Ausgleichslagerung)
- Palettenlagerung in den Übergabefächern (Pufferung vor den AP)
- Palettenlagerung unmittelbar an den AP (Werkstückhandling an den AP).

Die entsprechende zeilen- und spaltenbezogene Aufteilung der Palettenstellplätze innerhalb der Lagersysteme von FK 1 / FK 2 ist in Abb. 8.23 dargestellt (Materialflusssystem).

Abb. 8.24: Systemlösung Übergabebereich – Zuordnung Übergabewagen zu arbeitsplatzbezogenen Übergabefächern

Im Ergebnis der **Realplanung** wurde die Vielzahl der Planungsergebnisse in einer **Feasibility-Studie** zusammengestellt, sodass hinreichende Entscheidungsgrundlagen gegeben waren. Inhalte waren neben dem vorangehend erarbeiteten **technologischen Projektteil** aber auch ein **zeitparallel** erarbeiteter **organisatorischer Projektteil**. Dieser umfasst Funktionen und Aufwände der rechnergestützten Organisation (Auftragsdurchlauf) bei Inbetriebnahme und Nutzung der Systemlösung IGFA/C. Auch dieser Projektteil wurde zunächst als Grobkonzept (Planungsphase Grobplanung) erarbeitet. Basierend auf Grundsätzen zum Funktionsablauf der Systemlösung (Auftragseinplanung, -realisierung und -Überwachung,) waren damit Kostenaufwände darstellbar für:

– Software-Systeme (PPS-Strukturen, Leitstände, Regalverwaltung)
– Hardware-Systeme (Leitstandsysteme, verteilte DV-Systeme),
– Überwachungs- und Signalisationssysteme (BDE-Techniken, Ruf- und Anzeigesysteme).

Im vorliegenden Industriebeispiel war das Lösungsprinzip selbst nicht mehr Entscheidungsgegenstand, vielmehr war die **Entscheidungslage** durch folgende Aspekte (Varianten) gekennzeichnet:

– Spezielle Ausrüstungsbeschaffungen je Fertigungskomplex (Investitionsumfänge und -etappen)
– Realisierungszeitachsen (Feinplanung, Realisierung, Inbetriebnahme)
– Umbauetappen (Flächenfreisetzung/Sicherung Produktion parallel zum Lösungsaufbau)
– Anforderungen der Projektfeinplanung (Spezifizierungen)
– Konkretisierung der Inhalte von Ausbaustufen.

Mit positiven Entscheidungen (Planungsfreigabe) und Präzisierungen (Vorgaben) zur Ergebnisvariante der Realplanung (vgl. Abb. 8.19) waren die Ausgangsbedingungen zur weiterführenden Planung der Lösungsvariante bis zur Ausführungsreife (Feinplanung) gesetzt. Gleichzeitig wurden erste Realisierungsaktivitäten vorgezogen initiiert.

8.2.2.4 Feinplanung – Ausführungsprojekt

Nach Vorliegen der Entscheidungen zur Realisierungsvariante wurden im Rahmen der Feinplanung wesentliche inhaltliche **Präzisierungen der Projektlösung** herbeigeführt. Dazu wurden die Kontakte zu potenziellen Ausrüstungslieferern bzw. Dienstleistern hinsichtlich Angebotspalette, Systemmerkmalen sowie Lieferbedingungen deutlich vertieft.

Nachfolgend wird eine Auswahl von Inhalten **der technologischen und organisatorischen Projektteile** angeführt, die zur Erreichung der Zielstellung „**Projektlösung in Ausführungsreife**" detailliert zu bearbeiten waren. Deutlich wird dabei die fachliche Vielschichtigkeit der Aufgabenkomplexe sowie der erhebliche Bearbeitungsumfang (vgl. Abschnitt 3.4).

Projektteil – Technologische Systemlösung

Erarbeitung Feinlayout

In Abb. 8.25 ist die **Funktionsstruktur** der Fertigungskomplexe am Beispiel FK 1 dargestellt. In Verbindung mit dem Groblayout (Realplanung) legt diese funktionell-räumliche Zuordnungen zwischen Regalkomplex und Übergabe-, Ein- und Ausschleusfächern, Arbeitsplätzen, Kostenstellen, Signalabgriffen und Signalumsetzungen der BDE-Systeme fest. Im Ergebnis dieser Zuordnungen erfolgte der Entwurf des in Abb. 8.26 dargestellten **Feinlayouts** des Shedhallenkomplexes.

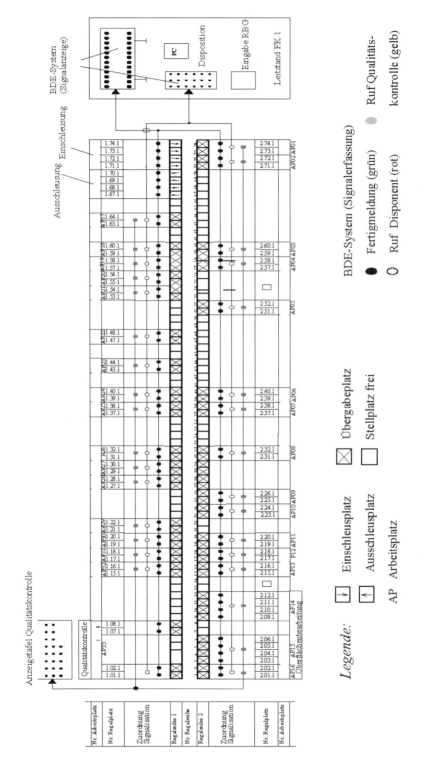

Abb. 8.25: Funktionsstruktur FK 1 (schematisiert) – Regalreihen 1 und 2 (Regalzeile 1)

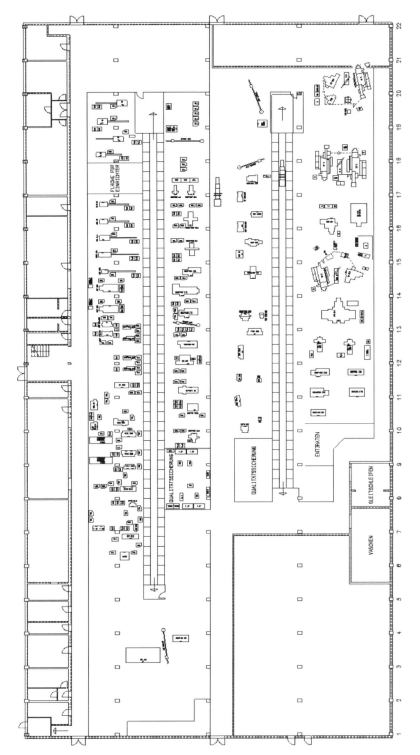

Abb. 8.26: Feinlayout der Shedhalle – Projektlösung Fertigungskomplexe FK 1 / FK 2

System Palettenübergabe (Schnittstelle Regal/Arbeitsplatz)

In Abb. 8.24 ist die funktionell-konstruktive Lösung der Schnittstelle – **Übergabe-fächer** – **Übergabewagen** – **Arbeitsplatz** – dargestellt. Unter Beachtung des auftretenden Palettendurchsatzes je Arbeitsplatz (Simulationskennwerte) wurden (mit Ausnahme der Oberflächentechnik) jedem Arbeitsplatz zwei Übergabefächer zugeordnet. Dabei gilt in Abstimmung mit der Steuerungssoftware – jede Palette ist nach dem Bearbeitungsprozess in „ihr" Entnahmefach wieder zurückzuführen (Sicherung Palettenidentifikation), sodass maximal eine Folgepalette bereitgestellt wird (Bereitstellungslagerung). Das Palettenhandling durch das RBG wurde durch optische Erkennungssysteme gesichert.

Varianten der Ausrüstungsinstallation

Festlegungen zu ausrüstungs- und arbeitsplatzspezifischen Installations- und Anordnungskriterien:

– Versorgungssysteme (Überflur) – Energie, Druckluft
– Entsorgung Späne konventionell – Behältersysteme, Standorte
– Fundamentierung: – schwingungsisolierende Maschinenaufstellung
  – flexible Maschinenbefestigungen (Mobilität).

Arbeitswissenschaftliche Gestaltung

Festlegungen zur Gestaltung der Arbeitsumgebung:

– Anforderungsgerechte Arbeitsbedingungen, z. B. Luft, Licht, Klima, Akustik/ Lärm, Heizung, Farbgestaltung
– Arbeitsschutzfestlegungen
– ergonomische Arbeitsplatzgestaltung.

Projektteil – organisatorische Systemlösung

Organisationsprinzipien – Systemlösung FK 1 / FK 2

Von überragender Bedeutung hinsichtlich der Zielerreichung des Lösungsprinzips IGFA/C kommt dem Niveau der **Produktionsplanung- und Steuerungsprozesse (PPS-Systeme)** einschließlich deren produktionslogistischer Einordnung in den Gesamtprozess der Geräte- und Gefäßproduktion zu (vgl. Abb. 8.10). Davon ausgehend wurden Anforderungskriterien und Organisationsprinzipien an PPS-Strukturen im Rahmen der Grobplanung der Lösungsvariante entwickelt. Diese Aufgabenkomplexe wurden **parallel** zum Planungsprozess realisiert und waren integrierter Bestandteil der Projektlösung (vgl. Abschnitt 1.3).

Der zu entwickelnden PPS-Lösung wurden Prinzipien des **Mehrebenenkonzeptes** – bei ebenenbezogener, hierarchischer Einordnung unterschiedlicher Funktionskomplexe (Planungs-, Steuerungs- und Prozessebene) – zugrunde gelegt. In der Ausbaustufe 1 (vgl. Abschnitt 8.2.2.1) wurde damit eine dezentrale Lösung basierend auf zentralen Vorgaben verfolgt.

Bei der **Funktionszuordnung** innerhalb der Organisationslösung waren zu unterscheiden (Multiserver-Konzept):

– **Systemexterne Organisationslösung**
  Realisierung von Funktionskomplexen der **Produktionsplanung** auf Server-Rechner als Vorgabekomponente für die Leitstände FK 1 / FK 2

– **Systeminterne Organisationslösung**
  Realisierung von Funktionskomplexen der **Produktionsprozesssteuerung** (Leitstandsfunktionen wie z. B. Arbeitsplatzfeinbelegung, VWP-Abforderung, Fortschrittserfassung, Bestandsführung) auf dezentraler, prozessnaher PC-Leitstandstechnik einschließlich von BDE-Funktionen.

Dabei stand die Aufgabe, das deutlich steigende Dispositionsvolumen der FK bei sinkendem Personalaufwand in wesentlich erhöhter Dispositionsqualität zu realisieren.

Funktionsablauf der Organisationslösung (Grundprinzipien)

Systemextern:

Im **Vorgaberechner** werden im Rahmen der Abarbeitung von Teilfunktionen der Produktionsplanung (Programmplanung, Erzeugnisauflösung, Vorlauf- Termin- und Belastungsplanung) sowie interaktiver Schritte der Auftragsbildung, Lager- und Bestandsdisposition täglich (Schichtbeginn) **Produktionsvorgaben** für die FK 1 / FK 2 erstellt. Aktualisiert werden diese Vorgaben durch tägliche Rückmeldungen (Schichtende) vom Leitstand an den Vorgaberechner. Diese Produktionsvorgaben beziehen sich auf die im Regalkomplex befindlichen Vorfertigungsaufträge und beinhalten Einplanungstermine je Arbeitsvorgang.

Systemintern:

Inhalt der täglichen **Feindisposition** im Leitstand sind die am PC zu erstellenden Feinbelegungspläne der Arbeitsplätze in den FK sowie die davon abzuleitenden Vorschau- und Bedarfsinformationen für VWP-Bereitstellungen. Dieser **passive Dispositionsprozess** erfolgt auf der Basis der zyklischen Produktionsvorgaben vom Vorgaberechner. Auslösende Elemente des **aktiven Dispositionsprozesses** sind Betriebsdatenanzeigen der BDE-Systeme als Folge von Fertigmeldungen, Ein- oder Ausschleusungsaktivitäten an den Regalkomplexen. Davon ausgehend werden interaktiv (Disponent/Leitstandsrechner) neue Zieladressen (Belegungsrechner – Lagerfächer, Übergabe- oder Ausschleusfächer) ermittelt und durch den Steuerrechner RBG durch Auslösung eines automatischen Förderspieles (z. B. Umlagerung, Auslagerung) umgesetzt.

Generierung der Softwarekomponente – Lagerfachverwaltung

Die Generierung der Lagerfächer (Palettenstellplätze) in den Palettenregalkomplexen durch Festlegung von Fächerstrukturen und Lagerzonen bildete die Grundlage zur

- **Generierung der Lagerdatei** im Leitstands-PC
  (Adressierung/Lagerfachverwaltung)
- **Generierung der Steuerrechner** automatisierte RBG (Steuerbefehle – Fördervorgänge).

Die Festlegungen zu den erforderlichen Systemgrößen der Lagerkomplexe definieren direkt die notwendigen Leistungsparameter und algorithmischen Merkmale der einzusetzenden Soft- und Hardwaresysteme.

In der vorliegenden Projektlösung kam eine Lagerfachverwaltungs-Software der Strategie „**offen gezonter Lagerung**" zum Einsatz. Dabei war es für die Generierung der Lagerdatei von überragender Bedeutung, dass die PC-Software Lagerzonen definiert, in die die Aufträge **nach** Bearbeitungsende unabhängig vom Folgearbeitsplatz eingeordnet werden. Nach Bearbeitungsende werden die Aufträge in Zonen eingeordnet, die funktionell den Arbeitsplätzen zugeordnet sind, auf denen sie unmittelbar vorher bearbeitet wurden. Die räumliche Einordnung der Zonen im Regal ist dabei jedoch grundsätzlich frei wählbar. Fundamental ist damit, dass die Software nicht die Darstellung der Warteschlangenbildung **vor**, sondern nur **nach** den jeweiligen Arbeitsplätzen ermöglichte. Davon ausgehend wurde die Systematik der **Lagerzonenbildung** wie folgt festgelegt:

a) Lagerplatz-Ort (Zonenstruktur)

Die Bildung wurde unter dem Aspekt einer weitgehend arbeitsplatznahen Lagerung der bearbeiteten Aufträge vorgenommen. Lagerplatzzonen wurden arbeitsplatzbezogen blockweise in Säulenform über bzw. möglichst nahe den Übergabefächern (ÜF) gebildet. Die Zeilen 1 der Regalkomplexe bilden die Übergabebereiche – standen damit der Zonenbildung nicht zur Verfügung.

Folgende algorithmische Prinzipien der Software waren von Bedeutung:
- Eingangs- und Ausgangswarteschlangen werden bei der Zonenbildung nicht definiert, sie werden durch den PC von oberer zu unterer Regalzeile Lagerzonen überschreibend gebildet.
- Belegung der Säulen immer von unten beginnend.

b) Lagerplatz-Anzahl (Zonengrößen)

Unter Beachtung von Leistungsgrenzen der Software (Ausbaustufe 1) wurden festgelegt:
FK 1 (Zeile 2–7)   – 24/36 LP je AP
FK 2 (Zeile 2–6)   – 20/40 LP je AP.

In Abb. 8.27 ist die Lagerzonenstrukturierung der Regalreihen in FK 1 dargestellt. Deutlich erkennbar sind der Säulenaufbau und deren Zuordnung zu den Übergabefächern. Wird der zur Verfügung stehende Lagerraum mit den durch Simulationsexperimente ermittelten Dimensionierungsgrößen verglichen, zeigt sich, dass die verfügbaren Lagerkapazitäten deutlich höher waren und so spätere Erweiterungen der Lagerfunktionen der Regalkomplexe möglich wurden (Ausbaustufen).

Die Aufschlüsselung der LP-Anzahl je AP wurde daher vereinfachend nach systematischen Grundgrößen vorgenommen. Problementlastend kommt dazu, dass im Falle extremer Warteschlangenbildung mit der Folge von Zonenüberschreitungen softwareseitig eine „Mitbelegung" benachbarter Lagerzonen bzw. Blöcke erfolgt, sodass ein ausreichender Spielraum zum internen Ausgleich von Warteschlangenbildungen gegeben ist (Prinzip der **offen gezonten** Lagerstrategie).

Datenanpassungen

Die Einführung der deutlich veränderten rechnergeführten Systemlösung machte erweiterte bzw. veränderte Dateisysteme (Arbeitsplandateien, Dateien für PPS- und Leitstandssysteme) erforderlich. Diese Datenerfordernisse waren direkt durch die Softwaremodule gesetzt. Wesentliche Neuanforderungen waren:

– Sicherung Identifikation Teile FK 1 / FK 2 (Einsatz spezieller Kennung)
– Spezifizierung der Qualitätskontrollarbeitsvorgänge (Qualitätssicherung)
– Identifikation Folgearbeitsgänge
– Neugestaltung Schlüsselsysteme
– Neugestaltung Vorlaufabschnitte (Durchlauf- und Terminplanung)
– Vorgabe Vorfertigungslosgrößen (Richtgrößen)
– Vorgabe Füllstückzahlen Europalette (maß- und gewichtsabhängig)
– Verschlüsselung VWP-Bedarfe (auftragsabhängig)
– Lagerortangaben
– Maschinennummern/Kostenstellen.

Diese Datenerfordernisse verursachten unternehmensintern umfangreiche Eingriffe in Abläufe und Datenstrukturen.

Struktur – Übergabebereich (Zeile 1)

$$EP = 4$$
$$AP = 4$$
$$ÜB = 72 \text{ (bei 36 ÜF)}$$
$$\underline{\text{nicht genutzte ÜP} = 68}$$
$$\text{Stellplätze gesamt} \quad 148$$

Regalreihe 1

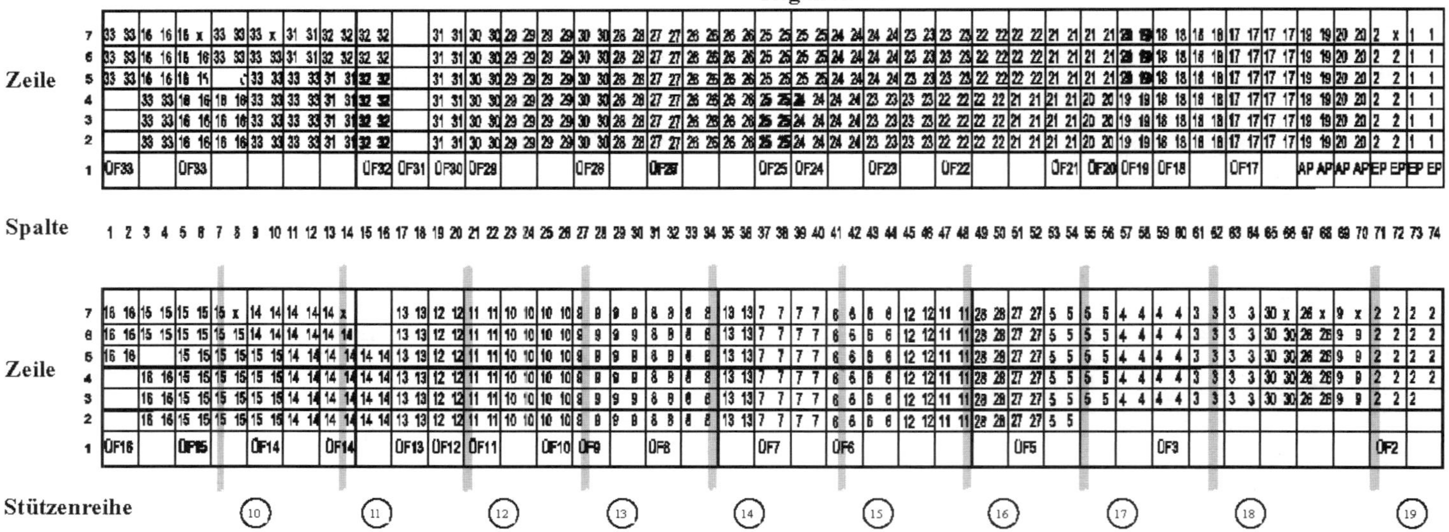

Struktur – Lagerbereichbereich (Zeile 2–7)

$$25 \text{ Arbeitsplätze mit je 24 LP} = 600$$
$$8 \text{ Arbeitsplätze mit je 36 LP} = 280$$
$$\underline{\text{nicht genutzte LP} = 8}$$
$$\text{LP gesamt} = 888$$

Zeile

Spalte

Regalreihe 2

Zeile

Stützenreihe

Beispiel:

Stellplatzkennung   1.27.4
— Regalzeile 4
— Regalspalte 27
— Regalreihe 1

Legende:

EP – Einschleusplatz
AP – Ausschleusplatz
ÜP)
LP – Lagerplatz

ÜP – Übergabeplatz
ÜF – Übergabefach (je 2

Abb. 8.27: Lagerzonenstruktur R1/R2 in FK 1

Ausführungsgestaltung Betriebsdatenerfassungssysteme (BDE)

An den Regalkomplexen wurden arbeitsplatz- und übergabefachbezogen BDE-Systeme zur Erfassung und Anzeige von Zustands- und Rufsignalen installiert (vgl. BDE-Zuordnungen in Abb. 8.25). Diese Erfassungskomponenten wurden mit Anzeige- und Verarbeitungssystemen in den Leitständen von FK 1 / FK 2 gekoppelt. Damit wird der aktuelle Prozesszustand im Leitstand signalisiert, wodurch am Leitstandsrechner automatisch bzw. interaktiv Dispositionsaktivitäten eingeleitet werden.

Die Ergebnisse der Feinplanung (Ausführungsprojekt) wurden detailliert dokumentiert. Insbesondere waren diese die Basis für Entscheidungen der Projektleitung zur Ausführungsplanung und Projektrealisierung aber auch Grundlage für Aufgabenstellungen (AST) zur Auftragsvergabe der Einzelgewerke. Auch waren sie die Basis zur Sicherung der Durchsetzung der Projekttreue.

8.2.2.5 Ausführungsplanung – Shedhallenumbau

Wesentliche Bearbeitungsinhalte waren:

– Festlegungen zur Projektleitung/Projektorganisation (Aufbaustab)
– Prüfung, Korrektur, Ergänzung Projektunterlagen
– Definition von Aufgabenkomplexen, Verantwortlichkeiten, Festlegung von Meilensteinen, Erarbeitung Pflichtenhefte
– Zeitlich inhaltliche Planung des Bau-, Montage-, Einrichtungs-, Installations- und Inbetriebnahmeablaufes
– Erarbeitung von Ausschreibungen, Einholung und Auswahl von Angeboten für die Gewerke (Bau, Montage, Ausrüstungen, Hardware, Software, BDE-Techniken), Auftragsvergabe Ausrüstungen, Bau, Installation
– Einholung von Genehmigungen/Gutachten (Bauaufsicht, Feuerwehr u. a.)
– Planung von zeitweiligen Produktionsverlagerungen zur Sicherung von Flächenfreisetzungen – Werkstättenumbau bei laufender Produktion, Festlegungen Flächenfreizug, Ausrüstungsrückumsetzung (Umzugspläne)
– Auslösung technologisch-organisatorischer Vorbereitungsaktivitäten, z. B.:
  • Verarbeitungsgerechte Überarbeitung von Arbeitsplänen (3000 Identnummern)
  • Neuaufbau technologischer Dateien
  • Neugestaltung Organisationslösung (PPS-Komponenten/Leitstandstechniken/ BDE-Komplex).

8.2.2.6 Projektrealisierung – Aufbau Fertigungskomplexe

Hauptinhalte der Projektrealisierung waren:

– Koordinierung und Controlling (Termine, Kosten) der Tätigkeiten von Fremd-
firmen und firmeninterner Leistungen im Realisierungsablauf (Aufbaustab)
– Überwachung und Protokollierung von Funktionsprüfungen, Übergaben, Teil- und
Endabnahmen, Probeläufen von Ausrüstungen (z. B. Funktionssicherheit Paletten-
fluss im Gesamtsystem)
– Ausbau Krantechniken in Shed II, III (vgl. Abb. 8.21) – Aufbruch Hallenboden –
Einbau Führungssysteme RBG, Verankerung Regalsysteme
– Inbetriebnahme (FK 1, FK 2 – zeitversetzt)
  • Einweisung Mitarbeiter – Systemablauf (veränderte Arbeitsinhalte)
  • Systemanlauf je FK – Stufenkonzept
– Zusammenstellung, Komplettierung Projektdokumentation (Konzepte, Projekte,
Entscheidungen, Prüfnachweise, Genehmigungen, Abnahmeprotokolle, Gewähr-
leistungen u. a.)

Die unmittelbare Projektrealisierung (gleitender Gewerkeablauf) umfasste einen
Zeitraum von 4 Monaten (Schaffung Baufreiheit, Ausrüstungsinstallation, Einbau
Leitstände).

8.2.3 Systemweiterentwicklung

8.2.3.1 Nutzungserfahrungen

Langjährige **Nutzungserfahrungen** beim Betrieb der Systemlösung sowie aktuelle
Neuanforderungen moderner Fabrik-, Werkstätten- und Materialflussgestaltung
machen prinzipiell eine **ausbaustufenorientierte Systemweiterentwicklung**
(Reengineering) erforderlich. Dabei gilt es, Nutzungserfahrungen einzuarbeiten und
die Systemlösung dem aktuellen Wissensstand anzupassen, d. h., typische Aufgabeninhalte der „**rollenden Fabrikplanung**" sind durchzusetzen.

Einzuordnen und zu Bündeln waren alle diese Aspekte im vorliegenden Projekt in
die schon bei Planungsausgangslage vorgegebene **Ausbaustufe 2** (vgl. Abschnitt
8.2.2.1), die mit zeitlichem Versatz von ca. 1 Jahr nach Inbetriebnahme zu realisieren
war und den **Gesamtprozess** der Gerätefertigung umfasste.

Die funktionelle und logistische Einordnung der beiden Fertigungskomplexe FK 1 /
FK 2 in den Gesamtprozess der zweistufigen Produktion bei Inbetriebnahme zeigt
Abb. 8.28. Deutlich wird die zunächst rein **inselorientierte Rationalisierung** der
Prozessstufe „Vorfertigung" und deren Einordnung in ein konventionell strukturier-

tes Umfeld zum Zeitpunkt der Systemeinführung (**Ausbaustufe 1**). Der Logistik des Materialflusses war dabei zugrunde gelegt die Strategie einer betont vorlauforientierten Produktion, d. h., die Auslösung der Fertigungsaufträge erfolgte mit zeitlichem Vorlauf zu den zu erwartenden bzw. ausgelösten Montage- bzw. Kundenaufträgen (Erfahrungsgrößen) wie in Abschnitt 8.2.2.4 dargestellt (Organisatorische Systemlösung).

Nutzungserfahrungen (Ausbaustufe 1):

– Das realisierte Systemkonzept hat sich bewährt, insbesondere hinsichtlich
  • der Flexibilität der Arbeitsplatz- und Ausrüstungszuordenbarkeit (Austausch/ Erweiterungen/Umstellungen),
  • der Sicherung von Zwangslauf und Übersichtlichkeit im Palettendurchlauf und in der Palettenlagerung,
  • der Automatisierung (Bedienarmut) von Teilabläufen bei schrittweiser Systemausbaumöglichkeit,
  • der Gewährleistung einer gezielten Direktanlieferung der Paletten an die Arbeitsplätze bei störungsfreier Handhabung der Schnittstelle Übergabeplatz zu Arbeitsplatz (manuelle Entnahme und Rückführung der Paletten),
  • dem systeminternen Palettentransport durch RBG auch bei extremem Wechsel der Materialflussintensitäten und –vernetzung,
  • der Sicherung versorgungs- und bedienarmer Schichten durch gezielten Aufbau dezentraler Palettenbereitstellung in den Übergabefächern,
  • der Bestätigung wesentlicher Planungsergebnisse der Systemsimulation im Praxisverhalten, d. h. die Dimensionierung der Teilsysteme erfolgte realitätsgerecht (keine Engpässe),
  • der Zuverlässigkeit der BDE-Techniken (einfache Erfassungstechniken mit Anzeigetafeln im Leitstand),
  • der schrittweisen Absenkung der Durchlaufzeiten (10 … 40%) bei gleichzeitiger Auslastungserhöhung (5 … 25%),
  • der drastischen Verdichtung des Produktionsvolumens pro Flächenelement (Entfall von Flächenerweiterungen).

– Probleme und Reserven zeigten sich in den Teilbereichen
  • Sicherung der verketteten Bereitstellung und geschlossenem Rückführung mehrerer Paletten eines Fertigungsauftrages am Arbeitsplatz (systemgerechter Fluss am Arbeitsplatz, Flächenengpässe),
  • Einhaltung des Rückführzwangs der Palette auch dann, wenn Folgearbeitsplatz in unmittelbarer räumlicher Nähe (Einhaltung Systemablauf),
  • Sicherung der termingerechten externen Bereitstellung von auftragsabhängigen Vorrichtungen und Werkzeugen,
  • Einhaltung der Arbeitsplatzfeinbelegung gemäß Leitstandvorgabe (Störungen, systemexterne Eilläufer),

- Probleme in der Zuliefersynchronisation zur Folgeprozessstufe (Geräteendmontage),
- projektierte Lagerkapazität nur teilweise ausgenutzt (bewusste Überdimensionierung zur Ausnutzung der Systemhöhe (Ausbaustufe 1),
- operative systemgerechte Schnelleinordnung von Eillaufaufträgen (PPS-Komponente),
- Zeit-Mengenverhalten der Fertigungskomplexe im Praxisablauf teilweise abweichend zu den Simulationsergebnissen in der Planungsphase aufgrund unterschiedlicher PPS-Strategien (Software-Systeme) der Planungs- zur Nutzungsphase,
- hoher Aufwand zur täglichen Feindisposition (Leitstand),
- Störungsbeherrschung am Arbeitsplatz durch Ausklammern der Werker aus dispositiven Aufgaben (Nichtnutzung Vor-Ort-Wissen).

Die dargestellten detaillierten Erfahrungen zeigen, dass die eingesetzten technischen Lösungskomponenten der lagerintegrierten Fertigungskomplexe (IGFA/C) nahezu störungsfrei beherrscht werden, die angeführten Problembereiche überwiegend im **organisatorischen Ablauf** verursacht sind. Damit sind spezifische Ansatzpunkte des Reengineering gegeben.

Neuanforderungen an die Systemlösung:

- Aufweitung der Arbeitsinhalte und Verantwortlichkeiten des Produktionspersonals vor Ort, Integration von Elementen indirekter Produktionsfunktionen (z. B. Disposition, Werkzeug- und Vorrichtungswirtschaft, Instandhaltung, Qualitätssicherung), Einführung von Gruppenarbeit (Beachtung Humanfaktor);
- Reduzierung von Formen der Arbeitsteilung, Erhöhung der Flexibilität des Personaleinsatzes an dcn APG;
- Implementierung innovativer PPS-Strategie;
- Durchsetzung der spezifischen Produktionslogistik Gesamtprozess (Vorgabe Ausbaustufe 2).

8.2.3.2 Reengineering-Systemlösung

Dieser Aufgabenkomplex zur Realisierung einer ersten Stufe der Systemweiterentwicklung der Geräteproduktion umfasste konsequenterweise die erforderlichen systeminternen und -externen Veränderungen resultierend aus den angeführten **Nutzungserfahrungen, Neuanforderungen** und den planmäßigen **Vorgaben zur Ausbaustufe 2**. Die aus diesen Erfordernissen abgeleitete Neueinordnung der FK in den Gesamtprozess der Geräteproduktion ist in Abb. 8.29 dargestellt.

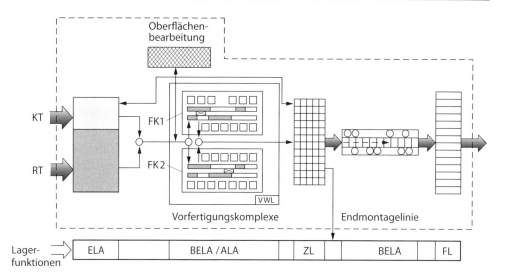

Abb. 8.28: Funktionelle Einordnung der Fertigungskomplexe FK1 / FK2 in den Gesamt-prozess (Produktionsschema – Projektlösung/Ausbaustufe 1)

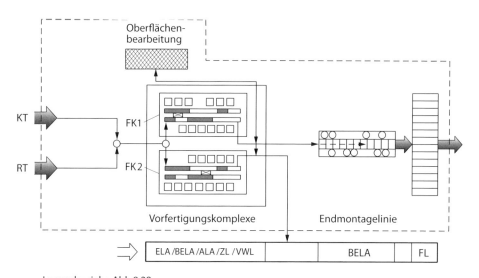

Legende: siehe Abb.8.28

Abb. 8.29: Funktionelle Neuordnung der Fertigungskomplexe FK1 / FK2 in den Gesamtpro-zess – Bildung Komplexläger (Produktionsschema – Projektlösung/Ausbaustufe 2)

Ein Vergleich der Systemlösung in Abb. 8.28 und Abb. 8.29 macht die besonders markanten Veränderungen sehr deutlich, insbesondere hinsichtlich **Lagerstrukturierung** und **Materialflusslogistik**.

Wesentliche strukturverändernde Eingriffe waren:

– Logistische **Neuordnung der Fertigungskomplexe FK 1/FK 2** in den Gesamtprozess der Produktion bei Durchsetzung einer extrem lieferzeitminimierenden Produktionslogistik (Ausbaustufe 2). Prämissen dabei sind: Teilefertigung auftragsunabhängig auf Mindestbestand im Zwischenlager (ZL), Gerätemontage extrem kurzfristig rein montageauftragsbezogen (zeitliche Entkopplung von Teilevorfertigung und Montage, Zwischenlagerbestand diktiert Auslösung der Vorfertigungsaufträge).

– Entsprechend den Konsequenzen produktorientierter, durchgängiger Strukturierung wird der materielle Produktionsprozess vom Materialeingang (ELA) bis zum Endproduktausgang (FL) räumlich konzentriert bei **Abbau von Schnittstellen** und dezentraler Autonomie der Vorfertigungs-, Montage- und Lagerfunktionen **(Fabriken in der Fabrik)**. Ein sichtbarer Ausdruck dieser Strategie ist die räumlich verdichtete Einordnung dieser Bereiche linienorientiert in einem Hallenkomplex.

– Neuordnung und **Konzentration der Lagerfunktionen** durch räumlich-funktionelle Integration der
  • Eingangslagerung (ELA),
  • Bereitstellungslagerung (BELA),
  • Ausgleichslagerung (ALA),
  • Zwischenlagerung (ZL),
  • VWL-Lagerung (auftragsbezogen)

in die jeweiligen Lagerkomplexe von FK 1 und FK 2. Damit entstehen **funktionsverdichtete Komplexläger** bei Aufnahme von 5 Lagerfunktionen (-bereichen) zur Erzielung ausgelasteter, flächensparender und wirtschaftlicher Lagerlösungen (vorher 2 Lagerfunktionen!). Der Vergleich von Abb. 8.28 mit Abb. 8.29 macht die damit völlig veränderte Prozessstruktur und Materialflusslogistik deutlich.

– Abkehr von einer offen gezonten Lagerstrategie (vgl. Abschnitt 8.2.2.4) zu **ungezonter Lagerstrategie** (über alle Lagerfunktionen) zur rationellen Nutzung der Lagerkapazitäten.

– Integration der auftragsbezogenen Vorrichtungs- und Werkzeuganlieferung in den **Palettenfluss** (Sonderpaletten).

– Funktionelle und räumliche **Trennung der Ein- und Ausschleusbereiche** (Kopfbereiche) der Lagerkomplexe zur Sicherung eines geradlinig und kreuzungsfrei geordneten Flussprinzips und abgrenzbarer Arbeitsinhalte.

– Bildung von **Folgearbeitsplatzgruppen (FAPG)** durch räumliche Zusammenfassung solcher Arbeitsplätze, die durch dominante Arbeitsvorgangsfolgen unmittelbar verkettet sind (**arbeitvorgangsorientierte Segmentierung**). Erreicht werden damit:
  • Abbau der Anzahl von Übergabefächern und von Übergabeintensität (Palettenhandling),
    Dezentralisierung technologischer Flüsse als einer Grundlage zur Entwicklung gruppenorientierter, flexibler und kreativer Arbeitsinhalte. Die Folgearbeitsplatzgruppenbildung bildet dazu eine wesentliche Voraussetzung. Erreicht wird, dass die Anzahl zu belegender Arbeitsplätze verkleinert wird, Feinbelegungen in den FAPG operativ vor Ort erfolgen und die Belegungsflexibilität sich dadurch erhöht.

– Einführung der **Gruppenarbeit** in den Folgearbeitplatzgruppen bei Aufweitung von Flexibilität und Arbeitsinhalten innerhalb und zwischen den FAPG, Erweiterung der Entscheidungsräume einschließlich der dispositiven Aufgaben vor Ort.

– Gezielte **Modernisierung der Ausrüstungsstrukturen** durch Einsatz flexibler Bearbeitungstechniken (Abbau ersetzender Systemstrukturen). Daraus leiten sich Vereinfachungen in der Arbeitsplatzbelegung ab, was wiederum zu einer positiven Beeinflussung des Zeit-Mengenverhaltens der FK führt.

– **Umgestaltung der PPS-Strategie** (vgl. Abschnitt 8.2.2.4) entsprechend der veränderten Produktionslogistik (Gesamtprozess). Das heißt, Arbeitsplatzbelegung in FK 1/FK 2 abgeleitet aus Mindestbestandssicherung im Zwischenlager, Vorgaben für die Montagelinie (Montagetermine) basierend auf aktuellen Montageaufträgen (Kundenanforderungen) bei gezielter Sicherung der Lieferzeit, Zwischenlagerbestandsminimierung und Auslastungsmaximierung von Vorfertigung und Endmontage. Damit sind in der **Ausbaustufe 2** durchgängig Pull-Prinzipien (ziehende Produktion) in der Geräteproduktion durchgesetzt (vgl. Abschnitt 3.2.4), bei gleichzeitig funktioneller Entkopplung von Vorfertigung und Endmontage.

Zusammenfassend ist festzustellen, dass der überwiegende Teil des Reengineering in der Ausbaustufe 2 logistisch-organisatorischen Charakter besitzt und mit den angeführten Eingriffen den Nutzungserfahrungen und Zielsetzungen der Ausbaustufe 2 entsprochen werden konnte.

9 Literaturverzeichnis

[1.1]   *VDI-Richtlinie 5200:* Fabrikplanung, Blatt 1 (2008)

[1.2]   *Wiendahl, H.-P.:* Grundlagen der Fabrikplanung. In: Betriebshütte – Produktion und Management (Teil 2). *Eversheim, W.; Schuh, G.* (Hrsg.). Berlin, Heidelberg: Springer-Verlag, 1996

[1.3]   *Wiendahl, H.-P.; Nofen, D.; Klußmann, J.-H.; Breitenbach, F.:* Planung modularer Fabriken. München, Wien: Carl Hanser Verlag, 2005

[1.4]   *Wiendahl, H.-P.; Hernandez, R.:* Fabrikpanung im Blickpunkt. wt Werkstattsrechnik oneline 92 (2002) 4, S. 133–138

[1.5]   *Wiendahl, H.-P.:* Wandlungsfähigkeit. wt Werkstattsrechnik oneline 92 (2002) 4, S. 122–127

[1.6]   *Warnecke, H.-J.:* Revolution der Unternehmenskultur – Das Fraktale Unternehmen. Berlin, Heidelberg: Springer-Verlag, 1993

[1.7]   *Spur, G.; Nackmayr, J.:* Optionen industrieller Produktionssysteme im Maschinenbau. In: Forschungsberichte der interdisziplinären Arbeitsgruppen der Berlin-Brandenburgischen Akademie der Wissenschaften (Band 4). Berlin: Akademie Verlag, 1997

[1.8]   *Nedaß, Ch.; Mallon, J.; Strosina, Ch.:* Die Neue Fabrik – Handlungsleitfaden zur Gestaltung integrierter Produktionssysteme. Berlin, Heidelberg: Springer-Verlag, 1995

[1.9]   *Schenk, M.; Wirth, S.:* Fabrikplanung und Fabrikbetrieb. Berlin, Heidelberg: Springer-Verlag, 2004

[1.10] *Enderlein, H.; Hildebrand, T.; Müller, E.:* PLUG + PRODUCE. wt Werkstattstechnik oneline 93 (2003) 4, S. 882–886

[1.11] *Hildebrand, T.; Mäding, K.; Günther, U.:* PLUG + PRODUCE. Gestaltungsstrategien für die wandlungsfähige Fabrik. Institut für Betriebswissenschaften und Fabriksysteme (IBF), TU Chemnitz, 2005

[1.12] *Wirth, S.; Förster, A.:* Neuplanung versus Revitalisierung. Vortrag auf der 26. IPA-Arbeitstagung, Stuttgart November 1995, Fraunhofer Gesellschaft (Tagungsmaterial)

[1.13] *Strunz, M.:* Reorganisations- und Revitalisierungsstrategien von Fabrikbetrieben. Werkstattstechnik (wt), 87 (1997) 5, S. 247–250

[1.14] *Strunz, M.:* Ressourcenorientierte Fabrikplanungsgrundsätze. Zeitschrift für wirtschaftlichen Fabrikbetrieb (ZWF), 98 (2003) 4, S. 189–197

[1.15] *Zielasek, G.:* Projektmanagement. Berlin, Heidelberg: Springer-Verlag, 1995

[1.16] *Frese, E.:* Organisationsstrukturen und Managementsysteme. In: Betriebshütte – Produktion und Management (Teil 1). *Eversheim, W.; Schuh, G.* (Hrsg.), Berlin, Heidelberg: Springer-Verlag, 1996

[1.17] *Schuh, G.; Gottschalk, S.; Lösch, F.; Wesch, C.:* Fabrikplanung im Gegenstromverfahren. wt Werkstattstechnik oneline 97 (2007) 4, S. 195–199

[1.18]   *Wiendahl, H.-P.; Reichardt, R.; Hernandez, R.:* Kooperative Fabrikplanung. wt Werkstattsrechnik oneline 91 (2001) 4, S. 186–191

[1.19]   *Grundig, C.-G.; Ahrend, H.-W.:* Neuansatz der Fabrikplanungssystematik marktflexibler Produktionskonzepte. Werkstattstechnik (wt), 89 (1999) 6, S. 299–304

[1.20]   *Schuh, G.:* Fabrikplanung in Zeiten der Globalisierung. wt Werkstattstechnik oneline 95 (2005) 4, S. 174

[1.21]   *Reichardt, J.: Neue* Fabriken für „global player" in Indien. Vortrag auf der 7. Deutschen Fachkonferenz „Fabrikplanung". Esslingen, 2007

[1.22]   *Ochs, B.:* Fabrikprojekte am Low-Cost Standort China. Vortrag auf der 7. Deutschen Fachkonferenz „Fabrikplanung". Esslingen, 2007

[1.23]   *Fleischer, J.; Aurich, J.C.; Herms, M.; Slepping, A.; Köklu, K.:* Vorteile kooperativer Fabrikplanung. wt Werkstattstechnik oneline 95 (2004) 4, S. 107–110

[1.24]   *Westkämper, E.; Bischoff, R.; Briel, V.; Dürr, M.:* Fabrikdigitalisierung. wt Werkstattstechnik oneline 91 (2001) 6, S. 304–307

[1.25]   *Reichardt, J.; Pfeffer, L.:* Phasenmodell der synergetischen Fabrikplanung. wt Werkstattstechnik oneline 97 (2007) 4, S. 218–225

[1.26]   *Reichardt, J.; Gottswinter, C.:* Synergetische Fabrikplanung. Wt Werkstattstechnik oneline 93 (2003) 4, S. 274–281

[1.27]   VDI-Richtlinie 4499 (Entwurf), Digitale Fabrik – Grundlagen, 2006

[1.28]   *Kühn, W.:* Digitale Fabrik – Fabriksimulation für Produktionsplaner. München, Wien: Carl Hanser Verlag, 2006

[1.29]   *Warnecke, H.-J. (Hrsg.):* Aufbruch zum Fraktalen Unternehmen. Berlin, Heidelberg: Springer-Verlag, 1995

[1.30]   *Kühnle, H.; Braun, J.; Hüser, M.:* Produzieren im turbulenten Umfeld. In: Aufbruch zum Fraktalen Unternehmen. *Warnecke, H.-J.* (Hrsg.). Berlin, Heidelberg: Springer-Verlag, 1995

[1.31]   *Kühnle, H.; Schnauffer, H.-G.; Brehmer, N.:* Kooperation nach fraktalen Prinzipien. Zeitschrift für wirtschaftliche Fertigung (ZwF), 94 (1999) 3, S. 132–135

[1.32]   *Hartmann, M.:* Merkmale der Wandlungsfähigkeit von Produktionssystemen bei turbulenten Aufgaben. Diss. Universität Magdeburg 1995. In: Innovative Produktionsforschung (Band 1). Kühnle, H. (Hrsg.).

[1.33]   *Kühnle, H.; Ahrend, H.-W.; Reising, W.:* Fraktale Fabrik. Werkstattstechnik (wt), 87 (1997) 1, S. 111–114

[1.34]   *Warnecke, H.-J.; Braun, J. (Hrsg.):* Vom Fraktal zum Produktionsnetzwerk. Berlin, Heidelberg: Springer-Verlag, 1999

[1.35]   *Sielemann, M.:* Ein Produktionswerk in den wachsenden Märkten Osteuropas. Vortrag auf der 7. Deutschen Fachkonferenz „Fabrikplanung", Esslingen, 2007

[1.36]   *Vollmer, L.:* Virtualisierung und Digitalisierung in der Fabrikplanung. Zeitschrift für wirtschaftlichen Fabrikbetrieb (ZwF) 97 (2002) 1/2, S. 24–27

[1.37]   *Schuh,G.; Millarg, K.; Göransson, A.:* Virtuelle Fabrik. München, Wien: Carl Hanser Verlag, 1998

[1.38]   *Dombrowski, U.; Hennersdorf, S.; Palluck, M.:* Fabrikplanung in Deutschland. wt Werkstattstechnik oneline 97 (2007) 4, S. 205–210

[1.39]   *Spath, D.; Baumeister, M.; Rasch, D.:* Wandlungsfähigkeit und Planung von Fabriken. Zeitschrift für wirtschaftlichen Fabrikbetrieb (ZwF) 97 (2002) 1/2, S. 28–32

[1.40]   *Meier, K.-J.:* Wandlungsfähigkeit von Unternehmen. Zeitschrift für wirtschaftlichen Fabrikbetrieb (ZwF) 98 (2003) 4, S. 153–159

[1.41]   *Müller, E.; Engelmann, J.; Löffler, Th.; Strauch, J.:* Energieeffiziente Fabriken planen und betreiben. Berlin, Heidelberg: Springer-Verlag, 2009

[1.42]   *Reinema, C.; Schulze, C.P.; Nyhuis, P.:* Energieeffiziente Fabriken. wt Werkstattstechnik online 101 (2011) 4, S. 249–252

[1.43]   *Wirth, S.; Schenk, M.; Müller, E.:* Fabrik – Ort innovativer und kreativer Wertschöpfung (Teil 1). Zeitschrift für wirtschaftliche Fertigung 106 (2011) 10, S. 691–694

[1.44]   *Schenk, M.:* Fabrikplanung und -betrieb – Bilanz und Blick in die Zukunft. Ehrenkolloquium – Produktion und Logistik im 21. Jahrhundert – anlässlich 75. Geburtstag Prof. E. Gottschalk, 24. Januar 2011, Magdeburg

[1.45]   *Nyhuis, P.; Mersmann, T.; Klemke, T.:* Wandlungsfähige Produktionssysteme. wt Werkstattstechnik online 102 (2012) 4, S. 222–227

[2.1]   *Rockstroh, W.:* Die technologische Betriebsprojektierung (Band 1). Berlin: Verlag Technik, 1980

[2.2]   *Kettner, H.; Schmidt, J.; Greim, H.-R.:* Leitfaden der systematischen Fabrikplanung. München, Wien: Carl Hanser Verlag, 1984 – Nachdruck 2011

[2.3]   *Aggteleky, B.:* Fabrikplanung (Band 1). München, Wien: Carl Hanser Verlag, 1990

[2.4]   *Woithe, G.:* Betriebsgestaltung. In: Betriebs- und Arbeitsgestaltung, Nutzensrechnung, Operationsforschung. Wissensspeicher für Technologen. *Beckert, M.* (Hrsg.), Leipzig: Fachbuchverlag, 1977

[2.5]   *Schmigalla, H.:* Fabrikplanung – Begriffe und Zusammenhänge. REFA-Fachbuchreihe Betriebsorganisation. München, Wien: Carl Hanser Verlag, 1995

[2.6]   *Wiendahl, H.-P. (Hrsg.):* Analyse und Neuordnung der Fabrik. Berlin, Heidelberg: Springer-Verlag, 1991

[2.7]   *REFA* (Hrsg.): Methodenlehre der Betriebsorganisation – Planung und Steuerung (Teil 6). München, Wien: Carl Hanser Verlag, 1991

[2.8]   *Felix, H.:* Unternehmens- und Fabrikplanung. REFA-Fachbuchreihe Betriebsorganisation, München, Wien: Carl Hanser Verlag, 1998

[2.9]   *Binner, H. F.:* Unternehmensübergreifendes Logistikmanagement. München, Wien: Carl Hanser Verlag, 2002

[2.10] *Rockstroh, W.:* Die Technologische Betriebsprojektierung (Band 2). Berlin: Verlag Technik, 1982

[2.11] *Wirth, S.:* Technische Betriebsführung und Arbeitswissenschaft (Heft 1). Vorlesungsskript, TU Chemnitz 1999, Institut für Betriebswissenschaften und Fabriksysteme (IBF)

[2.12] *Rockstroh, W.:* Technologische Betriebsprojektierung – Gesamtbetrieb. Berlin: Verlag Technik, 1985

[2.13] *Gottschalk, E.:* Dimensionierungsentscheide bei Berücksichtigung dynamisch und stochastisch beeinflusster Projektierungsgrößen. Habilitationsschrift, TH Magdeburg, 1978

[2.14] *Bischoff, J.:* Die Fabrik: Planung, Betrieb und Wandlungsfähigkeit. In: Das große Handbuch Produktion. *Burckhardt, W.* (Hrsg.), Verlag moderne Industrie, 2001

[2.15] *Grundig, C.-G.; Hartrampf, D.:* Fabrikplanung I – Grundlagen. Studienbrief 2-802-0302, Service-Agentur des HDL, Brandenburg, 2006

[2.16] *Dolezalek, C.-M.; Warnecke, H.-J.:* Planung von Fabrikanlagen. Berlin, Heidelberg: Springer-Verlag, 1981

[2.17] *Papke, H.-J.:* Handbuch der Industrieprojektierung. Berlin: Verlag Technik, 1983

[2.18] *Lutz, W.:* Handbuch Facility Management – Gebäudebewirtschaftungen und Dienstleistungen (Band 1). Landsberg: ecomed-Verlagsgesellschaft, 1997

[2.19] *Schuh, G.:* Fabrikplanung – Vorlesung. RWTH Aachen. Werkzeugmaschinenlabor (WZL), Sommersemester, 2004

[2.20] *Wirth, S. (Hrsg.):* Vernetzt planen und produzieren. Stuttgart: Schäffer – Poeschel Verlag, 2002

[3.1] *Grundig, C.-G.: Hartrampf, D.:* Fabrikplanung IV – Materialflusslogistik. Studienbrief 2-802-0304, Service-Agentur des HDL, Brandenburg, 2012

[3.2] *Pawellek, G.:* Auswirkungen der Produktentwicklung auf Produktion und Logistik. Zeitschrift für wirtschaftlichen Fabrikbetrieb (ZwF) 97 (2002) 7/8, S. 373–376

[3.3] *Pawellek, G.:* Produktionslogistik. München: Carl Hanser Verlag, 2007

[3.4] *Ihme, J.:* Logistik im Automobilbau. München: Carl Hanser Verlag, 2006

[3.5] *Koether, R.; Kurz, B.; Seidel, U. A.; Weber, F.:* Betriebsstättenplanung und Ergonomie. München, Wien: Carl Hanser Verlag, 2001

[3.6] *Wittlage, H.:* Personalbedarfsermittlung. München, Wien: R. Oldenbourg Verlag, 1995

[3.7] *Oechsler, W.A.:* Personal und Arbeit. München, Wien: R. Oldenbourg Verlag, 1997

[3.8] *Arnold, D.; Furmans, K.:* Materialfluss in Logistiksystemen. Berlin, Heidelberg: Springer-Verlag, 2007

[3.9]   *Aggteleky, B.:* Fabrikplanung, Band 2. München, Wien: Carl Hanser Verlag, 1990

[3.10]   *Erlach, K.:* Wertstromdesign – Der Weg zur schlanken Fabrik. Berlin, Heidelberg: Springer-Verlag, 2007

[3.11]   *Mittelhuber, B.;Kallmeyer, O.:* Wertstromdesign – Ein Werkzeug des Toyota Production Systems. wt Werkstattstechnik oneline 92 (2002) 3, S. 79–81

[3.12]   *Eickhoff, A.:* Wertströme lückenlos optimieren. VDI-Zeitschrift 147 (2005) 7/8, S. 28–29

[3.13]   *Wiendahl, H.-P.:* Betriebsorganisation für Ingenieure. München, Wien: Carl Hanser Verlag, 2010

[3.14]   *Milberg, J.; Reinhart, G.:* Produktionssystemplanung. In: Betriebshütte – Produktion und Management (Teil 2). *Eversheim, W.; Schuh, G.* (Hrsg.). Berlin, Heidelberg: Springer-Verlag, 1996

[3.15]   *Eversheim, W.:* Organisation in der Produktionstechnik – Fertigung und Montage (Band 4). Düsseldorf: VDI-Verlag, 1989

[3.16]   *Warnecke, H.-J.:* Der Produktionsbetrieb (Band 2). Berlin, Heidelberg: Springer-Verlag, 1993

[3.17]   *Wildemann, H.:* Die modulare Fabrik – kundennahe Produktion durch Fertigungssegmentierung. St. Gallen: gfmt, 1992

[3.18]   *AWF (Hrsg.):* Integrierte Fertigung von Teilefamilien (Band 1). Köln: Verlag TÜV Rheinland, 1990

[3.19]   *Corsten, H.; Will, Th.:* Wettbewerbsstrategien und Produktionsorganisation. In: Handbuch Produktionsmanagement. *Corsten, H.* (Hrsg.). Wiesbaden: Gabler Verlag, 1994

[3.20]   *Wirth, S. (Hrsg.):* Flexible Fertigungssysteme. Heidelberg: Hüthig Buch Verlag, 1990

[3.21]   *Gottschalk, F.; Wirth, S.:* Bausteine der rechnerintegrierten Produktion Berlin: Verlag Technik, 1989

[3.22]   *Rudolph, K.; Wirth, S. (Hrsg.):* Gestaltungslösungen integrierter Fertigungen. Berlin: Verlag Technik, 1986

[3.23]   *Voigts, A.:* Logistikgerechte Fabrikplanung. VDI-Zeitschrift, 129 (1987) 2, S. 34–43

[3.24]   *Mehdan, M.:* Beitrag zur Teilautomatisierung des Materialflusses als Instrument logistischer Systemgestaltung. In: Schriftenreihe der Bundesvereinigung Logistik (Band 25). *Baumgarten, H.; Ihde, G. B.* (Hrsg.). München: Huss-Verlag, 1991

[3.25]   *von der Heide, W.:* Organisation und Realisierung eines FFS-CIM Systems für die rechnergestützte Produktion. Fertigungstechnologisches Kolloquium (FTK) Oktober 1991 (Tagungsmaterial), Berlin, München: Springer-Verlag, 1991

[3.26]   *Kobylka, A.:* Simulationsbasierte Dimensionierung von Produktionssystemen mit definierten Potential an Leistungsflexibilität. Wissenschaftliche

Schriftenreihe, Institut für Betriebswissenschaften und Fabriksysteme (IBF), Heft 24, TU Chemnitz, 2000

[3.27] *Schmigalla, H.:* Methoden zur optimalen Maschinenordnung. Berlin: Verlag Technik, 1970

[3.28] *Kühnle, H.; Rietz, St.; Scholz, A.:* STRUGTO – ein DV-Werkzeug zur Produktionsstrukturbildung und -bewertung. Industrie Management, 14 (1998) 5, S.53–57

[3.29] *Wiendahl, H.-P.; Möller, L.:* Logistische Beurteilung von Fabrikstrukturlayouts mit Betriebskennlinien. Werkstattstechnik (wt), 85 (1995) 11/12, S. 605–610

[3.30] *Konhold, P.; Reger, H.:* Angewandte Montagetechnik. Braunschweig, Wiesbaden: Vieweg Verlag, 1997

[3.31] *Bullinger, H.J. (Hrsg.):* Systematische Montageplanung. München, Wien: Carl Hanser Verlag, 1986

[3.32] *Spur, G.:* Einführung in die Montagetechnik. In: Handbuch der Fertigungstechnik (Band 5). *Spur, G.; Stöferle, Th.* (Hrsg.). München, Wien: Carl Hanser Verlag, 1986

[3.33] *Westkämper, E.:* Fabrikbetriebslehre I, Vorlesung 6, Sommersemester. Institut für industrielle Fertigung und Fabrikbetrieb, Universität Stuttgart, 2004

[3.34] *Kapp, R.; Blond, J.; Westkämper; E.:* Fabrikstruktur und Logistik integriert planen. wt Werkstattstechnik oneline 95 (2005) 4, S. 191–196

[3.35] *Harms, T.; Lopisch, J.; Nickel, R.:* Fabrikstrukturierung und Logistikkonzeption. wt Werkstattstechnik oneline 93 (2003) 4, S. 227–232

[3.36] *Fischer, W.; Dittrich, L.:* Materialfluss und Logistik. Berlin, Heidelberg: Springer-Verlag, 2004

[3.37] *Wirth, S.; Mann, H.; Otto, R.:* Layoutplanung betrieblicher Funktionseinheiten – Leitfaden. Wissenschaftliche Schriftenreihe, Institut für Betriebswissenschaften und Fabriksysteme (IBF), Heft 25, TU Chemnitz, 2000

[3.38] *Brandt, H.-P.:* Rechnergestützte Layoutplanung von Industriebetrieben Köln: Verlag TÜV Reinland, 1989

[3.39] *Schulte, Ch.:* Logistik. München: Verlag Franz Vahlen, 1999

[3.40] *Fröhlich, J.:* Produktionssystematik – Layoutgestaltung. Studienbrief, TU Dresden, Fakultät Maschinenwesen, 2006

[3.41] *Dangelmeyer, H.:* Produktion und Information. Berlin, Heidelberg: Springer-Verlag, 2003

[3.42] *Kühnle, H.:* Fabrik im Wandel. VDI-Zeitschrift, 139 (1997) 7/8, S. 32–35

[3.43] *Westkämper, E.; Pfeffer, M.; Dürr, M.:* Partizipative Fabrikplanung mit skalierbarem Modell – Ein Ebenenmodell zur schrittweisen Verfeinerung der Layouts mit „i-plant". wt Werkstattstechnik oneline 94 (2004) 3, S.48–51

[3.44] *Westkämper, E.; Pfeffer, M.; Dürr, M.:* i-plant – die multifunktionale Integrationsplattform – Integrierte Fabrik- und Anlagenkonfiguration auf der

Basis eines skalierbaren Planungsvorgehens. Zeitschrift für wirtschaftlichen Fabrikbetrieb (ZwF) 99 (2004) 1–2, S. 14–17

[3.45] I-plant (Dokumentation). Fraunhofer Institut für Produktionstechnik und Automatisierung (IPA). Stuttgart 2003, Internetadresse i-plant: www.i-plant.de

[3.46] TU Chemnitz, Institut für Betriebswissenschaften und Fabriksysteme (IBF) 2008, Internetadresse visTABLE: www.vistable.de

[3.47] *Wirth, S.; Gäse, T; Günther,U.:* Partizipative simulationsgestützte Layoutplanung. wt Werkstattstechnik oneline 91 (2001) 6, S. 328–332

[3.48] *Müller, E.; Gäse, T.; Riegel, J.:* Layoutplanung partizipativ und vernetzt. wt Werkstattstechnik oneline 93 (2003) 4, S. 266–270

[3.49] *Gäse, T.; Günther, U.; Heller, A.; Müller, E.:* Kooperative Planung in Netzwerken mit visTable. wt Werkstattstechnik oneline 95 (2005) 4, S. 205–209

[3.50] *Prêt, U.:* Fabrikplanung – Vorlesung (Fallbeispiel – Getriebefertigung). FHTW Berlin, FB Wirtschaftswissenschaften II, Wintersemester 2007/ 2008

[3.51] *Kuhn, A.:* Prozessketten in der Logistik Dortmund: Verlag Praxiswissen, 1995

[3.52] *Wiendahl, H.-P.(Hrsg.):* Erfolgsfaktor Logistikqualität Berlin, Heidelberg: Springer-Verlag, 1996

[3.53] *Klauke, A.:* Modulare Fabrikstrukturen in der Automobilproduktion Praxisbeispiele. Vortrag auf der 26. IPA-Arbeitstagung 1995, Fraunhofer Gesellschaft (Tagungsmaterial)

[3.54] *Jünemann, R.:* Logistiksysteme. In: Betriebshütte – Produktion und Management (Teil 2). Eversheim, W.; Schuh, G. (Hrsg.). Berlin, Heidelberg: Springer-Verlag, 1996

[3.55] *Koether, R.:* Technische Logistik. München, Wien: Carl Hanser Verlag, 2001

[3.56] *Jünemann, R.:* Materialfluss und Logistik. Berlin, Heidelberg: Springer-Verlag, 1989

[3.57] *Schmidt, K.-J. (Hrsg.):* Logistik – Grundlagen, Konzepte, Realisierung. Braunschweig, Wiesbaden: Vieweg-Verlag, 1993

[3.58] *Jünemann, R.; Schmidt, T.:* Materialflusssysteme. Berlin, Heidelberg: Springer-Verlag, 2000

[3.59] *Wiendahl, H.-P.; Voigts, A.:* Betriebsstättenplanung. In: PPS-Fachmann (Band 3), Köln: Verlag TÜV Rheinland, 1987

[3.60] *Luger, A.; Geisbüsch, H.-G.; Neumann, J.:* Allgemeine Betriebswirtschaftslehre (Band 2). München, Wien: Carl Hanser Verlag, 1999

[3.61] *Dräger, W.; Hering, E.:* Handbuch Betriebswirtschaft für Ingenieure. Berlin, Heidelberg: Springer-Verlag, 1998

[3.62] *Kruschwitz, L.:* Investitionsrechnung. München: Oldenburg-Verlag, 2003

[3.63] *Kalakowski, M.; Reh, D.; Sallaba, G.:* Erweiterte Wirtschaftlichkeitsrechnung. wt Werkstattstechnik oneline 95 (2005) 4, S. 210–215

[3.64]   *Aggteleky, B.:* Fabrikplanung (Band 3). München, Wien: Carl Hanser Verlag, 1990

[3.65]   *Grundig, C.-G.; Hartrampf, D.:* Fabrikplanung II – Methoden. Studienbrief 2-802-0303. Service-Agentur des HDL, Brandenburg 2006

[3.66]   *Fröhlich,J.:* ProduktionssystematikII – Fabrikökologie/Entsorgungslogistik Studienbrief 11, TU Dresden, Fakultät Maschinenwesen, 2004

[3.67]   *Fröhlich, J.:* Produktionssystematik II – Fabrikökologie/Entsorgungslogistik. Studienbrief 12, TU Dresden, Fakultät Maschinenwesen, 2004

[3.68]   *Fröhlich, J.:* Produktionssystematik II – Fabrikökologie/Entsorgungslogistik. Studienbrief 13, TU Dresden, Fakultät Maschinenwesen, 2007

[3.69]   *Fröhlich, J.:* Produktionssystematik II – Raumklima/Beleuchtung. Studienbrief, TU Dresden, Fakultät Maschinenwesen, 2006

[3.70]   *Nässer,P.; Müller,E.:* Integrierte Planungsmethodik des Anlaufmanagements. wt Werkstattstechnik oneline 97 (2007) 5, S. 363–368

[3.71]   *Laik, T.; Warnecke, G.:* Produktionshochlauf neuer Prozesse in der Produktion. Zeitschrift für wirtschaftlichen Fabrikbetrieb (ZwF), 97 (2002) 1/2, S. 43–46

[3.72]   *Cronjäger, L.:* Bausteine für die Fabrik der Zukunft. Berlin, Heidelberg: Springer-Verlag, 1994

[3.73]   *Rockstroh, W.:* Technologische Betriebsprojektierung, Grundlagen – Werkstätten. Berlin: Verlag Technik, 1983

[3.74]   *Kossatz, G. (Hrsg.):* Betriebseinrichtung – Wissensspeicher Projektierung (Band 1/2). Berlin: Verlag Technik, 1973

[3.75]   *Nedeß, Ch.:* Organisation des Produktionsprozesses. Stuttgart: Teubner-Verlag, 1997

[3.76]   *Scheel, J.; Hacker, W.; Henning, K.:* Fabrikorganisation neu begreifen. Köln: Verlag TÜV Rheinland, 1994

[3.77]   *Schuh, G.; Wiendahl, H.-P. (Hrsg.):* Komplexität und Agilität. Berlin, Heidelberg: Springer-Verlag, 1997

[3.78]   *Ehlers, J. D.:* Die dynamische Produktion. Stuttgart: Teubner-Verlag, 1997

[3.79]   *Westkämper, E.; Wiendahl, H.-H.; Balve, P.:* Dezentralisierung und Autonomie in der Produktion. Zeitschrift für wirtschaftliche Fertigung (ZwF), 93 (1998) 9, S. 407–410

[3.80]   *Maßberg, W.; Sossna, F.:* Gruppentechnologische Fabrikstrukturen in wandlungsfähigen Fabriken. Werkstattstechnik (wt), 89 (1999) 1/2, S. 23–26

[3.81]   *Spur, G. (Hrsg.):* Fabrikbetrieb. München, Wien: Carl Hanser Verlag, 1994

[3.82]   *Schulte, H.:* Planung von Fabrikanlagen 1,Vorlesung. Universität Karlsruhe, Institut für Produktionstechnik, 2001

[3.83]   *Zäh, F. M; Müller, N.; Aull, F.; Sudhoff, W.:* Digitale Planungswerkzeuge. wt Werkstattstechnik oneline 95 (2005) 4, S. 175–180

[3.84]   *Westkämper, E:* Einführung in die Organisation der Produktion. Berlin, Heidelberg: Springer-Verlag, 2006

[3.85]   *Westkämper, E:* Montageplanung – effizient und marktgerecht. Berlin, Hei-
         delberg: Springer-Verlag, 2001

[3.86]   *Eversheim, W.; Schuh, G.:* Integrierte Produkt- und Prozessgestaltung. Ber-
         lin, Heidelberg: Springer-Verlag, 2005

[3.87]   *Harmon, L.R.; Peterson, L.:* Die neue Fabrik. Frankfurt, New York: Campus-
         Verlag, 1990

[3.88]   *Torke, H.-J.; Zebisch, H.-J.:* Innerbetriebliche Materialflusstechnik. Würz-
         burg: Vogel-Verlag, 1997

[3.89]   *REFA (Hrsg.):* Methodenlehre der Betriebsorganisation – Planung und Ge-
         staltung komplexer Produktionssysteme. München, Wien: Carl Hanser Ver-
         lag, 1990

[3.90]   *AWF (Hrsg.):* Wirtschaftliche Produktion – Praktische Umsetzung neuer
         Produktionskonzepte. Berlin: Erich Schmidt Verlag, 1995

[3.91]   *Martin, H.:* Transport- und Lagerlogistik. Braunschweig, Wiesbaden: Vie-
         weg-Verlag, 1995

[3.92]   *Rockstroh, W.; Koch, R.:* Materialfluss in der flexiblen automatisierten Pro-
         duktion. Berlin: Verlag Technik, 1989

[3.93]   *Martin, H.:* Transport- und Lagerlogistik. Wiesbaden: Vieweg/Teubner-Ver-
         lag, 2009

[3.94]   *Schraft, R. D.; Kaun, R.:* Automatisierung der Produktion. Berlin, Heidel-
         berg: Springer-Verlag, 1998

[3.95]   *Warnecke, H.-J.:* Der Produktionsbetrieb (Band 1, 3). Berlin, Heidelberg:
         Springer-Verlag, 1993

[3.96]   *Warnecke, H.-J. (Hrsg.):* Die Montage im flexiblen Produktionsbetrieb. Ber-
         lin, Heidelberg: Springer-Verlag, 1996

[3.97]   *Bullinger, A.-J.; Warnecke, H.-J. (Hrsg.):* Neue Organisationsformen im
         Unternehmen. Berlin, Heidelberg: Springer-Verlag, 1996

[3.98]   *Fischer, W.; Dangelmaier, W.:* Produkt- und Anlagenoptimierung. Berlin,
         Heidelberg: Springer-Verlag, 2000

[3.99]   *Wenzel,R.; Fischer, G.; Metze, G.; Nieß, S. P.:* Industriebetriebslehre. Mün-
         chen, Wien: Carl Hanser Verlag, 2001

[3.100] *Pawellek, G.:* Ganzheitliche Fabrikplanung. Berlin, Heidelberg: Springer-
         Verlag, 2008

[3.101] *Wiendahl, H.-P.; Reichardt, J.; Nyhuis, P.:* Handbuch Fabrikplanung. Mün-
         chen: Carl Hanser Verlag, 2009

[3.102] *Bracht, U.; Arnhold, D.:* Produktionsprozessplanung auf Basis unscharfer
         Bedarfsprognosen. wt Werkstattstechnik online 102 (2012) 4, S. 246–
         252

[3.103] *Klevers, T.:* Wertstrom-Mapping und Wertstrom-Design. Landsberg: mi-
         Verlag, 2007

[3.104] *Abele, E.; Kluge, J.; Näher, U.:* Handbuch Globale Produktion. München,
         Wien: Carl Hanser Verlag, 2006

[3.105] *Schenk, M.; Wirth, S.; Müller, E.:* Factory Planning Manual. Berlin, Heidelberg: Springer-Verlag, 2010

[3.106] *Hompel, M.; Schmidt, T.; Nagel, L.:* Materialflußsysteme. Berlin, Heidelberg: Springer-Verlag, 2007

[4.1] *Wildemann, H.:* Logistikstrategien. In: Betriebshütte – Produktion und Management (Teil 2). *Evershein, W.; Schuh, G.* (Hrsg.). Berlin, Heidelberg: Springer-Verlag, 1996

[4.2] *Dreher, C.; Fleig, J.; Harnischfeger, M.; Klimmer, M.:* Neue Produktionskonzepte in der deutschen Industrie. Heidelberg: Physika-Verlag, 1995

[4.3] *Horn, V.; Trage, P.:* Segmentierung steigert die Leistung. Zeitschrift für wirtschaftliche Fertigung (ZwF), 87 (1992) 6, S. 309–312

[4.4] *Hallwachs, U.:* Fertigungsinseln und -segmente als dezentrale Strukturkonzepte der Produktion. In: Handbuch Produktionsmanagement. *Corsten, H.* (Hrsg.). Wiesbaden: Gabler Verlag, 1994

[4.5] *Fürst, F.; Ruhnau, J.; Verbeck, A.:* Marktvorteile durch innovative Fertigungssegmentierung. Fortschrittliche Betriebsführung – Industrial Engineering (FB/IE), 47 (1998) 3, S. 108–111

[4.6] *Henn, G.; Kühnle, H.:* Strukturplanung. In: Betriebshütte – Produktion und Management (Teil 2). *Eversheim, W.; Schuh, G.* (Hrsg.). Berlin, Heidelberg: Springer-Verlag, 1996

[4.7] *Henn, G.:* Form follows flow – Die Fabrik der Zukunft als Innovationszentrum. Vortrag auf der 26. IPA-Arbeitstagung. Stuttgart, November 1995, Fraunhofer Gesellschaft (Tagungsmaterial)

[4.8] *Thaler, K.:* Supply Chain Management. Köln: Fortis-Verlag FH, 2000

[4.9] *Wildemann, H.; Hummel R.:* Das Kanban-System. In: PPS-Fachmann (Band 4), Köln: Verlag TÜV Rheinland, 1987

[4.10] *Wirth, S.; Baumann, A.:* Innovative Unternehmens- und Produktionsnetze. Wissenschaftliche Schriftenreihe, Institut für Betriebswissenschaften und Fabriksysteme (IBF), Heft 8, TU Chemnitz, 1996

[4.11] *Lawrenz,O.; Hildebrand, K.; Nenninger, M.:* Supply Chain Management. Braunschweig, Wiesbaden: Vieweg-Verlag, 2000

[5.1] *VDI-Richtlinie 3633.* Simulation von Logistik-, Materialfluss- und Produktionssystemen – Blatt 1 (1993), Blatt 3 (1997), Blatt 5 (1997)

[5.2] *Kuhn, A.; Reinhardt, A.; Wiendahl, H.-P. (Hrsg.):* Handbuch der Simulationsanwendungen in Produktion und Logistik. Braunschweig, Wiesbaden: Vieweg-Verlag, 1993

[5.3] *Kuhn, A.; Rabe, M.:* Simulation in Produktion und Logistik – Fallbeispielsammlung. Berlin, Heidelberg: Springer-Verlag, 1998

[5.4] *Wenzel, S.:* Frontiers in Simulation – Referenzmodelle in Produktion und Logistik. ASIM – Fortschritte in der Simulationstechnik. Erlangen: Gruner-Druck, 2000

[5.5] *Mertins, K.; Rabe, M. (Hrsg.):* The New Simulation in Production and Logistics. 9. ASIM-Fachtagung – Simulation in Produktion und Logistik. Fraunhofer Institut für Produktionsanlagen und Konstruktionstechnik (IPK) Berlin, März 2000 (Tagungsmaterial)

[5.6] Simulationssystem ProModel (Systemsoftware-Systemunterlagen). Gesellschaft für Betriebsorganisation und Unternehmensplanung (GBU) mbH, Stuttgart, 2005

[5.7] Fabrikplanungssystem eM-Plant (Systemsoftware – Systemunterlagen) UGS Tecnomatixs GmbH, Stuttgart, 2005

[5.8] *Kostoriak, J.; Gregor, M.:* Simulation von Produktionssystemen. Berlin, Heidelberg: Springer-Verlag, 1995

[5.9] *Scheffler, E.:* Statistische Versuchsplanung und -auswertung. Stuttgart: Deutscher Verlag für Grundstoffindustrie, 1997

[5.10] *Wirth, S.; Gäse, T.; Günther, M.; Hubrig, M.:* Mit Simulation dimensionieren und visualisieren. wt Werkstattstechnik oneline 92 (2002) 4, S. 159–163

[5.11] *Kramer, U.; Neculau, M.:* Simulationstechnik. München, Wien: Carl Hanser Verlag, 1998

[5.12] *Feldmann, K.; Reinhart, G. (Hrsg.):* Simulationsbasierte Planungssysteme für Organisation und Produktion. Berlin, Heidelberg: Springer-Verlag, 2000

[5.13] *La Roche, U.; Simon, M.:* Geschäftsprozesse simulieren. Zürich: Verlag Industrielle Organisation, 2000

[5.14] *Sauerbier, T.:* Theorie und Praxis von Simulationssystemen. Braunschweig, Wiesbaden: Vieweg-Verlag, 1999

[5.15] *Sihn; Richter,H.; Graupner, T.-D.:* Projektierung von Fertigungssystemen durch Konfiguration, Visualisierung und Simulation. Vortrag auf der Fachtagung – Simulation und Visualisierung. TU Magdeburg, Tagungsband, S. 9–19, 2003

[5.16] *Bracht, U.; Geckler, O.; Wenzel, S.:* Digitale Fabrik – Methoden und Praxisbeispiele. Berlin, Heidelberg: Springer-Verlag, 2011

[5.17] *Rabe, M.; Spieckermann, S.; Wenzel, S.:* Verifikation und Validierung für die Simulation in Produktion und Logistik. Berlin, Heidelberg: Springer-Verlag, 2008

[6.1] *Eversheim, W.:* Standortplanung. In: Betriebshütte Produktion und Management (Teil 2). *Eversheim, W.; Schuh, G.* (Hrsg.). Berlin, Heidelberg: Springer-Verlag, 1996

[6.2] *Kohlbecker, C.:* Planung von Fabrikanlagen 2 – Vorlesung. Universität Karlsruhe, Institut für Produktionstechnik, 2001

[6.3] *Dück, O.:* Materialwirtschaft und Logistik in der Praxis. Augsburg: WEKA Fachverlag für technische Führungskräfte GmbH, 1997

[7.1] *Rockstroh, W.:* Technologische Betriebsprojektierung – Angewandte Projektierung. Berlin: Verlag Technik, 1985

[7.2]   *Wiendahl, H.-P.; Scheffzyk, H.:* Wandlungsfähige Fabrikstrukturen. Werk-
        stattstechnik (wt), 88 (1998) 4, S. 171–175

[7.3]   Baugesetzbuch. München: Deutscher Taschenbuchverlag, 1990

[7.4]   *Grimshaw, N.:* Visionen für die Fabrik der Zukunft. Vortrag auf der 2. Deut-
        schen Fachkonferenz Fabrikplanung. Stuttgart, Oktober 1999 (Tagungsma-
        terial)

[7.5]   *Reichard, J.:* Wandlungsfähige Gebäudestrukturen. Vortrag auf der 2. Deut-
        schen Fachkonferenz Fabrikplanung. Stuttgart, Oktober 1999 (Tagungsma-
        terial)

[7.6]   *Wirth, S.; Erfurth, R.; Olschewski, T.:* Mobilitätsstufenabhängige Fabrik-
        plattformen. wt Werkstattstechnik oneline 93 (2003) 4, S. 287–294

[7.7]   *Adams, J.; Hausmann, K.; Jüttner, F.:* Entwurfsatlas Industriebau. Basel,
        Berlin, Boston: Birkhäuser-Verlag für Architektur, 2004

[7.8]   *Reinhart, G.; Berlak, J.; Effert,C.; Seke, C.:* Wandlungsfähige Fabrik-
        gestaltung. Zeitschrift für wirtschaftlichen Fabrikbetrieb (ZwF), 97 (2002)
        1/2, S. 18–23

[7.9]   *Heinen, T.; Nyhuis, P.:* Gestaltung kommunikationsorientierter Prozesse in
        Fabriken. wt Werkstattstechnik oneline 97 (2007) 3, S. 161–165

[7.10] *Wupping, J.; Vogelei, R.:* Prozessorientierte Struktur im Fabrikneubau macht
        sich bezahlt. Logistik für Unternehmen (2003), 3, S. 71–73

[7.11] *Baumgarten, H.; Sommer-Dietrich, T.; Bayerer, P.; Hopp, J.:* Durchsetzungs-
        typologien flexibler Logistik- und Gebäudekonzepte in Produktions- und
        Entsorgungsnetzwerken. wt Werkstattstechnik oneline 93 (2003) 4, S. 305–
        310

[7.12] *Witte, K.-W.; Vielhaber,W.; Ammon, C.:* Planung und Gestaltung wandlungs-
        fähiger und wirtschaftlicher Fabriken. wt Werkstattstechnik oneline 95
        (2005) 4, S. 227–231

[7.13] *Reichardt, J.; Pfeifer, J.; Elscher, A.; Wilging, R.:* Wandlungsfähigkeit
        moderner Industriebauten. wt Werkstattstechnik online 96 (2006) 4,
        S. 144–149

[8.1]   *Grundig, C.-G.:* Simulationstechnik sichert Transparenz des Investitionsob-
        jektes. Zeitschrift für wirtschaftlichen Fabrikbetrieb (ZwF), 94 (1999) 5,
        S. 273–277

[8.2]   *Grundig, C.-G.:* Anwendung der Simulationsrechnik in der Praxis von KMU
        (Fallbeispiel). Vortrag auf der 9. ASIM-Fachtagung – Simulation in Produk-
        tion und Logistik. Fraunhofer Institut für Produktionsanlagen und Konstruk-
        tionstechnik (IPK) Berlin, März 2000. In: The New Simulation in Production
        and Logistics. *Mertins, K.; Rabe, M.* (Hrsg.), Tagungsband, S. 117–126

[8.3]   *Westkämper, E.; Winkler, R.:* Praxisbeispiel und Nutzen der objektorientier-
        ten Konzeption für die Fabriksimulation. wt Werkstattstechnik oneline 92
        (2007) 3, S. 52–56

[8.4]   *Lytis, G.:* Materialflussplanung bei der Firma BMW. Vortrag auf dem Fraunhofer IPA Seminar. Stuttgart, 2002 Tagungsband, S. 63–69

[8.5]   *Oberschmidt, A.; Hartrampf, D.; Grundig, C.-G.:* Planungsintegrierter Einsatz der Simulationstechnik im Investitionsprozess eines Produktionskomplexes. Wissenschaftliche Beiträge der TFH Wildau. Jubiläumsheft (2001), S. 142–150

[8.6]   Fabrikplanungssystem MOSYS – Systemsoftware/Systemunterlagen. Fraunhofer Institut für Produktionsanlagen und Konstruktionstechnik (IPK)/TU Berlin, 1995

[8.7]   *Grundig, C.-G; Hartrampf, D.:* Fabrikplanung III – Anwendungen. Studienbrief 2-802-0305, Service-Agentur des HDL, Brandenburg 2006

[8.8]   CAD-FAIF – rechnergestütztes Projektierungssystem (Systemunterlagen). TU Chemnitz, Institut für Betriebswissenschaft und Fabriksysteme (IBF), 1995

10   Sachwortverzeichnis

Optimierung der Produktionsplanung.

Herlyn

PPS in der Automobilindustrie

Produktionsprogrammplanung und
-steuerung von Fahrzeugen und Aggregaten
280 Seiten. 190 Abb.
ISBN 978-3-446-41370-2

Die Produktionsprogrammplanung gilt in der Automobilindustrie als Königsdisziplin
von PPS. In diesem Lehr- und Fachbuch werden erstmals die Prozesse und Methoden
der Produktionsprogrammplanung und -steuerung im Automobilbau ausführlich
und praxisnah beschrieben.

Neben den theoretischen Grundlagen (Produktions- und Materialfluss-Schema /
Modell für die Automobilindustrie) werden die Prozesse von der Fahrzeugbestel-
lung und Produktdefinition (Kaufszenarien, individuelle Produktkonfiguration,
Produktbeschreibung) über die Produktionsprogrammplanung für Fahrzeuge und
Aggregate bis hin zur Produktionsprogrammsteuerung (Erstellung der Vertriebs-
programme, Produktionsprogramme) behandelt. Die darauf basierenden praktischen
Anwendungen werden anhand von zahlreichen Beispielen erläutert.

Mehr Informationen unter **www.hanser-fachbuch.de**